SYSTEMATISCHE BOTANIK

Matthias Baltisberger
Reto Nyffeler
Alex Widmer

SYSTEMATISCHE BOTANIK

4. Auflage

Einheimische Farn- und Samenpflanzen

v/d|f

Bibliografische Information der Deutschen Nationalbibliothek
Die Deutsche Nationalbibliothek verzeichnet diese Publikation in der Deutschen Nationalbibliografie; detaillierte bibliografische Daten sind im Internet über http://dnb.d-nb.de abrufbar.

Layout: Grafisches Atelier, Fred Gächter, Oberegg
Umschlaggestaltung: Grafisches Atelier, Fred Gächter, Oberegg

Vorderer Umschlag: *Anemone nemorosa* (S. 149, Abb. 54)
Hinterer Umschlag: *Ranunculus alpestris* (S. 146, Abb. 53)

1. Auflage 1997
2., vollständig überarbeitete und erweiterte Auflage 2003
3., korrigierte Auflage 2009
4., vollständig überarbeitete und erweiterte Auflage 2013

verlag@vdf.ethz.ch
www.vdf.ethz.ch

ISBN 978-3-7281-3525-4

Prof. Dr. Matthias Baltisberger
Prof. Dr. Alex Widmer
Institut für Integrative Biologie
ETH Zürich
Universitätstrasse 16, 8092 Zürich

PD Dr. Reto Nyffeler
Institut für Systematische Botanik
Universität Zürich
Zollikerstrasse 107, 8008 Zürich

Stoffübersicht

Inhaltsverzeichnis

Vorwort zur 4. Auflage

Die Grundlagenvorlesungen in Systematischer Botanik werden an der ETH Zürich z. Z. von Studierenden der Biologie und der Pharmazeutischen Wissenschaften sowie der Agrar-, Lebensmittel- und Umweltnaturwissenschaften besucht. Die gemeinsamen Bedürfnisse dieser verschiedenen Studiengänge wurden bei der Abfassung des hier vorliegenden Buches berücksichtigt. Die vorherigen Auflagen wurden von mir alleine verfasst, für die 4. Auflage konnte ich zwei Kollegen zur Mitarbeit gewinnen: Alex Widmer vom gleichen Institut an der ETH Zürich und Reto Nyffeler vom Institut für Systematische Botanik der Universität Zürich. Durch die Mitarbeit von Reto Nyffeler (Universität Zürich) konnte sein breites Wissen über molekulare Systematik und phylogenetische Bäume eingebracht werden. Um den Buchpreis für die Studierenden möglichst tief zu halten, verzichten wir Autoren auf ein Honorar.

Die Systematik wird in unserem Buch aus mehreren Gründen vor allem anhand einheimischer Pflanzen dargestellt. Erstens kann der Stoff so in Übungen und auf Exkursionen an frischem, lebendem Material veranschaulicht werden. Eigenes Beobachten und Bestimmen ermöglicht eine nachhaltige Wissensaufnahme. Zweitens weist die Schweiz viele und sehr unterschiedliche Biotope auf und bietet den Pflanzen verschiedenste Habitate: kolline bis alpine Stufe, Moore bis zentralalpine Trockengebiete, Wälder, Wiesen, Weiden, Äcker, Ruderalstellen, Schutthalden oder Felsspalten. Deshalb ist die Flora der Schweiz artenreich und vielfältig zusammengesetzt. Drittens: Die Schweizerische Botanische Gesellschaft SBG bietet, in Zusammenarbeit mit Info Flora und unter dem Patronat des Bundesamtes für Umwelt BAFU, die Zertifizierung von botanischen Feldkenntnissen der schweizerischen Flora an. Der Stoff im vorliegenden Buch wurde auch auf die Anforderungen dieser Zertifikate ausgerichtet.

Neu basiert das hier präsentierte Klassifikationssystem auf dem aktuellen Stand der molekularphylogenetischen Daten (die relevanten Literaturzitate werden an den entsprechenden Stellen angegeben). Die neuen Erkenntnisse führten in einigen Gruppen (v.a. Tierbestäubte *Monocotyledonae*, *Ericales*, *Lamiales* und *Dipsacales*) zu grundlegenden Änderungen der Systematik. Die Verwandtschaftsstruktur wird in der Übersicht und innerhalb der Gruppen mit grossen Veränderungen anhand von Stammbäumen dargestellt und erläutert. Einige Kapitel wurden neu aufgenommen oder stark erweitert, z.B. Landpflanzen, Biogeographische Regionen und Lebensräume, Neophyten.

Wir Autoren verantworten gemeinsam die Inhalte des Buches. Dennoch möchte ich zwei Aspekte etwas relativieren. Erstens: Der letzte Abschnitt im Buch (Schluss des Kapitels Neophyten) ist meine persönliche Einschätzung. Meine Mitautoren haben sich aber bereit erklärt, diesen Abschnitt ins Buch aufzunehmen und mitzutragen. Zweitens: Angeregt durch die sog. «Nihilartikel» in Pschyrembel (Medizinische Wörterbücher, mit: Steinlaus [*Petrophaga lorioti*]) und Wichtl (Teedrogen und Phytopharmaka, mit: *Pasta Theobromae*) habe ich für die Auflagen 2 und 3 dieses Buches einige Inhalte «erfunden» (z.B. *Geranium surrealum*, *Ranunculus suavis* und *Veronica erotica*). Auch in diesem Buch gibt es Wortspiele und «erfundene Tatsachen». Ich danke meinen beiden Koautoren, die dies zuliessen, ohne zu wissen, was damit ins Buch aufgenommen wird.

Zur hier vorliegenden 4. Auflage haben viele Personen beigetragen, denen ich danken möchte. Ich danke meinen beiden Koautoren Reto Nyffeler und Alex Widmer, sie haben wesentlich an Inhalt und Form mitgearbeitet. Ein besonderer Dank geht an meine Assistentin Constanze Conradin (Zürich) und meine Frau Babette Baltisberger; beide haben mit grosser Ausdauer und viel Herzblut mitgearbeitet, wodurch v.a. wegen der verschiedenen Blickwinkel sehr wertvolle und ganz unterschiedliche Anregungen und Korrekturen eingebracht wurden. Die Informationen zu den offizinellen Arten bearbeitete Oliver Stähli (Apotheker, Winterthur), jene zu den in der Alternativmedizin verwendeten Pflanzen wurden mir von Claudia Cairone (Weleda, Arlesheim) und Ingrid Langer (Bioforce, Teufen) zur Verfügung gestellt. PD Dr. Sabine Güsewell und Dr. Jake Alexander (beide Zürich) gaben mir Hinweise zu Literatur betreffend einheimischer, invasiver Arten. Dr. Daniel Frey und Karsten Rohweder unterstützten mich bei Computerproblemen. Stefan Eggenberg (Bern) gab mir Hinweise betreffend der Zertifikate der SBG, Andreas Gygax (Bern) stellte mir die Korrelationsliste der Artnummern in den beiden letzten Auflagen der «Flora Helvetica» zur Verfügung. Der Stoff wird mit zahlreichen Abbildungen illustriert; ich danke den Verlagen und Personen, welche mir Abbildungen zur Verfügung stellten (siehe Zusammenstellung zum Nachweis der Abbildungen). Einige Abbildungen wurden vom Grafischen Atelier Gächter (Fred und Manuel Gächter, Oberegg) neu geschaffen oder stark überarbeitet, für die sorgfältige Umsetzung und das Eingehen auf meine Wünsche danke ich ihnen sehr; sie haben das Layout erstellt und mit viel Ausdauer und grosser Geduld meine Anregungen aufgenommen und auch späte Korrekturen berücksichtigt. Ein Dank gebührt dem Verlagsteam des vdf für die unkomplizierte Zusammenarbeit und das rasche Umsetzen meiner Wünsche. Die 4. Auflage basiert zu einem grossen Teil auf den vorhergehenden Auflagen, zu denen zahlreiche Personen beigetragen haben. Der in diesen Auflagen ausgesprochene Dank sei hier ebenfalls eingeschlossen.

Zürich, im November 2012
Matthias Baltisberger

Einführung

Vielfalt der Lebewesen

Die heute lebenden Organismen sind das Ergebnis einer langen biologischen Evolution. Im Verlauf von grossen Zeiträumen (Millionen von Jahren) entwickelten sich an die jeweiligen Umweltbedingungen angepasste Organismen. Diese Anpassungen erfolgten im Zusammenhang mit der sich durch geomorphologische und klimatische Ereignisse verändernden Umwelt und wurden ermöglicht durch Evolutionsprozesse. Die Rekonstruktion der Verwandtschaftsbeziehungen und somit der Evolutionsgeschichte lässt sich in Form eines Stammbaumes darstellen, der dem einer Familie oder Dynastie ähnlich ist. Unter Berücksichtigung der rekonstruierten Verwandtschaftsmuster (Beziehungen Vorfahren – Nachkommen) können die Organismen in Grossgruppen unterteilt werden. Die Anzahl der Gruppen ist je nach Auffassung der Autoren verschieden. Eine mögliche Einteilung ist in Abb. 1 dargestellt. Die beiden Gruppen *Archaea* und *Bacteria* sind unbestritten, beide gehören zu den *Prokaryota* (Zellen ohne Zellkern). Alle anderen Grup-

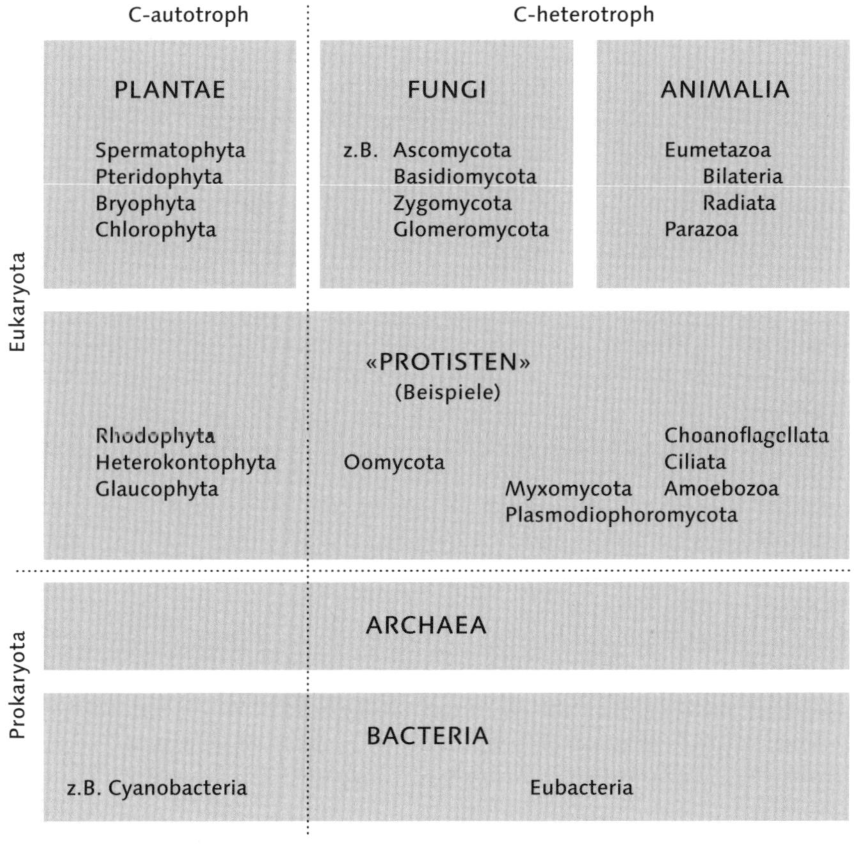

Abb. 1: Mögliche Einteilung der Organismen; unten die beiden Gruppen der *Prokaryota*, alle oberen Gruppen sind die *Eukaryota*; links die C-autotrophen, Mitte und rechts die C-heterotrophen Organismen.

pen gehören zu den *Eukaryota* (Zellen mit Zellkern). Die 3 Gruppen in der oberen Reihe mit *Plantae* (Pflanzen), *Fungi* (Pilze) und *Animalia* (Tiere) sind schon lange anerkannt. Der mittlere Bereich mit den «Protisten» hingegen umfasst mehrere, z.T. auch umstrittene Gruppen, deren Verwandtschaftsbeziehungen noch nicht in allen Fällen klar sind. Neue Erkenntnisse führen immer wieder zu Umgruppierungen innerhalb der «Protisten». In diesem Buch werden nur Teile der unbestrittenen Gruppe *Plantae* behandelt *(Bryophyta, Pteridophyta, Spermatophyta)*.

Die Samenpflanzen beherrschen heute mit über 250'000 bekannten Arten die terrestrischen Biotope, und laufend werden neue Arten entdeckt und beschrieben. Niemand kennt die gesamte Zahl der auf der Welt lebenden Arten an Samenpflanzen. Die höchsten Schätzungen gehen bis zu 420'000 Arten (Govaerts 2001, Bramwell 2002). Durch Benennen, Unterteilen und Klassifizieren versucht man, einen Überblick über diese Vielfalt zu erlangen. Weil ständig neue Arten beschrieben werden, ist das Klassifikationssystem kein vollständiger und abgeschlossener Katalog. Zudem werden mit neuen Methoden (z.B. Verwandtschaftsanalysen basierend auf Sequenzdaten der DNA [teilweise von ganzen Genomen]) neue Erkenntnisse über Verwandtschaftsverhältnisse und damit über die Evolution gewonnen. Die Erstellung eines phylogenetischen Stammbaumes aller rezenten und ausgestorbenen Organismen ist ein sehr langwieriges Projekt, das mit den ersten, damals noch künstlichen Klassifikationssystemen vor Jahrhunderten angelaufen ist und in das immer neue Informationen und Erkenntnisse einfliessen. Der aktuelle Stand lässt sich im Internet mitverfolgen (www.tolweb.org).

Grundlagen

Erdgeschichte und Evolution

Spätestens seit Charles Darwin seine Evolutionstheorie publiziert hat (1859), wissen wir, dass die heutige Vielfalt der Lebewesen das Ergebnis einer historischen Entwicklung im Zusammenhang mit verschiedenen Prozessen ist. Im Laufe dieser Entwicklung haben sich die Lebewesen verändert, und viele neue Formen sind entstanden. Fossilien sind Zeugen der sich über Jahrtausende und Jahrmillionen verändernden Lebewesen und Lebensgemeinschaften. Sie geben Hinweise auf frühere Lebensformen und die Geschichte der heutigen Lebewesen.

Fossilien

Die meisten Fossilien findet man in Sedimentgesteinen. Tote Lebewesen lagern sich zusammen mit Sand und Schlamm am Grunde von Gewässern ab und werden durch weitere Ablagerungen im Laufe der Zeit zu Gesteinsschichten zusammengepresst. Am häufigsten wurden und werden harte Strukturen erhalten, die durch eingesickerte gelöste Mineralien zusätzlich erhärtet («versteinert») sein können. Manchmal bleibt nur der Abdruck eines Organismus zurück, während vom Organismus selbst nichts mehr vorhanden ist. Diese Formen können sich später mit Mineralien füllen, so dass eine steinerne Nachbildung des ursprünglichen Organismus entsteht.

Die Ablagerung von Material erfolgt sukzessive Schicht auf Schicht. Die aufeinanderliegenden Schichten stellen ein Abbild der zeitlichen Abfolge der Ablagerungen dar und repräsentieren verschiedene Phasen in der Geschichte der Erde und der Entwicklung des Lebens. Durch den Vergleich vieler Fundorte wurde eine geologische Abfolge dieser Schichten erstellt. Entsprechend den Schichten lassen sich die darin gefundenen Fossilien in eine zeitliche Abfolge bringen.

Eine absolute Altersbestimmung erfolgt häufig durch Messung der Zerfallsprodukte bestimmter radioaktiver Isotope. Für die letzten 100'000 Jahre wird in der Regel die ^{14}C-Methode (Radiokarbonmethode) verwendet: Im CO_2 der Luft und in der lebenden Pflanze ist neben ^{12}C ein bestimmter kleiner Anteil des Isotopes ^{14}C vorhanden. Dieses zerfällt unter messbarer radioaktiver Strahlung mit einer Halbwertszeit von 5600 Jahren in ^{12}C. Nach dem Absterben wird kein ^{14}C mehr in die Pflanze eingebaut. Da die Radioaktivität proportional zur Menge des noch vorhandenen ^{14}C ist, kann daraus das Alter einer organischen Probe bestimmt werden.

Natürlich hängt es weitgehend vom Zufall ab, ob Lebewesen fossiliert und dann auch gefunden werden. Zudem handelt es sich vor allem um in der Nähe von Seen und Meeren vorkommende Pflanzen. Die Gebirgsflora ist in Fossilfunden schlecht vertreten. Trotzdem gewinnt man durch Fossilien aus zahlreichen, über die ganze Erde verstreuten Fundstellen ein aufschlussreiches Bild über die Flora (und Fauna) der Vergangenheit. Solche Funde geben wichtige Einblicke in den zeitlichen Verlauf der Stammesgeschichte und der Evolution von Merkmalen.

Veränderungen der Erde

Nicht nur das Leben, auch unser Planet selbst hat sich im Laufe der Zeit verändert. Meteoriteneinschläge, Eiszeiten und Änderungen in der Zusammensetzung der Atmosphäre brachten und bringen einschneidende Veränderungen hervor mit wesentlichem Einfluss auf die Evolution. Auch die Erdoberfläche selbst veränderte sich. Die Erdkruste besteht aus einzelnen tektonischen Platten, die sich gegeneinander verschieben. Man weiss heute, dass sich Lage, Anzahl und Form der Kontinente im Laufe der letzten 750 Millionen Jahre ständig verändert haben. Bei Kollisionen dieser Platten haben sich grosse und kleinere Gebirge gebildet (z.B. Alpen, Pyrenäen, Himalaya), was eine enorme Diversifizierung von Lebensräumen zur Folge hatte. Aufgrund von Veränderungen der Landmasse (horizontal und vertikal) veränderte sich auch das in den Lebensräumen herrschende Klima und die Zugänglichkeit von Regionen für verschiedene Lebewesen.
Die Schweiz liegt in einer solchen Kollisionszone von Kontinenten: der afrikanische Kontinent stiess und stösst noch immer auf den eurasiatischen Kontinent. Beim Zusammenstoss dieser zwei Landmassen im Tertiär wurden die Alpen aufgefaltet. Dieses Gebirge ist für die Schweiz und unsere Flora von entscheidender Bedeutung. Nur der Alpen wegen haben wir verschiedene Klimatypen in der Schweiz, nur der Alpen wegen gibt es bei uns die Höhenstufen mit ihren unterschiedlichen Standortverhältnissen und dadurch auch sehr verschiedenen Pflanzengesellschaften.

Generationswechsel

Sexuelle Fortpflanzung ist mit den beiden Prozessen Kernverschmelzung (**Karyogamie**) und Reduktionsteilung (**Meiose**) verbunden. Zwei Gameten verschmelzen zu einer Zelle, ihre Kerne vereinigen sich zu einem Kern (= Karyogamie). Die Chromosomen der beiden Gameten befinden sich dann in dem einen vereinigten Kern, die Chromosomenzahl hat sich dadurch i.d.R. verdoppelt. Die aus einer Verschmelzung von zwei Gameten hervorgehende Zelle wird Zygote genannt. Aus ihr entwickelt sich der Sporophyt. Im Gegensatz zur Karyogamie wird in einer Meiose über zwei Teilungsschritte die Zahl der Chromosomen in einer Zelle wieder auf die Hälfte reduziert. Daraus entsteht der Gametophyt.
Bei einem Organismus, der sich sexuell fortpflanzt, wechseln sich Zellen von beiden Typen ab. Auf Zellen mit der reduzierten Chromosomenzahl (von der Meiose bis zur Karyogamie) folgen Zellen mit der nichtreduzierten Chromosomenzahl (von der Karyogamie bis zur Meiose), dann kommen wieder Zellen mit der reduzierten Chromosomenzahl etc. Die Phase mit der reduzierten Chromosomenzahl wird als **1n**, jene mit der nichtreduzierten Zahl

als **2n** bezeichnet. Da die beiden Kernphasen (1n resp. 2n) als verschiedene Generationen angesehen werden und sich immer abwechseln, spricht man von einem **Generationswechsel**. Ein solcher Generationswechsel umfasst zwei verschiedene Phasen und wird **heterophasisch** genannt. Wenn die beiden Generationen (1n resp. 2n) gleich aussehen (dies ist bei einigen Algen der Fall), spricht man von einem **isomorphen** Generationswechsel. Meistens sehen aber die beiden Generationen verschieden aus, dann nennt man den Generationswechsel **heteromorph**.
Die reduzierte Phase (1n) wird **Gametophyt** genannt und bildet Geschlechtsorgane (**Gametangien**), in denen **Gameten** entstehen. Die nichtreduzierte Phase (2n) heisst **Sporophyt**, dort werden **Sporangien** gebildet, in denen durch Meiose **Sporen** produziert werden. Je nach Organismus dauern die beiden Phasen verschieden lange. Im Extremfall kann eine Phase auf eine einzige Zelle beschränkt sein. So gibt es z.B. Algen, bei denen alle Körperzellen die reduzierte Chromosomenzahl aufweisen. Die Hauptgeneration ist hier der Gametophyt. In den Gametangien werden Gameten gebildet, die zur Zygote verschmelzen. Diese macht nach ihrer Bildung direkt eine Meiose, der Sporophyt ist somit auf eine einzige Zelle (eben die Zygote) beschränkt.
Die im Stammbaum der *Plantae* basal abzweigenden Evolutionslinien haben eine lange gametophytische Phase, die sporophytische Phase ist kurz. Je später eine Evolutionslinie im Stammbaum abzweigt, desto länger und dominanter ist die sporophytische Phase, der Gametophyt wird dabei immer kleiner und unauffälliger. Das Verhältnis von Gametophyt zu Sporophyt ist deshalb ein wesentlicher Hinweis auf das relative Alter einer Evolutionslinie.

Systematik

Vielfalt ordnen und verstehen

Eine der hauptsächlichen Aufgaben der Systematik ist es, die Vielfalt der Lebewesen zu beschreiben, zu benennen und in einem wissenschaftlichen **Klassifikationssystem** zu ordnen. Dieser Teil innerhalb der Systematik wird als Taxonomie bezeichnet (von griech. *taxis* = Ordnung und *nomia* = Verwaltung). Startpunkte für die Systematik sind die beiden Werke von Carl Linné (= Carolus Linnaeus; 1707–1778), der Mitte des 18. Jahrhunderts Klassifikationssysteme für die damals bekannten Pflanzen (Species Plantarum, 1753) und Tiere (Systema Naturae, 1758) aufstellte. Seit dieser Zeit wird am umfassenden Inventar der weltweit vorkommenden Lebewesen gearbeitet. Mittlerweile sind insgesamt ca. 1.7 Mio. Arten bekannt, wovon etwa 270'000 zu den Gefässpflanzen gehören. Dieses wissenschaftliche Klassifikations- und Benennungssystem – die Taxonomie – bildet das Fundament jeglicher Beschäftigung mit der belebten Welt. Die wissenschaftlichen Namen sind dabei der Schlüssel für den Zugang zum Wissen über die entsprechenden Lebewesen. Der wissenschaftliche Name *Bellis perennis* steht für die Art, die

bei uns volkstümlich als «Gänseblümchen» bekannt ist. Damit können wir in einem Pflanzenbestimmungswerk oder in einem Buch über Wildkräuter Informationen über Merkmale oder Nutzungsmöglichkeiten dieser Pflanze nachschlagen.
Das Verständnis über den Ursprung und die Verwandtschaften der in der Klassifikation unterschiedenen taxonomischen Einheiten (Taxa, Einzahl Taxon) von Organismen hat sich im Laufe der Zeit stark gewandelt. In der Zeit von Carl Linné galten die Einheiten noch als gottgeschaffen und unveränderlich. Die Evolutionstheorie (1859) von Charles Darwin (1809–1882) führte zu einem zunehmenden Verständnis für die Veränderlichkeit über die Zeit und die fundamentale Bedeutung der Beziehungen zwischen Vorfahren und Nachkommen («Blutsverwandtschaft»). Die künstlichen, auf wenigen *a priori* festgelegten Merkmalen beruhenden Systeme (z.B. Sexualklassifikation von Carl Linné auf der Grundlage der Anzahl Staubblätter) wurden in sogenannt «natürliche» Klassifikationssysteme überführt, die möglichst viele Eigenschaften der unterschiedenen Einheiten erklären und die Merkmalsevolution abbilden sollten. Schliesslich zeigte Willi Hennig (1913–1976) auf, dass die Rekonstruktion der Abstammungsverhältnisse die wesentliche Herausforderung in der Systematik darstellt. Damit revolutionierte er die Sichtweise auf die Ordnung der Lebewesen. Dieser Fokus auf die Beziehungen zwischen Vorfahren und Nachkommen innerhalb der Systematik hat dazu geführt, dass in der Klassifikation primär phylogenetisch charakterisierte Einheiten anerkannt werden. Die Systematik ist deshalb bestrebt, das Netzwerk der Beziehungen «Vorfahren–Nachkommen» zu rekonstruieren. Die Phylogenetik (von griech. *phylon* = Stamm und *genesis* = Ursprung) als Wissenschaft der Stammesgeschichte nutzt heute fast ausschliesslich molekulare DNA-Sequenzdaten und computergestützte Analyseverfahren, um Verwandtschaftsbeziehungen auf der Basis von Wahrscheinlichkeitsstatistiken und von verschiedenen Modellen der molekularen Evolution aufzuspüren. Mittels Diagrammen (sog. Kladogramme), die Stammbäumen ähneln, werden die relativen Verwandtschaftsbeziehungen zwischen den unterschiedenen taxonomischen Gruppen dargestellt.

Klassifikationssystem

Rangstufen

Die Art stellt die Grundeinheit des hierarchisch aufgebauten Klassifikationssystems aller Lebewesen dar. Der Artname *Bellis perennis* (für das Gänseblümchen) setzt sich aus zwei Wörtern zusammen (= Binomen): dem gross geschriebenen Gattungsnamen (hier *Bellis*), gefolgt vom klein geschriebenen Art-Epithet (hier *perennis*). Über der Rangstufe der Art werden sukzessive ineinander geschachtelt Gattung, Familie, Ordnung, Klasse, Abteilung und Reich unterschieden (dies bedeutet, dass höhere Einheiten jeweils 1 bis mehrere Einheiten der nächsttieferen Stufe umfassen). Zwischen diesen Rangstufen können nach Bedarf weitere, zusätzliche Rangstufen eingefügt werden (als Unter- oder Überfamilie etc.). Jede Rangstufe oberhalb der Gattung ist durch eine festgelegte Endung definiert (im unten angegebenen Beispiel jeweils fett gedruckt). Die Familie endet auf -**aceae**, die Ordnung auf -**ales** etc. Dieses hierarchische System sei erläutert am Beispiel der Alpen-Aster:

Abteilung	*Spermato**phyta***
Klasse	*Angiospermae*
Unterklasse	*Magnoli**idae***
Überordnung	*Aster**anae***
Ordnung	*Aster**ales***
Familie	*Aster**aceae***
Unterfamilie	*Aster**oideae***
Gattung	*Aster*
Art	*Aster alpinus* L. (L. = Linné)

Die Rangstufen von Unterfamilie bis Unterklasse werden in diesem Beispiel von den Gattungsnamen *Aster* (*Asteraceae*) resp. *Magnolia* (*Magnoliaceae*) abgeleitet. Der von uns für die Klasse verwendete Name *Angiospermae* und jener der Abteilung *Spermatophyta* werden zwar nicht von einer Gattung abgeleitet, *Magnoli**opsida*** resp. *Magnoliophyta*, von uns nicht verwendete Synonyme, hingegen schon.

Für insgesamt 8 Namen von Familien gibt es akzeptierte Alternativnamen, die meist auf ein besonders wichtiges Merkmal hinweisen. Für uns relevant sind: *Apiaceae* = *Umbelliferae*, *Asteraceae* = *Compositae*, *Brassicaceae* = *Cruciferae*, *Fabaceae* = *Leguminosae* (manchmal wurde früher die Unterfamilie *Faboideae* als separate Familie der *Papilionaceae* unterschieden), *Lamiaceae* = *Labiatae* und *Poaceae* = *Gramineae*.

Die unteren Rangstufen können weiter unterteilt werden: die Art in Unterart, Varietät und Forma, die Gattung in Untergattung, Sektion und Serie, und die Familie in Unterfamilie und Tribus (Mehrzahl Tribe). Rangstufen unterhalb der Art bestehen aus dem Artnamen sowie einer Abkürzung für die Rangstufe (ssp. oder subsp. für Subspecies [= Unterart], var. für Varietät, f. für Forma) und einem zusätzlichen Epithet. Wird eine vielgestaltige Art weiter unterteilt, dann trägt die den Art-Typus enthaltende Untereinheit das Art-Epithet als Autonym (= automatisch etabliertes, gleichlautendes Trinomen). So steht z.B. *Pinus mugo* subsp. *uncinata* für die Aufrechte Berg-Föhre; in diesem Fall wird die «typische» Unterart als *Pinus mugo* subsp. *mugo* (Legföhre) bezeichnet.

Wissenschaftliche Namen werden in der Regel kursiv gesetzt. Mit dem Begriff «Taxon» (Mehrzahl Taxa) kann irgendeine systematische Einheit einer beliebigen Rangstufe bezeichnet werden (der Begriff «Sippe» wird heute mehr oder weniger gleichbedeutend verwendet).

Für eine wirklich vollständige Benennung (insbesondere in wissenschaftlichen Arbeiten) muss zusätzlich noch der Autor, der das entsprechende Taxon benannt und beschrieben hat, aufgeführt sein (meistens in abgekürzter Form). Wenn eine spätere Neubeurteilung einen neuen Namen bedingt (z.B. Zugehörigkeit in eine andere oder eine neue Gattung), dann wird der Autor der Erstbeschreibung in Klammern gesetzt, der Autor des neuen Namens wird hinten angeführt. Beispiel: *Trichophorum caespitosum* (L.) Hartman. Diese Art wurde von Linné als Art der Gattung *Scirpus* beschrieben (*Scirpus caespitosus* L.) und später von Hartman in die Gattung *Trichophorum* umgeteilt.

Sammelart

Ein Aggregat (abgekürzt: agg., gelegentlich auch aggr.; z.B. *Alchemilla vulgaris* L. agg.) besteht aus einem Zusammenschluss von wenigen bis vielen, sehr ähnlichen, nahe verwandten und (von Nichtspezialisten) nur schwer unterscheidbaren Klein-Arten. Ein Aggregat wird auch «Sammelart» (=conspecies) genannt. Es führt jeweils den Artnamen des prominentesten Vertreters. Das Aggregat ist eine informelle Gruppe und keine offizielle Rangstufe gemäss den geltenden Regeln der wissenschaftlichen Benennung von Organismen. Im hierarchischen System ist das Aggregat über der Art, aber unterhalb der Gattung oder deren Untereinheiten positioniert.

Synonyme

In der Vergangenheit wurden heute anerkannte Arten manchmal unter verschiedenen Namen beschrieben. So wurde die heute als *Gentiana acaulis* (Stengelloser Enzian) benannte Art ursprünglich von Carl Linné beschrieben, später aber (allenfalls in leicht abweichender Umschreibung) von C. Presl (*Gentiana excisa*) und von den Autoren E. P. Perrier und A. Songeon (*Gentiana kochiana*) mit anderen Namen belegt. Dieses Beispiel illustriert, dass verschiedene Bearbeiter unterschiedliche Ansichten haben können, wie eng oder wie weit eine bestimmte Art gefasst werden soll. Gemäss international geltenden Nomenklaturregeln soll jener Name verwendet werden, der für ein anerkanntes Taxon als erster Name korrekt publiziert wurde. Die später vergebenen Namen für das gleiche Taxon werden somit zu Synonymen des akzeptierten und verwendeten Namens. Im oben angeführten Beispiel ist *Gentiana acaulis* L. der akzeptierte Name, *Gentiana excisa* C. Presl und *Gentiana kochiana* Perr. & Song. sind Synonyme für das gleiche Taxon.

Phylogenetik

Verwandtschaftsbeziehungen verstehen

Das Arbeitsfeld der Systematik hat sich in den letzten zwei Jahrzehnten stark verändert. Rasante Entwicklungen in der Molekularbiologie und in der Computertechnologie eröffneten neue Möglichkeiten, und das theoretische Fundament der Verwandtschaftsforschung erfuhr eine vollständige Überarbeitung. Die vielen neuen Erkenntnisse der vergangenen zwei Jahrzehnte führten zu einem neuen Verständnis der Verwandtschaftsverhältnisse inner-

halb der *Angiospermae*, und es wurde eine vollständig revidierte Familien- und Ordnungsklassifikation der Gefässpflanzen ausgearbeitet (Angiosperm Phylogeny Group [APG] 1998, 2003, 2009).
Formal wird phylogenetische Verwandtschaft zwischen Taxa in Form von Schwestergruppenbeziehungen ausgedrückt. Ein Schwestertaxon ist die am nächsten mit dem untersuchten Taxon verwandte Art oder Gruppe. Diese beiden Taxa teilen einen jüngsten gemeinsamen Vorfahren, der für kein anderes Taxon Vorfahre ist. Diese beiden Schwestertaxa sind nächstverwandt zueinander, während Aussagen, dass gewisse Taxa nahe oder weit entfernt miteinander verwandt seien, nicht Ausdruck von formellen phylogenetischen Untersuchungen sind. Aussagen zur Verwandtschaft beinhalten keine Informationen zum Alter der untersuchten Verwandtschaftsgruppen. Die Bestimmung des absoluten Alters («molecular dating») ist ein eigenes Teilgebiet der Molekularen Phylogenetik und ermöglicht heute sehr genaue Aussagen zum geologischen Alter von Evolutionslinien und Verwandschaftsgruppen. Es kann nicht in jedem Fall davon ausgegangen werden, dass alle Arten einer Verwandtschaftsgruppe untereinander morphologisch ähnlicher sind als einige von ihnen mit nächsten Verwandten ausserhalb des Taxons. So war z.B. innerhalb der Ordnung *Dipsacales* die Familie der *Caprifoliaceae* in traditioneller Umschreibung primär durch ihre Wuchsform (verholzt, meist Sträucher) charakterisiert und unterschied sich dadurch von allen anderen, krautigen Familien der Ordnung. Aufgrund molekularer Daten werden heute innerhalb der *Dipsacales* zwei Evolutionslinien unterschieden, verholzte Vertreter kommen in beiden Linien vor. Die beiden Linien mit *Adoxaceae* einerseits und *Caprifoliaceae*, *Dipsacaceae* und *Valerianaceae* andererseits werden durch unscheinbare morphologische und anatomische Merkmale im Blütenbau und Besonderheiten im Chromosomenbau charakterisiert. Damit geben sie (im Gegensatz zur Wuchsform) eine zum Stammbaum kongruente Klassifikation wieder.
Aussagen zu phylogenetischen Verwandtschaftsbeziehungen basieren immer auf drei (oder mehr) in die Untersuchung einbezogenen Taxa. Zwei von ihnen werden sich als näher untereinander verwandt herausstellen als jedes von ihnen mit dem dritten Taxon (den anderen Taxa). Die vergleichenden Daten, die zur Erarbeitung von Verwandtschaftsbeziehungen herangezogen werden, enthalten Informationen zu evolutiven Merkmalstransformationen von einem ursprünglichen Zustand zu einem neu evolvierten, abgeleiteten Zustand. Der «ursprüngliche» Zustand wird als **plesiomorph**, der «abgeleitete» Zustand als **apomorph** bezeichnet. Wenn ein plesiomorphes Merkmal bei mehreren Taxa vorhanden ist, spricht man von **Symplesiomorphie**, entsprechend wird ein bei mehreren Taxa auftretendes apomorphes Merkmal als **Synapomorphie** bezeichnet. Die Bewertung einer Ausprägung als plesiomorph oder apomorph ist relativ, denn sie bezieht sich auf die jeweils betrachtete Gruppe. Wird ein anderes Taxon untersucht, dann ändern sich auch die Bewertungen. So sind z.B. zwittrige Blüten bei den *Angiospermae*

ein plesiomorphes Merkmal, das zur Grundausstattung dieser Gruppe gehört. Innerhalb der *Spermatophyta* sind zwittrige Blüten aber ein apomorphes Merkmal, das bei den abgeleiteten *Angiospermae* auftritt, hingegen nicht bei den ursprünglicheren *Gymnospermae* mit 1geschlechtigen Blüten. Weitere wichtige Beispiele für die Interpretation von Merkmalen (plesiomorph versus apomorph) sind die Entwicklung der Keimblätter (= Kotyledonen, Blätter am Keimling) und der Pollenkörner der *Angiospermae* (zur Positionierung der Ausprägungen im Stammbaum siehe Abb. 2).
Die gemeinsamen Vorfahren aller *Angiospermae* wiesen 2 Keimblätter auf (a in Abb. 2). Dieses Merkmal veränderte sich bei den Vorfahren der *Monocotyledonae* (einem Teil der *Angiospermae*) zu 1 Keimblatt (A in Abb. 2). Das Merkmal von 2 Keimblättern ist somit ursprünglich und stellt eine Symplesiomorphie der *Angiospermae* dar. Das Merkmal von 1 Keimblatt hingegen ist abgeleitet und damit eine Synapomorphie der *Monocotyledonae*. Die Unterteilung der *Angiospermae* aufgrund der Keimblattzahl führt zu 2 Gruppen mit unterschiedlicher Qualität (siehe Abb. 2). Die *Monocotyledonae* (MO, siehe Abb. 2) gehen alle auf einen gemeinsamen Vorfahren zurück und enthalten alle und nur diejenigen Vertreter, die das Merkmal von 1 Keimblatt aufweisen. Die traditionellen *Dicotyledonae* (in Abb. 2 zweimal DI) haben ebenfalls einen nächsten, gemeinsamen Vorfahren, aber nur ein Teil der Abkömmlinge dieses Vorfahren weist noch den ursprünglichen Zustand von 2 Keimblättern auf. Die *Dicotyledonae* sind also ein «Sammelbecken» für Evolutionslinien, die sich dadurch auszeichnen, dass sie nicht Teil der Verwandtschaftsgruppe sind, die die Evolution zur Apomorphie von 1 Keimblatt durchgemacht hat. Mit dieser Unterteilung aufgrund der Zahl der Keimblätter gehen weitere Merkmale einher, z.B. die Bütenzähligkeit oder die Gefässverteilung im Querschnitt der Sprossachsen. Allerdings gibt es in dieser Aufteilung in *Monocotyledonae* (MO) und *Dicotyledonae* (zweimal DI) «Ausnahmen», wodurch die Trennung in diese beiden Gruppen nur unbefriedigend ausfiel (z.B. *Piperales*). Wie man heute weiss, sind viele dieser «Problemfälle» Teile von stammesgeschichtlich basalen Evolutionslinien (Basale *Angiospermae*, BA), die vor der Gruppe der *Monocotyledonae* (MO) und der Kerngruppe der typischen *Dicotyledonae* (*Eudicotyledonae*, ED) abzweigten (Abb. 2). Dazu gehören z.B. einige, den *Monocotyledonae* sehr ähnliche Vertreter der *Piperales* mit lanzettlichen, ganzrandigen Blättern und 3zähligen Blüten.
In ähnlicher Weise verhält es sich mit der Evolution von Pollenmerkmalen (Abb. 2; siehe auch Kapitel «Pollen – Palynologie»). Innerhalb der *Angiospermae* sind Pollenkörner mit nur 1 Keimfalte (= monosulcat) evolutiv ursprünglich und stellen somit ein plesiomorphes Merkmal dar (b in Abb. 2). Pollenkörner mit 3 in der äquatorialen Ebene liegenden Keimfalten (= tricolpater Pollen) sind evolutiv abgeleitet. Nur die Vertreter der Gruppe der *Eudicotyledonae* (ED) weisen den abgeleiteten Zustand auf (B in Abb. 2), dies stellt somit eine Synapomorphie der *Eudicotyledonae* dar.

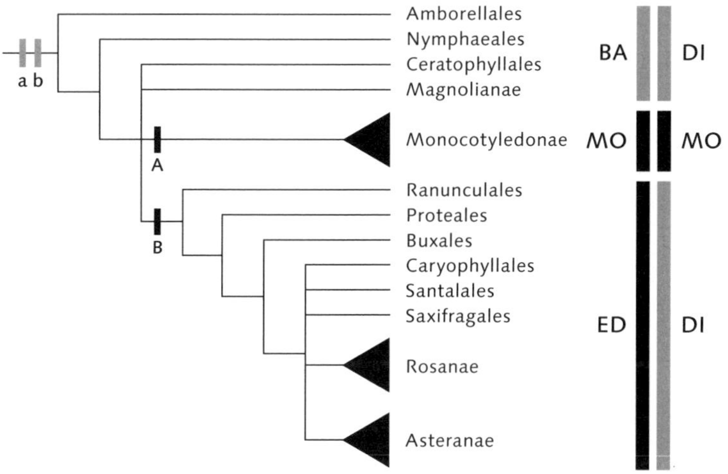

Abb. 2: Zusammenfassender Stammbaum der *Angiospermae*. **BA** = Basale *Angiospermae*. **DI** = *Dicotyledonae* (2x!). **ED** = *Eudicotyledonae*. **MO** = *Monocotyledonae*. **a** = plesiomorphes Merkmal der *Angiospermae* (2 Keimblätter). **A** = apomorphes Merkmal der *Monocotyledonae* (1 Keimblatt). **b** = plesiomorphes Merkmal der *Angiospermae* (monosulcate Pollenkörner). **B** = apomorphes Merkmal der *Eudicotyledonae* (tricolpate Pollenkörner). Schwarze Balken bezeichnen monophyletische, graue Balken paraphyletische Gruppen.

Plesiomorphe Merkmale sagen nichts aus über stammesgeschichtliche Verwandtschaften innerhalb einer Verwandtschaftsgruppe, hingegen zeigen apomorphe Merkmale eine nähere stammesgeschichtliche Verwandtschaft an. Deshalb ist es für die Rekonstruktion von Verwandtschaften wichtig, die für eine betrachtete Gruppe aussagekräftigen apomorphen Merkmale von plesiomorphen Merkmalen zu unterscheiden.

Die hauptsächlichen Evolutionslinien der *Angiospermae* gliedern sich phylogenetisch in 3 Grossgruppen (Abb. 2):

1 Die **Basalen *Angiospermae*** (BA) weisen keine der für die beiden andern Gruppen genannten Synapomorphien, sondern nur die Symplesiomorphien der beiden Merkmale auf (also a und b).
2 Die ***Monocotyledonae*** (MO) zeichnen sich aus durch die Synapomorphie von 1 Keimblatt, haben aber wie die Basalen *Angiospermae* (BA) das plesiomorphe Merkmal der monosulcaten Pollenkörner (also A und b).
3 Die ***Eudicotyledonae*** (ED) zeigen die Synapomorphie von tricolpatem Pollen, haben aber wie die Basalen *Angiospermae* (BA) das plesiomorphe Merkmal der 2 Keimblätter (also a und B).

Der Begriff «**monophyletische Gruppe**» bezeichnet eine Gruppe, in der alle Taxa von einem direkten, gemeinsamen Vorfahren abstammen und die auch alle Abkömmlinge dieses Vorfahren umfasst (engl. *clade*). Eine «**paraphyletische Gruppe**» stammt zwar auch von einem direkten, gemeinsamen Vorfahren ab, umfasst aber nicht alle Abkömmlinge dieses Vorfahren (engl. *grade*). Eine «**polyphyletische Gruppe**» schliesslich ist eine taxonomische Gruppe mit Vertretern aus ganz verschiedenen Evolutionslinien. Die traditionelle Familie der *Liliaceae*, die bis vor kurzem breite Anerkennung fand, ist

gemäss neuen Erkenntnissen eine polyphyletische Gruppe und muss deshalb anders gefasst werden (siehe Abb. 35).
In der Phylogenetik werden die rekonstruierten Verwandtschaftsbeziehungen zwischen den untersuchten Evolutionslinien primär als «Gabel» (= Dichotomie) mit 2 Ästen für die Nachkommen eines gemeinsamen Vorfahren gezeichnet. Liegen die Aufspaltungsereignisse mehrerer Evolutionslinien von Nachkommen zeitlich nahe beieinander oder treten bei der Rekonstruktion der relativen Aufspaltungsereignisse Widersprüche auf, so werden zur Vereinfachung mehrere Äste an einem Punkt zusammengefasst (= **Polytomie**). So sind etwa an der Basis der Kern-*Eudicotyledonae* unsere Kenntnisse über die relativen Verwandtschaftsbeziehungen noch wenig gefestigt, so dass wir hier eine Polytomie mit den 3 Ordnungen *Caryophyllales*, *Santalales* und *Saxifragales* zusammen mit den 2 Überordnungen *Rosanae* und *Asteranae* bevorzugen (Abb. 2, Abb. 34).
In der modernen Systematik werden ausschliesslich monophyletische Gruppen rezenter Arten und Artengruppen als taxonomische Einheiten akzeptiert, was früher aus Mangel an Kenntnissen (fehlende Daten) und Pragmatismus (einfach zu sehende Merkmale) nicht der Fall war.

Methoden der systematischen Botanik

Ziel der systematischen Botanik ist es, Pflanzentaxa umfassend zu beschreiben und sie in einem die Abstammungsverhältnisse wiedergebenden System einzuordnen. Ein solches System wurde in der Vergangenheit «natürliches System» genannt, da es die biologischen (also «natürlichen») Verwandtschaften abbilden soll. Heute liegt der Schwerpunkt primär auf den rekonstruierten Verwandtschaftsbeziehungen, was zur jetzt verwendeten Bezeichnung «phylogenetisches System» führte. Für die Beschreibung der Taxa und die Untersuchung der Verwandtschaftsbeziehungen zwischen den Pflanzentaxa wird eine Vielzahl von Methoden angewendet. Im folgenden wird eine Auswahl von Methoden und Forschungsbereichen vorgestellt, die im engeren oder weiteren Sinne mit der systematischen Botanik verknüpft sind.

Morphologie

Die Morphologie befasst sich mit der Gestalt und dem äusseren Bau der Pflanze sowie ihrer Organe (vegetative Teile, Fortpflanzungsorgane). Das äussere Erscheinungsbild einer Pflanze wird Habitus genannt. Bis heute bildet die Morphologie die Grundlage für das Beschreiben und Erkennen eines Taxons. Früher basierte das System, in das alle Organismen eingeteilt wurden, ausschliesslich auf morphologischen und anatomischen Merkmalen. Heute dagegen sind die DNA-Daten die wichtigste Grundlage zur Feststellung von Evolutionslinien. Allerdings sind einige der so gefundenen monophyletischen Gruppen nicht (oder noch nicht) morphologisch fassbar. Dies ist besonders für Arbeiten im Feld erschwerend.

Die morphologische Beschreibung der verschiedenen Taxa auf den unterschiedlichen taxonomischen Stufen stellt in diesem Buch den Hauptteil dar. Da nicht allen Taxa eindeutige Merkmale zugeordnet werden können, geben wir manchmal sogenannte Tendenzmerkmale an. Dies bedeutet, dass viele der unter dem jeweiligen Namen aufgeführten Einheiten eine bestimmte Merkmalsausprägung zeigen, dass aber auch Abweichungen vorkommen. Bei einigen Taxa, deren untergeordnete Einheiten keine gemeinsamen Merkmale aufweisen, verzichten wir bewusst auf eine morphologische Charakterisierung.
Zur Ermittlung einer echten, stammesgeschichtlichen Verwandtschaft aufgrund der Morphologie müssen jeweils homologe (bauplanähnliche) Organe verglichen werden. Durch Homologie bedingte Ähnlichkeit ist Ausdruck eines gemeinsamen Vorfahren. Homologe Organe können (müssen aber nicht) unterschiedliche Funktionen haben. Analoge (funktionsähnliche) Organe haben zwar die gleiche Funktion und können sogar sehr ähnlich aussehen, sind aber auf verschiedene Art und Weise entstanden und spiegeln somit keinen gemeinsamen Ursprung wider. Solche Organe können in stammesgeschichtlichen Überlegungen nicht miteinander verglichen werden, denn analogiebedingte Ähnlichkeit stellt letztlich die Folge von Anpassung an äussere Bedingungen und Auswahl durch Selektion dar.
Arten zeigen eine unterschiedlich stark ausgeprägte morphologische Variabilität, d.h., Individuen einer Art müssen nicht genau gleich aussehen. Diese Variabilität beruht v.a. auf genetischen Unterschieden der sich sexuell fortpflanzenden Arten. Sie kann aber auch auf phänotypischer Plastizität beruhen, hervorgerufen durch unterschiedliche Umweltbedingungen (z.B. Konkurrenzverhältnisse), die auf die einzelnen Individuen z.T. sehr kleinräumig einwirken können.

Anatomie

Die Anatomie befasst sich mit dem inneren Bau der Lebewesen auf der Organisationsstufe der Gewebe und Organe. Dabei lassen sich oft für gewisse Pflanzengruppen typische Strukturen erkennen. Beispiele dazu sind die charakteristische Anordnung der Leitbündel bei *Monocotyledonae* und *Eudicotyledonae* oder der zelluläre Bau bestimmter Haarformen, wie man sie in verschiedenen Gattungen der *Brassicaceae* findet.

Embryologie

Die Embryologie umfasst den Teil des Generationswechsels, der von der Sporangienbildung bis zum Abschluss der Embryobildung dauert. Sie verfolgt die Entwicklung der Gewebe und Organe, die mit der Entstehung des neuen Individuums verknüpft sind, und liefert etwa durch Vergleiche im Bau der Samenanlagen (z.B. Zahl der Integumente, Entwicklung des Embryos und des Nährgewebes) wichtige Beiträge zur Systematik.

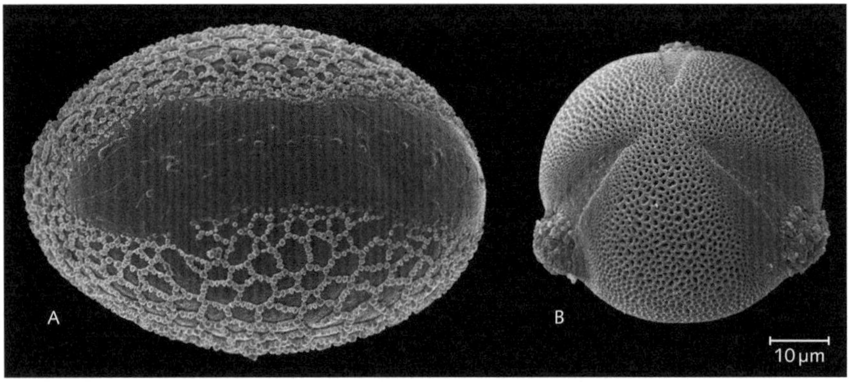

Abb. 3:
Die beiden Pollen-Haupttypen der *Angiospermae*.
A: Monosulcat (*Lilium martagon*, *Monocotyledonae*).
B: Tricolpat (*Ecballium elaterium*, *Cucurbitaceae*, *Cucurbitales*, *Eudicotyledonae*).
(Heidemarie Halbritter)

Pollen – Palynologie

Beim Pollen (Einzahl Pollenkorn), gebildet in den Staubblättern der Blüten, handelt es sich um die Mikrosporen der *Spermatophyta*, die von den Antheren aus durch Tiere (vorwiegend Insekten, aber auch Vögel, Fledermäuse, Kleinsäuger und Reptilien), Wind oder Wasser auf die Narben übertragen werden. Die Pollenkörner haben eine rundliche bis ovale Form und sind 10 bis 100 µm gross. Reife Pollenkörner haben eine ausserordentlich widerstandsfähige äusserste Schicht (Exine) aus Sporopollenin (Polyterpene), die eine oft für Familien, Gattungen oder sogar Arten charakteristische Oberflächenstruktur zeigt. Diese Eigenschaften werden schon seit längerem für die taxonomische Gliederung, primär der *Angiospermae*, genutzt. Da die widerstandsfähige Exine Jahrtausende bis Jahrmillionen in Sedimentschichten überdauern kann, ermöglicht deren Auftreten in verschiedenen geologischen Schichten die Rekonstruktion der Vegetations- und Florengeschichte. Die Palynologie als interdisziplinäre Wissenschaft der Geologie und Biologie untersucht das Auftreten und die Verteilung der Pollen(-körner) und Sporen im Verlauf der Erdgeschichte und erschliesst so Informationen, die für die Klimaforschung und Evolutionsbiologie von Belang sind.
Besonders wichtige Merkmale der Pollen sind die Zahl, Lage und Form der Keimöffnungen (auch Keimfalten genannt; = Aperturen). Dies sind «Furchen» oder ausgedünnte Bereiche in der Exine, durch die der Pollenschlauch bei der Keimung des Pollenkorns austritt. Längsgestreckte Keimfalten, die am Pollenkorn distal (am Ende) angelegt sind, werden als Sulci (Einzahl Sulcus) bezeichnet. Da meist nur 1 Keimfalte vorhanden ist, wird der Pollen monosulcat genannt (Abb. 3A). Solche Pollenkörner sind typisch für *Gymnospermae* wie auch für Basale *Angiospermae* und *Monocotyledonae*. Demgegenüber wird der Begriff «Colpi» (Einzahl Colpus) für äquatoriale (oder über die ganze Oberfläche verteilte), rundliche Keimfalten verwendet. Da häufig 3 Keimfalten vorliegen, werden solche Pollenkörner tricolpat genannt (Abb. 3B). Diese Merkmale sind vor allem im Zusammenhang mit der Unterteilung der *Angiospermae* in Grossgruppen von besonderer Bedeutung:

das ursprüngliche Merkmal innerhalb dieser Verwandtschaftsgruppe ist der monosulcate Pollen (Abb. 3A), während tricolpater Pollen (und davon abgeleitete Typen) charakteristisch ist für die *Eudicotyledonae* (Abb. 3B).
Das vergleichsweise plötzliche, gehäufte und über grössere Gebiete der Erde verteilte Auftreten von tricolpaten Pollen in den Sedimenten des jüngsten Barremian (Unterkreide) vor ca. 125 Millionen Jahre wird heute oft mit dem ersten Auftreten (= absolutes Alter) der *Eudicotyledonae* gleichgesetzt und für Schätzungen des Alters von Evolutionslinien der *Angiospermae* verwendet. Für die *Eudicotyledonae* stellen Pollen mit 3 äquatorial liegenden Keimfalten den primären Merkmalszustand dar (Doyle 2012), Modifikationen dieses Typs werden innerhalb dieser grossen Verwandtschaftsgruppe als abgeleitet interpretiert.

Blütenbiologie

Die Blütenmorphologie steht meist in engem Zusammenhang mit der Bestäubung und Befruchtung oder mit der Ausbreitung von Früchten und Samen. Die Blütenbiologie untersucht diese Zusammenhänge.

Bestäubungsbiologie

In der Bestäubungsbiologie werden Bau der Blüten (Morphologie und Anatomie) und Prozesse im Zusammenhang mit der Bestäubung untersucht. Nahe verwandte Taxa haben z.T. gleiche oder ähnliche Bestäubungsvorgänge, daraus können sich Verwandtschaftshinweise ergeben. So beruht die Gliederung der *Ranunculaceae* unter anderem auf morphologisch-anatomischen Spezialisierungen, insbesondere auf der vielgestaltigen Ausbildung von Nektarblättern; Arten und Gattungen werden aufgrund dieser spezifischen Blütenmerkmale charakterisiert. Andererseits können bestäuberspezifische Organe auch Ausdruck einer Spezialisierung sein und so gegenüber verwandten Taxa abgrenzen. Die Blüten vieler Arten der *Orchidaceae* sind in Form und Farbe sehr eindrücklich auf ihre spezifischen Bestäuber abgestimmt.
Für die Übertragung von Pollen wird dieser von den Antheren entlassen (meistens durch Aufreissen der Antheren) und für das «Übertragungsmedium» (Tiere oder Wind, selten Wasser) freigegeben. Für die Bestäubung durch Tiere, in unseren Breitengraden primär Insekten, lässt die Architektur der Blüten (und Blütenstände) zu, dass Pollen unspezifisch auf das Insekt übertragen wird (keine örtliche Eingrenzung; z.B. die teller- oder schalenförmigen Blüten der *Ranunculaceae*, der Teppich von vielen kleinen Blüten bei den Dolden der *Apiaceae*). Der Pollen kann aber auch durch morphologische Einrichtungen gesteuert sehr genau auf das Insekt übertragen werden (z.B. *Salvia pratensis*, *Lamiaceae*; *Orchidaceae* etc.). Bei den *Asteraceae* und *Campanulaceae* finden wir die sogenannte «sekundäre Pollenpräsentation». Hier bilden die Antheren (zumindest zeitweise) eine den Griffel umschliessende Röhre; der Pollen wird von den Antheren ins Innere der Röhre abgegeben

und auf den Griffel übertragen; durch anschliessende Streckung des Griffels wird der Pollen aus der Röhre geschoben und für die Übertragung auf das Insekt exponiert.

Ausbreitungsbiologie

Anpassungen von Früchten und Samen an die Ausbreitung durch Wind, Wasser oder Tiere können für gewisse systematische Gruppen typisch sein. Für viele *Asteraceae* sind z.B. Flugfrüchte (durch Pappusborsten gebildete «Fallschirme») charakteristisch. In der Familie der *Rosaceae* weisen viele Gattungen spezifische Fruchttypen auf (z.B. Nuss- oder Steinfrucht, verschiedene Sammel- und Scheinfrüchte).

Zytologie

Die Zytologie (Zellenlehre) erfasst allgemein mikroskopische Strukturen innerhalb der Zellen. Bei höheren Pflanzen liefern insbesondere Untersuchungen der Chromosomen in den Zellkernen wertvolle systematische Daten. Dabei können sich Arten sowohl aufgrund der Chromosomenzahl als auch aufgrund von Abweichungen in der Chromosomengestalt (insbesondere der Lage des Zentromers) unterscheiden. Zudem können durch spezifische Färbungen bestimmte reproduzierbare Bandenmuster auf den Chromosomen hervorgerufen werden.
Die Chromosomenzahl in den Keimzellen, d.h. nach erfolgter Meiose, wird mit 1n bezeichnet (generative, «reduzierte» Chromosomenzahl). Die Chromosomenzahl in den Gewebezellen, d.h. nach erfolgter Befruchtung, bezeichnet man mit 2n (vegetative, somatische, «nichtreduzierte» Chromosomenzahl). Ein Chromosomensatz (= Genom) enthält 1 Chromosom jeder «Sorte», die Zahl der Chromosomen in einem Genom wird Chromosomengrundzahl genannt und mit x bezeichnet. Die Ploidiestufe gibt die Anzahl Genome in einer Zelle an; haploid bedeutet, dass sich in einer Zelle 1 Genom befindet (dies wird mit 1x beschrieben), diploid bedeutet 2 Genome (= 2x), triploid heisst 3 Genome (= 3x), weitere Ploidiestufen sind tetraploid (= 4x), pentaploid (= 5x), hexaploid (= 6x) etc. Bei vielen Arten entspricht die generative Zahl 1n auch 1 Genom (1n = 1x), die vegetative Zahl 2n dann entsprechend 2 Genomen (2n = 2x). Arten innerhalb einer Gattung können aber auch verschiedene Chromosomenzahlen haben, die in einem ganzzahligen Verhältnis zueinander stehen. Sie bilden dann eine polyploide Reihe mit verschiedenen Ploidiestufen. Die Zahl n (1n oder 2n) sagt nichts aus über die Zahl der Chromosomen oder die Zahl der Genome, sondern bezeichnet nur die Phase im Generationswechsel (reduziert resp. nichtreduziert). Die Anzahl x sagt etwas aus über die Anzahl Genome in einer Zelle, sie gibt aber keine Auskunft über die Phase im Generationswechsel. Aus der Chromosomengrundzahl (x), der Ploidiestufe (Anzahl x) und der Angabe zur Phase des Generationswechsels (1n oder 2n) kann die wirkliche Zahl der Chromosomen in einer Zelle abgeleitet werden.

Beispiel: In der Gattung *Ranunculus (Ranunculaceae)* besteht bei den meisten Arten ein Genom aus 8 Chromosomen. Viele Arten haben 8 Chromosomen (1 Genom) in den Keimzellen (Untersuchung meist während der Pollenmeiose) bzw. 16 Chromosomen in Gewebezellen (Untersuchung meist in Mitosen sich teilender Wurzelspitzenzellen): 1n = 1x = 8 bzw. 2n = 2x = 16. Durch Genomverdoppelungen sind im Laufe der Entwicklung auch Arten mit 32 Chromosomen in den Gewebezellen entstanden: 2n = 4x = 32 (tetraploid), Gameten: 1n = 2x = 16 (diploid), oder gar solche mit der somatischen Chromosomenzahl 48: 2n = 6x = 48 (hexaploid), Gameten mit 1n = 3x = 24 (triploid). Durch Bastardierungen wurden auch Sippen mit ungerader Ploidiestufe gebildet: 2n = 3x = 24 (triploid), 2n = 5x = 40 (pentaploid). Oft sind solche polyploide Reihen (insbesondere, wenn auch ungerade Ploidiestufen vorkommen!) an apomiktische Fortpflanzung gekoppelt (siehe Kapitel «Apomixis» unter «*Angiospermae*»).
Die Paarung homologer Chromosomen ist eine Voraussetzung für den normalen Ablauf der Meiose. Bei Pflanzen mit ungerader Ploidiestufe (z.B. triploid oder pentaploid) können sich nicht alle Chromosomen in Paaren mit homologen Partnern anordnen. Deshalb ist die Meiose gestört und es werden meist keine funktionstüchtigen Meioseprodukte (Eizellen, Pollenkörner) gebildet. Diese Pflanzen sind in der Regel hochgradig steril. Dies bedeutet aber nicht, dass sie sich nicht fortpflanzen können, sondern nur, dass ihre sexuelle Fortpflanzung gestört ist. Solche Pflanzen können eine vegetative oder eine apomiktische Fortpflanzung aufweisen, da damit die Probleme der sexuellen Fortpflanzung umgangen werden können; allerdings wird dadurch die sexuelle Fortpflanzung und damit die Rekombination, also die Neuanordnung von Genen, verhindert und die genetische Vielfalt dieser Taxa eingeschränkt.

Chemotaxonomie

Die Chemotaxonomie (auch «biochemische Taxonomie» genannt) basiert auf der chemischen Analyse von Inhaltsstoffen. Zusammen mit Resultaten anderer Forschungsrichtungen können die gewonnenen Daten zur taxonomischen Gliederung der Pflanzen beitragen. Dieser Wissenschaftszweig hat seine Wurzeln in der chemischen Analyse von Medizinalpflanzen und wird auch heute oft angewendet, um Pflanzengruppen zu untersuchen, von denen gewisse Vertreter von besonderem pharmazeutischem Interesse sind. Untersucht werden primäre und insbesondere sekundäre Pflanzeninhaltsstoffe, die oft deutliche Unterschiede zwischen nahe verwandten Arten oder Artengruppen aufweisen.
Sekundäre Stoffe des Pflanzenstoffwechsels (z.B. Alkaloide oder Flavonoide) haben vielfältige Funktionen und eignen sich oft zur Unterscheidung von Arten oder Gruppen. Sie lassen sich aus den Pflanzen extrahieren und mit verschiedenen Analysemethoden (z.B. Ultraviolett-[UV-]Absorptionsspektrometrie, Dünnschicht-, Gas- oder Hochdruckflüssigkeitschromatographie

[HPLC]) untersuchen. Obwohl die Produktion vieler dieser Inhaltsstoffe nicht nur genetisch gesteuert wird, sondern auch von den Umweltbedingungen und dem Entwicklungszustand der Pflanze abhängt, lassen sich verschiedene Pflanzenarten oft aufgrund der Muster ihrer Inhaltsstoffe unterscheiden. Damit können verwandtschaftliche Beziehungen aufgezeigt werden. Besonders aufschlussreich ist die Analyse von sekundären Pflanzeninhaltsstoffen in Kombination mit DNA-Sequenzen (Nandi & al. 1998).
Eine weitere Untersuchungsmethode ist die Enzymelektrophorese. Diese Methode war bis vor wenigen Jahren die am häufigsten verwendete Methode, um genetische Unterschiede zwischen Individuen und Arten zu untersuchen. Enzyme als unmittelbare Genprodukte können mit geeigneten Extraktionsverfahren aus frischem Pflanzenmaterial (z.B. Blätter, Blüten) isoliert und durch Elektrophorese aufgetrennt werden. Dabei wird der Extrakt auf eine Trägersubstanz (Gel) aufgetragen und einem elektrischen Feld ausgesetzt. Dieses bewirkt ein ungleich schnelles Wandern der Enzyme, abhängig von deren Nettoladung, Grösse und Struktur. Nachdem das Proteingemisch so aufgetrennt worden ist, können die gewünschten, nun separierten Enzyme mit spezifischen Färbungen als Banden sichtbar gemacht werden. Unterschiedliche Bandenmuster entsprechen genetischen Unterschieden. Aufgrund dieser Muster können verschiedene Pflanzenarten miteinander verglichen werden. Enzymelektrophorese bei Pflanzen wird hauptsächlich für die Untersuchung der genetischen Populationsstruktur verwendet. Pflanzenpopulationen derselben Art können durch Pollenübertragung (durch Bestäuber oder Wind) oder Samenaustausch (z.B. durch flugfähige oder durch Tiere transportierte Samen oder Früchte) miteinander Gene austauschen; diesen Vorgang nennt man Genfluss. Wenn zwischen zwei benachbarten Populationen keine Gene ausgetauscht werden, so kann dies ein Hinweis dafür sein, dass die Populationen durch Fortpflanzungsbarrieren (z.B. unterschiedliche Bestäuber, abweichende Chromosomenzahlen) voneinander reproduktiv isoliert sind und es sich um verschiedene Arten handeln kann.

Molekulare Systematik

Die Analyse der Nukleotidabfolge (=Sequenz) der Erbsubstanz DNA für die Rekonstruktion von stammesgeschichtlichen (=phylogenetischen) Verwandtschaftsbeziehungen hat sich zu einem eigenständigen Fachgebiet innerhalb der Systematik entwickelt: die molekulare Phylogenetik ist die Wissenschaft von der Rekonstruktion der Verwandtschaftsbeziehungen zwischen Lebewesen. Hier werden Unterschiede in der Nukleotidabfolge desselben Genabschnittes bei verschiedenen Arten untersucht und für die Rekonstruktion der Verwandtschaftsbeziehungen zwischen Organismen verwendet. Anders als sekundäre Inhaltsstoffe sind DNA-Sequenzen nicht von der Umwelt beeinflusst, und im Gegensatz zu Proteinen sind DNA-Moleküle relativ stabil. Deshalb lassen sie sich mit geeigneten Verfahren z.B. auch aus getrockneten Blättern oder Holzstücken isolieren und weiter untersuchen.

Mit der Entwicklung und Verbreitung der Polymerase-Kettenreaktion (PCR) wurde es in den letzten 20 Jahren immer einfacher, gezielt ausgewählte Abschnitte der DNA zu untersuchen. Zudem ist im Prinzip die Anzahl an Genorten (Loci; Einzahl Locus), die untersucht werden können, fast unbeschränkt. Da eine grössere Anzahl an Merkmalsunterschieden auch eine bessere Aussage über Verwandtschaftsbeziehungen zulässt, ist dies ein wichtiger Vorteil.
Für die Rekonstruktion von Stammbäumen, also für die Analyse von stammesgeschichtlichen Beziehungen zwischen Pflanzen, wurden in den letzten Jahren hauptsächlich ausgewählte Gene des Chloroplastengenoms untersucht. Insbesondere das Gen *rbcL*, das für die grosse Untereinheit der Ribulose-1,5-bisphosphat-Carboxylase (RuBisCO) kodiert, wurde in Labors weltweit untersucht, um eine erste umfassende molekulare Phylogenie der Pflanzen aufzustellen (Chase & al. 1993). Diese Studie ist heute ein Klassiker der molekularen Systematik und hat dem Forschungsgebiet zum Durchbruch verholfen. Heutige Studien basieren meist auf der Analyse mehrerer Gene oder Genabschnitte und umfassen oft Gene nicht nur des Chloroplastengenoms, sondern auch des mitochondrialen Genoms und des Kerngenoms.

In den letzten Jahren sind zahlreiche neue Sequenziertechniken entwickelt worden, die oft summarisch als «next-generation sequencing»-Methoden (NGS) bezeichnet werden (Metzker 2010). Diese Methoden erlauben das rasche Sequenzieren z.B. gesamter Chloroplastengenome bei zahlreichen Arten. Daraus ist das Feld der Phylogenomik entstanden, in dem stammesgeschichtliche Beziehungen zwischen Organismen aufgrund von Vergleichen ganzer Genome (oder Genomabschnitte) rekonstruiert werden. Eine der grossen Herausforderungen in diesem Forschungsgebiet ist die Bioinformatik, also die computergestützte Analyse der Sequenzdaten. Als Folge der enormen Datenmengen muss in diesem Bereich oft mit Grossrechnern gearbeitet werden. Darüber hinaus werden laufend neue Algorithmen für die Rekonstruktion der Stammesgeschichte entwickelt, die immer genauere und quantitativ gewichtete Hypothesen ermöglichen.
Eine interessante Anwendung unseres Wissens über Unterschiede in der DNA-Sequenz ausgewählter Gene zwischen verschiedenen Arten ist «DNA Barcoding». Dabei werden die Unterschiede zwischen Arten dazu verwendet, um nicht identifizierte Proben einer Art zuzuweisen, ähnlich der Zuordnung eines Fingerabdrucks zu einer Person. DNA Barcoding kann also beispielsweise dazu verwendet werden, die Herkunft von beschlagnahmtem Tropenholz festzustellen oder zu überprüfen, ob das Holz von einer geschützten Art stammt oder nicht (Höltken & al. 2012). Diese Form der Artidentifizierung durch DNA-Analyse ist relativ aufwendig und nur dann zuverlässig, wenn eine gute Vergleichsdatenbank zur Verfügung steht. Aus diesem Grund stellt DNA Barcoding kein Ersatz für fundierte Artenkenntnisse dar.

Die Ergebnisse im Bereich der molekularen Phylogenetik der Pflanzen werden seit 1998 von der Angiosperm Phylogeny Group gesammelt, überarbeitet und wissenschaftlich veröffentlicht. Die aktuelle Version III stammt von 2009 (APG 2009; siehe auch Kapitel «Phylogenetik»). Darauf basieren zahlreiche Änderungen in der phylogenetischen Klassifizierung der Samenpflanzen (Chase & Reveal 2009, Reveal & Chase 2011).

Genetik

Zur Abklärung von Verwandtschaftsverhältnissen und zur Kenntnis von Fortpflanzungssystemen können genetische Untersuchungen beitragen. In klassischen Kreuzungsexperimenten werden verschiedene Arten gegenseitig bestäubt und die Nachkommenschaft (F_1, F_2 oder weitere sog. Filialgenerationen) untersucht. So lassen sich Kreuzungsbarrieren feststellen, und bei erfolgreichen Kreuzungen kann das Vererbungsmuster von Unterscheidungsmerkmalen studiert werden. Die Bastardnatur fraglicher Pflanzensippen kann durch die experimentelle Rekonstruktion nachgewiesen werden. Auch wenn noch nicht alle Details geklärt sind, stellt der Nachweis der Bastardnatur beim Weizen (*Triticum aestivum, Poaceae*) ein interessantes Beispiel dar (siehe Strasburger & al. 2008). Archäologische Funde zeigen, dass im Nahen Osten bereits im 7. Jahrtausend v. Chr. von frühen Ackerbauern aus Wildformen ertragreichere Kulturformen ausgelesen wurden, so der diploide *Triticum urartu* (Einkorn) und der tetraploide *Triticum turgidum* (Emmer), eine polyploide Bastardart aus einer Kreuzung von *Triticum urartu* mit einer unbekannten Art. Wahrscheinlich erst im 3. Jahrtausend v. Chr. entstand aus einer Kreuzung von tertraploidem *Triticum turgidum* mit der diploiden Wildart *Aegilops tauschii* (= *Triticum tauschii*) der hexaploide Weizen *Triticum aestivum*. Der Nachweis der Bastardnatur des Weizens erfolgte durch die Untersuchung der Chromosomenmorphologie der verschiedenen Taxa und durch die experimentelle Rekonstruktion des Weizens aus den ursprünglichen Wildarten. Die 6 Genome des hexaploiden Weizens stammen also von 3 verschiedenen Wildarten: je 2 von *Aegilops tauschii*, *Triticum urartu* und einer unbekannten Art.

Zur Charakterisierung der Nachkommenschaft sind neben morphologischen und zytologischen Analysen (Chromosomenuntersuchungen) Abklärungen betreffend der Fertilität wichtig. Bei zwischenartlichen Kreuzungen ist das Auftreten abortiver Keimzellen häufig (bedingt durch unvollständige Chromosomenpaarung nicht oder nur partiell homologer Genome während der Meiose). Nur Nachkommen mit (zumindest zum Teil) gut entwickelten Samenanlagen und Pollenkörnern haben einen Einfluss auf den Evolutionsverlauf. Eine besonders einfache Methode zur Fertilitätsbestimmung sind Pollenuntersuchungen. Aufgrund von Gestalt und Anfärbbarkeit der Pollenkörner kann ihre Funktionsfähigkeit (Fertilität) quantitativ erfasst werden; dies ist meist auch an sehr alten Herbarbelegen (bis 200 Jahre alt) noch möglich.

Mit experimentellen Selbstbestäubungen (innerhalb derselben Blüte oder zwischen Blüten desselben Individuums) und Fremdbestäubungen (zwischen verschiedenen Individuen derselben Art oder Sippe) kann der Grad der Selbststerilität resp. Selbstfertilität bestimmt werden. Neben Bestäubungsexperimenten spielen heute in der genetischen Forschung Methoden der Enzym- und DNA-Analyse eine sehr wichtige Rolle (siehe Kapitel «Chemotaxonomie» und «Molekulare Systematik»).

Vegetationsgeschichte

Die Zusammensetzung der Flora eines Gebietes ist durch folgende Faktoren bestimmt:

- Ursprünglicher Artenvorrat (stark beeinflusst von historischen Ereignissen wie z.B. Eiszeiten)
- Verbindungen oder Hindernisse, die Artenaustausch mit benachbarten Gebieten ermöglichen oder verhindern
- Verbindungen zu Überdauerungszentren (sog. Refugien) während der Eiszeiten
- Änderung der Standortfaktoren (insbesondere Klima, Boden, Einfluss des Menschen)

Die Vegetationsgeschichte ermöglicht das Verständnis für das heutige Vorkommen von Arten in einem Gebiet, liefert aber oft auch systematische Hinweise. So ist beispielsweise die Ausbreitung und Wanderung einer Pflanzensippe häufig mit der Ausbildung neuer, an veränderte Umweltbedingungen angepasster Sippen verknüpft. Zur Rekonstruktion der Vegetationsgeschichte tragen Fossilien (Versteinerungen), Pollenanalysen (v.a. für die Flora der Zwischen- und Nacheiszeiten) und pflanzengeographische Überlegungen bei.

Pflanzengeographie

Durch die Ermittlung der Verbreitungsgebiete von Arten oder anderen systematischen Einheiten (Arealkunde – Chorologie) leistet die Pflanzengeographie einen Beitrag zur Klärung von Verwandtschaftsverhältnissen. Die Kartierung von Verbreitungsgebieten kann durch Auswertung von Herbarbelegen oder direkt im Gelände geschehen. 1982 wurde die Kartierung der Farn- und Blütenpflanzen in der Schweiz abgeschlossen (Welten & Sutter 1982). Da die Verbreitung gewisser Pflanzengruppen (wie Pionierpflanzen, Arten bedrohter Standorte, Neuankömmlinge) einer starken Veränderung unterworfen ist, müssen auch die Karten von Zeit zu Zeit aktualisiert werden. Heute stehen über das Internet die auf den neuesten Stand gebrachten Karten zur Verfügung (www.infoflora.ch/de). Neben der Bedeutung für die Systematik ist eine Kartierung v.a. von praktischem Nutzen. So können durch die Verbreitung gewisser Arten Gebiete mit bestimmten klimatischen Verhältnissen und Böden erkannt und Rückschlüsse auf die Bewirtschaftungsweise gezogen werden. Einige Arten haben sehr grosse Areale und sind fast über die ganze Erde verbreitet, z.B. *Poa annua* (*Poaceae*). Andere Arten kommen nur in einem eng begrenzten Gebiet vor und werden Endemiten genannt; *Draba ladina* (*Brassicaceae*) ist beispielsweise endemisch im Gebiet des Unterengadins.

Ökologie

Die Beziehungen der Pflanzen zu ihrem Standort werden in der Pflanzenökologie untersucht. Ein Standort wird beeinflusst durch die Faktoren Zeit, Klima, Boden, Relief und Lebewesen.
Die ökologische Differenzierung über die Generationen, d.h. die spezifische Anpassung der Pflanzen an bestimmte Umweltverhältnisse (z.B. trockene oder feuchte Standorte; basenreiche Kalkböden oder saure, oft silikatische Böden), spielt eine grosse Rolle bei der Entstehung neuer Arten. Ökologische Eigenschaften sind oft mit morphologischen und anatomischen Besonderheiten wie Wuchsform, Blattgrösse oder Behaarung korreliert. Auf einen bestimmten ökologischen Parameter können verschiedene Pflanzenarten nicht nur mit einer Strategie, sondern mit unterschiedlichen morphologischen Anpassungen reagieren.
Aufgrund ihrer Standorttreue können Arten als **Zeigerpflanzen** zur Beurteilung von Boden- oder Klimaverhältnissen verwendet werden (Bioindikatoren, siehe auch Kapitel «Zeigerwerte und Zeigerpflanzen»). Die natürlicherweise besiedelten Standorte müssen dabei nicht dem physiologischen Optimum der jeweiligen Art entsprechen. So wächst z.B. *Pinus sylvestris* *(Pinaceae)* im Mittelland nur an trockenen oder feuchten Standorten, das physiologische Optimum liegt jedoch im mittleren Bereich; dort wird *Pinus sylvestris* aber durch Laubbäume verdrängt.

Pflanzensoziologie

Als Vegetation bezeichnet man die gesamthafte Pflanzendecke in einem Gebiet. Die Pflanzensoziologie untersucht die wechselseitigen Beziehungen zwischen den Pflanzen und die Beziehungen der verschiedenen pflanzensoziologischen Einheiten mit der Umwelt. Die Zusammensetzung der Vegetation wird vom vorhandenen Artenvorrat des Gebietes, den ökologischen Ansprüchen der einzelnen Arten und den Konkurrenzverhältnissen bestimmt. Unter gleichen Standortverhältnissen kommen in einem Gebiet immer wieder dieselben Arten zusammen vor und bilden ähnliche Pflanzengemeinschaften. Solche sich wiederholende Pflanzengemeinschaften werden als Pflanzengesellschaft bezeichnet und nach einer oder zwei dominierenden Arten mit einem Fachnamen benannt. Die Fachrichtung, die sich mit der Untersuchung und Feststellung solcher Pflanzengesellschaften beschäftigt, nennt man Pflanzensoziologie. Eine Pflanzengesellschaft ist abhängig von den an einem Standort wirksamen Faktoren. Dazu gehören sowohl abiotische (wie Klima, Boden etc.) wie auch biotische Faktoren (z.B. Artenvorrat, Konkurrenz etc.). Der Begriff «Standort» umfasst all diese Faktoren.

Die wichtigsten Gesellschaften in den unterschiedlichen Höhenstufen (kollin, montan, subalpin, alpin) werden später im Kapitel «Ökologie und Pflanzengesellschaften» kurz besprochen. Naturgemäss sind die Pflanzengesellschaften nicht immer scharf voneinander zu trennen, sondern oft (aufgrund von sich allmählich ändernden Standortfaktoren) durch Übergänge miteinander verbunden.
Die grundlegende Einheit in der Pflanzensoziologie ist die Assoziation. Eine Assoziation ist durch eine Kombination von bestimmten Arten definiert und zeigt eine bestimmte Kombination von Standortfaktoren an. Ähnliche Assoziationen werden zu Verbänden zusammengefasst, ähnliche Verbände zu Ordnungen, ähnliche Ordnungen zu Klassen. Die Hierarchie dieses Systems ist analog zu jener des systematischen Klassifikationssystems, die Einheiten werden auch hier mit einer rangabhängigen lateinischen Endung versehen (im Beispiel **fett** gedruckt). Beispiel:

Klasse	*Molinio-Arrhenather**etea***	Kulturwiesen und -weiden, benannt nach *Molinia caerulea* und *Arrhenatherum elatius*
Ordnung	*Arrhenather**etalia***	Frischwiesen und -weiden
Verband	*Arrhenather**ion***	Fromentalwiesen, Talfettwiesen
Assoziation	*Arrhenather**etum***	mitteleuropäische Fromentalwiesen

Von wertvoller praktischer Bedeutung ist die Anwendung von pflanzensoziologischen Daten im Zusammenhang mit den ökologischen Zeigerwerten. Durch die Berücksichtigung der Zeigerwerte aller aufgenommenen Arten kann ein Standort durch ökologische Parameter quantitativ erfasst werden. Bei der Berechnung solcher mittlerer ökologischer Zeigerwerte erhalten die Pflanzen, die an einem Standort zahlreich oder mit grosser Deckung auftreten, sinnvollerweise ein höheres Gewicht als seltene Arten. Die für jeden Zeigerwert erhaltenen Mittelwerte einer pflanzensoziologischen Aufnahme können nun mit den Mittelwerten anderer Aufnahmen verglichen und die Standortunterschiede herausgearbeitet werden. Zudem kann die Bandbreite des soziologischen und ökologischen Verhaltens einer Art festgestellt und mit anderen systematischen Daten verglichen werden.

Biodiversität

Unter dem Begriff «Biodiversität» versteht man biologische Vielfalt auf unterschiedlichen Stufen (z.B. genetische Variabilität innerhalb von Arten sowie Vielfalt an Arten und an Ökosystemen). Der Begriff «Biodiversität» wurde 1986 als Kurzform des englischen Ausdrucks «*biological diversity*» eingeführt und erhielt mit der Umweltkonferenz von Rio de Janeiro 1992 eine breite und politisch hohe Bedeutung. Obwohl von hoher Aktualität ist die Biodiversität noch lange nicht vollständig erforscht. Wegen der menschlichen

Einflüsse ist sie starken Veränderungen unterworfen, deren Auswirkungen (noch) nicht abgeschätzt werden können. Biodiversität als Forschungsgebiet wird im Brockhaus (2006) folgendermassen umschrieben (Zitat): «Zentrales Element der Biodiversitätsforschung ist die Erfassung, wissenschaftliche Beschreibung und Kartierung der Artenvielfalt. ... Heute wird sie durch ein breites Spektrum an Methoden aus der Molekularbiologie, der Evolutionsforschung, Entwicklungsbiologie bis hin zur Fernerkundung und Bioinformatik ergänzt.»

Neben der Artenvielfalt umfasst Biodiversität auch strukturelle und funktionelle Vielfalt. Strukturelle Vielfalt meint unterschiedliche Lebens- und Wuchsformen (z.B. Annuelle, Stauden, Büsche, Bäume; siehe Abschnitt «Lebensdauer und Wuchsform» im Kapitel «Vegetative Merkmale» unter «*Angiospermae*»). Funktionelle Vielfalt umfasst verschiedene Lebensstrategien (z.B. Taxa, die Photosynthese oder Stickstofffixierung betreiben oder vom Abbau toten organischen Materials leben [sog. Destruenten]). Die Zusammensetzung der unterschiedlichen Gruppen variiert in verschiedenen Ökosystemen, ihre gegenseitigen Abhängigkeiten und Beeinflussungen sind nicht vollständig erfasst. Die Untersuchung von Prozessen und ihrer funktionellen Bedeutungen in einem Ökosystem ist Aufgabe der Ökosystemforschung, die damit wichtige Grundlagen für Natur- und Umweltschutz erarbeitet.

Die zunehmende Intensivierung der Landnutzung und die durch die menschlichen Aktivitäten fortschreitende Fragmentierung von naturnahen Ökosystemen haben in den letzten Jahren und Jahrzehnten zu einem erschreckenden Rückgang der Biodiversität geführt. Ab welchem Grad der Verarmung sich ein Ökosystem irreversibel verändert, bleibt vorläufig offen. Sicher ist jedoch, dass Artenvielfalt unverzichtbar für eine gesunde Umwelt ist.

Allgemeine Informationen

Informationen zu den Abbildungen

Die Quellen aller Abbildungen sind am Schluss des Buches detailliert aufgeführt. Die meisten Pflanzenbilder stammen aus der «Flora der Schweiz und angrenzender Gebiete» (Hess & al. 1976–1980). Da die Photos aus der «Flora Helvetica» (Lauber & Wagner 2007, Lauber & al. 2012) weitverbreitet und sehr beliebt sind, geben wir in den Besprechungen der Arten nach dem deutschen Namen die Bildnummern der «Flora Helvetica» an. Die Reihenfolge der Taxa wurde in der «Flora Helvetica» von der 4. Auflage (2007) zur 5. Auflage (2012) stark verändert, was sich natürlich auch in der Nummerierung der Bilder niederschlug. Da die 4. Auflage immer noch im Gebrauch ist und wohl noch lange bleiben wird, geben wir beide Nummern an. Die Nummer der neusten Auflage (2012) wird jeweils zuerst genannt und ist **fett** gedruckt, nachher folgt die Nummer der Auflage 4 (2007) in normalem Druck. Die wissenschaftlichen Namen in verschiedenen Büchern und Auflagen können wegen Umteilung oder Neubeurteilung eines Taxons unterschiedlich sein (siehe deshalb Synonyme).

Nutzung von Pflanzen

Der Mensch kann Pflanzen in vielfältiger Weise nutzen. Einige wichtige Anwendungen sind bei den einzelnen Arten angegeben und werden am Seitenrand mit Symbolen (siehe unten) hervorgehoben. Viele Angaben stammen aus dem umfassenden Buch von Franke (2007) über Nutzpflanzen. Ebenfalls informativ sind die beiden mit vielen guten Abbildungen illustrierten Bücher über Giftpflanzen (Frohne & Pfänder 2004) und Teedrogen (Wichtl 2009, mit Sinn für Humor). Die Informationen zur medizinischen Nutzung sind für die Studierenden der Pharmazie besonders wichtig und werden separat abgehandelt (siehe unten).

Medizinische Verwendung von Pflanzen

Pflanzen werden in vielfacher Form medizinisch genutzt. Die hier gemachten Angaben betreffend medizinischer Verwendung von Pflanzen oder Pflanzenteilen stellen Informationen dar und sind keine Ratschläge zur Anwendung! Anwendung und Einnahme von Medikamenten (ob von der pharmazeutischen Industrie oder selbst auf der Basis von Pflanzenmaterial hergestellt) sollen nie ohne Anleitung oder Aufsicht einer Fachperson erfolgen.
Man kann die medizinischen Anwendungen in drei Bereiche unterteilen:

1. Schulmedizin

Die in der Schulmedizin zugelassenen (d.h. in der Apotheke offiziell angebotenen) Medikamente sind reglementiert und in einer Pharmakopöe (amtliches Arzneibuch) beschrieben. Die Pharmakopöe regelt die Qualität,

Zubereitung und Beschaffenheit der Arzneimittel und der pharmazeutischen Hilfsstoffe. Grundsätzlich gilt in der Schweiz die europäische Pharmakopöe (Pharmacopoea Europaea 2011), an der die Schweiz mitarbeitet. Die Swissmedic hat jedoch das Recht, zusätzliche Vorschriften für die Schweiz zu erlassen, die in der schweizerischen Pharmakopöe (Pharmacopoea Helvetica 2012) festgehalten werden. Die schweizerische Pharmakopöe enthält sämtliche Ergänzungen, die nur für die Schweiz gelten. Damit ist sie keineswegs überflüssig, doch das «Hauptarzneibuch» für die Schweiz ist die europäische Pharmakopöe.
Der Begriff «offizinell» bedeutet «gemäss Arzneibuch» und kann sich auf eine beliebige Pharmakopöe beziehen. In der Schweiz wird jede Droge, die den Anforderungen der europäischen oder der schweizerischen Pharmakopöe entspricht, als offizinell bezeichnet. Die offizinellen Pflanzen im vorliegenden Buch sind am Seitenrand mit einem Symbol (siehe S. 27) bezeichnet. Bei diesen offizinellen Pflanzen wird angegeben, in welcher Pharmakopöe sie unter welchem Drogennamen aufgeführt werden und welche Inhaltsstoffklassen darin vertreten sind. Zudem machen wir Angaben zur Indikation und eventuellen Nebenwirkungen. Diese basieren auf Informationen aus Bäumler (2007) und aus Hänsel & Sticher (2004).

2. Alternativmedizin

Medikamente in der Alternativmedizin sind oft empirisch gut untersucht, aber sie entsprechen in vielen Fällen nicht den klassischen wissenschaftlichen Vorgaben und gehören deshalb nicht zur Schulmedizin. Es gibt zahlreiche Anwendungsmöglichkeiten und viele Firmen, die alternative Medikamente anbieten, deshalb mussten wir uns einschränken. Wir geben die Verwendung in der Alternativmedizin bei jenen Arten an, die in den beiden grossen und bekannten Firmen Bioforce (Herstellerin der A. Vogel-Produkte, Roggwil) und Weleda AG (Arlesheim) verarbeitet werden. Bei einigen wenigen Pflanzen machen wir weitere Angaben. Informationen zu möglichen Anwendungen finden sich z.B. bei Frohne (2002), Schramm (2009) und Fintelmann & Weiss (2009) sowie im Homöopathischen Repetitorium (2010).

3. Volksmedizin

Auch in der Volksmedizin werden pflanzliche Präparate in grosser Zahl verwendet. Die heilende Wirkung ist oft nicht untersucht und auch nicht immer offensichtlich. So gehören z.B. viele Teesorten in den Graubereich zwischen Volksmedizin und Genuss- resp. Ernährungsmittel. Da die Anwendungsmöglichkeiten ausserordentlich breit und oft nur regional oder lokal von Bedeutung sind, geben wir keine Informationen zu volksmedizinischen Verwendungen von Pflanzen. Mögliche Quellen sind die folgenden Bücher: Barnes & al. (2002), Künkele & Lohmeyer (2007) sowie Schulz & Hänsel (2004).

Verwendete Symbole

Bei der Beschreibung der ■ Arten werden neben den morphologischen Angaben oft weitere Informationen gegeben. Zur besseren Übersicht werden einige dieser zusätzlichen Informationen mit Symbolen hervorgehoben. Dabei verwenden wir die folgenden Symbole:

Auf der Zürcher Liste für das Zertifikat Stufe 1 (200 Arten).

Giftig; die Angaben entsprechen den Informationen in der «Flora Helvetica» (Lauber & al. 2012).

Stark giftig.

Sehr stark giftig.

Zeigerpflanze. Angegeben werden die Zeiger für den pH-Wert des Bodens (Reaktionszahl 1 = Säure-, 2 = mässiger Säure-, 4 = mässiger Basen-, 5 = Basenzeiger) und den Nährstoffgehalt des Bodens (Nährstoffzahl 1 = Magerkeits-, 2 = mässiger Magerkeits-, 4 = mässiger Nährstoff-, 5 = Nährstoffzeiger). Die entsprechenden Zeigerwerte werden jeweils in Klammern angegeben.

Nutzung als Nahrungsmittel.

Technische Nutzung.

Wichtige Futterpflanze.

Gewürz.

Invasiver Neophyt (siehe Kapitel «Neophyten und invasive Arten»).

Offizinelle Art (weitere Informationen siehe «Medizinische Verwendung von Pflanzen» weiter oben).

Zertifizierung von Kenntnissen in Feldbotanik

Die Schweizerische Botanische Gesellschaft (SBG) bietet (in Zusammenarbeit mit Info Flora und unter dem Patronat des Bundesamtes für Umwelt BAFU) eine Zertifizierung von botanischen Feldkenntnissen an.
Die jetzt zweistufige Zertifizierung wird ab dem Jahr 2013 dreistufig sein. Das gültige Reglement zur Zertifizierung ist jeweils in aktualisierter Version auf den Websites von SBG (www.botanica-helvetica.ch) und Info Flora (www.infoflora.ch/de) einsehbar.

▸ Für das **Zertifikat 200** (=frühere Stufe 1) wird das Erkennen von 200 Arten gefordert (ausschliesslich Arten- und Familienkenntnisse). Die Liste der zu kennenden 200 Arten wurde von der Zertifizierungskommission der SBG festgelegt, die Arten sind Teil der Liste des Zertifikats 600 (siehe unten). Die Prüfungen für das Zertifikat 200 finden dezentral (meist an Hochschulen) statt. Jede Prüfungsinstitution kann maximal 50 Arten der von der Zertifizierungskommission festgelegten Liste gegen andere Arten (aus der Liste des Zertifikats 600, siehe unten) austauschen und so ihre eigene 200er-Liste für ihre Prüfung festlegen. Die Universität Zürich und die ETH Zürich verwenden eine gemeinsam erstellte Liste der zu kennenden 200 Arten. Diese basiert auf den Unterrichtserfahrungen und den Exkursionen der letzten Jahre. Die 200 Arten sind im vorliegenden Buch mit einem Symbol (siehe S. 27) gekennzeichnet.

▸ Für das **Zertifikat 400** (neu ab 2013) wird das Erkennen von 400 Arten gefordert (400 Arten aus der Liste des Zertifikats 600, siehe unten). Die Liste der zu kennenden 400 Arten wird von der Zertifizierungskommission festgelegt und auf der Homepage der SBG (www.botanica-helvetica.ch) publiziert. Neben der Artenkenntnis wird zusätzlich das Wissen über Merkmale von Familien und Gattungen (Festlegung der Taxa durch die Kommission) sowie Kenntnisse der ökologischen Vorkommen (Standorte) der Arten verlangt. Die Prüfungen für das Zertifikat 400 werden dezentral durchgeführt, der Ablauf und die zur Abnahme der Prüfung berechtigten Institutionen werden bald festgelegt und auf der Hompege der SBG bekanntgegeben.

▸ Für das **Zertifikat 600** (=frühere Stufe 2) wird neben dem Kennen von 600 Arten auch botanisches Grundlagenwissen verlangt. Diese Prüfung findet einmal pro Jahr zentral an einem Ort oder zeitgleich an mehreren von der SBG-Zertifizierungskommision dazu ermächtigten Stellen der Schweiz statt. Die Prüfung besteht aus zwei Teilen, einem Teil Artenkenntnis (inkl. Kenntnisse zu Familien) und einem Teil Zusatzkenntnisse Feldbotanik (u.a. Biogeographische Regionen, Höhenstufen, Lebensräume, Morphologie, Neophyten, Zeigerwerte und Zeigerpflanzen). Für den Teil Artenkenntnis wurde von der Zertifizierungskommission eine für die ganze Schweiz verbindliche Liste von 600 zu kennenden Arten festgelegt (Ausnahme ev. Tessin). Das vorliegende Buch deckt die meisten Themen für das Zertifikat 600 ab; die 600 in diesem Buch vorgestellten Arten (Farne und Samenpflanzen) entsprechen der allgemeinen Liste für das Zertifikat 600.

Abkürzungen

Viele Abkürzungen erschweren das Lesen, deshalb verwenden wir in unserem Buch nur wenige Abkürzungen. Die von uns verwendeten und einige in vielen anderen Büchern häufig gebrauchte Abkürzungen sind hier aufgelistet.

P	Perigonblätter
N	Nektarblätter
K	Kelchblätter
C	Kronblätter
A	Staubblätter
G	Fruchtblätter
$\underline{G}$	Fruchtknoten oberständig
$\overline{G}$	Fruchtknoten unterständig
∞	mehr als 10 (Zahl variabel)
agg.	Aggregat (Gruppe schwierig zu unterscheidender Arten)
s.lat.	sensu lato (= im weiten Sinne)
i.w.S.	im weiteren Sinne
s.str.	sensu stricto (= im engen Sinne)
sp.	species, d.h. nicht definierte oder bekannte Art der genannten Gattung
spp.	mehrere Arten der genannten Gattung
ssp.	subspecies (= Unterart)
subsp.	subspecies (= Unterart)
var.	Varietät
x	ein x zwischen Gattungsnamen und Artepithet bedeutet, dass dieses Taxon ein Hybrid ist
APG	Angiosperm Phylogeny Group
CAM	crassulacean acid metabolism
CH	Schweiz
DNA	desoxyribonucleic acid
FH	Flora Helvetica (siehe Lauber & Wagner 2007, Lauber & al. 2012)
Ph.Eur.	Pharmacopoea Europaea
Ph.Helv.	Pharmacopoea Helvetica
TA	Typische Arten einer Pflanzengesellschaft (siehe Kapitel «Pflanzengesellschaften»)

Landpflanzen

Die Pflanzen (=***Plantae***) gehören zu den Eukaryonten (=*Eukaryota*), die sich durch die Ausbildung eines echten Zellkerns in den Zellen auszeichnen. *Plantae* werden charakterisiert durch das Vorhandensein der Pigmente Chlorophyll a und Chlorophyll b, durch Reservepolysaccharide in Form von Stärke und durch Zellwände, die aus Zellulose gebildet werden. Mit ihren Pigmenten können sie Assimilation betreiben und sind somit C-autotroph. Die meisten C-autotrophen Protisten (siehe Abb. 1) weisen andere Formen von Pigmenten auf.
Innerhalb der Pflanzen stellen die *Chlorophyta* zusammen mit einigen weiteren Evolutionslinien eine basale und paraphyletische Gruppierung im Stammbaum dar. Sie sind fast ausnahmslos an das Wasser gebunden. Die monophyletische Gruppe der **Landpflanzen** ist eine abgeleitete Evolutionslinie im Stammbaum (Abb. 4). Die Landpflanzen zeichnen sich gegenüber den anderen Evolutionslinien der Pflanzen durch die Bildung eines mehrzelligen Embryos zu Beginn der sporophytischen Phase aus, weshalb sie auch ***Embryophyta*** genannt werden. Mit der Eroberung der terrestrischen Lebensräume gingen grundlegende Veränderungen und Anpassungen in Anatomie und Morphologie einher, die im Laufe der Evolution ständig modifiziert wurden und damit verschiedene Wuchsformen und Architekturen von Pflanzen an Land hervorbrachten.

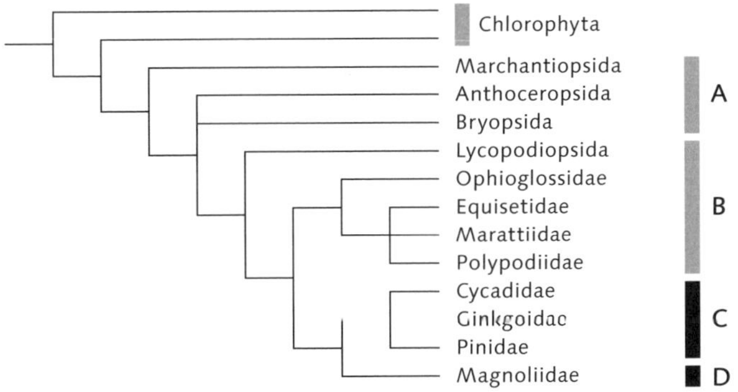

Abb. 4:
Stammbaum der Landpflanzen. Schwarze Balken bezeichnen monophyletische, graue Balken paraphyletische Gruppen:
A: *Bryophyta*.
B: *Pteridophyta*.
C+D: *Spermatophyta*.
C: *Gymnospermae*.
D: *Angiospermae*.

In der Vergangenheit hat man für die Unterteilung der Vielfalt der an Land vorkommenden Pflanzen primär unterschieden, ob der Pflanzenkörper in Sprossachse, Wurzel und Blätter gegliedert ist (diese Architektur in die 3 Grundorgane wird **Kormus** genannt) oder ob diese Differenzierung nicht vorliegt und die mehrzelligen Gewebe weitgehend undifferenziert und flächig ausgebildet sind (diese Form wird **Thallus** genannt). Zu den **Thallophyten** werden mehrzellige Algen, Moose und Flechten gezählt (letztere sind eine Lebensgemeinschaft zwischen Pilz und Alge und werden gemäss den beteiligten Pilzen klassifiziert). Die Pflanzen mit einem sogenannten

Kormus werden **Kormophyten** genannt. Im Gegensatz zu den Thallophyten weisen Kormophyten eine Epidermis (mit Cuticula und Spaltöffnungen), Leitbündel und Festigungsgewebe auf; wegen der nur in dieser Gruppe auftretenden Leitbündel (= Gefässe) nennt man die Kormophyten auch Gefässpflanzen. Die Gefässe sind Tracheiden oder Tracheen, deshalb werden die Gefässpflanzen auch Tracheophyten genannt. Erst die bei den Kormophyten auftretende Kombination der oben genannten Eigenschaften ermöglicht es den Pflanzen, auf dem Land grosse Vegetationskörper auszubilden: durch Cuticula und Spaltöffnungen kann der Wasser- und Gashaushalt effizient gesteuert werden; Festigungsgewebe sowie Wurzeln geben auch grossen, aufrechten Pflanzen die nötige Stabilität (die höchsten Bäume der Erde [Arten der Gattungen *Eucalyptus* und *Sequoia*] werden über 100 m hoch!); Wurzeln erlauben eine genügend rasche Aufnahme resp. Leitbündel den effizienten Transport von Wasser und Nährstoffen vom Boden bis zuoberst in die Pflanzen sowie von Assimilaten umgekehrt von der Spitze der Pflanzen bis nach unten in die Wurzeln.

Traditionell werden die Landpflanzen in 3 grosse Formgruppen unterteilt: Moose (*Bryophyta*), Farne (*Pteridophyta*) und Samenpflanzen (*Spermatophyta*). Allerdings stellen nur die Samenpflanzen (bestehend aus den Nacktsamern [*Gymnospermae*] und den Bedecktsamern [*Angiospermae*]) eine monophyletische Gruppe dar. Die Moose und die Farne sind beide paraphyletisch.

Die an der Basis des Stammbaumes der Landpflanzen abzweigenden Evolutionslinien, also die ältesten Vertreter der Landpflanzen, werden als ***Bryophyta*** (Moose) zusammengefasst. Diese stellen aber keine monophyletische Verwandtschaftsgruppe dar, sondern bilden eine paraphyletische Gruppe mit 3 klar getrennten Evolutionslinien (Abb. 4). Die basalste Gruppe von Moosen und somit die älteste, heute noch vorkommende Evolutionslinie von Landpflanzen sind die *Marchantiopsida* (Lebermoose; Qiu & al. 1998). Sie bilden die Schwestergruppe zu allen anderen Landpflanzen. Die verwandtschaftlichen Beziehungen zwischen den beiden anderen Gruppen von Moosen sind nicht sicher geklärt. Wir stellen deshalb hier die *Anthoceropsida* (Hornmoose) und die *Bryopsida* (Laubmoose) in eine Polytomie zusammen mit der Gruppe der Kormophyten. Allen *Bryophyta* gemeinsam sind Besonderheiten im Generationswechsel, die Organisation des Vegetationskörpers (keine Kormophyten) sowie die Ausbreitung durch Sporen (es werden keine Samen gebildet!). Diese Merkmale stellen die plesiomorphen Merkmalszustände innerhalb der Gruppe der Landpflanzen dar. Es gibt weltweit etwa 25'000 rezente (d.h. heute lebende) Arten von *Bryophyta* (in der Schweiz rund 1000 Arten).

Die nächste Gruppe im Stammbaum sind die ***Pteridophyta*** (Farne). Sie stellen die ursprünglichsten Kormophyten dar. Die heute lebenden *Pteridophyta* sind wie die *Bryophyta* nicht monophyletisch, sie bilden ebenfalls eine paraphyletische Gruppe (Abb. 4). Sie umfassen 2 monophyletische

Evolutionslinien. Der *clade* der *Lycopodiopsida* (Bärlappe und Verwandte) stellt die Schwestergruppe zum gesamten Rest der Kormophyten dar. Der zweite *clade*, die *Filicopsida* (Übrige Farne), besteht aus 4 verschiedenen Evolutionslinien (Smith & al. 2006). Dieser *clade* der *Filicopsida* bildet eine Dichotomie mit dem *clade* der *Spermatophyta* (Samenpflanzen). Gemeinsam für alle 5 Evolutionslinien der Farne sind Besonderheiten im Generationswechsel sowie die Ausbreitung durch Sporen (es werden keine Samen gebildet!). Weltweit gibt es etwa 10'300 rezente Arten von *Pteridophyta* (in der Schweiz ca. 80 Arten).
Die monophyletischen ***Spermatophyta*** (Samenpflanzen) gehören ebenfalls zu den Kormophyten und umfassen 4 rezente Entwicklungslinien. Drei dieser Linien bilden die monophyletische Gruppe der *Gymnospermae* (*Cycadidae*, *Ginkgoidae*, *Pinidae*) und sind die Schwestergruppe zur vierten Linie der *Spermatophyta*, den *Magnoliidae* (=*Angiospermae*).

Abteilung *Bryophyta*

Allgemeines

Die *Bryophyta* (Moose) erreichen eine Organisationsstufe, die morphologisch und anatomisch zwischen den Thallophyten (Lagerpflanzen) und den Kormophyten (Gefässpflanzen) steht. Der grüne Gametophyt (1n-Generation) ist die grössere und auch auffallendere Generation und bildet die eigentliche Moospflanze. Diese gleicht zumindest bei den beblätterten Moosen einem Kormophyten, dort bildet aber der Sporophyt (2n-Generation) die eigentliche Pflanze. Im Gegensatz zu den Algen haben Moose vielzellige Sporangien und bilden (gleich wie Kormophyten) aus der Zygote einen Embryo (deshalb auch der Begriff «*Embryophyta*» = Moose und Gefässpflanzen). Der Vegetationskörper der Hornmoose und thallosen Lebermoose ist ein Thallus, beblätterte Lebermoose und Laubmoose jedoch zeigen einen scheinbar gleichen Aufbau wie Farn- und Samenpflanzen mit Wurzeln, Sprossachse und Blättern. Mikroskopische Untersuchungen zeigen aber, dass der Aufbau der Moosstrukturen weniger differenziert ist und diese Bezeichnungen deshalb nicht zutreffend sind. Die «Wurzeln» bestehen nur aus einfachen, schlauchförmigen Zellen oder Zellfäden und werden Würzelchen (= Rhizoid) genannt; sie dienen lediglich der Verankerung in der Unterlage und nicht der Nährstoffaufnahme. Die «Stengel» werden bei den Moosen als Stämmchen (= Cauloid) bezeichnet; anstelle von echten, ausdifferenzierten Leitgeweben sind höchstens wasserleitende (Hydroiden) oder nährstoffleitende Zellen (Leptoiden) vorhanden. Die «Blätter» werden als Blättchen (= Phylloid) bezeichnet; sie sind einzellschichtig und haben keine Spaltöffnungen.
Die Moose sind nicht monophyletisch, sie stellen eine paraphyletische Gruppe dar und umfassen 3 Evolutionslinien von Pflanzen (Abb. 4). Gemeinsam für alle Moose sind Besonderheiten im Generationswechsel sowie die Ausbreitung durch Sporen.

Generationswechsel

Moose besitzen einen für alle Vertreter typischen Generationswechsel (Abb. 5, am Beispiel eines Laubmooses): Eine Meiospore (mit einfachem Chromosomensatz, Chromosomenzahl 1n) keimt zu einem meist verzweigten Vorkeim (Protonema) aus, einem meist fädigen Gebilde, das kleine «Knospen» trägt. Aus diesen Knospen entwickelt sich der Gametophyt, die eigentliche Moospflanze. Auf dem Gametophyten entstehen die Fortpflanzungsorgane (Gametangien), welche die Gameten bilden. Die männlichen Organe nennt man Antheridien, in einem Antheridium werden zahlreiche Spermatozoiden (bewegliche Gameten mit Geisseln) gebildet. Die weiblichen Organe werden Archegonien genannt, in einem Archegonium befindet sich jeweils eine Eizelle. Form und Bau der Geschlechtsorgane ist sehr ähnlich wie bei den Farnen (siehe Abb. 8). In Gegenwart von Wasser (Regen,

Tau) schwimmen die Spermatozoiden zu den Archegonien und befruchten die Eizelle. Neue Untersuchungen (Rosenstiel & al. 2012) haben gezeigt, dass die Spermatozoiden auch an der Oberfläche von Kleinstinsekten (z.B. Springschwänze) von den Antheridien zu den Archegonien transportiert werden können. Die Insekten werden dabei von den weiblichen Organen der Moose durch Duftstoffe angelockt. Aus der Zygote (befruchtete Eizelle mit doppeltem Chromosomensatz, Chromosomenzahl 2n) entwickelt sich auf dem Gametophyten der Embryo, der auf dem Gametophyten zum Sporophyten auswächst. Der Sporophyt wird vom Gametophyten ernährt und ist in Fuss (Verankerung), Stiel und Kapsel gegliedert. Im Innern der Kapsel werden durch Meiose (Reduktionsteilung) die Sporen gebildet. Damit ist der Zyklus geschlossen. Weil dieser Generationswechsel aus zwei Generationen mit verschiedenen Kernphasen besteht (Gametophyt 1n, Sporophyt 2n) und die beiden Generationen verschieden aussehen (Morphologie), ist es ein heterophasisch-heteromorpher Generationswechsel.

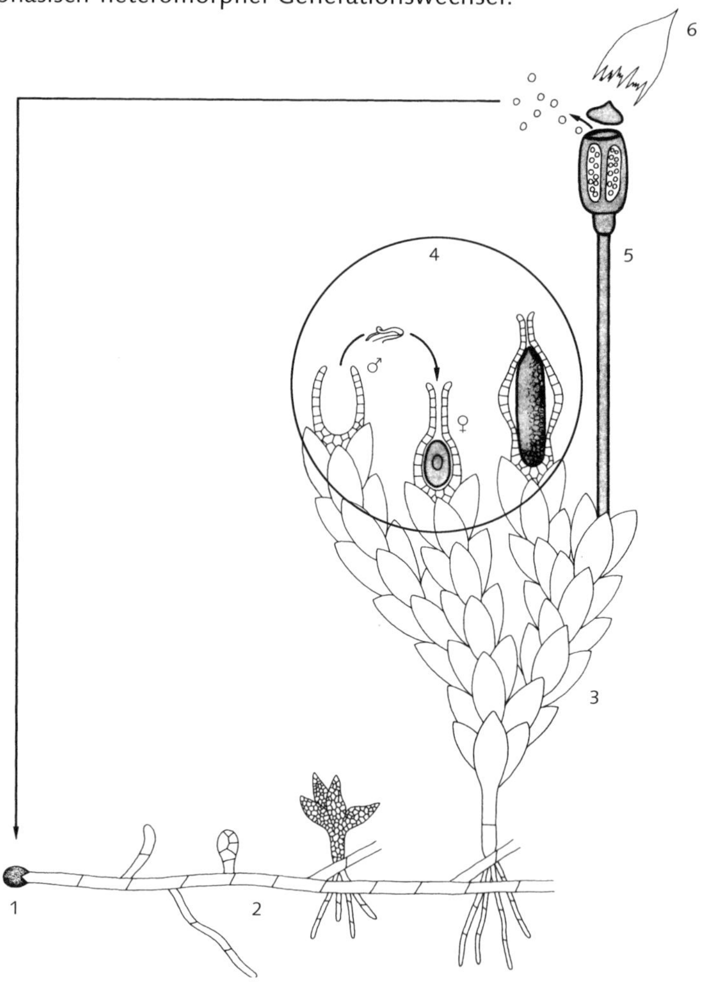

Abb. 5:
Schema des Generationswechsels der Moose (am Beispiel von einem 1häusigen Laubmoos).
1: Meiospore (1n).
2: Protonema mit Knospe und junger Moospflanze (alles 1n).
3: Gametophyt (1n) mit Rhizoiden und Phylloiden.
4: Antheridium sowie unbefruchtetes Archegonium mit Eizelle resp. Archegonium mit Embryo.
5: Sporophyt (2n) mit Stiel und Kapsel, wo durch Meiose Sporen gebildet werden.
6: Kalyptra (Haube = Rest des Archegoniums, deshalb 1n).
(aus Frohne & Jensen 1998)

Bei den Moosen ist der Gametophyt physiologisch selbständig, er besorgt die Assimilation, ist grösser und langlebiger als der Sporophyt. Der Sporophyt assimiliert kaum, sitzt auf dem Gametophyten und ist physiologisch von diesem abhängig. Der Gametophyt ist also die auffallende, dominierende Generation (bei Farn- und Samenpflanzen ist dies umgekehrt!).
Moose sind 1häusig (die Gametophyten tragen Archegonien und Antheridien, wie in Abb. 5) oder 2häusig (die Gametophyten sind geschlechtlich determiniert und bilden nur eine Form Geschlechtsorgane). Ausser der beschriebenen geschlechtlichen Fortpflanzung spielt bei den Moosen auch die vegetative Vermehrung durch Brutkörper oder durch Regeneration abgebrochener Teile (Blättchen, Stämmchenteile) eine wichtige Rolle.

Vorkommen

Die Moose kommen praktisch in allen Biotopen der Erde vor. Ihre Hauptverbreitung erreichen sie aber in Gebieten mit hoher Feuchtigkeit (bei uns sind dies v.a. Wälder und Moore). Besonders moosreich sind tropische Regenwälder. Dort können Moose nicht nur den ganzen Boden bedecken, sondern auch als Epiphyten auf und an den Bäumen leben. Entgegen der landläufigen Meinung schaden Moose, die auf Rinden leben, einem Baum nicht und bringen diesen nicht etwa «zum Ersticken».
Moospflanzen nehmen Wasser über ihre ganze Oberfläche auf. Die Festigkeit der Moosgewebe basiert auf dem Quellungsdruck des aufgenommenen Wassers. Deshalb nehmen vertrocknete Moose im Wasser sehr schnell wieder ihre ursprüngliche Form an. Viele Moosarten zeichnen sich durch eine ausgeprägte Trockenheitstoleranz aus und können in Trockenwüsten bis 14 Jahre lang in lufttrockenem Zustand überdauern. Auch hinsichtlich der Temperatur vermögen Moose Extremwerte auszuhalten: Tiefstwerte von –30° C oder weniger (Hochgebirge, Antarktis) resp. Bodentemperaturen bis +70° C an sonnenexponierten Standorten. Viele Moose haben einen geringen Lichtbedarf und sind in der Lage, mit nur wenig Tageslicht zu wachsen. Dies ermöglicht ihnen das Wachsen auch in dichten, dunklen Wäldern und sogar das Vordringen in Höhlen und in grosse Wassertiefen.

Ökologische Bedeutung

Trotz ihres kleinen Wuchses (viele Arten sind kleiner als 2 cm, nur wenige grösser als 20 cm) haben Moose eine vielfältige ökologische Bedeutung:

– Der Wasserhaushalt eines Standortes (v.a. in Wäldern und Mooren) kann durch die Moose in bedeutender Weise ausgeglichen werden. Regenwasser wird gespeichert (in und zwischen den Zellen der Moose, aber auch im Kapillarbereich zwischen den Blättchen, Stämmchen und Pflanzen) und nur langsam wieder durch Verdunstung abgegeben. Damit haben sie auch einen wesentlichen Einfluss auf das Mikroklima (ausgleichend infolge Verdunstungskälte und Luftfeuchtigkeit).

- Moose bilden häufig dichte Teppiche. Diese Moosrasen können den Boden wirksam vor Erosion schützen.
- Moospolster bieten einer Vielzahl von Kleinlebewesen wie Käfern, Spinnen, Milben und Würmern einen Lebensraum, der sie vor Austrocknung und hohen Temperaturschwankungen bewahrt.
- Moose können als Keimbeet dienen, da die Samen einiger Samenpflanzen in Moospolstern geeignetere Keimbedingungen vorfinden als auf nacktem Boden. Zudem sind sie zwischen den Moosen vor Tieren verborgen, welche die Samen fressen. Allerdings können sehr dichte Moosrasen auch das Aufkommen von Keimlingen oder Jungpflanzen erschweren.
- Die Genügsamkeit und die Trockenheitstoleranz von Moosen ermöglicht ihnen die Erstbesiedelung von Pionierstandorten wie Felsen und Mauern. Hier können Moose eine wichtige Rolle bei der Bodenbildung spielen.
- Torfmoose (verschiedene *Sphagnum*-Arten) sind die wichtigsten Torfbildner in Hochmooren, wo sie dichte, geschlossene Moosdecken bilden. Die Pflanzen wachsen an den Spitzen immer weiter, während die unteren Teile absterben und im Wasser unter anaeroben Bedingungen zu Torf umgewandelt werden. Dadurch entstehen mit der Zeit Torfschichten von mehreren Metern Dicke. Torfmoose haben ein extremes Wasserspeichervermögen (bis zum 20fachen ihres Trockengewichtes), wobei Wasser sowohl in den Wasserzellen wie auch im Kapillarbereich zwischen den Pflanzenteilen gespeichert wird.
- Schwermetalle (z.B. Cadmium) können von Moosen zusammen mit Wasser und Nährstoffen über die ganze Oberfläche aufgenommen werden, bleiben aber grösstenteils in der Zellwand stecken und reichern sich dort an. Wegen dieser Akkumulation können einige Moosarten als Gradmesser für die Umweltbelastung durch Schwermetalle (Bioindikatoren) dienen. Geeignete Moosarten werden an einem Untersuchungsort eingesammelt und im Labor aufbereitet. Die gemessenen Schadstoffkonzentrationen können mittels Eichkurven quantifiziert werden, so dass ein Vergleich mit gesetzlichen Grenzwerten möglich wird. Diese Methode ist wesentlich einfacher und billiger als die Schwermetallbestimmung mit üblichen technischen Sammelgeräten, bei denen gesammelte Proben (Ablagerungen aus Regen, Schnee, Staub) während mindestens eines Jahres monatlich verarbeitet werden müssen. Moose als Bioindikatoren haben gegenüber Flechten den Vorteil, dass sie meist grossflächiger ausgebildet sind und eine grössere Aufnahmefläche relativ zum Pflanzenvolumen aufweisen. In stark belasteten Gegenden wie Stadtzentren können zudem Flechten gar nicht mehr existieren (Flechtenwüsten). Ausserdem reagieren Flechten vor allem empfindlich auf gas- und staubförmige Schadstoffe wie SO_2 und werden häufig als Zeiger für die allgemeine Luftbelastung benutzt. Unter Umständen ist eine kombinierte Bioindikation mit Moosen und Flechten angezeigt.

Systematischer Teil

Es gibt weltweit etwa 25'000 Arten von Moosen (in der Schweiz rund 1000 Arten). Die 3 Gruppen stufen wir als Klassen ein:

Klasse *Marchantiopsida*

Die *Marchantiopsida* (Lebermoose) haben einen thallosen oder beblätterten Gametophyten, der mit Rhizoiden, die keine Querwände besitzen, im Untergrund verankert ist. Die Blättchen der beblätterten Formen sind vorne abgerundet oder gelappt und stets ohne Mittelrippe. Der Sporophyt ist chlorophyllfrei (keine Photosynthese); die Sporenkapsel öffnet sich meist mit 4 Klappen. Gametophyt und Sporophyt weisen keine Spaltöffnungen auf.

Unterklasse *Marchantiidae*

Bei den *Marchantiidae* (Thallose Lebermoose) ist der Gametophyt ein flächiger, anatomisch hoch differenzierter Gewebethallus (Abb. 6C). Archegonien und Antheridien werden oft auf Trägern (Gametangienständern) emporgehoben. Bei einigen Arten werden die der vegetativen Vermehrung dienenden Brutkörper in auffallenden Brutbechern gebildet.
Weltweit ca. 1000 Arten.

Unterklasse *Jungermanniidae*

Bei den meisten Arten der *Jungermanniidae* (Beblätterte Lebermoose) besteht der Gametophyt aus beblätterten Stämmchen (Abb. 6B), ähnlich wie bei den Laubmoosen. Archegonien und Antheridien sitzen direkt auf dem Gametophyten und nicht auf besonderen Trägern (Gegensatz zu den *Marchantiidae*).
Weltweit etwa 9000 Arten (viele in den Tropen und Subtropen, auch epiphytisch).

Klasse *Anthoceropsida*

Der Gametophyt der *Anthoceropsida* (Hornmoose) ist ein scheibenförmiger, gelappter Thallus, der Sporophyt eine stabförmige Kapsel (Abb. 6A). Gametophyt und Sporophyt weisen Spaltöffnungen auf.
Weltweit ca. 100 Arten. Einheimische Hornmoose sind 1jährig und besiedeln vorwiegend Stoppeläcker, die im Herbst nicht gleich umgebrochen werden (in der intensiven Landwirtschaft selten).

Klasse *Bryopsida*

Der Gametophyt der *Bryopsida* (Laubmoose) ist stets beblättert, die einschichtigen Blättchen sind meist spitz und haben eine oft mehrschichtige Mittelrippe. Die einzellreihigen Rhizoide weisen Querwände auf. Die Sexual-

organe (Archegonien und Antheridien) stehen in Gruppen an den Enden von Hauptachsen oder kleinen Seitenzweigen. Der Sporophyt enthält meist wenig Chlorophyll und hat im unteren Teil der Kapsel Spaltöffnungen. Junge Kapseln tragen eine Haube (Kalyptra). Diese ist der Rest des durch den wachsenden Sporophyten aufgerissenen Archegoniums; deshalb hat die Haube die Chromosomenzahl 1n. Die Kapseln öffnen sich meist mit einem Deckel (Operculum). Darunter verbirgt sich das Peristom, das aus einem Kranz von Zähnchen besteht, welche die Kapselmündung umgeben.
Man unterscheidet 3 Gruppen von Laubmoosen, die wir hier als Unterklassen einstufen.

Unterklasse *Andreaeidae*

Andreaeidae (Klaffmoose) bilden kleine, dichte, dunkelbraune Rasen auf kalkfreien Felsen der Hochgebirge, der Arktis und Antarktis. Sie zeichnen sich durch einen besonderen Öffnungsmechanismus der Sporenkapsel aus. Ansonsten gleichen sie kleinen Vertretern der *Bryidae*. Weltweit gibt es etwa 120 Arten.

Unterklasse *Bryidae*

Zu den *Bryidae* (Echte Laubmoose) gehören die grössten Moospflanzen, im Extremfall können einzelne Pflanzen in den Tropen bis gegen 50 cm hoch werden. Die *Bryidae* weisen die grösste Mannigfaltigkeit und die höchste Differenzierung in der Ausbildung der Gametophyten auf. Das Stämmchen wird meist von einem Zentralstrang durchzogen, der dem Wasser- und Nährstofftransport dient. Die Blättchen haben eine mehrschichtige Mittelrippe und sind oft fein gezähnt. Die Geschlechtsorgane am Ende der Haupt- oder Seitentriebe werden von den meist anders geformten und z.T. gefärbten, obersten Blättchen umgeben (diese Struktur als Gesamtes wird manchmal als «Moosblüte» bezeichnet, ist aber keine eigentliche Blüte). Der Sporophyt besteht meist aus einem unsichtbaren, im Gametophyten versenkten Fuss, aus einem deutlichen Stiel und einer eiförmigen bis zylindrischen Kapsel, die sich mit einem Deckel öffnet. Am Kapselrand befindet sich das Peristom, ein Kranz von kleinen Zähnchen, die nach Absprengen des Deckels durch Auf- und Abquellen (hygroskopisch) die Öffnung der Kapsel regulieren. Der Bau des Peristoms ist vielfältig und von grosser Bedeutung für die Systematik.
Mit weltweit etwa 15'000 Arten sind die *Bryidae* die artenreichste Moosgruppe.

Es können 2 Wuchsformen unterschieden werden:

- «**Gipfelmoose**» (akrokarpe Moose) haben unverzweigte, aufrechte Gametophyten (Abb. 6D) mit endständigen Geschlechtsorganen; der Sporophyt entsteht am Ende des Stämmchens.
- «**Astmoose**» (pleurokarpe Moose) haben verzweigte, meist niederliegende Gametophyten; die Geschlechtsorgane werden an kurzen Seitentrieben gebildet; der Sporophyt wächst auf einem Seitenast.

Unterklasse *Sphagnidae*

Sphagnidae (Bleich- oder Torfmoose) stehen meist in grossen und dichten Polstern. Am oberen Ende wachsen die Pflanzen stetig weiter, der untere Teil der Pflanze stirbt ab und wird unter anaeroben Bedingungen im Wasser zu Torf umgewandelt. Deshalb haben Torfmoose auch keine Rhizoide. Die Stämmchen tragen in regelmässigen Abständen Büschel von Seitenästen (Abb. 6E). An der Spitze bilden die Äste eine dichte Rosette; dort werden auch die Geschlechtsorgane gebildet. Die Blättchen enthalten tote Zellen (Wasserzellen, Hyalinzellen), die der Wasserspeicherung dienen. Viele Arten sind durch Zellwandfarbstoffe bräunlich oder rot. Wenn Torfmoose trocken sind, enthalten die Wasserzellen Luft und reflektieren das Licht, sie wirken dann bleich, deshalb der Name «Bleichmoose». Der Sporophyt besteht aus einer ungestielten, kugeligen Kapsel, die auf einem vom Gametophyten gebildeten «Stiel» sitzt.
Torfmoose wachsen an zumindest zeitweise vernässten Stellen in Hochmooren und auch in Wäldern, meist in nährstoff- und kalkarmem (saurem) Milieu, sie sind Säurezeiger (Reaktionszahl 1). Torfmoose sind die wichtigsten Torfbildner. Weltweit gibt es nur 1 Familie mit der einzigen Gattung *Sphagnum* (Torfmoos) mit etwa 200–350 Arten.

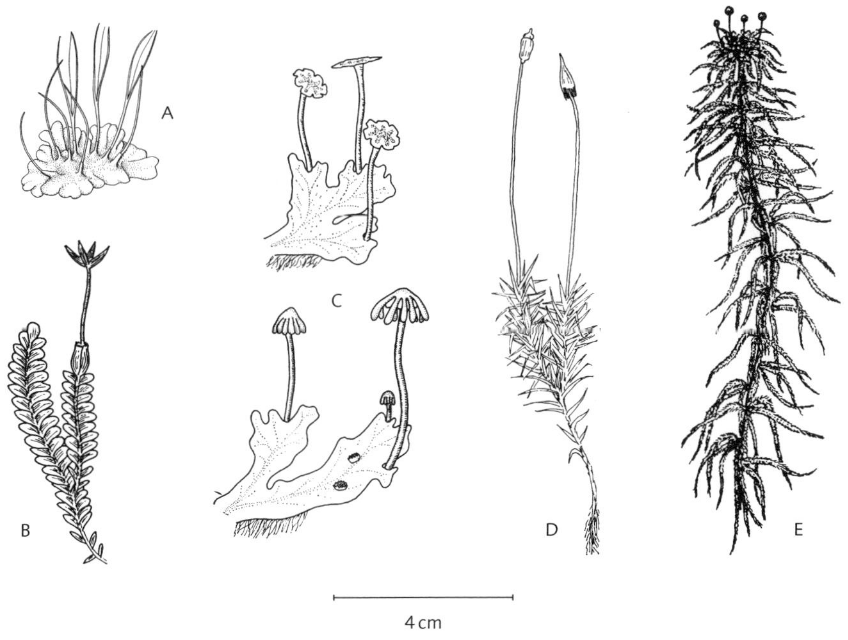

Abb. 6:
Moose.
A: Hornmoos (*Phaeoceros*): Gametophyt mit mehreren stabförmigen Kapseln (junge, geschlossene und ältere, geöffnete Kapseln).
B: Beblättertes Lebermoos (*Plagiochila*): Gametophyt mit Sporophyt (Kapsel aufgesprungen).
C: Thalloses Lebermoos (*Marchantia*): oben ♂, unten ♀ Gametophyt mit Gametangienständern («Schirmchen»), unten mit 2 Brutbechern.
D: Echtes Laubmoos (*Polytrichum*): Gametophyt mit 2 Sporophyten (links ohne, rechts mit Kalyptra).
E: Torfmoos (*Sphagnum*): Gametophyt mit zahlreichen Seitenästen, an der Spitze mit gedrängtstehenden Seitenästen (Rosette) und mit Sporophyten.
(A+E aus Strasburger & al. 2008, B–D aus Dahlgren 1987)

Abteilung *Pteridophyta*

Allgemeines

Die *Pteridophyta* (Farne im weiteren Sinne) sind die ursprünglichsten Kormophyten (Gefässpflanzen), gegliedert in Wurzel, Sprossachse und Blätter. Die Wurzeln dienen der Verankerung, aber auch der Aufnahme von Wasser und Nährstoffen. In Wurzeln, Sprossachse und Blättern sind Leitbündel mit Sieb- und Gefässteil vorhanden; wasserleitende Elemente sind Tracheiden. Bei vielen *Pteridophyta* verleihen lignifizierte Gewebe in den Tracheiden (nicht wie bei den *Spermatophyta* in den Leitbündeln) dem Spross zusätzliche Stabilität. Die Blätter gleichen in ihrem anatomischen Bau den Blättern der *Spermatophyta*. Die Epidermis der oberirdischen Teile ist mit einer Cuticula und Spaltöffnungen versehen. Leitbündel, Festigungsgewebe, Epidermis mit Cuticula und Spaltöffnungen sind wichtige Voraussetzungen für die Bildung grosser Vegetationskörper an Land.
Wie molekulare Daten zeigen, sind die *Pteridophyta* nicht monophyletisch, sie stellen eine paraphyletische Gruppe dar (Abb. 4). Die heute lebenden *Pteridophyta* gliedern sich in 5 Gruppen (Smith & al. 2006). Gemeinsam für alle 5 Farngruppen sind Besonderheiten im Generationswechsel sowie die Ausbreitung durch Sporen (es werden keine Samen gebildet!).

Generationswechsel

Pteridophyta besitzen einen für alle Vertreter typischen Generationswechsel (Abb. 7): Eine Meiospore (mit einfachem Chromosomensatz, Chromosomenzahl 1n) keimt, und es entwickelt sich der Gametophyt, der bei den Farnpflanzen Prothallium genannt wird. Meistens ist das flache und blattartige Prothallium grün (mit Chlorophyll, C-autotroph), es wird wenige Millimeter bis einige Zentimeter lang und gleicht einem thallosen Lebermoos (Abb. 8A). Das Prothallium verankert sich im Boden durch Rhizoide. Auf der Unterseite des Prothalliums entstehen die Fortpflanzungsorgane (Gametangien), in denen die Gameten gebildet werden. In den kugeligen, männlichen Organen (Antheridien, Abb. 8B) werden Spermatozoiden (bewegliche Gameten mit Geisseln) gebildet. Für die Befruchtung ist i.d.R. die Anwesenheit von Wasser (Regen, Tau) notwendig. Die Spermatozoiden schwimmen zu den weiblichen Organen (Archegonien, Abb. 8C) und befruchten die Eizelle. Die Archegonien sind flaschen- oder krugförmig und bis auf den kurzen Halsteil im Gewebe des Prothalliums eingesenkt. Ihre Wand besteht meist aus 1 Zellschicht. Im unteren, erweiterten Teil liegt die Eizelle, sie wird von einer Bauchkanalzelle überdeckt. Der verengte, aus dem Prothallium herausragende Teil wird durch eine bis wenige Halskanalzellen verschlossen. Zur Zeit der Befruchtung platzen die Kanalzellen und geben den Weg für Spermatozoiden frei. Gleichzeitig werden vom Archegonium zur Lenkung der Spermatozoiden einfache organische Säuren abgegeben (Chemotaxis).

Aus der Zygote (befruchtete Eizelle mit doppeltem Chromosomensatz, Chromosomenzahl 2n) entwickelt sich ein Embryo, der später zum Sporophyten, der eigentlichen Farnpflanze, auswächst. Sobald er selbständig lebensfähig ist, geht das kurzlebige Prothallium zugrunde. Auf dem Sporophyten wachsen an Blättern Sporangien, in denen durch Meiose Sporen gebildet werden. Die sporangientragenden Blätter werden Sporophylle genannt. Nach dem Öffnen der Sporangien werden die Sporen durch den Wind weggeblasen oder fallen auf den Boden. Wenn sie an einen Ort gelangen, wo sie keimen können, ist der Zyklus geschlossen. Weil dieser Generationswechsel aus zwei Generationen mit verschiedenen Kernphasen besteht (Gametophyt 1n, Sporophyt 2n) und die beiden Generationen verschieden aussehen (Morphologie), ist es ein heterophasisch-heteromorpher Generationswechsel.

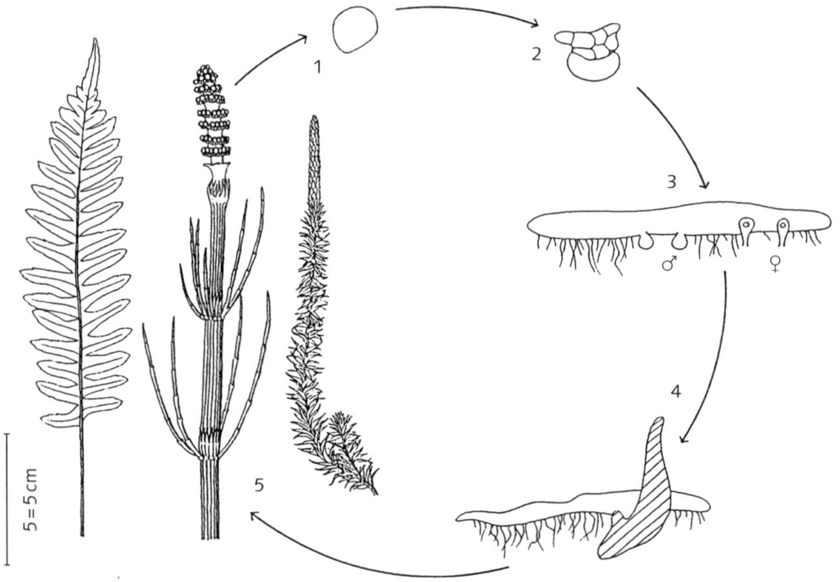

Abb. 7: Schema des Generationswechsels isosporer *Pteridophyta*.
1: Spore (1n).
2: Keimende Spore.
3: Schnitt durch ein Prothallium (1n) mit eingesenkten Archegonien (rechts) und vorstehenden Antheridien (links).
4: Prothallium mit jungem Sporophyt (schraffiert).
5: Sporophyten (2n), von links nach rechts: *Polypodium vulgare* (*Polypodiidae*), *Equisetum fluviatile* (*Equisetidae*), *Lycopodium annotinum* (*Lycopodiopsida*).
(aus Hess 1976, verändert)

Bei den meisten *Pteridophyta* werden auf demselben Prothallium beide Geschlechter ausgebildet, sie sind 1häusig. Prothallien können aber bei gewissen Farngruppen auch 1geschlechtig sein (rein männlich, nur mit Antheridien; rein weiblich, ausschliesslich mit Archegonien), sie sind also 2häusig. Bei einigen Farngruppen tritt diese Geschlechtertrennung bereits bei den Sporangien auf. In Megasporangien (auch Makrosporangien genannt) werden reservestoffreiche Megasporen (Makrosporen) gebildet, die zu weiblichen Prothallien auswachsen; in Mikrosporangien werden kleinere Mikrosporen erzeugt, die sich zu männlichen Prothallien entwickeln. Demzufolge kann man zwischen isosporen (alle Sporen gleich) und heterosporen (mit 2 verschiedenen Sporentypen) Farnpflanzen unterscheiden. Heterosporie hat sich in verschiedenen Verwandtschaftsgruppen entwickelt und ist mit einer weitgehenden Reduktion des Prothalliums gekoppelt. Im Extremfall ist das Prothallium auf wenige Zellen reduziert.

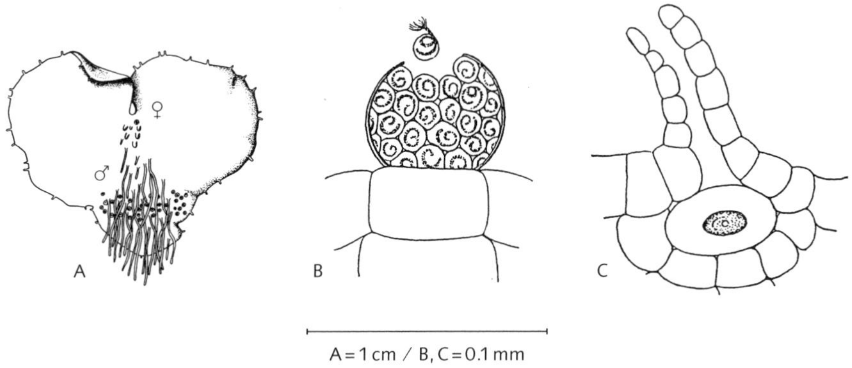

Abb. 8:
A: Prothallium mit Rhizoiden, Archegonien und Antheridien.
B: Reifes Antheridium mit Spermatozoiden.
C: Reifes Archegonium mit Eizelle, Bauch- und Halskanalzellen aufgelöst.
(A aus Frohne & Jensen 1998, B–C aus Hess 1976)

Vorkommen

Ähnlich wie Moose kommen *Pteridophyta* fast in allen Biotopen vor, die meisten sind aber an schattigen, feuchten (v.a. luftfeuchten) Standorten anzutreffen. *Pteridophyta* haben ihren Verbreitungsschwerpunkt in den Tropen. Die grössten Artenzahlen und die mächtigsten Farnpflanzen (Baumfarne) kommen in tropischen Regenwäldern und in den Nebelwäldern der Gebirge der Südhemisphäre vor. Dort trifft man Farnpflanzen nicht nur auf der Erde, sondern auch als Epiphyten auf Ästen oder an Stämmen von Bäumen. Einige Arten kommen aber an trockenen Standorten vor und zeigen eine grosse Trockenheitstoleranz.

Systematischer Teil

Weltweit gibt es etwa 10'300 rezente Arten von *Pteridophyta* (in der Schweiz ca. 80 Arten). Sie werden aufgrund von Unterschieden im Generationswechsel, der Morphologie des Sporophyten sowie der Anordnung und Ausbildung der Sporangien und Sporen in 5 Gruppen unterteilt, die wir hier als Klassen resp. Unterklassen einstufen.
Die *Pteridophyta* (Farne im weiteren Sinne) sind paraphyletisch und umfassen 2 unabhängige *clades*. Der basale *clade*, die *Lycopodiopsida* (Bärlappe und Verwandte), ist Schwestergruppe zum gesamten Rest der Gefässpflanzen (*Filicopsida* und *Spermatophyta*). Die *Filicopsida* (Eigentliche Farne) sind monophyletisch (Pryer & al. 2001). Diese Verwandtschaftsgruppe steht dem *clade* der *Spermatophyta* (Samenpflanzen) gegenüber.

Klasse *Lycopodiopsida*

Die *Lycopodiopsida* (Bärlappe und Verwandte) stellen eine sehr alte Gruppe dar, die bereits im Paläozoikum besonders reich entwickelt war. Die meisten damaligen Vertreter (insbesondere alle baumförmigen Arten) sind heute ausgestorben und nur als Fossilien bekannt. Sie hatten ihre Hauptentwicklung im Karbon, wo sie mit ihren bis 40 m hohen und 5 m dicken «Bärlappbäumen» (Siegelbäume, Schuppenbäume) ganze Wälder bildeten. Sie hatten einen wesentlichen Anteil an der Steinkohlebildung.
Bei den *Lycopodiopsida* sind die Prothallien C-heterotroph (ohne Chlorophyll). Die isosporen Arten haben unterirdisch in Symbiose mit Pilzen wachsende Gametophyten, bei den heterosporen Arten sind die Gametophyten stark reduziert, ihre Entwicklung findet in den Sporen statt. *Lycopodiopsida* haben einfache, meist kleine Blätter. Die Sporangien der rezenten Vertreter stehen einzeln am Grunde der Blattoberseite (in den Blattachseln), bei einigen Vertretern sind diese sporangientragenden Blätter anders geformt als die gewöhnlichen Laubblätter.
Die rezenten *Lycopodiopsida* umfassen etwa 1160 Arten. Diese werden in 3 Ordnungen eingeteilt.

Ordnung *Lycopodiales*

Familie *Lycopodiaceae*

Alle *Lycopodiaceae* sind isospor. Die Prothallien leben unterirdisch in Symbiose mit Pilzen; es sind heterotrophe, weissliche Knöllchen (bis 2 cm im Durchmesser), die erst nach 12–15 Jahren die Geschlechtsorgane ausbilden (Archegonien und Antheridien auf demselben Prothallium). Die Sporophyten sind kleine, krautige, immergrüne Gewächse. Der Stengel ist meist kriechend und mit dicht stehenden, mehr oder weniger nadelförmigen Blättern besetzt (Abb. 7). Die Sporophylle mit den Sporangien werden meist in ährenartigen Sporophyllständen an den Triebspitzen gebildet. Sie sind oft kleiner und von anderer Form als die vegetativen Blätter.
Etwa 400 Arten, Verbreitung v.a. in den Tropen und Subtropen; CH: 8 Arten. Diese kommen v.a. in Wäldern (besonders in Nadelwäldern) und in Zwergstrauchgesellschaften vor.

■ *Huperzia selago*

(=*Lycopodium selago*, Tannenbärlapp; FH **1**, 1)
Pflanze aufrecht, bis 25 cm hoch; Sporangien in den Blattachseln über den Trieb verteilt; sporangientragende Blätter gleich wie die vegetativen Blätter; subalpin und alpin; Magerkeitszeiger (Nährstoffzahl 1) und mässiger Säurezeiger (Reaktionszahl 2).

■ *Lycopodium annotinum*

(Berg-, Wald-Bärlapp; Abb. 7; FH **3**, 3)
Pflanze bis 30 cm hoch, mit niederliegenden, bis 1m langen Trieben; Sporophyllstände endständig; sporangientragende Blätter anders geformt und

kleiner als die vegetativen Blättern; subalpin; Magerkeitszeiger (Nährstoffzahl 1) und Säurezeiger (Reaktionszahl 1).

Ordnung *Selaginellales*

Familie *Selaginellaceae*

Alle Arten der Familie gehören zur Gattung *Selaginella* (Moosfarn). Moosfarne sehen ähnlich aus wie grosse Moose, der Generationswechsel und die anatomischen Merkmale zeigen jedoch eindeutig, dass es sich um Farnpflanzen handelt. *Selaginellaceae* sind heterospor. Im unteren Teil des Sporophyllstandes entstehen Megasporangien, im oberen Teil Mikrosporangien (Abb. 9B). In jedem Megasporangium werden 4 grosse, tetraedrisch angeordnete Megasporen gebildet (Durchmesser ca. 1 mm), in den Mikrosporangien entstehen zahlreiche kleine Mikrosporen. Die Prothallien sind weitgehend reduziert, sie bestehen nur aus wenigen Zellen und entwickeln sich vollständig in den Sporen. In einer Mikrospore bildet das einzige, reduzierte Antheridium die Spermatozoiden, die direkt die Mikrospore verlassen und zu einer Megaspore schwimmen, die aufreisst und den Zugang zu den wenigen Archegonien freigibt.
Etwa 700 Arten, Verbreitung v.a. in den Tropen und Subtropen; CH: 2 Arten. Sie unterscheiden sich in der Stellung und Zähnung der Blätter.

■ *Selaginella selaginoides*
(Dorniger Moosfarn; Abb. 9; FH **10**, 10)
Bis 8 cm hoch; Blätter schraubig angeordnet, gezähnt; Zwergstrauchgesellschaften, Weiden, subalpin und alpin.

Ordnung *Isoëtales*

Alle Vertreter dieser Ordnung sind heterospor mit stark reduzierten Prothallien (wie bei den *Selaginellales*). Der Sporophyt wächst meist untergetaucht in Süsswasserseen und trägt binsenartige Blätter in einer Rosette. Viele Arten sind nur fossil bekannt; heute leben weltweit noch etwa 60 Arten (einheimisch 2 Arten in Seen mit kalkfreiem Wasser; sehr selten und unscheinbar).

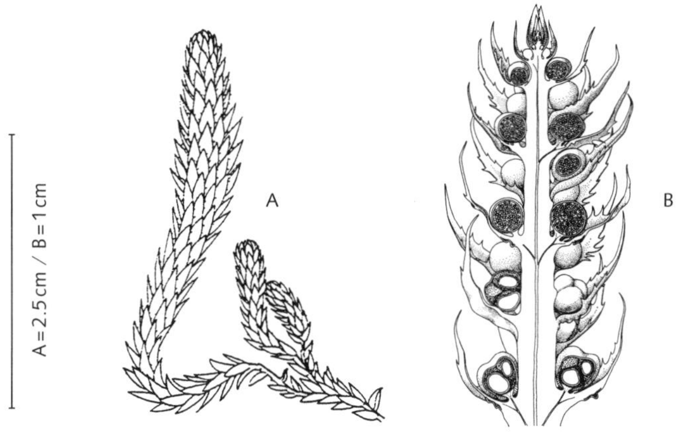

Abb. 9: *Selaginellaceae*, *Selaginella selaginoides*.
A: Habitus.
B: Sporophyllstand, unten Megasporangien, oben Mikrosporangien.
(A aus Hess & al. 1976–1980, B von Franz Oberwinkler)

Klasse *Filicopsida*

Diese auch als Eigentliche Farne (= *Filicopsida*) bezeichnete Gruppe umfasst mehr als 9'100 Arten und kann in 4 Einheiten gegliedert werden, die wir als Unterklassen einstufen. Aus der in den Tropen und Subtropen verbreiteten Unterklasse *Marattiidae* gibt es keine Vertreter in der Schweiz.

Unterklasse *Ophioglossidae*

Die *Ophioglossidae (= Psilotidae)* sind die basalste Gruppe der *Filicopsida* (Abb. 4). Sie haben C-heterotrophe Prothallien (ohne Chlorophyll), die unterirdisch in Symbiose mit Pilzen leben. Die Sporophyten bilden gabelig verzweigte Triebe. Die Sporangien sind eusporangiat, d.h., sie weisen eine mehrschichtige Wand auf. Die Unterklasse umfasst 2 Ordnungen mit isosporen Arten, die Vertreter der kleinen Ordnung *Psilotales* (mit 4 Arten) wachsen epiphytisch und kommen nur in den Tropen vor.

Ordnung *Ophioglossales*

Familie *Ophioglossaceae*

Die Vertreter der *Ophioglossaceae* bilden in jeder Vegetationszeit einen Gabeltrieb. Dieser Trieb ist mindestens z.T. flächig und wird (in Anlehnung an die *Polypodiidae*) als Wedel bezeichnet. Junge Wedel sind bei den *Ophioglossaceae* an der Spitze nicht eingerollt. Die Wedel bestehen aus einem vegetativen, flachen, grünen (assimilierenden) und einem fertilen, gelblichen Teil. Weltweit etwa 80 Arten; CH: 2 Gattungen, 7 Arten.

Botrychium
(Mondraute)
Vegetativer Teil geteilt; fertiler Teil mit zahlreichen, kugeligen Sporangien in einer Rispe.

■ *Botrychium lunaria*
(Echte Mondraute; Abb. 10; FH **13**, 23)
Bis 20 cm hoch; vegetativer Teil 1fach gefiedert, Abschnitte halbkreisförmig; Wiesen, Weiden, kollin bis alpin.

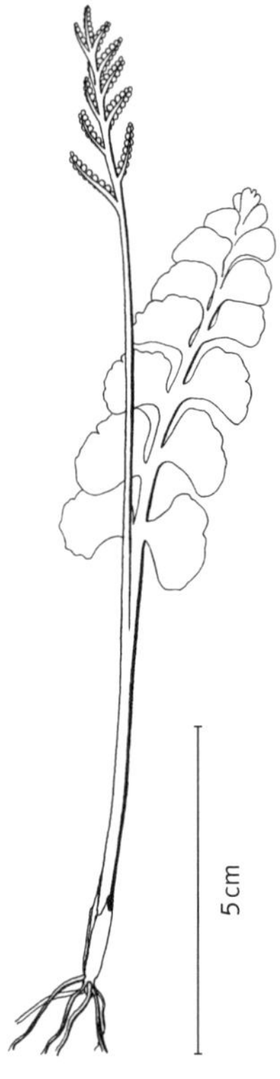

Abb. 10:
Ophioglossaceae,
Botrychium lunaria.
(aus Hess & al. 1976–1980)

Unterklasse *Equisetidae*

Die meisten *Equisetidae* (Schachtelhalme) sind nur fossil bekannt. Sie erreichten im Paläozoikum (Devon bis Perm) ihre grösste Formenfülle. Damals gab es auch baumförmige Schachtelhalmgewächse (bis 30 m Höhe und 1 m Durchmesser), die zusammen mit ebenfalls ausgestorbenen, baumförmigen Bärlappgewächsen einen wesentlichen Anteil an der Steinkohlebildung hatten.

Familie *Equisetaceae*

Im Gegensatz zur fossil belegten Formenfülle sind die heute lebenden Schachtelhalme alle ähnlich gebaut und werden in der einzigen Gattung *Equisetum* (Schachtelhalm) zusammengefasst. Aus einem unterirdisch kriechenden, langlebigen Rhizom entwickelt sich ein in Nodien (Knoten) und Internodien gegliederter Stengel (deshalb der frühere Name *Articulatae* [= Gegliederte]). Die ebenfalls gegliederten, quirlständigen Seitentriebe (falls vorhanden) und die quirlständigen kleinen Blätter sitzen an den Nodien. Die Blätter sind im unteren Teil miteinander zu einer den Stengel umfassenden, röhrenförmigen Scheide verwachsen. Wegen der kleinen und meist nicht grünen Blattspreiten übernehmen die grünen Halme die Assimilation. Die oberirdischen Teile sind meist 1jährig. Die Sporophylle gleichen zentral gestielten Schildchen, die an der Unterseite Sporangien tragen (Abb. 11B), sie sind zu endständigen, zapfenförmigen Ähren vereinigt. Neben den Trieben mit endständigem Sporophyllstand werden immer auch vegetative Triebe gebildet, die nur der Assimilation dienen. Bei einigen Arten sehen die fertilen Triebe gleich aus wie die vegetativen Triebe (grün, gleicher Verzweigungstyp; z.B. *Equisetum hyemale*), bei anderen Arten enthalten die stets unverzweigten fertilen Triebe kein Chlorophyll (C-heterotroph) und sterben bereits im Frühsommer nach der Sporenreife ab (z.B. *Equisetum arvense*, Abb. 11C). Alle heute lebenden Schachtelhalme sind isospor. Trotzdem sind die thallosen Prothallien meist 1geschlechtig.
Weltweit 15–30 Arten; CH: 9 Arten, alle Arten besiedeln feuchte bis nasse Standorte.

Equisetum

(Schachtelhalm)
Merkmale siehe oben unter *Equisetaceae*.

■ *Equisetum arvense*
(Acker-Schachtelhalm; Abb. 11; FH **21**, 13)
Triebe 1jährig; fertile Triebe bis 20 cm hoch, ohne Chlorophyll, unverzweigt, bis 0.5 cm dick; vegetative Triebe bis 50 cm hoch, mit unverzweigten Seitentrieben; Ruderalstellen, Alluvionen, kollin bis subalpin

Equisetum arvense ist offizinell (Droge *Equiseti herba*; Ph.Eur.). Die Pflanzen enthalten Kieselsäure (bis 10 %) und Flavonoide. Aus den oberirdischen Pflanzenteilen werden Extrakte und Tee hergestellt, die wegen der antibakteriellen Wirkung bei entzündlichen Erkrankungen der ableitenden Harnwege (z.B. Blasenentzündung) angewendet werden.
In der Alternativmedizin wird *Equisetum arvense* ebenfalls eingesetzt.

■ *Equisetum hyemale*
(Winter-Schachtelhalm; FH **20**, 19)
Bis 1.5 m hoch; Triebe immergrün; fertile Triebe gleich wie die unverzweigten, vegetativen Triebe; feuchte Wälder in Schluchten und Auen, kollin bis subalpin.

■ *Equisetum sylvaticum*
(Wald-Schachtelhalm; FH **23**, 15)
Triebe 1jährig; fertile Triebe bis 50 cm hoch, zuerst ohne Chlorophyll, unverzweigt, später grün werdend und gleich wie die bis 80 cm hohen vegetativen Triebe mit verzweigten Seitentrieben; Wälder, Hochstaudenfluren, Moore, montan und subalpin.

■ *Equisetum telmateia*
(=*Equisetum maximum*, Riesen-Schachtelhalm; FH **22**, 14)
Triebe 1jährig; fertile Triebe bis 50 cm hoch, ohne Chlorophyll, unverzweigt, bis 1.5 cm dick; vegetative Triebe bis 1.5 m hoch, mit unverzweigten Seitentrieben; Haupttrieb der vegetativen Triebe elfenbeinfarbig; Wälder, kollin und montan.

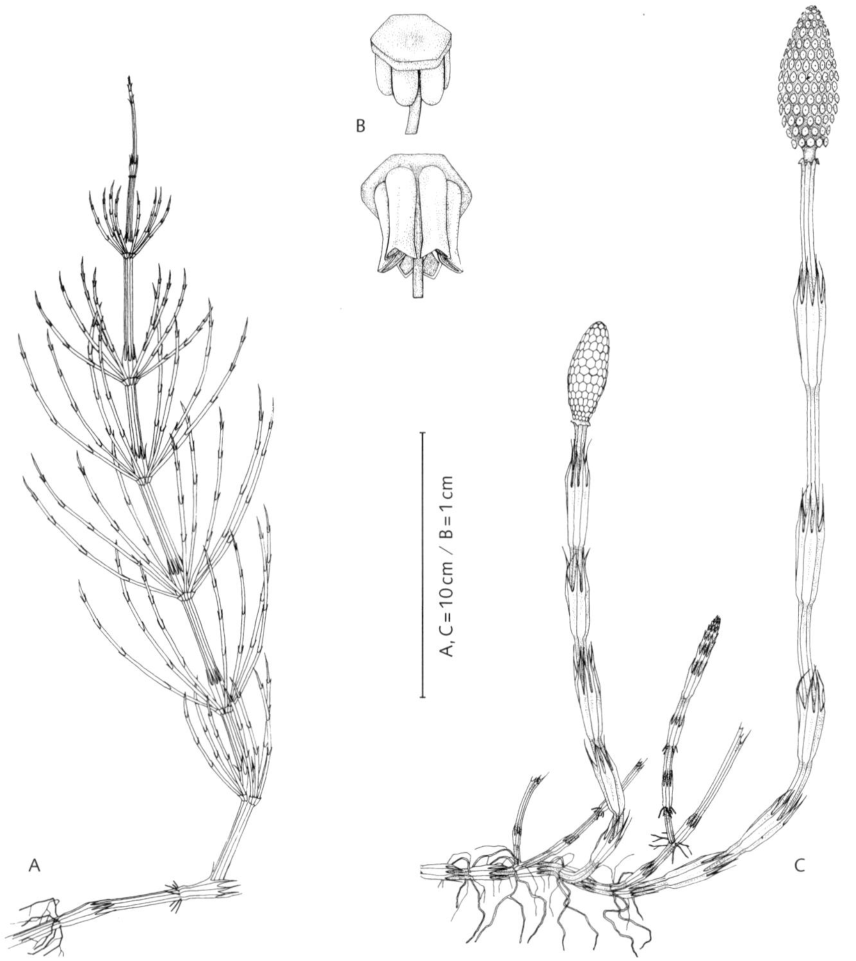

Abb. 11:
Equisetaceae, Equisetum arvense.
A: Vegetativer Spross mit unverzweigten Seitentrieben.
B: Sporophyll mit jungen (oben) und älteren, aufgesprungenen Sporangien (unten).
C: Fertiler, unverzweigter Trieb ohne Chlorophyll.
(aus Strasburger & al. 2008)

Unterklasse *Polypodiidae*

Die *Polypodiidae* (Echte Farne) haben in der Regel grosse Blätter, die Wedel genannt werden. Junge Wedel sind an der Spitze eingerollt und strecken sich anschliessend zu ihrer vollen Länge. Die gestielten Sporangien sind leptosporangiat, d.h., sie besitzen eine Wand, die nur aus 1 Zellschicht besteht (Gegensatz zu den anderen 4 Farngruppen der *Filicopsidae*, die alle eusporangiat sind). Die Sporangien werden in grosser Zahl gebildet und sind meist auf der Unterseite der Wedel in Gruppen, den sogenannten Sori (Einzahl Sorus), zusammengefasst. Bei vielen Arten werden die Sporangien in einem Sorus von einem häutigen Auswuchs der Blattepidermis, Schleier oder Indusium genannt, bedeckt und geschützt (Abb. 12). Die *Polypodiidae* sind meist isospor. Das Prothallium ist kurzlebig, thallos und grün und bildet auf der Unterseite meist beiderlei Geschlechtsorgane (Antheridien und Archegonien).

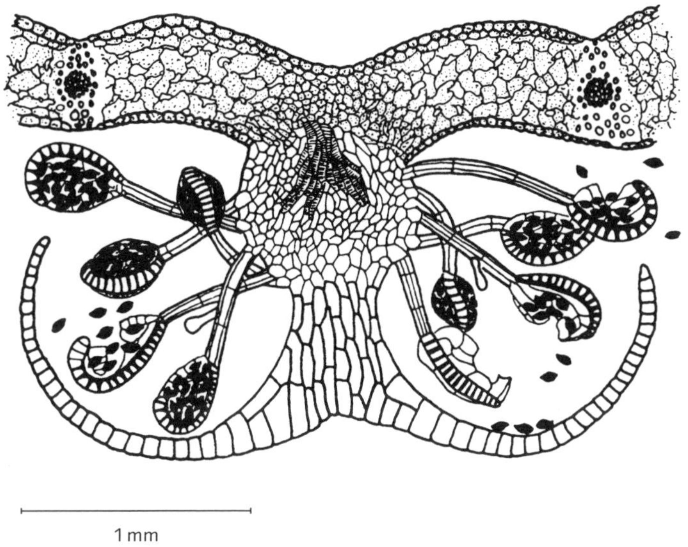

Abb. 12:
Schnitt durch einen Sorus mit Schleier und z.T. aufgeplatzten Sporangien.
(aus Dahlgren 1987)

Die *Polypodiidae* sind mit gegen 9000 Arten die formenreichste Gruppe der heute lebenden *Pteridophyta*. Besonders in den Tropen gibt es sehr viele Vertreter. Die meisten Farne bevorzugen schattige, feuchte (insbesondere luftfeuchte) Standorte. Aufgrund der Vielfalt der Wedel sowie der Sporangien und Sporen werden 7 Ordnungen unterschieden. Die kleinsten Farne sind wenige Millimeter gross; die grössten sind die v.a. in den Tropen und Subtropen der Südhemisphäre vorkommenden Baumfarne (Ordnung *Cyatheales* mit etwa 660 Arten), die bis zu 20 m hoch werden können und am Ende der Stämme Rosetten mit bis zu 3 m langen, mehrfach gefiederten Wedeln aufweisen. Vom üblichen Merkmalsmuster der *Polypodiidae* abweichend sind die etwa 100 Wasserfarne (Ordnung *Salviniales*; in der Schweiz

nur 3 sehr seltene Arten); Wasserfarne sind heterospor, ihre Sori sind komplexe Gebilde, die Sorokarpien (oder auch Sporokarpien) genannt werden. Die meisten *Polypodiidae* gehören zur Ordnung *Polypodiales* (über 7000 Arten), auch in der Schweiz gehören 51 der 55 einheimischen Arten der *Polypodiidae* zu den *Polypodiales*. Neben der Morphologie der Wedel sind für die Systematik innerhalb der *Polypodiales* die Anordnung und die Form der Sori und Schleier wichtig. Meist sind alle Wedel einer Pflanze gleich gestaltet, nur bei wenigen Arten sind die fertilen Wedel verschieden von den Wedeln, die keine Sori tragen.
Die taxonomische Gliederung der *Polypodiidae* hat in den letzten Jahrzehnten mehrere grundlegende Veränderungen erlebt. Die hier vorgestellte Aufteilung in Familien basiert auf den neuen, molekularphylogenetischen Arbeiten von Smith & al. (2006, 2008), Schuettpelz & Preyer (2007), Christenhusz & al. (2011b) und Rothfels & al. (2012).

Familie *Aspleniaceae*

Alle Wedel (ausgenommen junge Wedel) mit Sori; Sori auf der Fläche der Wedel, länglich («streifenförmig»); Schleier vorhanden.
Weltweit etwa 700 Arten; CH: 15 Arten.

Asplenium

(Streifenfarn)
Wedel geteilt.

- ***Asplenium ruta-muraria***
  (Mauerraute; Abb. 13B; FH **54**, 75)
  Bis 15 cm hoch; Wedel 2–3fach gefiedert; Felsen, Mauern, kollin bis alpin; Magerkeitszeiger (Nährstoffzahl 1) und Basenzeiger (Reaktionszahl 5).

- ***Asplenium trichomanes***
  (Braunstieliger Streifenfarn; Abb. 13C; FH **43**, 65)
  Bis 20 cm hoch; Wedel 1fach gefiedert, Spindel durchgehend rot- bis schwarzbraun; Felsen, Mauern, kollin bis subalpin.

- ***Asplenium viride***
  (Grünstieliger Streifenfarn; FH **45**, 63)
  Bis 20 cm hoch; Wedel 1fach gefiedert, Spindel nur am Grunde schwarzbraun, sonst grün; Felsen, Mauern, Blockschutt, montan bis alpin; Basenzeiger (Reaktionszahl 5).

- ***Phyllitis scolopendrium***
(=*Asplenium scolopendrium*, Hirschzunge; Abb. 13A; FH **56**, 77)
Bis 60 cm hoch; Wedel ungeteilt, ganzrandig; Felsen, Schluchten, kollin bis subalpin; mässiger Basenzeiger (Reaktionszahl 4).

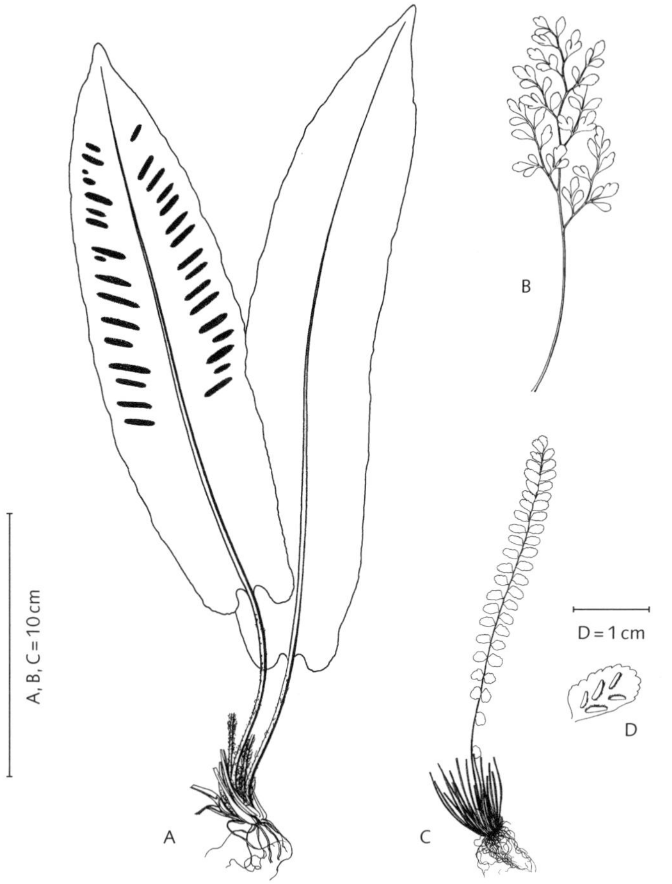

Abb. 13:
Aspleniaceae.
A: *Phyllitis scolopendrium*.
B: *Asplenium ruta-muraria*.
C: *Asplenium trichomanes*.
D: *Asplenium trichomanes*, Fieder 1.Ordnung mit länglichen Sori.
(aus Hess & al. 1976–1980)

Familie *Athyriaceae*

Stiel der Wedel mit 2 Leitbündeln; Wedel mehr oder weniger derb; Sori auf der Fläche der Wedel, rund bis oval; Schleier vorhanden.
Weltweit etwa 600 Arten; CH: 2 Arten.

■ *Athyrium filix-femina*
(Wald-Frauenfarn; Abb. 14C; FH **57**, 55)
Bis 120 cm hoch; Wedel mehr oder weniger derb, 2–3fach gefiedert; Fiedern 2. Ordnung zugespitzt; Wälder, Hochstaudenfluren, kollin bis subalpin.

Familie *Blechnaceae*

Vegetative Wedel und Wedel mit Sori verschieden gestaltet (dies trifft für viele Arten der Familie und auch für die einzige Art in der Schweiz zu), Sori auf der Fläche der Wedel, länglich; Schleier meist vorhanden.
Weltweit etwa 200 Arten; CH: 1 Art.

■ *Blechnum spicant*
(Rippenfarn; FH **81**, 81)
Bis 50 cm hoch; Wedel fiederteilig bis 1fach gefiedert; Pflanze mit 2 Sorten von Wedeln: vegetative Wedel mehr oder weniger niederliegend, fertile Wedel aufrecht und feiner geteilt; Wälder, montan und subalpin; Säurezeiger (Reaktionszahl 1).

Familie *Cystopteridaceae*

Stiel der Wedel mit 2 Leitbündeln; Wedel mehr oder weniger zart; Sori auf der Fläche der Wedel, rund bis oval.
Weltweit etwa 30 Arten; CH: 5 Arten.

■ *Cystopteris fragilis*
(Gewöhnlicher Blasenfarn; FH **59**, 58)
Bis 40 cm hoch; Wedel 2–3fach gefiedert; Schleier vorhanden; Felsen, Mauern, kollin bis alpin.

Familie *Dennstaedtiaceae*

Sori am Rand der Fiedern, länglich; Schleier vorhanden.
Weltweit etwa 170 Arten; CH: 1 Art.

■ *Pteridium aquilinum*
(Adlerfarn; FH **39**, 53)
Bis 3 m hoch (grösste einheimische Farnart); Wedel 2–3fach gefiedert; lichte Wälder, Waldschläge, Weiden, kollin bis subalpin.

Pteridium aquilinum ist eine einheimische Art. Unter günstigen Bedingungen kann sie in neue Standorte eindringen, grosse Flächen in dichtem Bewuchs und als Monokultur überdecken und die ursprüngliche Vegetation verdrängen (siehe auch Kapitel «Neophyten und invasive Arten»). Dies ist v.a. in Gebüschen, an Waldrändern und auf Alpweiden der Fall. Besonders auf den Weiden kann sie durch Überwuchern der ursprünglichen Weidevegetation den Wert für die Landwirtschaft stark beeinträchtigen.

Familie *Dryopteridaceae*

Stiel der Wedel mit mehreren Leitbündeln (mehr als 2; vergleiche mit *Athyrium*!); Sori auf der Fläche der Wedel, rund bis oval; Schleier vorhanden.
Weltweit etwa 1700 Arten; CH: 15 Arten.

■ *Dryopteris filix-mas*
(Echter Wurmfarn; Abb. 14 A+B; FH **73**, 43)
Bis 120 cm hoch; Wedel mehr oder weniger derb, 1fach gefiedert, mit fiederteiligen Fiedern; Fiederabschnitte an der Spitze abgerundet; Wälder, Hochstaudenfluren, kollin bis subalpin.

Dryopteris filix-mas wird in der Alternativmedizin eingesetzt.

Familie *Polypodiaceae*

Sori auf der Fläche der Wedel, rund bis oval; Schleier nicht vorhanden.
Weltweit etwa 1200 Arten; CH: 3 Arten.

■ *Polypodium vulgare*

(Engelsüss, Gemeiner Tüpfelfarn; Abb. 7; FH **83**, 78)
Bis 40 cm hoch; Wedel fiederteilig; Felsen, Wälder, kollin bis subalpin.

Das Rhizom von *Polypodium vulgare* enthält Süssstoffe (deshalb der Name «Engelsüss»), es wird selten als Ersatz für Süssholz verwendet.

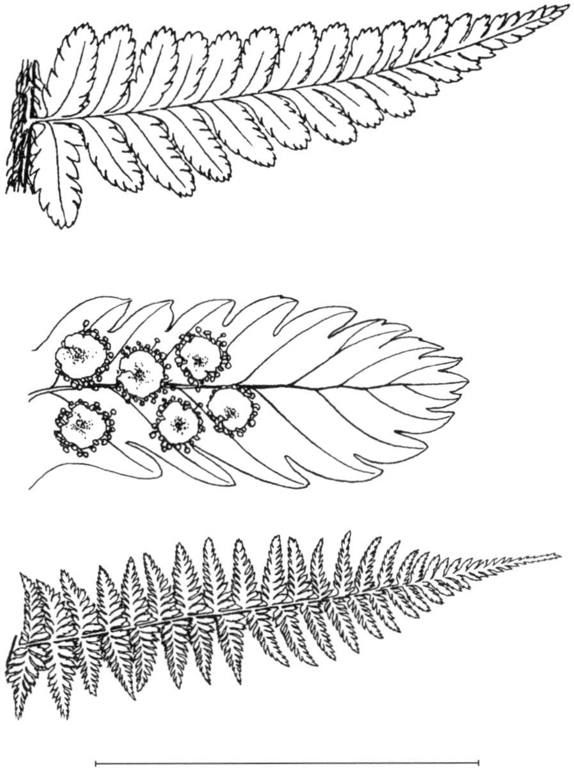

Abb. 14:
Polypodiales.
A+B: *Dryopteridaceae*, *Dryopteris filix-mas*.
A: Fieder 1. Ordnung.
B: Fiederabschnitt, Sori mit Schleiern.
C: *Athyriaceae*, *Athyrium filix-femina*. Fieder 1. Ordnung.
(A aus Hess & al. 2010, B aus Nägeli 1978, C aus Hess & al. 1976–1980)

Abteilung *Spermatophyta*

Allgemeines

Die *Spermatophyta* (=Samenpflanzen) sind eine monophyletische Gruppe, die sich durch die Ausbildung von Samen als Vermehrungs- und Ausbreitungseinheiten auszeichnet. Diese Samen sind die namengebende Synapomorphie dieses Taxons. Eine weitere Synapomorphie ist die Ausbildung von Blüten; auf dieser Struktur basiert der Name *Anthophyta* (=Blütenpflanzen). Weitere Synapomorphien sind z.B. die Ausbildung von 1 oder 2 Integumenten in den Samenanlagen, Pollenkörner, die mit einem Schlauch auskeimen, und die Bildung eines Nährgewebes für den Keimling im Samen.
Die *Spermatophyta* gehören wie die *Pteridophyta* zu den Gefässpflanzen (=Kormophyten) und zeigen die typische Gliederung in Wurzel, Sprossachse und Blätter. Die gegenüber den *Pteridophyta* verbesserte und innerhalb der *Spermatophyta* im Laufe der Evolution weiter optimierte Struktur und Funktion der Leitbündel mit Festigungsgeweben und sekundärem Dickenwachstum ermöglicht die Bildung von sehr grossen Individuen (die grössten *Spermatophyta* werden über 100 m hoch). Sekundäres Dickenwachstum (durch das Kambium wird nach innen Holz, nach aussen sekundäre Rinde gebildet) kann bei verholzten Vertretern auftreten (Ausnahme *Monocotyledonae*). Zudem ist die Bildung einer Epidermis mit Cuticula und Spaltöffnungen eine weitere wichtige Voraussetzung für die terrestrische Lebensweise, insbesondere bei grossen Pflanzen.
Die *Spermatophyta* lassen sich durch Besonderheiten in ihrem Generationswechsel charakterisieren. Die dominierende Generation ist der Sporophyt (2n), während die gametophytische Generation (1n) mehr oder weniger stark reduziert und nicht selbständig lebensfähig ist. Der männliche Gametophyt verbleibt in der Mikrospore und wird als eigenständige Struktur (=Pollenkorn) auf die Samenanlage übertragen (=Bestäubung). Der weibliche Gametophyt wird in der Samenanlage während seiner gesamten Lebensdauer von einer Hülle aus sporophytischem Gewebe, den Integumenten, umgeben. Mit der Verschmelzung (=Befruchtung) einer im Pollenkorn gebildeten Spermazelle mit der Eizelle in einer Samenanlage beginnt die Entwicklung zum Samen.
Die rezenten *Spermatophyta* bestehen aus 4 phylogenetischen Entwicklungslinien, die wir als Unterklassen einstufen. Drei dieser Unterklassen (*Cycadidae*, *Ginkgoidae*, *Pinidae*) gehören zu den von uns als Klasse eingestuften *Gymnospermae* (=*Pinopsida*), die 4. Unterklasse *Magnoliidae* ist die einzige Unterklasse der Klasse *Angiospermae* (=*Magnoliopsida*). Wie molekulare Daten zeigen, sind die *Gymnospermae* eine monophyletische Gruppe (Bowe & al. 2000), die sich durch den Generationswechsel und Merkmale im anatomischen und morphologischen Bereich gegenüber den *Angiospermae* unterscheidet. Die generell einfach gebauten Fortpflanzungsstrukturen der

Gymnospermae werden im englischen Sprachraum nicht als Blüten interpretiert, nur die komplexeren Gebilde der *Angiospermae* werden als solche bezeichnet. Deshalb wird in englischen Lehrbüchern der Begriff *Anthophyta* (= Blütenpflanzen) als ein Synonym zu *Angiospermae* gebraucht (Campbell Biology [Reece & al. 2010], Judd & al. 2008, Simpson 2010). Dies steht im Gegensatz zur Lehrmeinung in Europa, wo auch die Strukturen der *Gymnospermae* als Blüten bezeichnet werden und der Begriff *Anthophyta* (= Blütenpflanzen) somit ein Synonym ist zu *Spermatophyta* (=Samenpflanzen). Wir folgen der europäischen Tradition (Jäger & al. 2003, Strasburger & al. 2008).

Blüten

Die geschlechtliche Fortpflanzung findet in den **Blüten** statt. Eine Blüte besteht aus den männlichen und weiblichen Fortpflanzungsorganen, die sich an einem gestauchten Spross mit begrenztem Längenwachstum befinden. Sie wird oft von Blütenhüllblättern (= Perianth) eingefasst. Sind beide Geschlechter in der gleichen Blüte vorhanden, nennt man die Blüte zwittrig. Ist nur ein Geschlecht in einer Blüte vorhanden, ist die Blüte 1geschlechtig, und es gibt demnach 2 Typen von Blüten (weibliche und männliche Blüten). Sind sowohl männliche als auch weibliche Blüten auf der gleichen Pflanze (die beiden Geschlechter befinden sich zwar in verschiedenen Blüten, aber sozusagen im gleichen, also in 1 Haus), ist die Art 1häusig (= monözisch). Eine Art wird 2häusig (= diözisch) genannt, wenn die männlichen und weiblichen Blüten auf verschiedenen Pflanzen ausgebildet werden (die Pflanzen sind dann 1geschlechtig, die beiden Geschlechter leben in verschiedenen, also in 2 Häusern).

Die weiblichen Fortpflanzungsorgane werden von besonderen Blättern in den Blüten gebildet. Diese Blätter nennt man **Fruchtblätter** (Karpelle); sie sind homolog den Megasporophyllen der heterosporen Farnpflanzen. Eine **Samenanlage** ist ein von einer Hülle umgebenes Megasporangium der *Spermatophyta*. Sie besteht aus dem Funiculus (Stielzone) und aus 1 oder 2 Integumenten (Hüllen), die den Nucellus (das eigentliche Megasporangium) umgeben (Abb. 15). Alle diese Gewebe sind sporophytischen Ursprungs

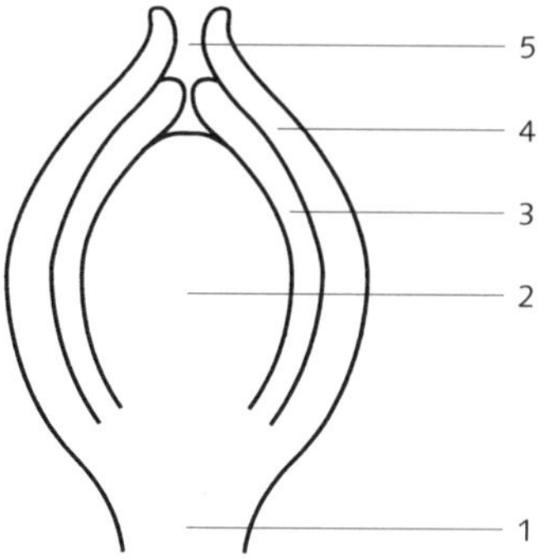

Abb. 15:
Samenanlage, schematisiert.
1: Funiculus.
2: Nucellus.
3: Inneres Integument.
4: Äusseres Integument.
5: Mikropyle.

und haben die Chromosomenzahl 2n. Die Integumente gehen vom Grund der Samenanlage aus und lassen am anderen Ende eine Öffnung, die Mikropyle, frei. Der Nucellus enthält das sporogene Gewebe, wo die Meiose stattfindet und die Eizelle (Chromosomenzahl 1n) gebildet wird. Die meiotisch entstandenen Zellen (1n) sind homolog den Megasporen heterosporer Farnpflanzen. Aus ihnen entwickeln sich Gewebe (primäres Endosperm resp. Embryosack), die dem Prothallium homolog sind. Darin wird schlussendlich die Eizelle gebildet.

Die männlichen Fortpflanzungsorgane werden ebenfalls in besonderen, **Staubblätter** (Stamina, Einzahl Stamen) genannten Blättern in der Blüte gebildet. Die Staubblätter sind homolog den Mikrosporophyllen heterosporer Farnpflanzen. Sie bestehen aus Pollensäcken (Chromosomenzahl 2n; homolog den Mikrosporangien heterosporer Farnpflanzen), in denen sich das sporogene Gewebe (Pollenmutterzellen) befindet. Der Pollen (Pollenkörner, «Blütenstaub»; Chromosomenzahl 1n) wird durch meiotische Teilungen der Pollenmutterzellen gebildet. Die 1kernigen Pollenkörner sind homolog den Mikrosporen. In ihnen eingeschlossen entwickelt sich der männliche Gametophyt. Der Kern des Pollenkorns teilt sich unter Zellwandbildung mitotisch. Dabei entstehen 2 oder mehr Zellen. Eine Zelle ist die generative Zelle, die homolog dem Antheridium ist. Die übrigen Zellen sind vegetativ; sie sind homolog dem Prothallium. Die generative Zelle teilt sich einmal, es entstehen die 2 zur Befruchtung fähigen Zellen (Spermazellen), die den Spermatozoiden der heterosporen Farnpflanzen homolog sind.

Bestäubung

Um eine Eizelle befruchten zu können, müssen Pollenkörner auf die weiblichen Fortpflanzungsorgane gelangen. Der Pollen wird durch Wind, Tiere (vor allem Insekten) oder sehr selten durch Wasser (bei gewissen Wasserpflanzen) übertragen. Die Blüten weisen je nach Übertragungsvektor vielfältige und z.T. sehr spezialisierte Anpassungen auf, um die Übertragung des Pollens effizient zu ermöglichen. Dies stellt die Basis dar für die Vielfalt an Blütenformen. Den Vorgang der Pollenübertragung nennt man Bestäubung.

Befruchtung

Auf dem weiblichen Fortpflanzungsorgan keimen die Pollenkörner mittels eines Pollenschlauchs aus, der in Richtung Samenanlage (und damit in Richtung Eizelle) wächst. Bei wenigen ursprünglichen Spermatophyten werden aus dem Pollenschlauch bewegliche Spermatozoiden entlassen, die zur Eizelle schwimmen. Meist wächst jedoch der Pollenschlauch durch die Gewebe der weiblichen Organe und bringt die unbeweglichen Spermazellen zur Eizelle. Eine Spermazelle verschmilzt mit der Eizelle zur Zygote (Chromosomenzahl 2n).

Samenbildung

Die Zygote entwickelt sich zum Embryo (bereits differenziert in die 3 Grundorgane Wurzel, Sprossachse und Blätter), die befruchtete Samenanlage entwickelt sich zum Samen. Ein Same besteht aus der Samenschale (Testa, entstanden aus den Integumenten), die den Embryo und fast immer ein Nährgewebe umschliesst. Eine widerstandsfähige Samenschale ermöglicht es, dass Samen als Dauerform lange Perioden und ungünstige Lebensbedingungen überdauern. Als Nährgewebe wird meistens Endosperm gebildet; als Nährgewebe können aber auch der Nucellus und z.T. sogar Gewebe des Embryos (z.B. Keimblätter) dienen. Der Same ist die primäre Ausbreitungseinheit der *Spermatophyta*. Die ausgestreuten Samen keimen und wachsen zu neuen Pflanzen heran. Samen sind komplexe Gebilde, aufgebaut aus verschiedenen sporophytischen Geweben (2n; im Gegensatz zu den einfach gebauten Sporen mit reduzierter Chromosomenzahl 1n bei den Moosen und Farnpflanzen).

Die *Spermatophyta* mit ihren mindestens 250'000 Arten stellen heute die artenreichste Pflanzengruppe dar und prägen fast alle Festlandbiotope unserer Erde. Etwa 800 Arten gehören zu den *Gymnospermae* (Nacktsamer), der überwältigende Rest dagegen sind *Angiospermae* (Bedecktsamer). *Gymnospermae* und *Angiospermae* zeigen jeweils ihnen eigene Ausbildungen der oben allgemein besprochenen Organe. Die spezifischen Ausprägungen werden bei den jeweiligen Taxa vorgestellt.

Zusammenfassung wichtiger Merkmale der *Spermatophyta*:

- Die *Spermatophyta* sind Kormophyten mit den für diese Organisationsstufe typischen Organen.
- Die Pflanze wird vom Sporophyten gebildet, sie hat die Chromosomenzahl 2n.
- Der Sporophyt mit Wurzeln, Sprossachse und Blättern weist wie bei allen Kormophyten eine hoch differenzierte Anatomie auf sowie Leitbündel, Epidermis mit Cuticula und Spaltöffnungen.
- Wegen ihrer Anatomie sind *Spermatophyta* befähigt, sehr grosse Vegetationskörper zu bilden, die grössten Bäume (z.B. *Sequoia sempervirens*, Red Wood, und Arten der Gattung *Eucalyptus*) werden über 100 m hoch.
- Die sexuelle Fortpflanzung findet in den Blüten statt; eine Blüte besteht aus einem gestauchten Spross mit begrenztem Längenwachstum und den die Fortpflanzungsorgane bildenden speziellen Blättern.
- Der Gametophyt (Chromosomenzahl 1n) ist sehr viel kleiner als der Sporophyt, er ist auf wenige Gewebe, im Extremfall auf 1 Zelle reduziert.
- Die männlichen Fortpflanzungsorgane werden Staubblätter genannt; in ihnen werden durch Meiose die zahlreichen Pollenkörner gebildet.
- Die weiblichen Fortpflanzungsorgane werden Samenanlagen genannt und von Fruchtblättern (Karpellen) gebildet.
- In der Samenanlage wird nach einer meiotischen Teilung der weibliche Gametophyt mit der Eizelle gebildet, er ist immer von sporophytischem Gewebe umgeben und damit vollständig vom Sporophyten abhängig.
- Die Befruchtung wird ermöglicht durch die Übertragung der Pollenkörner auf die weiblichen Fortpflanzungsorgane.
- Die unbeweglichen Spermazellen gelangen durch einen Pollenschlauch zur Eizelle.
- Die Befruchtung findet auf dem Sporophyten statt und ist nicht mehr von Wasser abhängig.
- Die Zygote bildet einen Embryo, der meist von Nährgewebe (Endosperm) umgeben ist.
- Aus der Samenanlage entwickelt sich der Samen. Er stellt eine Überdauerungsform in der sporophytischen Phase dar und dient der Ausbreitung.

Klasse *Gymnospermae*

Allgemeiner Bau

Alle *Gymnospermae* (Nacktsamer) sind Holzpflanzen mit sekundärem Dickenwachstum. Die Leitelemente des Holzes sind meist Tracheiden. Die meisten Arten sind immergrün. Viele *Gymnospermae* haben nadel- oder schuppenförmige Blätter. Vegetative Fortpflanzung ist bei *Gymnospermae* selten. Die Blüten der *Gymnospermae* sind einfacher gebaut als diejenigen der *Angiospermae*. Sie sind 1geschlechtig, haben keine Blütenhülle und werden durch den Wind bestäubt. Wir folgen der europäischen Lehrmeinung und interpretieren diese einfach gebauten Fortpflanzungsstrukturen der *Gymnospermae* als Blüten (Kommentar siehe Kapitel «*Spermatophyta*»). Der Begriff *Anthophyta* (= Blütenpflanzen) ist für uns somit ein Synonym zu *Spermatophyta* (= Samenpflanzen) und schliesst die *Gymnospermae* ein.

Blüten

Eine **weibliche Blüte** besteht aus einem Megasporophyll mit 1 bis vielen Samenanlagen. Die Megasporophylle sind bei den *Cycadidae* blattartig und werden auch als Fruchtblätter bezeichnet, bei den übrigen *Gymnospermae* (*Ginkgoidae*, *Pinidae*) sind es mehr oder weniger einfache Träger von Samenanlagen. Bei allen *Gymnospermae* sitzen die **Samenanlagen offen («nackt»**; von griech. *gymnos* = nackt) am Rand der flach ausgebreiteten Fruchtblätter oder auf den Trägern, sie sind **nicht in einem Fruchtknoten eingeschlossen** (grundsätzlicher Gegensatz zu den *Angiospermae*). Jede Samenanlage (Abb. 16A) besteht aus 1 Integument (2n), das den Nucellus (2n) mit dem sporogenen Gewebe umhüllt. Unterhalb der röhrenförmigen Mikropyle befindet sich eine Höhlung, die Pollenkammer.
Eine **männliche Blüte** enthält zahlreiche Staubblätter. Jedes Staubblatt trägt 1 bis zahlreiche, z.T. verwachsene Pollensäcke. Darin werden durch Meiose die 1kernigen Pollenkörner gebildet. Nach der Meiose erfolgen in den Pollenkörnern unter Zellwandbildung 1 bis mehrere Mitosen. Bis auf 1 werden die dabei entstandenen Zellen am Rand an der Pollenwand abgelagert. Die meist grosse, zentrale, nicht an der Pollenwand abgelagerte Zelle teilt sich einmal; es entstehen 1 vegetative Zelle und darin 1 generative Zelle. Die generative Zelle teilt sich einmal, so dass die 2 zur Befruchtung fähigen Zellen (Spermazellen) entstehen.
Bei vielen *Gymnospermae* werden zahlreiche weibliche Blüten zu dichten Blütenständen zusammengefasst, die oft verholzen und Zapfen genannt werden. Ein solcher Zapfen ist ein kompakter, 1geschlechtiger Blütenstand mit zahlreichen Blüten, man kann ihn auch als Kätzchen bezeichnen (siehe Abschnitt «Blütenstand» im Kapitel «Vegetative Merkmale» unter «*Angiospermae*»). Mit ihren zahlreichen, meist dicht stehenden Staubblättern sieht eine männliche Blüte bei vielen *Gymnospermae* einem Zapfen nicht unähnlich, ist aber eine Einzelblüte.

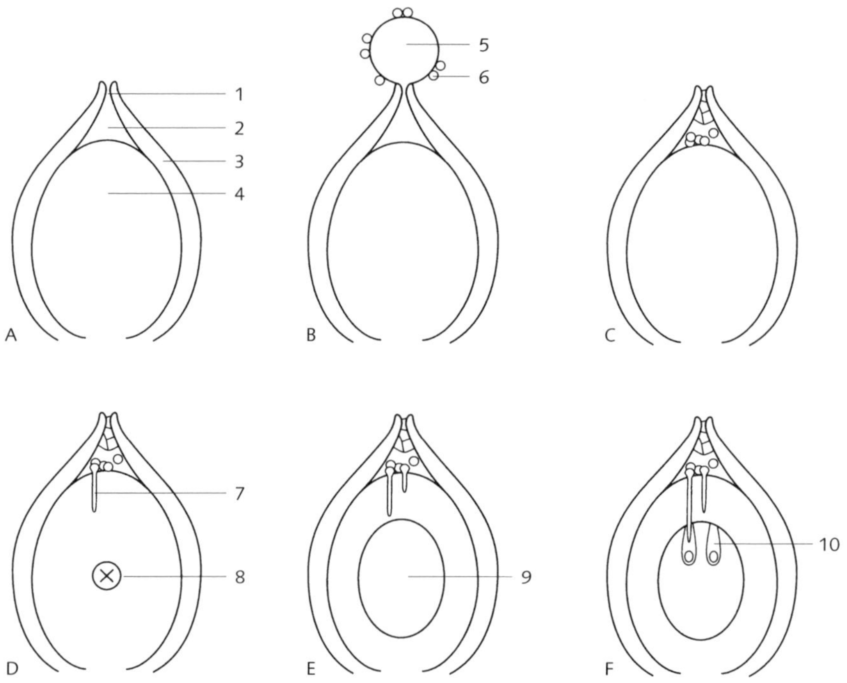

Abb. 16:
Entwicklung der Samenanlage, Bestäubung und Befruchtung bei *Gymnospermae* (schematisiert).
A: Junge Samenanlage (1: Mikropyle. 2: Pollenkammer. 3: Integument. 4: Nucellus).
B: Am durch die Mikropyle abgesonderten Flüssigkeitstropfen (5) kleben mit dem Wind verfrachtete Pollenkörner (6).
C: Durch Eintrocknen des Tropfens werden die Pollenkörner in die Pollenkammer gesogen. Die Mikropyle wird durch Zellwucherungen verschlossen.
D: Nach der Pollenruhe keimen die Pollenkörner (7), häufig lösen sie dadurch die Meiose (8) im Nucellus aus.
E: Nach der Meiose wird durch mitotische Teilungen das primäre Endosperm (9, Chromosomenzahl 1n) gebildet.
F: Im primären Endosperm werden die Archegonien (10) gebildet. Die Spermazellen werden mit dem Pollenschlauch zur Eizelle gebracht.

Bestäubung

Die reifen Pollensäcke reissen auf und geben die Pollenkörner frei. Der Pollen wird durch Wind auf die Samenanlagen übertragen. Durch die Mikropyle tritt ein Flüssigkeitstropfen aus, an dem die Pollenkörner haften bleiben (Abb. 16B). Durch Eintrocknen des Tropfens werden die Pollenkörner in die Pollenkammer gesogen. Anschliessend wird die Mikropyle durch Zellwucherungen des Integumentes verschlossen (Abb. 16C). Die Keimung des Pollens erfolgt nicht sofort, sondern erst nach wenigen Tagen bis einem Jahr. Häufig löst erst der keimende Pollen die folgenden zytologischen Vorgänge in der Samenanlage aus (Abb. 16D–F): Im sporogenen Gewebe im Nucellus macht ein Kern eine Meiose durch. Es entstehen 4 Kerne mit reduzierter Chromosomenzahl 1n, von denen 3 zugrunde gehen und einer übrigbleibt. Anschliessend folgen mitotische Teilungen, die zu einem Gewebe mit reduzierter Chromosomenzahl (1n) führen. Dieses Gewebe heisst primäres Endosperm. Darin werden Archegonien (1–200 pro Samenanlage) angelegt.

Befruchtung

Im Normalfall wächst der Pollenschlauch mit dem vegetativen Kern an der Spitze und den 2 Spermazellen dahinter durch den Nucellus zum Archegonium (Abb. 16F). Eine Spermazelle verschmilzt mit der Eizelle zur Zygote, die andere Spermazelle degeneriert.

Bei *Ginkgo* und den *Cycadidae* dienen die kurzen, dicken Pollenschläuche nur der Verankerung im Nucellusgewebe. Statt der unbeweglichen Spermazellen werden in den Pollenkörnern bewegliche Spermatozoiden gebildet. Die austretenden Spermatozoiden schwimmen aktiv zu den Archegonien und befruchten die Eizelle.

Samenbildung

Aus der Zygote entwickelt sich der Embryo, der von Nährgewebe (primäres Endosperm, Chromosomenzahl 1n) umgeben ist. Nährgewebe und Embryo werden vom Integument umhüllt, das sich zur meist trockenen, harten Samenschale entwickelt. Da keine Fruchtblätter vorhanden sind, sprechen wir bei *Gymnospermae* nicht von Früchten. Die saftigen, fleischigen Gewebe, welche die Samen umhüllen können (z.B. *Juniperus*, *Taxus*) oder Teil der Samen sind (z.B. *Cycas*, *Ephedra*, *Ginkgo*), werden von anderen Strukturen gebildet.

Zusammenfassung wichtiger Merkmale der *Gymnospermae*:

- Alle *Gymnospermae* sind Holzpflanzen.
- Wasserleitende Elemente sind meist Tracheiden.
- Vegetative Fortpflanzung ist bei *Gymnospermae* selten.
- Die Blüten besitzen meist keine Blütenhülle.
- Die Blüten sind in der Regel 1geschlechtig.
- Fruchtblätter fehlen meist; falls sie vorhanden sind, umschliessen sie die Samenanlagen nicht; Samenanlagen und Samen sind deshalb nackt.
- *Gymnospermae* haben i.d.R. 1 Integument.
- Das Nährgewebe wird von den meiotisch enstandenen Zellen im Nucellus und vor der Befruchtung gebildet; deshalb heisst es primäres Endosperm und hat die Chromosomenzahl 1n.
- Die Eizellen werden in Archegonien (im primären Endosperm) gebildet.
- Die Pollenkörner gelangen durch den Wind auf die Samenanlagen.
- Da keine Narben vorhanden sind (keine Fruchtknoten!), wird der Pollen mittels eines Flüssigkeitstropfens aufgefangen.
- Die Befruchtung erfolgt durch einen Pollenschlauch, bei ursprünglichen Gruppen durch Spermatozoiden (*Cycadidae*, *Ginkgoidae*).
- *Gymnospermae* haben eine einfache Befruchtung, nur die Eizelle wird befruchtet.
- Da bei den *Gymnospermae* keine Fruchtblätter vorhanden sind resp. diese keine Behälter für die reifen Samen bilden, spricht man hier nicht von Früchten, sondern von Samen resp. Samenständen.

Systematischer Teil

Wie molekulare Daten zeigen, sind die *Gymnospermae* eine monophyletische Gruppe, die sich durch den Generationswechsel und Merkmale im anatomischen und morphologischen Bereich gegenüber den *Angiospermae* unterscheidet. Weltweit gibt es etwa 800 Arten an *Gymnospermae*. Die Klasse *Gymnospermae* (= *Pinopsida*) gliedert sich in 3 Evolutionslinien, die wir als Unterklassen einstufen: *Cycadidae*, *Ginkgoidae* und *Pinidae* (inkl. *Gnetales*). Die *Cycadidae* umfassen etwa 300 Arten in 11 Gattungen, oft werden diese auf 3 Familien aufgeteilt, diese Aufteilung ist aber noch unklar (Nagalingum & al. 2011). Sie kommen in den Tropen und auf der Südhemisphäre vor, bei uns gibt es keine einheimischen Vertreter dieser Gruppe. Die bekanntesten Vertreter (z.B. *Cycas*) werden auf deutsch Palmfarne genannt; dies ist verwirrend, denn sie haben weder mit Palmen noch mit Farnen etwas zu tun. Wir gehen nicht weiter auf diese Gruppe ein.

Unterklasse *Ginkgoidae*

Die *Ginkgoidae* sind mit einer Ausnahme nur fossil bekannt. Sie gehen zurück bis ins Perm. Die grösste Formenfülle zeigten die *Ginkgoidae* von der Trias bis zur Kreide. Heute lebt nur noch ein Vertreter dieser Gruppe.

Familie *Ginkgoaceae*

■ *Ginkgo biloba*
(Ginkgo; Abb. 17; FH –)
Bis 30 m hoher, 2häusiger, sommergrüner Baum; Blätter fächerförmig und oft zweilappig (deshalb «biloba»), mit radiär verlaufenden und gabelig verzweigten Nerven; männliche Blüte mit zahlreichen, an einer verlängerten Achse angeordneten Staubblättern; weibliche Blüte aus einem Träger mit meist 2 Samenanlagen bestehend; Befruchtung durch Spermatozoiden; Bestäubung und Befruchtung zeitlich durch Monate getrennt, z.T. Samen noch unbefruchtet (also als bestäubte Samenanlagen, aber mit voll ausgebildeten Archegonien) abfallend; meist entwickelt sich nur 1 der beiden Samenanlagen zu einem Samen; innere Schichten des Integumentes eine harte Samenschale bildend, der äussere Teil fleischig, reife Samen deshalb einer saftigen, gelben Steinfrucht gleichend.

In Ostasien (China und Japan) wird *Ginkgo biloba* seit langem als Tempelbaum angepflanzt (deshalb auch der deutsche Name Pagodenbaum). Heute wird die Art weltweit als Parkbaum und wegen der Unempfindlichkeit gegenüber Umweltbelastungen entlang von Strassen angepflanzt. Grossflächige natürliche Vorkommen gibt es keine mehr, *Ginkgo biloba* wird deshalb (und auch wegen seiner altertümlichen Befruchtung durch Spermatozoiden) als «lebendes Fossil» bezeichnet.

Ginkgo biloba ist offizinell (Drogen *Ginkgonis folium*, *Ginkgonis extractum siccum*; Ph.Eur.). Die Blätter enthalten Flavonoide und Terpene. Wegen der durchblutungssteigernden und neuroprotektiven Wirkung werden sie bei Demenz eingesetzt, selten zeigen sich als Nebenwirkung Magen-Darm-Beschwerden.

Frische Blätter von *Ginkgo biloba* werden auch in der Alternativmedizin eingesetzt.

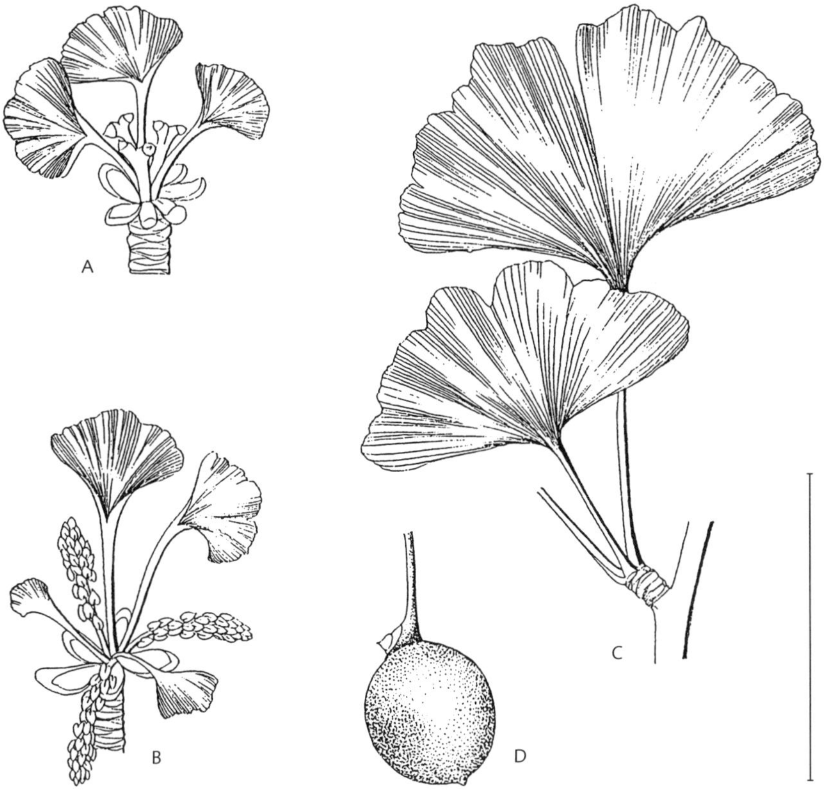

Abb. 17:
Ginkgoaceae, *Ginkgo biloba*:
A+B: Blüten und junge Blätter.
A: Weibliche Blüten.
B: Männliche Blüten.
C: Ausgewachsene Blätter.
D: Reifer Samen.
(aus Hess 1976)

Unterklasse *Pinidae*

Die Unterklasse *Pinidae* ist charakterisiert durch ihre einfach gebauten Blätter und Fortpflanzungsorgane. Die Blätter sind meist nadel- oder schuppenförmig. Die Pollenkörner keimen mit einem Pollenschlauch, der zur Eizelle wächst. Die Samenanlagen sitzen auf Trägern.
Die *Pinidae* umfassen mehrere Evolutionslinien, die morphologisch schwer zu fassen sind. Insbesondere ist die phylogenetische Stellung der Ordnung *Gnetales* noch wenig abgestützt; molekularphylogenetische Untersuchungen stellen sie in die Nähe der *Pinaceae*, obgleich dies aus morphologischer Sicht nur schwer nachvollziehbar ist. Wir gliedern die *Pinidae* deshalb nicht in Ordnungen, sondern besprechen die für uns wichtigen Familien in alphabetischer Reihenfolge. Am Schluss folgt eine kurze Darstellung der Ordnung *Gnetales* mit dem einheimischen Vertreter aus der Gattung *Ephedra*. Die *Pinidae* (ohne die *Gnetales*) umfassen 7–8 Familien mit etwa 525 Arten in 70 Gattungen. Sie haben auch heute noch als Waldbäume grosse Bedeutung und sind weltweit verbreitet.

Familie *Cupressaceae*

Pflanzen 1- oder 2häusig; Blätter mehrjährig, meist schuppenförmig oder seltener nadelförmig, gegen- oder quirlständig; ♀ Blüten in meist verholzenden Zapfen (z.B. *Cupressus*, Zypresse, oder *Thuja*, Lebensbaum).
29 Gattungen, 140 Arten, Verbreitung weltweit, v.a. im temperaten Klima; CH: 1 Gattung, 3 Arten.

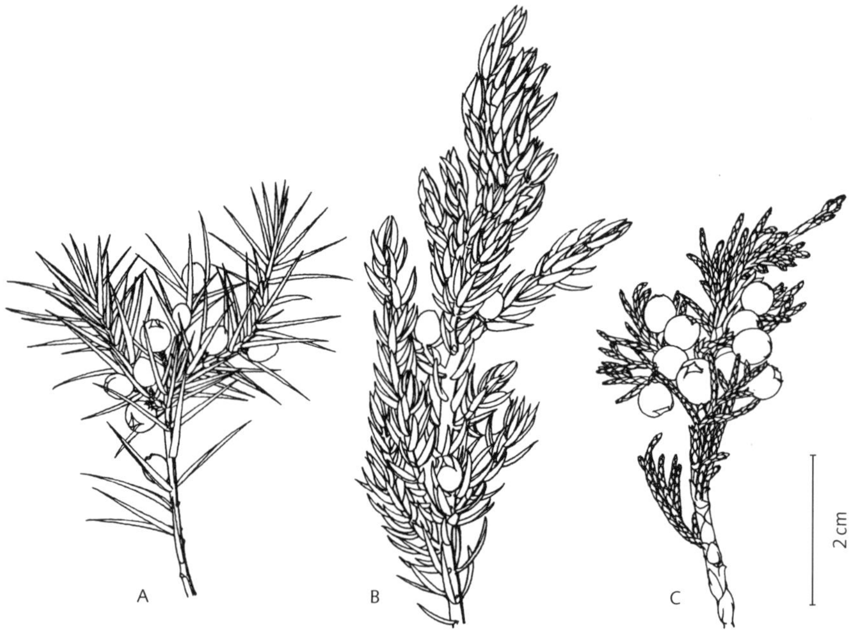

Abb. 18:
Cupressaceae, *Juniperus*.
A: *Juniperus communis*.
B: *Juniperus nana*.
C: *Juniperus sabina*.
(aus Hess & al. 1976–1980)

Juniperus

(Wacholder; Abb. 18)
2häusig; Zapfen fleischig, wegen der Ähnlichkeit mit Beerenfrüchten werden sie «Beerenzapfen» genannt; einzige in der Schweiz heimische Gattung der *Cupressaceae*.

Alle 3 einheimischen *Juniperus*-Arten enthalten ätherische Öle, aber nur *Juniperus communis* ist offizinell.

■ *Juniperus communis*

(=*Juniperus communis* subsp. *communis*, Gewöhnlicher Wacholder; Abb. 18A; FH **101**, 97)

Bis 5 m hoher, aufrecht wachsender Strauch oder kleiner Baum; Blätter nadelförmig, allmählich und fein zugespitzt, abstehend (stark stechend); lichte Wälder und trockene Hänge in warmen Lagen, kollin und montan.

Juniperus communis ist offizinell (Drogen *Iuniperi pseudo-fructus*, *Iuniperi aetheroleum*, *Iuniperi spiritus*; Ph.Eur., Ph.Helv.), enthält ätherische Öle und Flavonoidglykoside und wird bei Verdauungsbeschwerden eingesetzt. In der Alternativmedizin wird *Juniperus communis* ebenfalls eingesetzt. Volksmedizinisch werden Badezusätze und Salben aus Holz und Beerenzapfen hergestellt.

Die Beerenzapfen werden als Gewürz (z.B. im Sauerkraut) und zur Herstellung von Gin verwendet.

Juniperus communis und *Juniperus nana* sind nahe verwandt und nicht immer sicher zu trennen, weshalb sie oft auch als 2 Unterarten von *Juniperus communis* i.w.S. betrachtet werden (siehe Synonyme). Sie können als Vikarianten bezüglich ihrer Höhenverbreitung (kollin und montan resp. subalpin und alpin) angesehen werden (siehe auch Kapitel «Vikarianten»). Im Übergangsbereich der Höhenverbreitung der beiden Taxa können morphologisch intermediäre Individuen angetroffen werden.

■ ***Juniperus nana***
(=*Juniperus communis* subsp. *alpina*, =*Juniperus communis* subsp. *nana*, Zwerg-Wacholder; Abb. 18B; FH **102**, 98)
Niederliegender Strauch; Blätter nadelförmig, kurz zugespitzt und gegen den Zweig gekrümmt (kaum stechend); Weiden, Zwergstrauchgesellschaften, Felsen, subalpin und alpin.

Siehe Kommentar unter *Juniperus communis*.

■ ***Juniperus sabina***

(Sadebaum, Sefistrauch, Stink-Wacholder; Abb. 18C; FH **103**, 99)
Niederliegender Strauch; Blätter schuppenförmig; heisse, trockene Hänge, besonders in den Zentralalpen (z.B. Felsensteppen), kollin bis subalpin.

Juniperus sabina ist giftig; früher wurde aus Zweigen ein Tee hergestellt, der als Abortivum verwendet wurde; dies war nicht nur verboten, sondern für die Frau auch sehr gefährlich, liegen doch wirksame und letale Dosis sehr nahe beieinander.

Familie *Pinaceae*

Pflanzen 1häusig; Blätter nadelförmig; weibliche Blüten aus einer Samenschuppe mit 2 Samenanlagen bestehend; jede Samenschuppe befindet sich in der Achsel eines Tragblattes, der Deckschuppe; Samen- und Deckschuppe sind weitgehend miteinander verwachsen (Abb. 19); diese Deck-Samenschuppenkomplexe sind in verholzenden Zapfen angeordnet; pro Samen-

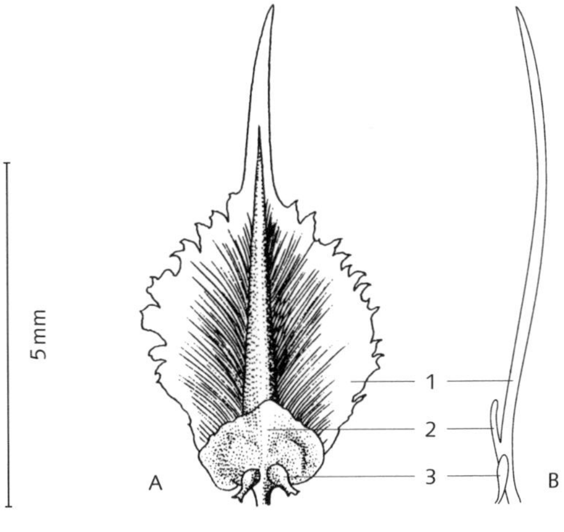

Abb. 19: Deck-Samenschuppenkomplex.
A: Aufsicht (*Abies alba*).
B: Schematischer Längsschnitt.
1: Deckschuppe.
2: Samenschuppe.
3: Samenanlage.
(A aus Hess 1976)

schuppe werden 2 geflügelte Samen gebildet (Abb. 20E); alle 7 einheimischen Arten sind wichtige Waldbäume (Abb. 20).
12 Gattungen, 200 Arten (grösste Familie der *Gymnospermae*), Verbreitung v.a. nordhemispärisch im temperaten Klima; CH: 4 Gattungen, 7 Arten.

Alle einheimischen Arten der Familie der *Pinaceae* werden volksmedizinisch verwendet, offizinell sind *Larix decidua*, *Picea abies* und 2 der 4 einheimischen *Pinus*-Arten. Alle Arten enthalten ätherische Öle und Harze, verwendet werden Zweigspitzen mit jungen Nadeln. Daraus werden Badezusätze, Einreibemittel, Seifen und Salben hergestellt. Sie werden bei Erkrankung der Atemwege und zur Desinfektion angewendet.

■ *Abies alba*
(Tanne, Weisstanne; Abb. 20A; FH **86**, 86)
Bis 60 m hoher Baum; Nadeln einzeln, an Schattenzweigen 2zeilig angeordnet (deshalb alle Nadeln in 1 Ebene), an Lichtzweigen nicht 2zeilig, sondern allseits abstehend; Nadeln steif, stumpf, im Querschnitt flach, unterseits mit 2 weisslichen Wachsstreifen; Zapfen aufrecht auf den Zweigen, am Baum zerfallend, nur die Zapfenspindel stehenbleibend; Wälder, montan.

Das Holz wird zur Herstellung von Möbeln, zur Gewinnung von Zellwolle und als Bauholz verwendet.

■ *Larix decidua*
(Lärche; Abb. 20C; FH **89**, 89)
Bis 50 m hoher Baum; Nadeln sommergrün (einziger einheimischer sommergrüner Nadelbaum), an Kurztrieben in Büscheln zu 20–40 Nadeln (an Langtrieben Nadeln einzeln); Wälder, subalpin, v.a. in den Zentralalpen.

Larix decidua ist offizinell (Droge *Terebinthina laricina* [Harz]; Ph.Helv.). Das Harz enthält Harzsäuren und ätherische Öle, es wird bei Entzündungen der Atemwege angewendet.

In der Alternativmedizin wird *Larix decidua* auch eingesetzt.

Das Holz von *Larix decidua* ist sehr dauerhaft, es wird zur Herstellung von Brunnentrögen, Schwellen und Schindeln sowie als Bauholz, aber auch als Möbelholz verwendet.

■ *Picea abies*
(= *Picea excelsa*, Fichte, Rottanne; Abb. 20B; FH **88**, 88)
Bis 50 m hoher Baum; Nadeln einzeln, allseits abstehend (nicht 2zeilig), steif, spitz, im Querschnitt 4kantig, grün; Zapfen an Zweigspitzen, nach der Blüte hängend, als Ganzes abfallend, die Samen durch Spreizen der Schuppen entlassend; Wälder, montan und subalpin.

Picea abies ist offizinell (Droge *Phytosterolum*; Ph.Eur.). Die Droge enthält ätherische Öle und wird zur Inhalation bei beengten Atemwegen sowie zu Einreibungen zur Durchblutungsförderung angewendet.

Auch in der Alternativmedizin wird *Picea abies* eingesetzt.

Picea abies ist ein sehr wichtiger Waldbaum (eine sog. Wirtschaftsbaumart) und wurde (und wird z.T. immer noch) in der kollinen Stufe grossflächig in Monokulturen angepflanzt, obwohl dies für den Standort (insbesondere für den Boden) problematisch ist. *Picea abies* hat ein ideales Holz für Resonanzkörper (Klavier, Orgel, Streichinstrumente). Da das Holz billig ist, wird es auch zur Herstellung von Kisten und Papier und zur Gewinnung von Zellwolle verwendet.

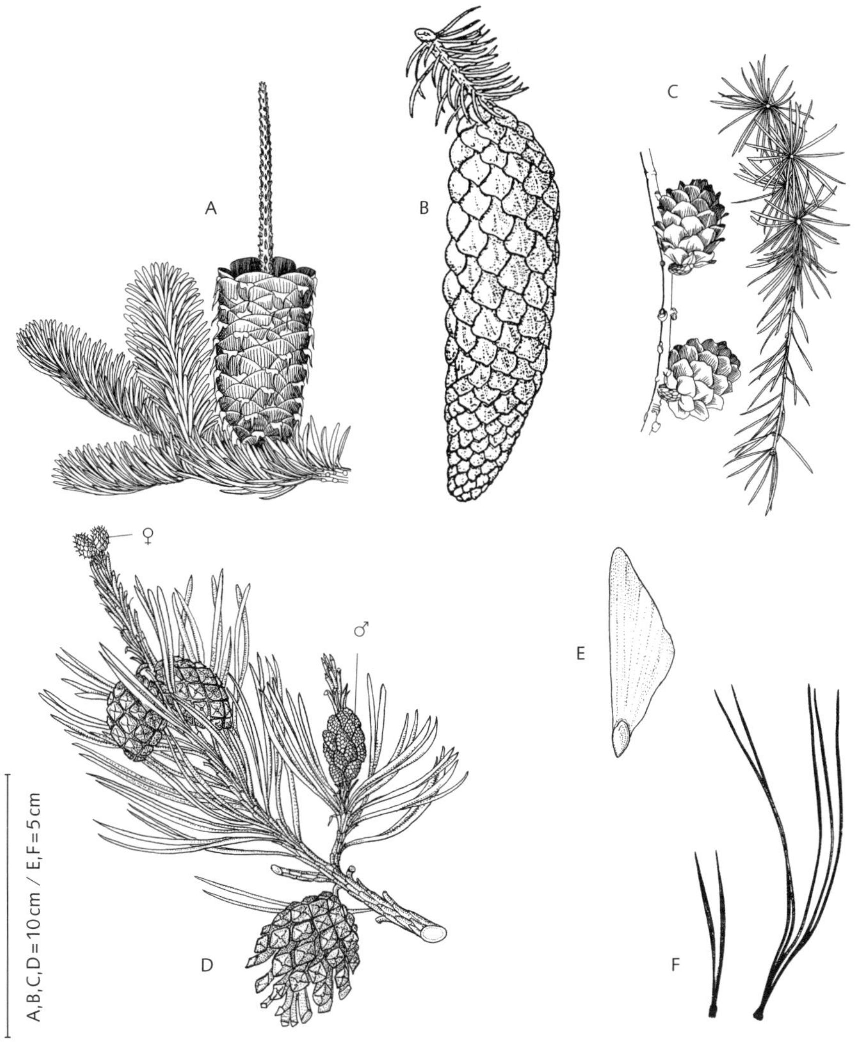

Abb. 20:
Pinaceae.
A: *Abies alba* (Zapfen z.T. bereits zerfallen).
B: *Picea abies.*
C: *Larix decidua*: Kurztriebe mit Nadelbüscheln, Langtrieb mit einzelnen Nadeln.
D: *Pinus sylvestris*: mit ♀ und ♂ Blüten, zurückgebogenen, bestäubten Zapfen und abstehendem, altem Zapfen.
E: Geflügelter Same von *Pinus sylvestris.*
F: Kurztrieb von *Pinus sylvestris* mit 2 resp. *Pinus cembra* mit 5 Nadeln.
(A+C aus Hess & al. 1976–1980, B aus Strasburger & al. 2002, D+E aus Strasburger & al. 2008)

Pinus
(Föhre, Kiefer)
Nadeln in Büscheln (meist 2 oder 5 Nadeln pro Büschel; Abb. 20F); bei den 4 unten angeführten Arten bleiben die Zapfen mindestens 3 Sommer am Zweig, die Samen reifen erst im 3. Jahr.

■ *Pinus cembra*
(Arve, Zirbel-Kiefer; FH **90**, 90)
Bis 25 m hoher Baum; Nadeln in Büscheln zu 5; Wälder, subalpin, v.a. in den Zentralalpen.

Pinus cembra hat ein dauerhaftes Holz, das als Möbel- und Bauholz und zum Schnitzen und Drechseln verwendet wird. Da es harzreich ist, duftet es jahrelang intensiv nach Baumharz.

■ *Pinus mugo*

(=*Pinus mugo* subsp. *mugo*, *Pinus montana* subsp. *prostrata*, Leg-Föhre, Latsche; FH **93**, 94)

Bis 5 m hoher, niederliegender bis aufsteigender, strauchartiger Baum; Rinde am ganzen Baum graubraun bis schwarzbraun; Nadeln in Büscheln zu 2; Zapfen nicht oder nur kurzgestielt, ganz jung (im 1. Jahr) und im 2. Jahr (noch unreif) nach vorne gerichtet; Rutsch- und Lawinenhänge, subalpin.

Pinus mugo ist offizinell (Droge *Pini pumilionis aetheroleum*; Ph.Eur., Ph.Helv.). Die Droge enthält ätherische Öle und wird zur Inhalation bei beengten Atemwegen sowie zu Einreibungen zur Durchblutungsförderung angewendet.

Pinus mugo und *Pinus uncinata* sind nahe verwandt und nicht immer sicher zu trennen, deswegen werden sie oft auch als 2 Unterarten von *Pinus mugo* i.w.S. betrachtet (siehe Synonyme). Die beiden Taxa können als geographische Vikarianten angesehen werden, *Pinus mugo* kommt in den Ostalpen vor, *Pinus uncinata* hat eine westalpine Verbreitung; im Bereich Graubünden bis Berner Oberland überlappen die Verbreitungsgebiete, hier kommen beide Taxa vor (aber ökologisch separiert).

Pinus mugo i.w.S. und *Pinus sylvestris* können als Vikarianten bezüglich ihrer Höhenverbreitung (subalpin resp. kollin und montan) angesehen werden (siehe auch Kapitel «Vikarianten»).

■ *Pinus sylvestris*

(Wald-Föhre; Abb. 20D; FH **91**, 91)

Bis 40 m hoher Baum; Rinde zumindest in der Kronenregion rostrot bis orange; Nadeln in Büscheln zu 2; Zapfen gestielt, ganz jung (zu Beginn des 1. Jahres) nach vorne gerichtet, ab der Bestäubung stark zurückgebogen; kollin und montan, besonders an Standorten, wo Laubhölzer nicht mehr konkurrenzfähig sind (z.B. wechselfeuchte Standorte und Auentrockenwälder), grossflächige Vorkommen in der Schweiz v.a. in den Zentralalpen.

Pinus sylvestris ist offizinell (Droge *Pini sylvestris aetheroleum*; Ph.Eur.). Die Droge enthält ätherische Öle und wird zur Inhalation bei beengten Atemwegen sowie zu Einreibungen zur Durchblutungsförderung angewendet.

In der Alternativmedizin wird *Pinus sylvestris* ebenfalls eingesetzt.

Das weiche, aber sehr dauerhafte Holz von *Pinus sylvestris* wird als Bauholz verwendet sowie zu Fässern, Zündhölzern, Holzkohle und Zellwolle verarbeitet.

Zum Thema Vikarianten siehe auch Kommentar unter *Pinus mugo*.

■ *Pinus uncinata*

(=*Pinus mugo* subsp. *uncinata*, *Pinus montana* subsp. *arborea*, Aufrechte Bergföhre; FH **94**, 93)

Bis 25 m hoher Baum (also aufrecht); Rinde am ganzen Baum graubraun bis schwarzbraun; Nadeln in Büscheln zu 2; Zapfen nicht oder nur kurzgestielt, ganz jung (im 1. Jahr) und im 2. Jahr (noch unreif) nach vorne gerichtet; Wälder, subalpin, im Tiefland vereinzelt in Mooren.

Siehe Kommentar unter *Pinus mugo*.

Familie *Taxaceae*

Pflanzen 2häusig; Blätter einzeln, nadelförmig, 2zeilig; weibliche Blüten einzeln, mit nur 1 Samenanlage; reifer Same in einem fleischigen Arillus, der durch Wucherung aus einem Ringwulst unterhalb der Blüte entsteht.

5 Gattungen, 25 Arten, Verbreitung im temperaten Klima der Nordhemisphäre; CH: 1 Gattung, 1 Art.

■ *Taxus baccata*

(Eibe; Abb. 21; FH **96**, 85)

Bis 20 m hoher Baum; Nadeln im Querschnitt flach, spitz, biegsam, grün; Arillus leuchtend rot und becherförmig; häufig in schattigen, feuchten Wäldern, kollin und montan.

Taxus baccata hat ein hartes, dauerhaftes Holz, das zum Drechseln und zur Herstellung von Bogenwaffen, aber auch für Luxusmöbel verwendet wird. Alle Teile (mit Ausnahme des Arillus) von *Taxus baccata* enthalten Alkaloide und sind giftig für Mensch und gewisse Tierarten (insbesondere Pferde!).

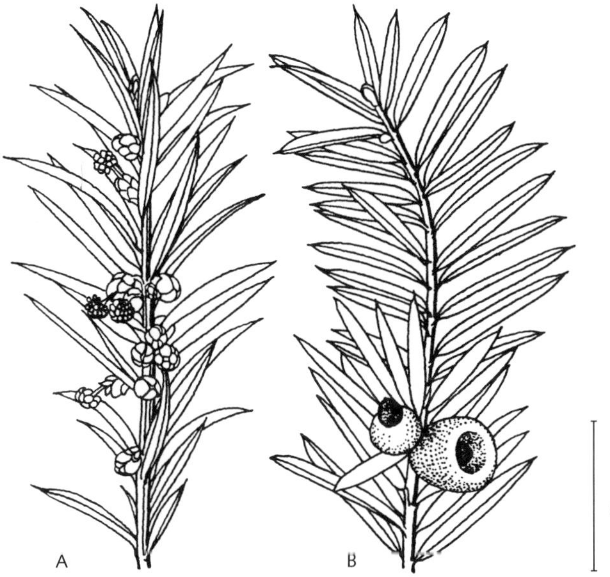

Abb. 21:
Taxaceae, *Taxus baccata*:
A: Männlich.
B: Weiblich.
(aus Hess & al. 1976–1980)

Ordnung Gnetales

Die Verwandtschaftsverhältnisse der *Gnetales* innerhalb der *Pinidae* sind noch nicht geklärt. Einige Analysen stellten die *Gnetales* als Schwestergruppe zu den *Pinaceae*, andere behandeln sie als Schwestergruppe zu den *Pinidae*. Innerhalb der *Gnetales* gibt es 3 Evolutionslinien, ob diese als 3 Gattungen einer Familie oder als 3 verschiedene Familien einzustufen sind, wird unterschiedlich beurteilt. Die meisten der etwa 70 Arten sind 2häusig. Obwohl es *Gymnospermae* sind, erinnern einige Eigenschaften an *Angiospermae*: Zusätzlich zu den Tracheiden besitzen sie im Holz Tracheen; die Blüten sind teilweise zwittrig angelegt (das jeweils andere Geschlecht wird aber nur rudimentär ausgebildet) und zeigen Ansätze zu einer Blütenhülle; die Zahl der Geschlechtsorgane pro Blüte ist gering (wenige bis 1 Staubblatt resp. 1 Samenanlage); die Bestäubung erfolgt teilweise durch Insekten; die Samenanlagen werden von 2 Integumenten umhüllt; Archegonien werden nur bei *Ephedra* ausgebildet, bei *Gnetum* und *Welwitschia* finden sich mehrere befruchtungsfähige Kerne in einer Höhlung des wenigzelligen primären Endosperms (Anlehnung an den Embryosack der *Angiospermae*); bei *Ephedra* und *Gnetum* werden 2 Kerne befruchtet, aber nur 1 befruchtete Zelle entwickelt sich zum Embryo.

Ephedra
(Meerträubchen)
Rutensträucher, deren Aussehen etwas an Schachtelhalme erinnert; Blätter sehr klein, schuppenförmig; Samen von fleischigem Gewebe umwachsen, das sich aus schuppenförmigen Hochblättern entwickelt; die 35–45 Arten kommen in Trockengebieten im Mittelmeerraum, in Asien und Amerika vor. In der Schweiz ist *Ephedra helvetica* (= *Ephedra distachya* subsp. *helvetica*, Schweizer Meerträubchen; Abb. 22C; FH **85**, 104) in den Felsensteppen des unteren Wallis (Martigny bis Raron) heimisch. Die Art ist selten und geschützt.

Gnetum (Abb. 22B)
Lianen; Blätter elliptisch, netznervig; Blütenstände ährenartig, z.T. gemischtgeschlechtig. Etwa 30 Arten in tropischen Regenwäldern.

Welwitschia mirabilis (Abb. 22A)
Bizarre Pflanze mit einer mächtigen Pfahlwurzel, einem dicken, kurzen Stamm mit 2, bis 2 m langen und 40 cm breiten, bandförmigen Blättern und zahlreichen, zapfenförmigen Blütenständen. Die einzige Art dieser Linie kommt nur in den Wüsten von Angola und Namibia vor.

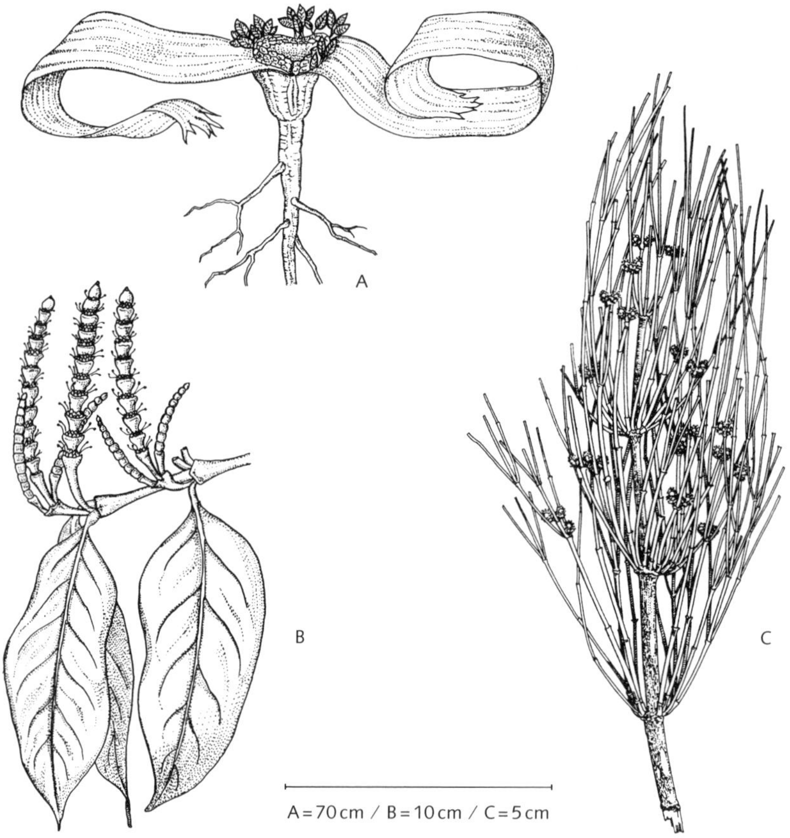

Abb. 22:
Gnetales.
A: *Welwitschia mirabilis*, weiblich.
B: *Gnetum*, männlich.
C: *Ephedra helvetica*, weiblich.
(A+B aus Strasburger & al. 2008, C aus Castroviejo & al. 1986)

Klasse *Angiospermae*

Allgemeiner Bau

Angiospermae (Bedecktsamer) sind kurzlebig (meist 1jährig, selten 2jährig) bis ausdauernd und z.T. sehr langlebig (bis mehrere 100 Jahre!). Die Pflanzen können **verholzt** (v.a. Sträucher und Bäume) oder auch **krautig** sein (= oberirdisch nicht verholzt; Kräuter, Stauden). Krautige (also nicht verholzte) Pflanzen können kurzlebig sein und keine ausdauernden unterirdischen Organe aufweisen, solche Pflanzen nennt man **Kräuter**; krautige Pflanzen können aber auch ausdauernde, unterirdische Organe aufweisen, aber ihre oberirdischen Triebe überleben jeweils nur eine Saison, solche Pflanzen nennt man **Stauden**. Neben den Wurzeln können unterirdisch auch Rhizome, Knollen und Zwiebeln gebildet werden, die aus abgewandelten Sprossachsen (allenfalls mit Beteiligung von speziellen Blättern) bestehen. Sprossachsen, Blätter und Blüten sind in der sehr artenreichen Verwandtschaft der *Angiospermae* besonders vielfältig ausgebildet.

Die monophyletischen *Angiospermae* sind die Schwestergruppe zu den ebenfalls monophyletischen *Gymnospermae*, von denen sie sich dadurch unterscheiden, dass die Samenanlagen immer von Fruchtblättern umschlossen sind. Das von den geschlossenen Fruchtblättern gebildete Gehäuse wird als **Fruchtknoten** bezeichnet. Aus dem Fruchtknoten entwickelt sich (z.T. unter Einbezug anderer Blütenteile) die **Frucht**. Die aus den Samenanlagen entstandenen reifen Samen werden aus der Frucht entlassen (Streufrucht) oder sie verbleiben in der Frucht und werden dann zusammen mit der Frucht ausgebreitet (Schliessfrucht). Die oft zwittrigen Blüten besitzen meist eine Blütenhülle (= Perianth). Der Pollen wird oft von Tieren übertragen.

Die *Angiospermae* haben ihren Ursprung im Mesozoikum (älteste Fossilien stammen aus der Kreide vor knapp 140 Mio. Jahren) und wurden schnell dominierend in den meisten Lebensräumen der Erde. Sie sind heute die artenreichste Pflanzengruppe mit über 250'000 bekannten Arten (www.theplantlist.org). Gemäss Schätzungen ist die Zahl der heute auf der Erde vorkommenden Arten aber deutlich höher (z.B. Bramwell 2002 mit etwa 420'000 Arten). Die Klassifikation in Familien, Ordnungen und höhere systematische Einheiten beruht heute vorwiegend auf Untersuchungen der Verwandtschaftsbeziehungen auf der Grundlage von molekularen Daten. Diese anerkannten Einheiten korrespondieren in vielen Fällen mit Familien und Ordnungen, wie man sie bereits in der Vergangenheit aufgrund von Blüten, Früchten und vegetativen Merkmalen unterschieden hat.

Blüten

Blüten sind fertile Sprosse, auf denen sich die Fortpflanzungsorgane befinden. Die Blüten sind meist von einer Blütenhülle umgeben. Die Blütenorgane können schraubig (= spiralig) oder in konzentrischen Kreisen (= wirtelig) angeordnet sein. Schraubig angeordnete Organe sind evolutiv ursprünglich, während nur später hervorgegangene Verwandtschaftsgruppen die Organe der Blüten in konzentrischen Kreisen ausbilden.

Blütenhülle

Die Blütenhülle besteht aus Blütenblättern und wird **Perianth** genannt. Die Blütenhülle kann in unterschiedlichen Formen ausgebildet sein. Wenn die Blätter der Blütenhülle alle gleich aussehen, wird sie als einfache Blütenhülle oder **Perigon** bezeichnet; die einzelnen Blütenhüllblätter werden Perigonblätter (Tepalen) genannt. Sind die Blätter der äusseren Blütenhülle (meist grün) verschieden von denjenigen der inneren Hülle (meist bunt gefärbt), so nennt man dies eine doppelte Blütenhülle; die äussere Hülle wird als **Kelch** (Calyx), ihre Blätter als Kelchblätter (Sepalen), die innere Hülle als **Krone** (Corolla) und ihre Blätter als Kronblätter (Petalen) bezeichnet. Kronblätter (aber auch Kelchblätter und andere Organe) können farbig sein; da die Benennung einer Farbe zumindest teilweise subjektiv ist, unterscheiden wir nur die wichtigsten Hauptfarben.
Die Blütenblätter können frei oder verwachsen sein. Freie Perigonblätter werden als choritepal bezeichnet (z.B. bei *Tulipa*), freie Kelch- resp. Kronblätter analog als chorisepal resp. choripetal (z.B. bei *Rosa*). Verwachsene Perigonblätter nennt man syntepal (z.B. bei *Polygonatum*), verwachsene Kelchblätter synsepal (z.B. bei der Unterfamilie *Silenoideae* der Familie *Caryophyllaceae*) und verwachsene Kronblätter sympetal (z.B. bei der Ordnung *Gentianales*). Für die Systematik besonders wichtig ist, ob die Kronblätter frei (also **choripetal**) oder miteinander verwachsen (also **sympetal**) sind.
Ein **Sporn** ist ein kegelförmiger, zylindrischer oder keulenförmiger, hohler Fortsatz, der meist von einem Blütenblatt getragen wird. Oft wird in einem Sporn Nektar gebildet. Beispiele: Perigonblätter mit Sporn bei *Consolida* und *Orchis*, Kelchblätter mit Sporn bei *Impatiens*, Kronblätter mit Sporn bei *Linaria*, *Pinguicula* und *Viola*, Nektarblätter mit Sporn bei *Aconitum* und *Aquilegia*.
Die **Form der Blütenhülle** ist oft mehr oder weniger flach (teller- oder schüsselförmig). Für einige Spezialformen (insbesondere für Formen von verwachsenen Blütenblättern) existieren Spezialbegriffe, von denen wir die folgenden (z.T. auch für Formen von Früchten) verwenden (Abb. 23):

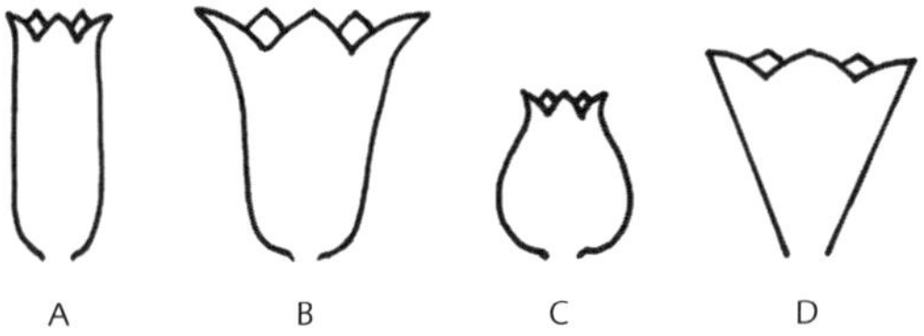

Abb. 23: Blütenformen.
A: Röhrenförmig.
B: Glockenförmig.
C: Krugförmig.
D: Trichterförmig.
(aus Binz & Heitz 1990)

röhrenförmig (zumindest der unterste Teil der verwachsenen Blütenblätter eine meist schmale Röhre mit mehr oder weniger parallelen Seiten bildend; z.B. *Polygonatum*, *Gentiana verna*), **glockenförmig** (Blütenblätter in einer geschwungenen Linie eine sich oben öffnende Röhre bildend; z.B. *Campanula*), **krugförmig** (Blütenblätter mit kugelförmiger Basis, oben kurz und wenig erweitert; z.B. *Vaccinium myrtillus*), **trichterförmig** (Blütenblätter gerade, sich kegelförmig öffnend; z.B. *Soldanella alpina*, Abb. 78D), **zwergenzipfelmützenförmig** (Blütenblätter eine Röhre mit mehr oder weniger parallelen Seiten bildend, an der Basis abgerundet, an der Spitze mit kurzen, wenig spreizenden Zipfelchen; z.B. *Soldanella pusilla*; Abb. 78C).

Aus der Anordnung der Blütenorgane resultieren verschiedene Möglichkeiten der **Blütensymmetrie**. Wenn dabei alle Blütenorgane berücksichtigt werden, wird die Sache komplex. Einfacher ist es, wenn nur die meist auffällige Blütenhülle betrachtet wird. Können mehrere Symmetrieebenen durch die Blütenlängsachse gelegt werden, spricht man von einer radiärsymmetrischen (**aktinomorphen**) Blüte. Blüten mit nur 1 (meist senkrechten) Symmetrieebene nennt man monosymmetrisch (**zygomorph**). Blüten mit 2 Symmetrieebenen werden auch als disymmetrisch bezeichnet, dies betrachten wir als Spezialfall einer aktinomorphen Blüte (mit nur 2 Symmetrieebenen; z.B. *Brassicaceae*).

Staubblätter

Die Gesamtheit der Staubblätter einer Blüte nennt man Androeceum (A in der Blütenformel). Bei den ursprünglichen *Angiospermae* werden pro Blüte häufig zahlreiche (in der Zahl nicht fixiert) und schraubig angeordnete Staubblätter ausgebildet. Wenn die Staubblätter in Kreisen angeordnet sind, ist ihre Zahl meist klein und fixiert, sie kann aber sekundär durch verschiedene Modifikationen vermehrt werden. Ein typisches Staubblatt der *Angiospermae* (Abb. 24) besteht aus dem Staubfaden (Filament) und dem meist am oberen Ende des Fadens angeordneten Staubbeutel (Anthere). Eine Anthere besteht aus zwei Hälften (Theken),

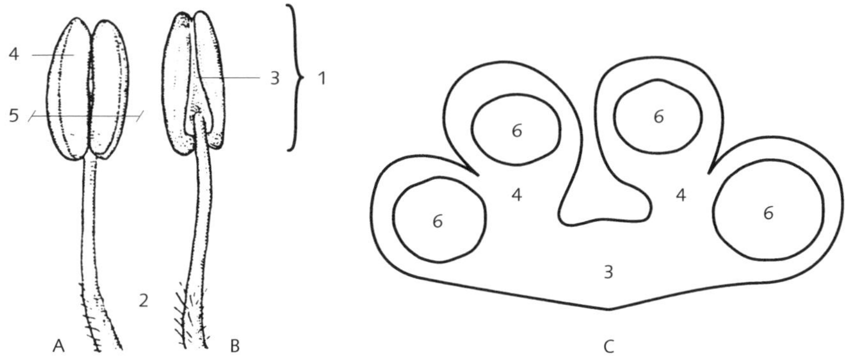

Abb. 24:
Typisches Angiospermen-Staubblatt.
A: Von vorn.
B: Von hinten.
C: Querschnitt durch eine Anthere.
1: Anthere.
2: Filament.
3: Konnektiv.
4: Theke.
5: Schnittebene für C.
6: Loculus.
(A+B aus Strasburger & al. 2008)

die durch einen sterilen Mittelabschnitt (Konnektiv) verbunden sind. Jede Theke enthält 2 Pollensäcke (Loculi), in denen sich das sporogene Gewebe befindet (Abb. 24C). Sporogenes Gewebe besteht aus Zellen, die zur meiotischen Teilung befähigt sind; da hier Pollenkörner gebildet werden, nennt man diese sporogenen Zellen Pollenmutterzellen. Durch die Meiose entstehen aus jeder Pollenmutterzelle 4 einkernige Pollenkörner. Der reife Pollen wird meist durch Aufreissen der Theke freigesetzt, doch gibt es auch Pflanzen, die besondere Öffnungsmechanismen aufweisen (z.B. *Ericaceae* mit Poren).

Der Kern im einkernigen Pollenkorn macht unter Zellwandbildung eine Mitose durch, wobei 2 ungleiche Zellen entstehen. Die vegetative Zelle ist gross und füllt fast das ganze Pollenkorn aus, darin eingeschlossen ist die andere, kleine, generative Zelle. Diese teilt sich im Pollenkorn oder auch erst im Pollenschlauch einmal, es entstehen die 2 zur Befruchtung fähigen Zellen (Spermazellen). Der ♂ Gametophyt ist sehr stark reduziert, er besteht hier nur noch aus 3 Zellen (1 vegetative und 2 generative Zellen) im Pollenkorn.

Meist haben reife Pollenkörner eine ausserordentlich widerstandsfähige äusserste Schicht (Exine), die eine oft für Familien, Gattungen oder sogar Arten charakteristische Oberflächenstruktur aufweist. Durch vorgegebene Keimöffnungen (Aperturen) kann der Pollenschlauch herauswachsen. Die Zahl und Anordnung der Aperturen ist systematisch relevant, die für uns wichtigsten Ausprägungen sind monosulcat (mit 1 Keimfalte) und tricolpat (mit 3 Keimfalten; weitere Angaben siehe Kapitel «Pollen – Palynologie»).

Fruchtblätter

Die Fruchtblätter (Karpelle) bilden 1 oder mehrere Samenanlagen aus und umschliessen diese. Die Gesamtheit der Fruchtblätter (inkl. Samenanlagen) einer Blüte bezeichnet man als Gynoeceum (G in der Blütenformel). Analog zu den Staubblättern gibt es bei den ursprünglichen *Angiospermae* pro Blüte häufig zahlreiche (in der Zahl nicht fixiert) und schraubig angeordnete Fruchtblätter. Wenn die Fruchtblätter in Kreisen angeordnet sind, ist ihre Zahl meist klein und fixiert. Sind die Karpelle frei, nennt man sie chorikarp (=apokarp), sind sie verwachsen (nur bei Karpellen in Kreisen), ist das Gynoeceum synkarp (=coenokarp). Das Ausmass der Verwachsung kann unterschiedlich sein, manchmal sind die Karpelle nur im unteren Teil miteinander verwachsen, meist sind aber bei synkarpem Gynoeceum die Karpelle mehr oder weniger vollständig miteinander verwachsen und bilden eine Einheit. Da die Samenanlagen verborgen sind und die Pollenkörner keinen direkten Zugang haben, wird von den Karpellen die Narbe gebildet, eine Einrichtung zur Aufnahme der Pollenkörner. Ist die Narbe vom Fruchtblatt abgehoben, nennt man die Verbindung zwischen Narbe und Fruchtblatt Griffel (Abb. 25).

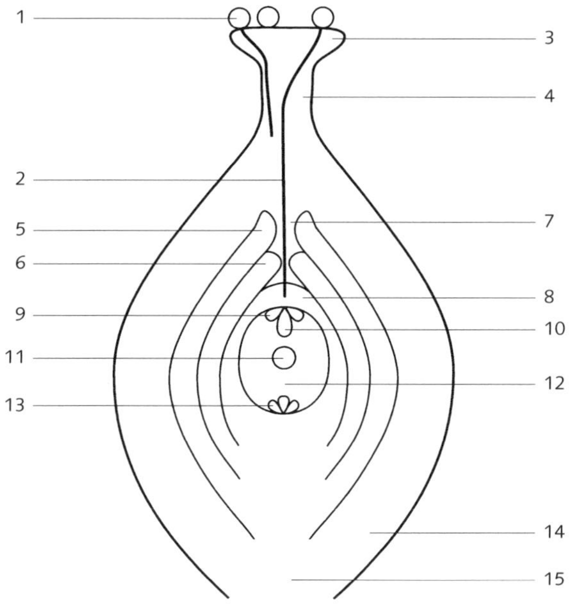

Abb. 25:
Fruchtknoten mit einer Samenanlage.
1: Pollenkörner;
2: Pollenschlauch;
3: Narbe;
4: Griffel;
5: Äusseres Integument;
6: Inneres Integument;
7: Mikropyle;
8: Nucellus;
9: Synergiden;
10: Eizelle;
11: Sekundärer Embryosackkern;
12: Embryosack;
13: Antipoden;
14: Fruchtknotenwand;
15: Funiculus.

Samenanlagen

Die Samenanlagen werden von Fruchtblättern gebildet und von diesen vollständig umschlossen, sie sind also «bedeckt» (Abb. 25). In einem Karpell kann es 1 bis mehrere Millionen Samenanlagen haben. Aus jeder Samenanlage kann nach Befruchtung und erfolgreicher Entwicklung ein Same entstehen. Eine Samenanlage bei den *Angiospermae* besteht aus dem Nucellus und den ihn umgebenden, meist 2 Integumenten (infolge Fusion oder Rückbildung ist bei einigen Gruppen nur 1 Integument sichtbar). Im Nucellus hat es manchmal mehrere, meist aber nur eine sporogene Zelle (Embryosackmutterzelle), die eine Meiose durchmacht. Es entstehen 4 Kerne mit reduzierter Chromosomenzahl 1n, von denen meist 3 zugrunde gehen und einer übrigbleibt. Dieser Kern macht 3 mitotische Teilungen, woraus 8 Kerne hervorgehen, die sich in einer ellipsoidischen Höhlung im Nucellus, dem Embryosack, befinden. Je 3 Kerne wandern unter Zellwandbildung an die schmalen Enden des Embryosackes. Die 3 oberen (bei der Mikropyle) bezeichnet man als Eiapparat. Von ihnen wird die mittlere Zelle zur meist grösseren Eizelle, die anderen zwei zu Synergiden (Hilfszellen). Die 3 unteren Zellen nennt man Antipoden. Die restlichen 2 in der grossen Zentralzelle verbleibenden Kerne werden Polkerne genannt, sie verschmelzen zum sekundären Embryosackkern (Chromosomenzahl 2n).

Fruchtknoten

Die von aussen sichtbare, morphologische Struktur ist der Fruchtknoten. Dieser kann aus einem einzelnen Fruchtblatt oder aus mehreren,

verwachsenen Fruchtblättern bestehen. Er kann 1 oder mehrere Samenanlagen umfassen. In einer Blüte können 1 bis viele Fruchtknoten vorhanden sein. Besteht ein Fruchtknoten aus 1 Fruchtblatt, dann ist der Fruchtknoten und später auch die Frucht meist 1fächerig. Ein synkarpes Gynoeceum bildet einen 1- bis mehrfächerigen Fruchtknoten und später dann oft auch eine 1- bis mehrfächerige Frucht.
Für die Systematik ist die **Stellung** des Fruchtknotens in Bezug auf die Blütenhülle wichtig (Abb. 26). Wenn sich der Fruchtknoten oberhalb der Anwachsstelle der Blütenhülle befindet, nennt man den Fruchtknoten **oberständig**. Ist der Fruchtknoten aber im Blütenboden eingesenkt und mit diesem verwachsen, also unterhalb der Anwachsstelle der Blütenhülle, nennt man ihn **unterständig**. Die eher seltenen Übergangsformen werden **mittelständig** (Fruchtknoten im Blütenboden eingesenkt, aber nicht mit diesem verwachsen; z.B. *Prunus*, *Rosa*) oder **halbunterständig** (= halboberständig; Fruchtknoten nur z.T. vom Blütenboden umwachsen, z.B. *Saxifraga*) genannt.

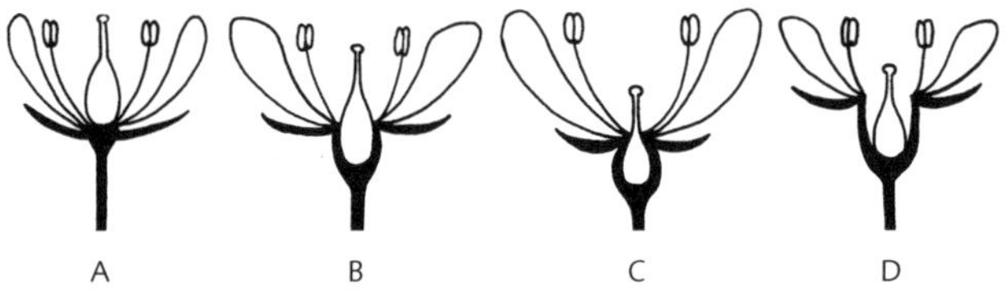

Abb. 26:
Stellung des Fruchtknotens.
A: Oberständig.
B: Halbunterständig.
C: Unterständig.
D: Mittelständig.
(aus Binz & Heitz 1990)

Nektarien

Bei tierbestäubten *Angiospermae* werden oft von einem Drüsengewebe zuckerhaltige Sekrete abgesondert, die der Verköstigung und somit der Anlockung der Blütenbesucher dienen. Solche Drüsengewebe nennt man Nektarien, der abgesonderte Saft wird als Nektar bezeichnet. Die Nektarien können an verschiedenen Orten und Organen gebildet werden. Häufig befinden sich die Nektarien an der Basis von Blütenorganen (z.B. Blütenhüll- oder Staubblätter), sie können aber auch an den Verwachsungsnähten des synkarpen Gynoeceums (z.B. *Asparagales*) oder von speziellen Blütenblättern gebildet werden (N in der Blütenformel; z.B. die sehr unterschiedlich gestalteten Nektarblätter [auch Honigblätter genannt] bei den *Ranunculaceae*). Die Nektarien befinden sich verständlicherweise meistens im Blütenbereich, es gibt aber auch extraflorale Nektarien. Diese können der Anlockung von Ameisen dienen, welche die Pflanze vor Schädlingen beschützen.

Blütendiagramm und Blütenformel

Der Bau der Blüten lässt sich oft gut durch Blütendiagramme (Grundrisse) darstellen (Abb. 27) und in Blütenformeln zusammenfassen. Diese Verallgemeinerungen von gemeinsamen Eigenschaften des Blütenbaus stellen eine praktische Hilfe zur Verbesserung der Übersicht dar. Die Blütenformel gibt Auskunft über Anzahl und Verwachsungen von Blütenorganen. Dabei verwenden wir folgende Abkürzungen: P = Perigonblätter, N = Nektarblätter, K = Kelchblätter, C = Kronblätter, A = Androeceum (Gesamtheit aller Staubblätter), G = Gynoeceum (Gesamtheit aller Fruchtblätter), $\underline{G}$ = oberständiger Fruchtknoten, $\overline{G}$ = unterständiger Fruchtknoten, Zahlen in (Klammern) bedeuten, dass die entsprechenden Organe miteinander verwachsen sind. Organzahlen von 10 oder weniger sind i.d.R. für das entsprechende Taxon fixiert und können somit als einfache Zahl angegeben werden. Organzahlen über 10 sind aber meistens nicht eindeutig, d.h., die Zahl der entsprechenden Organe ist zwar grösser als 10, aber variabel; diesem Umstand wird in der Blütenformel mit dem Zeichen ∞ Rechnung getragen. Beispiele von Blütenformeln siehe Legende zu Abb. 27.

Die Blütenorgane können schraubig angeordnet sein (siehe Abb. 27A). Sind die Organe wirtelig, also in konzentrischen Kreisen angeordnet, dann sind benachbarte Kreise derart gegeneinander verschoben, dass die Organe des inneren Kreises in den Lücken des äusseren Kreises stehen, d.h., sie alternieren: Die Kelchblätter bilden einen äussersten Kreis; die Kronblätter stehen in einem nächsten Kreis jeweils zwischen den Kelchblättern; in einem weiteren Kreis stehen Staubblätter, jeweils zwischen den Kron- resp. vor den Kelchblättern etc. (siehe Abb. 27C). Diese Regel des Alternierens, die durch Ausfall oder Einschub eines Kreises auch durchbrochen werden kann (siehe Abb. 27D), nennt man **Alternanzregel**.

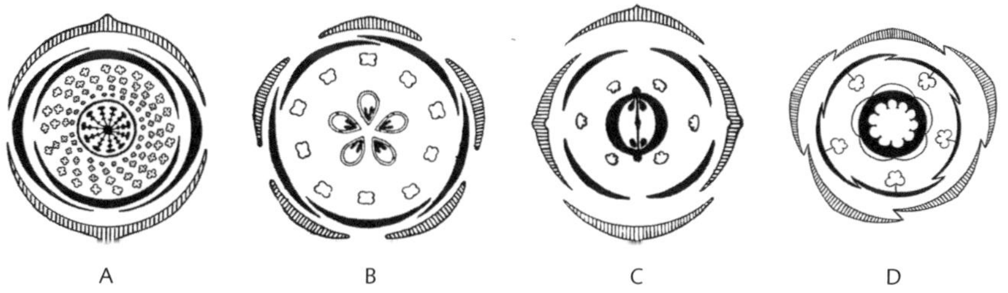

Abb. 27:
Beispiele von Blütendiagrammen und Blütenformeln.
A: *Papaver*,
K2 C2+2 A∞ $\underline{G}$(∞).
B: *Sedum*,
K5 C5 A5+5 $\underline{G}$5.
C: *Brassicaceae*,
K4 C4 A2+4 $\underline{G}$(2).
D: *Primula*,
K(5) C(5) A5 $\underline{G}$(5).
(aus Strasburger & al. 2008)

Bestäubung

Der Pollen wird häufig durch Insekten, aber auch durch andere Tiere (z.B. Vögel, Fledermäuse), durch Wind oder Wasser auf eine Narbe derselben Pflanze oder eines anderen Individuums derselben Art übertragen. Dieser Vorgang des Pollentransportes von den Staubblättern auf die Narben nennt man Bestäubung. Auf den Narben keimen die Pollenkörner meistens innerhalb von Stunden und bilden einen Pollenschlauch, der sich in Richtung Samenanlage verlängert.

Befruchtung

Der Pollenschlauch wächst durch Narbe, Griffel und Fruchtknoten zur Samenanlage. Meist dringt er durch die Mikropyle in den Nucellus und anschliessend in den Embryosack ein (Abb. 25). Der Pollenschlauch wird von der grossen, vegetativen Zelle im Pollenkorn gebildet. An der Spitze des Schlauchs befindet sich der Kern dieser vegetativen Zelle, der nach dem Eindringen in den Embryosack zugrunde geht. Hinter dem Kern der vegetativen Zelle wandern die beiden Spermazellen mit zum Embryosack. Eine der 2 Spermazellen verschmilzt mit der Eizelle zur Zygote, die andere verschmilzt mit dem sekundären Embryosackkern, der dann Endospermkern genannt wird. Diese bedeutsame, für die *Angiospermae* typische Befruchtung nennt man **doppelte Befruchtung**. Die Zygote hat nach der Befruchtung die Chromosomenzahl 2n, der befruchtete Embryosackkern hingegen 3n.

Samenbildung

Aus der befruchteten Eizelle (Zygote, Chromosomenzahl 2n) entwickelt sich der Embryo. Der Endospermkern bildet durch mitotische Teilungen ein Gewebe mit der Chromosomenzahl 3n. Dieses Gewebe heisst sekundäres Endosperm und dient dem Embryo als Nährgewebe. Das sekundäre Endosperm (3n) ist also analog (funktionsgleich) dem primären Endosperm (1n) der *Gymnospermae*, es ist diesem aber nicht homolog (bauplangleich)! Neben dem sekundären Endosperm (manchmal auch anstelle des Endosperms) können auch andere Teile des Samens als Nährgewebe dienen (z.B. der Nucellus oder Speicherkotyledonen des Embryos). Die Integumente umhüllen den Embryo samt Nährgewebe und werden zur Samenschale (= Testa).

Früchte

Aus den Fruchtknoten entwickeln sich die Früchte, welche die Samen enthalten. In der Fruchtwand (= Perikarp) lassen sich meist 3 Gewebeschichten unterscheiden (von aussen nach innen: Exo-, Meso-, Endokarp). Je nach Aufbau der Früchte (Ausbildung und Struktur der einzelnen Gewebeschichten) und Beteiligung von anderen Geweben kann man verschiedene Fruchttypen unterscheiden.

Eine Frucht entsteht aus einem Fruchtknoten, der aus 1 Fruchtblatt oder aus mehreren, verwachsenen Fruchtblättern besteht. Sind mehrere freie Fruchtknoten in einer Blüte, entwickeln sich daraus auch mehrere Früchte. Von **Sammelfrüchten** spricht man, wenn mehrere Einzelfrüchte einer Blüte verklebt (z.B. Himbeere) oder über andere Gewebeteile (v.a. Blütenboden; z.B. Apfel) miteinander verbunden sind. Wenn neben dem Fruchtknoten noch andere Blütenteile (meist Blütenboden) an der Fruchtbildung beteiligt sind, spricht man von **Scheinfrüchten** (z.B. Apfel, Erdbeere). Ein **Fruchtverband** liegt dann vor, wenn Früchte mehrerer Blüten miteinander verbunden sind (z.B. Ananas, Feige).

Es gibt mehrere Möglichkeiten der Definition und Einteilung von Fruchttypen. Keines dieser Systeme stimmt gänzlich mit dem Sprachgebrauch im täglichen Leben überein. Damit dies beim Lernen bewusst ist, enthalten die von uns verwendeten Fruchtnamen i.d.R. den Wortteil «-frucht».
Eine praktische Einteilung basiert auf der Unterscheidung von fleischigen (oft saftigen) und trockenen Früchten. Ein anderer wichtiger Aspekt ist die Ausbreitungseinheit (Frucht, Teilfrucht, Same); mit den Begriffen «Schliessfrucht», «Streufrucht» und «Zerfallfrucht» werden die verschiedenen Fruchttypen entsprechend ihrer Ausbreitungsstrategie gruppiert.
Folgende Fruchttypen sind wichtig:

Schliessfrucht
Die Samen verbleiben auch zur Zeit der Fruchtreife in der Frucht eingeschlossen, Ausbreitungseinheit ist also die Frucht.

Beerenfrucht: Meist mehrsamige Schliessfrucht mit fleischiger Fruchtwand (Exokarp häutig, Meso- und Endokarp fleischig; z.B. *Ribes*, *Vaccinium*).

Nussfrucht: Trockene, 1samige Schliessfrucht mit harter Schale (Exo-, Meso- und Endokarp trocken und hart, z.T. verholzt; z.B. *Corylus*, *Ranunculus*).

Achäne: Nussfrucht aus einem unterständigen Fruchtknoten, bei der Fruchtwand und Samenschale miteinander verklebt oder sogar verwachsen sind (z.B. *Asteraceae*).

Karyopse: Nussfrucht aus einem oberständigen Fruchtknoten, bei dem Fruchtwand und Samenschale miteinander verklebt oder sogar verwachsen sind (z.B. *Poaceae*).

Steinfrucht: Meist 1samige, fleischige Schliessfrucht aus meist 1 Fruchtblatt (Exokarp häutig, Mesokarp fleischig, Endokarp jedoch verholzt und einen Stein bildend; z.B. *Prunus*).

Streufrucht
Zur Zeit der Fruchtreife werden die Samen freigegeben, Ausbreitungseinheiten sind deshalb die Samen.

Balgfrucht: Trockene, mehrsamige Streufrucht aus einem oberständigen Fruchtknoten, der aus 1 Fruchtblatt besteht; eine Balgfrucht hat keine Scheidewand und öffnet sich nur an der Bauchnaht (= Verwachsungsnaht; z.B. *Aconitum*, *Aquilegia*, *Helleborus*, *Trollius*).

Hülsenfrucht: Trockene, meist mehrsamige Streufrucht aus einem oberständigen Fruchtknoten, der aus 1 Fruchtblatt besteht; eine Hülsenfrucht hat keine Scheidewand und öffnet sich an Bauch- (= Verwachsungs-) und Rückennaht (= Faltungsnaht; z.B. *Fabaceae*).

Kapselfrucht: Trockene, mehrsamige Streufrucht aus mehreren (2-∞), verwachsenen Fruchtblättern (z.B. *Campanulaceae*, *Caryophyllaceae*, *Papaveraceae*).

Schotenfrucht: Trockene, mehrsamige Streufrucht aus einem oberständigen Fruchtknoten, der aus 2 Fruchtblättern besteht; eine Schotenfrucht hat eine falsche Scheidewand (die Scheidewand wird sekundär aus Gewebe der Verwachsungsnähte und nicht primär aus Karpellgewebe gebildet) und öffnet sich an den beiden Verwachsungsnähten (z.B. *Brassicaceae*); die Schotenfrucht kann als Spezialfall der Kapselfrucht verstanden werden.

Zerfallfrucht
Die reife Frucht zerfällt in 2 bis viele, meist 1samige Teilfrüchte, Ausbreitungseinheit ist deshalb eine Teilfrucht (z.B. *Acer*, *Apiaceae*, *Hippocrepis*, *Malva*)

Vegetative Merkmale

Für die systematische Einteilung in höhere Einheiten (Familien und höher) sind vegetative Merkmale meist weniger wichtig. Vegetative Merkmale sind aber oft gut zu sehen und deshalb leicht zugänglich. Die Vielfalt der morphologischen Ausbildungen im vegetativen Bereich ist sehr gross, deshalb werden hier nur einige wichtige Aspekte besprochen.

Lebensdauer und Wuchsform

Die Ausprägung vegetativer Merkmale ist oft eng gekoppelt mit der Lebensdauer und der Wuchsform der Pflanzen. In Regionen mit ausgeprägten Jahreszeiten (verursacht durch Trockenzeiten [z.B. Macaronesien, südliches Afrika] oder periodisch unterschiedliche Temperaturen [Europa mit Sommer und Winter]) muss ein Pflanzenleben mindestens so lange dauern, dass sich das Individuum fortpflanzen kann. Im Extremfall braucht eine sehr schnell wachsende und sich reproduzierende Pflanze etwa 6 Wochen vom Keimen bis zum Ausstreuen der reifen Samen (z.B. *Arabidopsis thaliana*). Meistens aber benötigen Pflanzen deutlich länger, um ihren Lebenszyklus zu durchlaufen.
Man unterscheidet **1jährige Pflanzen** (ganzer Zyklus in 1 Saison, anschliessendes Absterben), **2jährige Pflanzen** (meist Bildung einer Rosette im ersten Jahr, diese überwintert, im 2. Jahr Blüte, Samenbildung und anschliessendes Absterben) und **ausdauernde Pflanzen**, bei denen mindestens gewisse Teile der Pflanze über mehrere bis viele Jahre überleben. Die Lebensdauer hat Einfluss auf die Wuchsform. So sind z.B. 1jährige Pflanzen nie verholzt, und verholzte Pflanzen sind immer ausdauernd. Entsprechend der Lebensdauer und der Überdauerungsstrategie für ungünstige Jahreszeiten (meist wegen Kälte oder Trockenheit) kann man verschiedene Lebensformen unterscheiden.

Phanerophyten sind Sträucher oder Bäume, sie sind immer verholzt. Die den Winter überdauernden Knospen sind frostresistent, da sie an den grossen Pflanzen weder durch den Boden noch durch Schnee geschützt sind.

Chamaephyten sind Zwergsträucher, aber auch niedrigwachsende nicht verholzte Pflanzen. Die den Winter überdauernden Knospen sind am oder zumindest relativ nahe am Boden. Dort ist die Temperatur durch die Bodenwärme nicht so tief wie in der Luft, zudem sind diese niedrig wachsenden Pflanzen im Winter meist von Schnee bedeckt.

Hemikryptophyten haben ihre überdauernden Knospen an der Bodenoberfläche, wo sie durch Schnee, Laub und Grasbüschel im Winter geschützt sind.

Geophyten (= Kryptophyten) überdauern den Winter oder andere Stresssituationen (z.B. Sommertrockenheit im Mittelmeergebiet) mit unterirdischen Organen, aus denen sie wegen der eingelagerten Speicherstoffe unter besseren Bedingungen wieder auswachsen können. Häufig werden als ausdauernde Organe Knollen, Rhizome oder Zwiebeln gebildet. Die oberirdischen Pflanzenteile wachsen jedes Jahr neu, diese sind somit 1jährig und nicht verholzt, die Pflanze selbst ist aber ausdauernd.

Therophyten sind Pflanzen ohne überdauernde Organe, sie sterben nach der Samenabgabe. Sie sind nie verholzt und überdauern die schwierigen Zeiten (Winter, Trockenheit, mechanische Belastung wie Pflügen) als Samen.

Unterirdische Pflanzenteile

Pflanzenteile (vornehmlich Wurzeln), die in der Erde ausgebildet werden, dienen primär der Verankerung und der Wasser- und Nährstoffaufnahme. Sie können aber auch der Reservestoff- oder Wasserspeicherung sowie der vegetativen Ausbreitung dienen. Für gewisse Gruppen umfassen die unterirdischen Organe wichtige Merkmale. Dabei werden verschiedene Organtypen sowie ihre jeweilige Ausbildung unterschieden. Die Unterscheidung der einzelnen Ausprägungen ist aber nicht immer eindeutig.

Wurzeln

Man unterscheidet 2 prinzipielle Wurzelsysteme:

Bei den **allorrhizen** Systemen bildet die Primärwurzel des Embryos eine vertikal in den Boden wachsende, langlebige Pfahlwurzel. Sekundär gebildete Wurzeln sind i.d.R. dünner und wachsen horizontal oder schräg nach unten. Ein anschauliches Beispiel für Allorrhizie liefert *Daucus carota* (Karotte, Rüebli) mit einer auffallend dicken und (bei den Kultursorten) sogar kulinarisch genutzten Primärwurzel und sehr dünnen Sekundärwurzeln.

Ein **homorrhizes** Wurzelsystem besteht aus mehr oder weniger gleich gestalteten, oft nicht verzweigten Wurzeln. Dieses System ist typisch für alle Farnpflanzen (primäre Homorrhizie) und für die *Monocotyledonae*, bei denen die Primärwurzel rasch unterdrückt wird und sekundär sehr viele, gleich aussehende Seitenwurzeln, meist an der Sprossbasis als sprossbürtige Wurzeln, gebildet werden (sekundäre Homorrhizie).

Rhizome

Rhizome sind ausdauernde, unterirdische Sprossachsen, die entweder kurz und verdickt (z.B. *Polygonatum*) oder lang gestreckt (z.B. *Anemone*, *Convallaria*) ausgebildet werden.

Knollen und Zwiebeln
Als Knollen werden allgemein verdickte Pflanzenteile bezeichnet, die in der Erde oder an der Erdoberfläche liegen. Je nach beteiligten Organen und ihrer Ausbildung werden weitere Unterscheidungen gemacht: **Wurzelknollen** (Verdickungen der Wurzel, z.B. *Daucus carota*, Karotte, Rüebli), **Sprossknollen** (verdickte Sprossabschnitte, z.B. *Solanum tuberosum*, Kartoffel), **Zwiebeln** (verdickte Sprossachsen mit fleischigen, nichtgrünen Niederblättern, z.B. viele Tierbestäubte *Monocotyledonae* wie *Allium cepa*, Küchenzwiebel).

Ausläufer
Unter **Ausläufer** versteht man mehr oder weniger lange, unter- oder oberirdisch kriechende, wurzel- oder sprossbürtige Sprossachsen, die der vegetativen Fortpflanzung und der Ausbreitung dienen.

Sprossachse
Die Sprossachse ist das tragende Organ der Pflanze. An ihr sitzen in der Regel Blätter und Blüten, in ihr werden in Leitbündeln Wasser, Mineralsalze und Assimilate transportiert. Die Sprossachse kann 1jährig bis ausdauernd sein. 1jährige Sprosse sind nicht verholzt, wenigjährige meist ebenfalls nicht, mehrjährige Sprosse hingegen können verholzen und ein sekundäres Dickenwachstum aufweisen. Meistens ist die Sprossachse aufrecht, sie kann aber auch niederliegend (=kriechend) sein; eine Zwischenform wird aufsteigend genannt, die Sprossache ist dann am Anfang niederliegend und richtet sich später auf oder wächst schief aufrecht. Neben der Gerüst- und Leitfunktion können Sprosse auch der Reservestoff- und Wasserspeicherung sowie der Assimilation dienen.

Blätter
Es werden verschiedene Typen von Blättern unterschieden, abhängig von Lage, Form und Funktion. Eine Zuordnung zu den einzelnen Kategorien ist nicht immer eindeutig.

Keimblätter
Keimblätter werden vom Embryo bereits im Samen angelegt, es sind die ersten Blätter im Leben eines Individuums. *Angiospermae* weisen 1 oder 2 Keimblätter (Kotyledonen) auf. Die Zahl der Keimblätter ist ein wichtiges und z.T. auch namengebendes Merkmal (z.B. *Monocotyledonae*, Einkeimblättrige; *Eudicotyledonae*, Zweikeimblättrige). In gewissen Gruppen haben Kotyledonen spezielle Funktionen, z.B. als Speichergewebe (z.B. *Fabaceae*).

Laubblätter
Laubblätter werden die meist relativ grossen Blätter an einer Pflanze genannt, die v.a. der Photosynthese und der Transpiration dienen. Ein Laubblatt besteht im Prinzip aus 3 Teilen: Blattspreite, Blattstiel und Nebenblätter (Abb. 28), wobei nicht immer alle 3 Teile ausgebildet sind. Ein Blatt mit Stiel ist gestielt, wenn ein Blatt keinen Stiel hat, dann nennt man es sitzend.

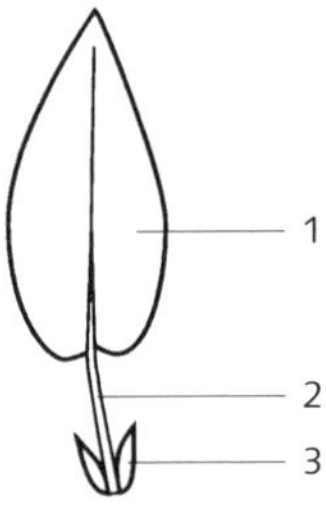

Abb. 28:
Blatt (schematisch).
1: Blattspreite.
2: Blattstiel.
3: Nebenblätter.

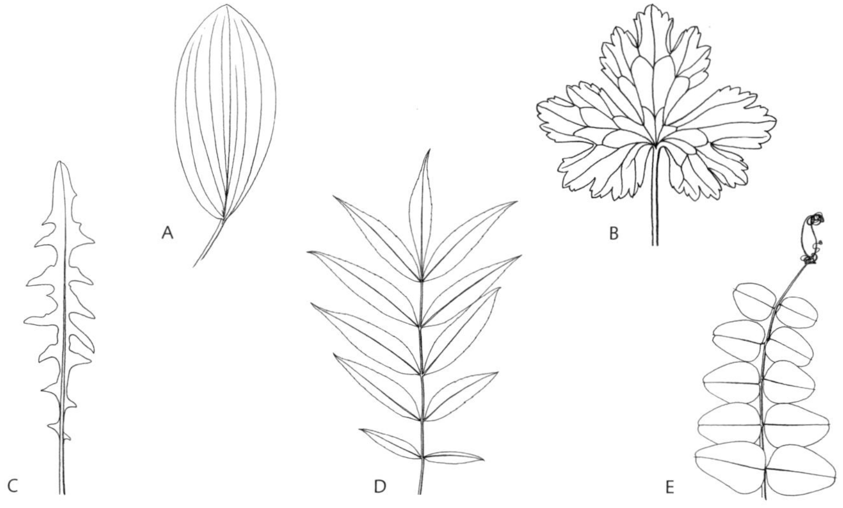

Abb. 29:
Blattteilung und Blattrand.
A: Ungeteilt, ganzrandig.
B: Radiär geteilt, Abschnitte gezähnt.
C: Fiederteilig.
D: Unpaarig gefiedert (mit Endteilblatt), Teilblätter fein gezähnt.
E: Paarig gefiedert (ohne Endteilblatt), hier mit Ranke, Teilblätter ganzrandig.
(aus Hess & al. 1976–1980)

Die in diesem Buch verwendeten morphologischen Begriffe zur Beschreibung der Blätter entsprechen der «Flora der Schweiz» (Hess & al. 1976–1980), ähnlich werden sie auch in der «Schul- und Exkursionsflora der Schweiz» (Binz & Heitz 1990) gebraucht. In anderen Werken können aber durchaus auch abweichende Begriffe und Definitionen verwendet werden. Blätter oder Teile von ihnen können auch abgewandelt werden (z.B. zu Dornen oder Ranken). Systematisch wichtig ist der Blattrand und die Blattteilung (Abb. 29), die Blattform (Abb. 30), die Blattnervatur (Abb. 31) und die Blattstellung (Abb. 32).

Blattrand (Abb. 29)

Das Gegenteil eines **gezähnten Blattes** (d.h. eines Blattes mit Zähnen am Blattrand, z.B. Blätter von *Carpinus betulus*) ist ein **ganzrandiges Blatt** (z.B. die Blätter der meisten *Monocotyledonae*); dies bedeutet, dass der Blattrand glatt ist und keine Zähne aufweist.

Blattteilung (Abb. 29)

Man kann unterscheiden zwischen einfachen Blättern (Blattspreite zusammenhängend, ungeteilt bis geteilt) und zusammengesetzten Blättern (Blattspreite in Teilblätter geteilt, diese nur durch die Blattspindel [= Rhachis] miteinander verbunden). Eine Blattspreite kann **ungeteilt** oder mehr oder weniger **geteilt** sein; ein Blatt wird **radiär geteilt** (= handförmig gelappt) genannt, wenn die Einschnitte radial verlaufen, d.h., wenn alle Einschnitte zum Stielansatz hin weisen (z.B. *Acer*, *Geranium*); ein Blatt wird **fiederteilig** (= fiederig gelappt) genannt, wenn es entlang der Längsachse mehrfach eingeschnitten ist, die Einschnitte aber nicht bis zum Hauptnerv gehen und das Blatt deshalb eine durchgehende Blattspreite hat (typisches Beispiel: *Taraxacum officinale*); ein Blatt wird **gefiedert** genannt, wenn die Einschnitte entlang der Längsachse tief bis zum Hauptnerv gehen und die Blattspreite deshalb in vollständig getrennte Teilblätter aufgeteilt ist; wir unterscheiden 2 Typen von gefiederten Blättern, **paarig gefiedert** (ohne Endteilblatt, anstelle des Endteilblattes oft mit kleiner Spitze oder Ranke; Teilblätter häufig in gerader Zahl vorhanden) und **unpaarig gefiedert** (mit Endteilblatt; da dieses kein Partnerteilblatt hat, ist die Zahl der Teilblätter meist ungerade).

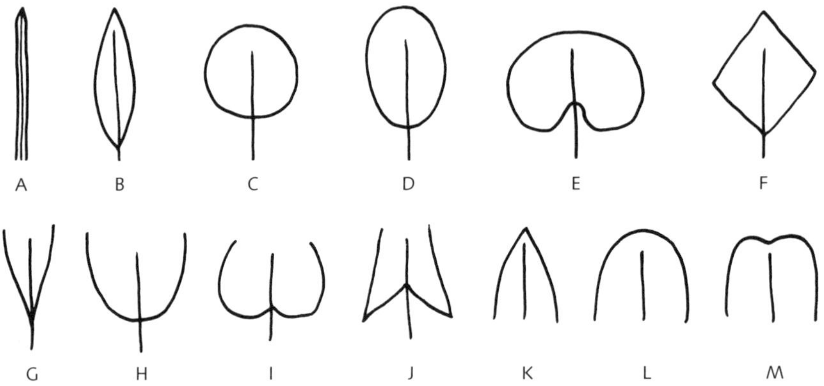

Abb. 30:
Blattformen: Gesamtform (A–F), Blattbasis (G–J) und Blattspitze (K–M).
A: lineal.
B: lanzettlich.
C: rund/rundlich.
D: oval.
E: nierenförmig.
F: rhombisch.
G: verschmälert.
H: gestutzt.
I: herzförmig.
J: pfeil-/spiessförmig.
K: spitz/zugespitzt.
L: abgerundet.
M: ausgerandet.

Blattform (Abb. 30)
Es existieren viele Begriffe zur Beschreibung der Form von Blattspreiten oder Teilblättern (die gleichen Begriffe können auch auf andere Organe wie Blütenblätter oder Früchte angewendet werden). Einige Begriffe für die Blattform umschreiben wegen mangelnder Differenzierung in Stiel und Spreite das ganze Blatt. Wir beschränken uns auf die folgenden, wichtigsten Formen, von denen viele selbsterklärend sind:

Gesamtform
heissluftballonförmig (Kronblatt von *Pritzelago brevicaulis*; Abb. 74C), **lineal** (sehr schmal, mit mehr oder weniger parallelen Rändern; z.B. Blätter von *Poaceae*), **nadelförmig** (schmal und starr, nicht in Stiel und Spreite gegliedert; z.B. Blätter von *Erica carnea*), **lanzettlich** (in der Mitte am breitesten, gegen beide Enden verschmälert; z.B. Blätter von *Tulipa sylvestris*), **rund/rundlich** (mehr oder weniger kreisförmig; z.B. Blätter von *Drosera rotundifolia*, *Soldanella*), **oval** (z.B. Blätter von *Amelanchier ovalis*, Nektarblätter von *Ranunculus*), **nierenförmig** (queroval mit rundlicher Einbuchtung an der Basis; z.B. Blätter von *Asarum europaeum*), **3eckig** (z.B. Blätter von *Alliaria petiolata*, Frucht von *Capsella*), **rhombisch** (= rautenförmig, auf der Spitze stehendes Viereck; z.B. Blätter von *Betula*), **röhrenförmig** (Blattspreite zu einer Röhre verwachsen; z.B. *Allium schoenoprasum*, *Juncus*), **tischtennisschlägerförmig** (Kronblatt von *Pritzelago alpina*; Abb. 74B).

Blattbasis
verschmälert (z.B. *Doronicum clusii*), **gestutzt** (Blattfläche am Grund senkrecht auf den Mittelnerv verlaufend; z.B. *Doronicum grandiflorum*), **herzförmig** (herzförmige Bucht an der Basis; z.B. Blätter von *Maianthemum bifolium*, Kelchblätter von *Veronica hederifolia*, Kelchblattanhängsel von *Campanula barbata*), **pfeilförmig** (=spiessförmig, mit mehr oder weniger rückwärts gerichteten, stumpfen bis spitzen Abschnitten; z.B. Blätter von *Arum maculatum*, *Rumex acetosa*), **stengelumfassend** (die Blattbasis umfasst den Stengel; z.B. *Sonchus oleraceus*), **herablaufend** (das Blatt setzt sich, meist als sog. Flügel, von der Anwachsstelle abwärts entlang des Stengels fort; z.B. *Symphytum officinale*).

Blattspitze
spitz oder **zugespitzt** (z.B. Blätter von *Carpinus betulus*), **abgerundet** (Blatt nicht zugespitzt; z.B. Blätter von *Amelanchier ovalis*, z.T. von *Alnus glutinosa*), **ausgerandet** (an der Spitze eingebuchtet; z.B. Blätter von *Globularia cordifolia*, Kronblätter von *Cerastium*), **zerschlitzt** (tief eingeschnitten; z.B. Kronblätter von *Dianthus superbus*).

Blattnervatur (Abb. 31)
In der Blattspreite sind die Blattleitbündel meist als Aderung (Nervatur) zu sehen. Dabei kann man (zumindest aufgrund der Hauptnerven) 4 Typen der Nervatur unterscheiden: **parallele Nervatur** (die Nerven verlaufen vom Stielansatz zur Blattspitze; z.B. *Monocotyledonae*), **bogenförmige Nervatur** (die Nerven zweigen regelmässig vom Hauptnerv ab und verlaufen bogenförmig zum Blattrand; z.B. *Cornaceae*), **netzförmige Nervatur** (die Aderung bildet eine Netzstruktur), **radiäre Nervatur** (alle Nerven laufen vom Stielansatz radiär oder fächerförmig zum Blattrand; z.B. viele *Polypodiales*, *Ginkgo biloba*).

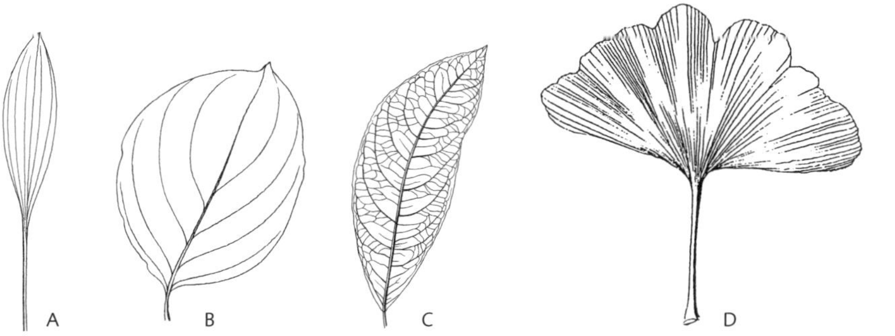

Abb. 31:
Blattnervatur.
A: Nerven parallel verlaufend (Blatt parallelnervig).
B: Nerven bogenförmig.
C: Nervatur netzförmig (Blatt netznervig).
D: Nervatur fächerförmig (Blatt radiärnervig).
(A–C aus Hess & al. 1976–1980, D aus Hess 1976)

Blattstellung (Abb. 32)
Wichtig für die Systematik ist die Anordnung der Blätter an der Sprossachse. Vereinfacht gesehen können diese **wechselständig** (einzeln), **gegenständig** (jeweils 2 Blätter am Stengel einander gegenüberstehend) oder **quirlständig** sein (zu 3 oder mehr auf der gleichen Höhe am Stengel). Neben den stengelständigen Blättern gibt es auch **grundständige** Blätter, die einzeln oder in einer Rosette (quasi in einem Quirl an der Basis des Stengels) angeordnet sind.

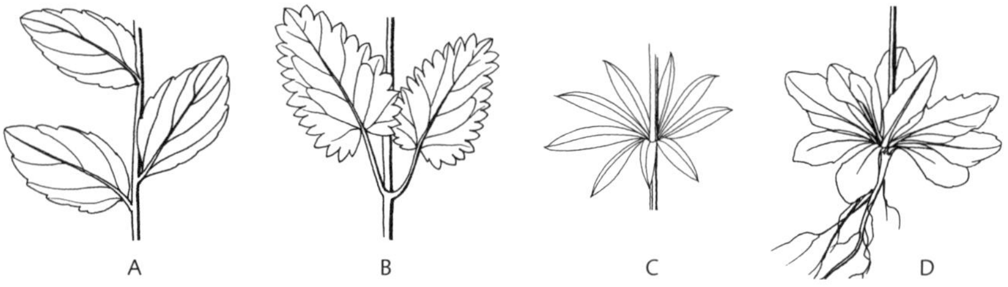

Abb. 32: Blattstellung. **A**: Wechselständig. **B**: Gegenständig. **C**: Quirlständig. **D**: Grundständig, hier in einer Rosette.
(aus Hess & al. 1976–1980)

Weitere Blätter
Als **Hochblatt** bezeichnet man ganz allgemein die Blätter im Blütenstand. Diese können gleich aussehen wie die Stengelblätter, oft sind sie kleiner und z.T. auch anders geformt und gefärbt. Als **Niederblätter** bezeichnet man kleine, meist schuppenförmig ausgebildete Blattorgane, die an Spitzen von Sprossen als Knospenschuppen oder an unterirdischen, ausdauernden Sprossen gelegentlich gar als Speicherorgane ausgebildet werden (z.B. Zwiebel). Blätter werden aber nicht nur betreffend ihrer Form und Funktion unterschieden, sondern auch gemäss ihrer Lage am Sprosssystem der Pflanze bezeichnet: als **Tragblatt** werden jene Blätter bezeichnet, die in ihrer Achsel eine Blüte oder einen Teilblütenstand tragen, Blätter zwischen Tragblatt und Blüte werden **Vorblatt** genannt.

Dornen und Stacheln
Dornen und Stacheln sind stechende Teile, die aus unterschiedlichen Organen oder Geweben entstehen. **Dornen** sind umgewandelte Organe, je nach beteiligtem Teil werden sie unterschiedlich benannt: Sprossdornen sind Triebspitzen und somit häufig sehr stabil und stark (z.B. *Crataegus*, *Hippophaë rhamnoides*, *Prunus spinosa*), Blattdornen sind umgewandelte Blätter (z.B. *Berberis vulgaris*, viele Vertreter der Familie der *Cactaceae*), Nebenblattdornen sind umgewandelte Nebenblätter (z.B. *Robinia pseudoacacia*). **Stacheln** sind Bildungen (sog. Emergenzien) der Epidermis; sie können verholzt sein, dann sitzen sie auf verholzten Sprossachsen und können so wehrhaft sein wie Sprossdornen (z.B. *Rosa* und *Rubus*), sie können aber auch an Blättern gebildet werden (z.B. *Carduus* und *Cirsium*).

Blütenstand

Die Blüten sind an der Sprossachse oft separiert von den Blättern und ganz charakteristisch angeordnet. Dabei können gewisse Typen der Anordnung (Blütenstände) unterschieden werden (Abb. 33).

Ähre: Die Blüten sitzen (= ohne Stiel) entlang einer Achse (z.B. *Triticum aestivum*).

Traube: Ähre mit gestielten Blüten, alles unverzweigt (z.B. *Convallaria majalis*; NEIN, sorry: *Vitis vinifera*, die [Wein-]Traube, hat als Blüten- und Fruchtstand keine Traube, sondern eine Rispe!).

Rispe: Traube mit verzweigten Seitenästen (z.B. viele *Poaceae*, *Acer pseudoplatanus*, *Vitis vinifera* [*Vitaceae*]).

Spirre: Rispe, deren untere Seitenäste die zentrale Blüte an der Spitze des Stengels überragen (z.B. *Filipendula ulmaria*).

Kopf (oder **kopfig**): Generell ein Blütenstand, der eine mehr oder weniger kugelige Form aufweist (z.B. *Anthyllis vulneraria*).

Körbchen: Ähre mit stark verkürzter Achse; der Blütenstand mit den meist vielen Blüten trägt aussen meist zahlreiche Hüllblätter (z.B. *Asteraceae*).

Dolde: Alle Verzweigungen gehen von einem Punkt aus, die Stiele der Einheiten (meist Blüten) sind so lang, dass diese in einer Ebene oder Kugelfläche liegen (z.B. *Apiaceae*); man unterscheidet entsprechend dem Verzweigungsgrad zwischen **einfachen Dolden** (Stiele der Einheiten unverzweigt; z.B. *Hedera helix*; *Sanicula europaea*), **doppelten Dolden** (hier tragen die Stiele der Hauptdolde am Ende jeweils kleinere Dolden zweiter Ordnung; z.B. *Anthriscus sylvestris*) und mehrfach zusammengesetzten Dolden (einige *Apiaceae* im Mittelmeerraum).

Schirmrispe: Rispe mit in einer Ebene oder Kugelfläche angeordneten Blüten (deshalb auf den ersten Blick einer Dolde ähnlich; z.B. *Sambucus nigra*, *Sorbus aucuparia*).

Kolben: Ähre mit verdickter, oft fleischiger Achse (z.B. *Arum maculatum*, *Zea mays*).

Kätzchen: Eingeschlechtige Ähre oder Traube, oft dicht, kurz und hängend (z.B. *Fagales*, *Salicaceae*).

Monochasium (inkl. Schraubel, Wickel): Die Hauptachse schliesst ihr Längenwachstum mit einer Blüte ab. Eine Nebenachse setzt das Wachstum des (Teil-)Blütenstandes fort und übergipfelt jeweils die Hauptachse (z.B. *Boraginaceae*).

Dichasium: Die Hauptachse schliesst ihr Längenwachstum mit einer Blüte ab. Zwei am Hauptstengel einander gegenüberstehende (also gegenständige) Nebenachsen übergipfeln die Hauptachse. Dieses Muster kann sich mehrere Male fortsetzen (z.B. *Silene*).

Pseudanthium: Die optische Wirkung von Einzelblüten kann durch Zusammenrücken verstärkt werden. Dabei können verschiedene Stufen der Spezialisierung und der optischen Wirkung unterschieden werden:

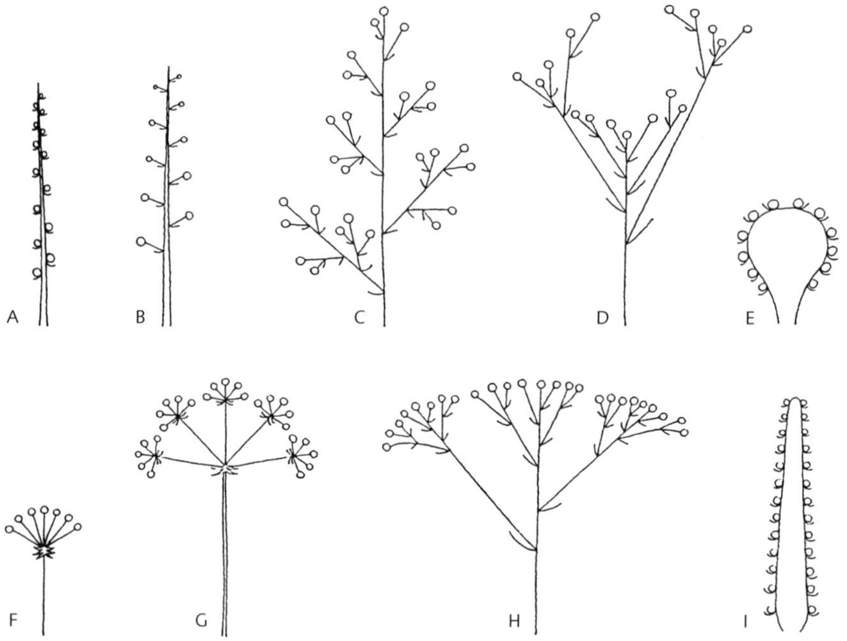

Abb. 33: Blütenstände.
A: Ähre.
B: Traube.
C: Rispe.
D: Spirre.
E: Kopf.
F: Einfache Dolde.
G: Doppelte Dolde.
H: Schirmrispe.
I: Kolben.
(aus Hess 1976)

Einfaches Zusammenrücken (z.B. Arten der Gattung *Trifolium*), Vergrösserung der Randblüten (z.B. *Viburnum opulus*, Arten der Gattung *Centaurea*), Einbezug von Hochblättern (z.B. *Astrantia major*), schliesslich die Bildung von Pseudoblüten (= Pseudanthium), also ein Blütenstand, der blütenbiologisch und somit auch optisch eine Einzelblüte vortäuscht (z.B. *Asteraceae*).

Vegetative Fortpflanzung

Vegetative Fortpflanzung ist Vermehrung ohne Beteiligung der für die sexuelle Fortpflanzung charakteristischen Vorgänge von Meiose und Karyogamie. Die Nachkommen sind somit genetisch identisch mit der Mutterpflanze. Häufig können dabei Teile von Pflanzen (Rhizom, Knollen, Zwiebeln, Ausläufer) zu unabhängigen Individuen heranwachsen. Der vegetativen Fortpflanzung können auch sogenannte Bulbillen dienen. Dies sind vegetative Knospen, die in den Achseln von Blättern oder im Blütenstand anstelle von Blüten gebildet werden. Sie können abfallen und sofort oder auch nach längerer Zeit zu neuen Pflanzen heranwachsen (z.B. *Polygonum viviparum*).

Apomixis

Unter Apomixis bei *Angiospermae* verstehen wir die Ausbildung von Samen ohne sexuelle Fortpflanzung. Je nach Art der Ausbildung der Samen kann man verschiedene Typen von apomiktischer Fortpflanzung unterscheiden. Häufig entsteht der Embryo aus einer nicht reduzierten Eizelle resp. aus einer somatischen Zelle der Samenanlage (Nucellus, Integument), die nicht befruchtet wird. Die Nachkommen sind somit genetisch muttergleich. Es ist interessant, dass die Zentralzelle mit dem Polkern meist befruchtet werden muss, damit das Endosperm gebildet werden kann. Häufig müssen Apomikten deshalb bestäubt werden, obwohl dies für die Bildung des Embryos nicht nötig wäre.

Da diese Fortpflanzungsweise hin und wieder durchbrochen wird und vereinzelt sexuelle Fortpflanzung vorkommt, gibt es auch bei Apomikten hin und wieder Rekombination. Die durch diese Rekombinationsereignisse entstehenden Merkmalskombinationen bleiben durch anschliessende apomiktische Fortpflanzung erhalten. Apomikten neigen deshalb zur Bildung von grossen Schwärmen von sogenannten Kleinarten.

Bei sexuellen Generationen können auch nicht reduzierte Eizellen befruchtet werden. Da bei Apomikten die Pollenmeiose nicht immer stattfindet, entstehen reduzierte und nicht reduzierte Pollenkörner. Sexuelle Fortpflanzung bewirkt deshalb, dass die Nachkommen eine polyploide Reihe bilden. Dabei können aber Ploidiestufen nicht nur erhöht werden. Durch apomiktische Fortpflanzung einer reduzierten Eizelle ist auch eine Reduktion der Ploidiestufe möglich.

Apomixis, kombiniert mit hin und wieder auftretender sexueller Fortpflanzung, sowie Selektion durch die Umwelt lassen vielgestaltige Sippen entstehen, die taxonomisch meist sehr schwierig zu gliedern sind. Solche vielgestaltigen Sippen sind z.B. in den Gattungen *Alchemilla*, *Crataegus*, *Hieracium*, *Potentilla*, *Ranunculus*, *Rubus* und *Taraxacum* anzutreffen.

Viviparie

Unter Viviparie (= Lebendgeburt) versteht man das Keimen resp. Auswachsen von Ausbreitungseinheiten auf der Mutterpflanze. Die Ausbreitungseinheiten viviparer Arten sind deshalb Jungpflanzen. Damit haben sie möglicherweise (je nach Standort und Art) einen Entwicklungsvorsprung gegenüber Konkurrenten, die als Samen oder Früchte ausgebreitet werden und zuerst noch keimen müssen. Jungpflanzen auf einer Mutterpflanze sieht man aber nicht an, auf welche Art und Weise sie entstanden sind. Sie können aus sexuell gebildeten oder apomiktisch entstandenen Samen oder aber auch aus vegetativen Geweben (z.B. Bulbillen) hervorgehen. Die Jungpflanzen auf *Polygonum viviparum* entstehen aus Bulbillen (also rein vegetative Vermehrung), bei *Poa alpina* hingegen können die auf der Mutterpflanze wachsenden Jungpflanzen aus sexuellen oder apomiktischen Samen oder auch aus vegetativen Strukturen entstehen.

Zusammenfassung wichtiger Merkmale der *Angiospermae*:

- Neben verholzten Arten gibt es viele krautige Arten.
- Wasserleitende Elemente sind meist Tracheen.
- Vegetative Fortpflanzung (z.B. Apomixis, Ausläufer, Bulbillen) ist weit verbreitet.
- Die Blüten besitzen meist eine Blütenhülle (Perianth).
- Die Blüten sind zwittrig oder 1geschlechtig.
- Die Samenanlagen sind stets von Fruchtblättern umschlossen; Samenanlagen und Samen sind deshalb bedeckt.
- *Angiospermae* haben meist 2 Integumente.
- Im Nucellus wird nach der Meiose der Embryosack gebildet: Die Eizelle und die 2 Synergiden sind gegen die Mikropyle, die 3 Antipoden am gegenüberliegenden Ende angeordnet; alle diese Zellen haben die Chromosomenzahl 1n; im Zentrum des Embryosacks befindet sich der aus den beiden verschmolzenen Polkernen entstandene sekundäre Embryosackkern (Chromosomenzahl 2n).
- Die Fruchtblätter bilden Narben (und ev. Griffel) zur Aufnahme der Pollenkörner.
- Der Pollen wird meist durch Insekten, aber auch durch andere Tiere, Wind oder Wasser auf die Narben übertragen.
- Die beiden Spermazellen gelangen immer durch den Pollenschlauch in den Embryosack.
- Neben der Eizelle wird auch der sekundäre Embryosackkern befruchtet; *Angiospermae* haben eine doppelte Befruchtung.
- Das Nährgewebe entsteht nach der Befruchtung aus dem befruchteten Embryosackkern; deshalb heisst es sekundäres Endosperm und hat die Chromosomenzahl 3n.
- Aus den Fruchtknoten (und manchmal weiteren Teilen der Blüte) entstehen die für die *Angiospermae* typischen, die reifen Samen umhüllenden Früchte.

Systematischer Teil *Angiospermae*

In den vergangenen zwei Jahrzehnten haben die Klassifikationssysteme der Pflanzen und insbesondere auch der *Angiospermae* durch Erkenntnisse aus der molekularphylogenetischen Forschung grosse Veränderungen und einschneidende Anpassungen erfahren. Einerseits liefern DNA-Sequenzen grosse Mengen an vergleichender Information für die Rekonstruktion von Verwandtschaftsverhältnissen; dabei werden abgeleitete Merkmalszustände (=Synapomorphien) für das Formulieren von Verwandtschaftshypothesen berücksichtigt. Andererseits werden für das Umschreiben von höheren Einheiten des Klassifikationssystems (Familien, Ordnungen etc.) nur monophyletische Gruppen (engl. *clades*) berücksichtigt und benannt. Noch bis zum Ende des 20. Jahrhunderts wurden die Klassifikationssysteme der *Angiospermae* von einzelnen Personen mit breiten Kenntnissen der Diversität und viel Intuition für «natürliche» Gruppen aufgestellt (z.B. Cronquist 1981, Takhtajan 1997). Die heute in den Florenwerken verwendeten Klassifikationssysteme basieren oft noch auf diesen Arbeiten. Mittlerweile erarbeiten internationale Gruppen von Wissenschaftlern auf der Basis des aktuellen Forschungsstandes Vorschläge für Klassifikationssysteme der *Angiospermae*, *Gymnospermae* und *Pteridophyta*, die in regelmässigen Abständen aktualisiert werden (*Angiospermae*: Angiosperm Phylogeny Group APG 1998, 2003, 2009, Reveal & Chase 2011; *Gymnospermae*: Chaw & al. 2000, Ran & al. 2010, Christenhusz & al. 2011a; *Pteridophyta*: Smith & al. 2006, 2008, Schuettpelz & Preyer 2007, Christenhusz & al. 2011b). Die Verwandtschaftsverhältnisse zwischen den für die Klasse *Angiospermae* (=*Magnoliopsida*) unterschiedenen Ordnungen sind im Stammbaum (Abb. 34) gemäss den Vorschlägen von APG in leicht modifizierter (aber kongruenter) Form abgebildet (nur wenige, kleine und unbedeutende Ordnungen wurden weggelassen). Die grobe Übersicht über den Stammbaum zeigt, dass die Unterteilung in einkeimblättrige (=*Monocotyledonae*) und zweikeimblättrige *Angiospermae* (=*Dicotyledonae*) modifiziert und neu eine dritte Gruppe (Basale *Angiospermae*) akzeptiert werden muss. Zudem wird die Gruppe der (Eu-)*Dicotyledonae* noch weiter unterteilt.

1 Die **Basalen *Angiospermae*** umfassen Ordnungen, die an der Basis des Stammbaums stehen und hauptsächlich ursprüngliche Merkmale aufweisen. Hier fehlen Synapomorphien der beiden anderen Grossgruppen im Stammbaum, den *Mono*- und *Eudicotyledonae*. So haben die Arten der Basalen *Angiospermae* z.B. 2 Keimblätter (*Monocotyledonae* haben nur 1 Keimblatt) und monosulcate Pollenkörner (*Eudicotyledonae* haben tricolpate Pollenkörner). Der *grade* der Basalen *Angiospermae* besteht neben der Verwandtschaftsgruppe der *Magnolianae* noch aus 5 weiteren hauptsächlichen Evolutionslinien und umfasst weniger als 4 % der heute lebenden Arten der *Angiospermae*. Drei der 6 Evolutionslinien sind in der Schweiz natürlicherweise vertreten.

2 Die ***Monocotyledonae*** stellen einen *clade* dar, der charakterisiert wird durch die Synapomorphie von 1 Keimblatt (anstelle von 2 Keimblättern) und weiteren, häufig und v.a. hier auftretenden Merkmalen (z.B. 3zählige Blüten, parallele Blattnervatur, im Sprossquerschnitt zerstreut angeordnete Leitbündel). Man kann 3 Gruppen unterscheiden: die beiden *grades* Ursprüngliche *Monocotyledonae* und Tierbestäubte *Monocotyledonae* sowie den abgeleiteten *clade* der Windbestäubten *Monocotyledonae*. Etwa 22 % der Arten der *Angiospermae* gehören zu dieser Gruppe.

3 Die ***Eudicotyledonae*** sind charakterisiert durch die Synapomorphie von tricolpaten Pollenkörnern (oder davon abgewandelten Formen). Etwa 74 % der Arten der *Angiospermae* gehören zu diesem *clade*, der in 4 Untergruppen unterteilt werden kann.

3a Die **Basalen *Eudicotyledonae*** bilden einen *grade* mit Ordnungen, die an der Basis des Stammbaums der *Eudikotyledonae* stehen. Sie weisen vornehmlich ursprüngliche Merkmale der *Eudicotyledonae* auf, meist fehlen ihnen die Spezialisierungen im Blütenbau.

3b Die übrigen Gruppen der *Eudicotyledonae* bilden einen *clade*, der als **Kern-*Eudicotyledonae*** bezeichnet wird. Hier können 3 Gruppen unterschieden werden.

3b1 Eine **Gruppe** von 3 Ordnungen mit unklaren (bzw. wenig gut gestützten) Verwandtschaftsbeziehungen: *Caryophyllales* und *Santalales* (neuerdings als Schwestergruppe der *Asteranae*) sowie *Saxifragales* (zusammen mit den *Vitales* neuerdings als Schwestergruppe der *Rosanae*).

3b2 Der *clade* ***Rosanae*** umfasst Ordnungen mit Kelch- und vorwiegend freien (d.h. nicht verwachsenen) Kronblättern sowie 2 Staubblattkreisen. Nebenblätter sind in vielen Fällen vorhanden. In diesem *clade* gibt es 2 morphologisch schlecht fassbare, aber molekularphylogenetisch eindeutige *subclades*, die Fabiden und die Malviden.

3b3 Der *clade* ***Asteranae*** umfasst Ordnungen mit Kelch- und verwachsenen Kronblättern, oft ist nur 1 Staubblattkreis ausgebildet. Nebenblätter sind meist nicht vorhanden. In diesem *clade* haben wir basale Ordnungen und eine abgeleitete Gruppe, die aus 2 *subclades* besteht, den Lamiiden und den Campanuliden.

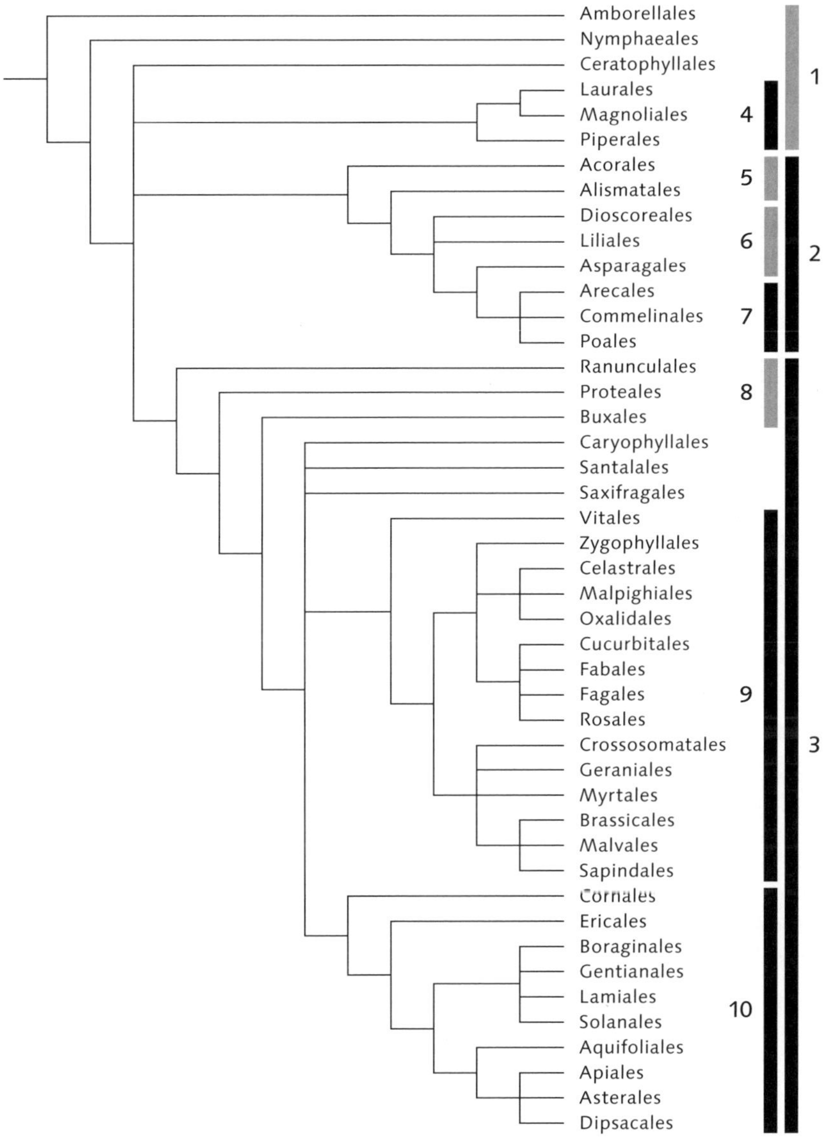

Abb. 34:
Stammbaum der Ordnungen der *Angiospermae* nach APG III (2009, modifiziert). Schwarze Balken bezeichnen monophyletische, graue Balken paraphyletische Gruppen:
1: Basale *Angiospermae*.
2: *Monocotyledonae*.
3: *Eudicotyledonae*.
4: *Magnolianae*.
5: Ursprüngliche *Monocotyledonae*.
6: Tierbestäubte *Monocotyledonae*.
7: Windbestäubte *Monocotyledonae*.
8: Basale *Eudicotyledonae*.
9: *Rosanae*.
10: *Asteranae*.

Einheimische Ordnungen und Familien der *Angiospermae*

In der folgenden Liste sind alle Ordnungen und Familien der *Angiospermae* der einheimischen Flora aufgeführt (inkl. häufig gepflanzte, verwilderte und eingebürgerte Arten). Die Anordnung der Grossgruppen entspricht den neuen, heute gebräuchlichen Systemen: Basale Ordnungen der *Angiospermae*, gefolgt von den *Monocotyledonae* und dann den *Eudicotyledonae*. Die Reihenfolge der Ordnungen entspricht der Darstellung im Stammbaum (Abb. 34). Ordnungen, die Teil einer Polytomie sind, werden dem Alphabet folgend aufgelistet. Auch innerhalb der Ordnungen sind die Familien alphabetisch angeordnet. Familien, von denen Arten in diesem Buch behandelt werden, sind *kursiv* gedruckt.

Wichtige einheimische Taxa der *Angiospermae*

Die den besprochenen Gruppen beigefügten Zahlen geben Auskunft zur Anzahl enthaltener Gattungen und Arten sowie in der Schweiz heimischer Taxa. Die generellen Zahlen zur taxonomischen Vielfalt stammen meist aus Strasburger & al. (2008), jene zur Flora der Schweiz basieren auf der «Flora Helvetica» (Lauber & al. 2012). Bei den Zahlen zur Schweiz wurden adventive Arten mitgezählt, wenn sie eingebürgert sind und verbreitet vorkommen. Die Zahlen zu Arten (aber manchmal auch zu Gattungen) innerhalb einer Familie weichen z.T. stark ab von Angaben in anderen Werken. Dies beruht hauptsächlich auf zwei Gründen: unterschiedliche Einstufung von Taxa (Arten versus Unterarten) und unterschiedliche Umschreibungen von Gattungen und Familien (dies betrifft insbesondere Tierbestäubte *Monocotyledonae*, *Ericales*, *Lamiales* und *Dipsacales*). Die angegebenen Zahlen stellen deshalb Richtwerte zur Grössenordnung der Vielfalt dar.

Nahe verwandte Arten sind einander oft sehr ähnlich und schwierig zu unterscheiden. Ihre Zuordnung zu einer taxonomischen Rangstufe hängt von der vom Botaniker gemachten Beurteilung ab und ist somit subjektiv. Die Einstufung (= Zuordnung der Rangstufe) solcher Taxa ist deshalb uneinheitlich (Arten in Artengruppen, Klein-Arten in Aggregaten, Unterarten in Arten etc.). In verschiedenen Büchern können sie darum auch unterschiedlich gewertet und benannt werden (Binz & Heitz 1990, Eggenberg & Möhl 2007, Fischer & al. 2008, Hess & al. 1976–1980, Hess & al. 2010, Lauber & al. 2012, Rothmaler 2011, Schmeil & Fitschen 2011, Wisskirchen & Haeupler 1998).

Wir verwenden den Begriff «Aggregat» (abgekürzt agg.) im Sinne einer «Sammelart» für eine Gruppe von Klein-Arten, die von Nichtspezialisten nur schwer unterschieden werden können. Das Aggregat (= Sammelart) ist keine offizielle Rangstufe im hierarchischen System der botanischen Nomenklatur, sondern eine informelle Gruppe zur Verbesserung der praktischen Übersicht. Das Aggregat ist im hierarchischen System im Bereich zwischen Gattung und Art positioniert. Die Angabe «agg.» gibt einen Hinweis, dass die darin enthaltenen (Klein-)Arten schwierig zu unterscheiden sind. Eine Art, die wir mit «i.w.S.» (= im weiteren Sinne) bezeichnen, kann in weitere Untereinheiten unterteilt werden (z.B. in Klein-Arten oder in Unterarten [= Subspecies, abgekürzt subsp. oder ssp.]), die nahe verwandte Einheiten darstellen. Diese sind durch konstante (wenn auch manchmal geringe) Merkmale differenziert und können oft auch von Nichtspezialisten erkannt werden. Der Entscheid, ob eine Gruppe von Taxa ein Aggregat mit schwer unterscheidbaren Klein-Arten oder eine Art i.w.S. mit unterscheidbaren Untereinheiten darstellt (oft auf der Rangstufe der Unterarten), ist nicht immer eindeutig, was sich auch an den Synonymen der einzelnen Taxa erkennen lässt.

In den mit * bezeichneten Fällen weichen wir von der in APG III (2009) vorgeschlagenen Umschreibung der Familien ab. Wir verwenden die zwar kongruenten, aber weniger umfassenden Umschreibungen der *Caprifoliaceae* (exklusiv *Dipsacaceae* und *Valerianaceae*; Ordnung *Dipsacales*, Campanuliden) und *Celastraceae* (exklusiv *Parnassiaceae*; Ordnung *Celastrales*, Fabiden).

Basale Angiospermae
Nymphaeales: *Nymphaeaceae*
Ceratophyllales: Ceratophyllaceae
Magnolianae
Laurales: Lauraceae
Magnoliales: Magnoliaceae
Piperales: *Aristolochiaceae*, Saururaceae
Monocotyledonae
Ursprüngliche Monocotyledonae
Acorales: Acoraceae
Alismatales: Alismataceae, *Araceae*, Butomaceae, Hydrocharitaceae, Juncaginaceae, Potamogetonaceae, Scheuchzeriaceae, *Tofieldiaceae*
Tierbestäubte Monocotyledonae
Dioscoreales: Dioscoreaceae
Liliales: *Colchicaceae*, *Liliaceae*, *Melanthiaceae*
Asparagales: *Amaryllidaceae*, *Asparagaceae*, *Iridaceae*, *Orchidaceae*, Xanthorrhoeaceae
Windbestäubte Monocotyledonae
Arecales: Arecaceae
Commelinales: Commelinaceae, Pontederiaceae
Poales: *Cyperaceae*, *Juncaceae*, *Poaceae*, *Typhaceae*
Eudicotyledonae
Basale Eudicotyledonae
Ranunculales: *Berberidaceae*, *Papaveraceae*, *Ranunculaceae*
Proteales: Platanaceae
Buxales: Buxaceae
Kern-Eudicotyledonae
Caryophyllales: Aizoaceae, *Amaranthaceae*, Cactaceae, *Caryophyllaceae*, *Droseraceae*, Montiaceae, Phytolaccaceae, Plumbaginaceae, *Polygonaceae*, Portulacaceae, Tamaricaceae
Santalales: *Santalaceae*
Saxifragales: *Crassulaceae*, Grossulariaceae, Haloragaceae, Paeoniaceae, *Saxifragaceae*
Rosanae
Vitales: Vitaceae
Fabiden
Zygophyllales: Zygophyllaceae
Celastrales: *Celastraceae*, *Parnassiaceae**
Malpighiales: Elatinaceae, *Euphorbiaceae*, *Hypericaceae*, *Linaceae*, *Salicaceae*, *Violaceae*
Oxalidales: *Oxalidaceae*
Cucurbitales: Cucurbitaceae
Fabales: *Fabaceae*, *Polygalaceae*
Fagales: *Betulaceae*, *Fagaceae*, *Juglandaceae*
Rosales: *Cannabaceae*, *Elaeagnaceae*, Moraceae, *Rhamnaceae*, *Rosaceae*, *Ulmaceae*, *Urticaceae*
Malviden
Crossosomatales: Staphyleaceae
Geraniales: *Geraniaceae*
Myrtales: Lythraceae, *Onagraceae*
Brassicales: *Brassicaceae*, Capparaceae, Resedaceae, Tropaeolaceae
Malvales: *Cistaceae*, *Malvaceae*, *Thymelaeaceae*
Sapindales: Anacardiaceae, Rutaceae, *Sapindaceae*, Simaroubaceae
Asteranae
Cornales: *Cornaceae*
Ericales: *Balsaminaceae*, Ebenaceae, *Ericaceae*, Polemoniaceae, *Primulaceae*,Sarraceniaceae
Lamiiden
Boraginales: *Boraginaceae*
Gentianales: *Apocynaceae*, *Gentianaceae*, *Rubiaceae*
Lamiales: *Lamiaceae*, *Lentibulariaceae*, Linderniaceae, *Oleaceae*, *Orobanchaceae*, Phrymaceae, *Plantaginaceae*, *Scrophulariaceae*, *Verbenaceae*
Solanales: *Convolvulaceae*, *Solanaceae*
Campanuliden
Aquifoliales: *Aquifoliaceae*
Apiales: *Apiaceae*, *Araliaceae*
Asterales: *Asteraceae*, *Campanulaceae*, Menyanthaceae
Dipsacales: *Adoxaceae*, *Caprifoliaceae*, *Dipsacaceae**, *Valerianaceae**

Die besprochenen Taxa werden morphologisch knapp charakterisiert. Beim Lernen der Merkmale sind zwei Dinge wichtig:

1 Eindeutige Merkmale, die bei höheren Taxa angeführt werden, vererben sich auf die darunter angeführten Einheiten; falls solche Merkmale bei einer untergeordneten Einheit nicht zutreffen sollten, wird dies explizit erwähnt.

2 Damit die Beschreibungen möglichst knapp sein können, gehen wir von einer «Standardpflanze» aus, deren mehr oder weniger offensichtliche Merkmale nicht jedes Mal angeführt werden.

 Unsere **Standardpflanze** hat die folgenden Eigenschaften:
 Pflanze ausdauernd; Spross aufrecht, oberirdisch nicht verholzt (=krautig), zumindest während einer gewissen Zeit gleichzeitig mit Blättern und Blüten; Blätter grün (Photosynthese), sommergrün (d.h. nur eine Sommersaison überdauernd, deshalb mehr oder weniger weich und **nicht** derb, lederig, hart und den Winter überdauernd); Blüten aktinomorph, zwittrig.

Die Reihenfolge von Familien und Taxa höherer hierarchischer Rangstufen entspricht der Abfolge in den phylogenetischen Bäumen. Unterhalb der Familie ist die Reihenfolge meist alphabetisch. Um eine bessere Übersicht über die Taxa zu erlangen, werden sie jedoch manchmal nach morphologischen Eigenschaften gegliedert.

Basale *Angiospermae*

Die etwa 30 Familien, die zu den Basalen *Angiospermae* gehören, zählen ca. 8600 Arten und sind somit relativ artenarm. Diese Gruppe besteht aus mehreren Evolutionslinien an der Basis des Stammbaumes der *Angiospermae* und stellt keine monophyletische Gruppe dar. Die basale Stellung im Stammbaum (Abb. 34) ist Ausdruck ihres grossen phylogenetischen Alters. Gemäss Fossilfunden sind die ältesten heute noch vorkommenden Evolutionslinien mindestens 130 Mio. Jahre alt, Abschätzungen aufgrund molekularer Daten ergeben ein Alter von 130 bis 240 Mio. Jahren. Mit diesem hohen Alter hängt auch zusammen, dass viele Vertreter dieser Gruppe ausgestorben und (wenn überhaupt) nur fossil bekannt sind. Zudem sind ihre Verbreitungsgebiete fragmentiert und befinden sich oft in den Tropen. Tropische Gebiete waren über sehr lange Zeiten vergleichsweise stabil betreffend der vorherrschenden klimatischen Bedingungen. In solchen Regionen konnten sich besonders alte Evolutionslinien halten, weshalb diese Gebiete auch schon als «phylogenetische Museen» bezeichnet wurden.
Alle Vertreter der Basalen *Angiospermae* sind primär zweikeimblättrig. Diese paraphyletische Gruppe ist aber morphologisch nur schlecht fassbar. Meistens handelt es sich um holzige Pflanzen, seltener Stauden, mit allorhizem Wurzelsystem, mit im Spross ringförmig angeordneten Leitbündeln und mit ungeteilten Blättern mit netznerviger Aderung und ohne Nebenblätter. Die Blüten sind unterschiedlich gebaut: oft haben sie wenige bis zahlreiche, schraubig angeordnete Organe (z.B. *Nymphaea*) oder die Blütenblätter stehen in 3zähligen Kreisen (z.B. *Asarum*). Die Blütenhülle ist einfach (= Perigon). Die Staubblätter sind oft primär vielzählig (sog. primäre Polyandrie) und nicht deutlich in Staubfaden (= Filament) und Staubbeutel (= Anthere) differenziert; die Pollenkörner haben meist nur 1 Keimöffnung, sie sind also monosulcat. Die Fruchtblätter sind meist oberständig und zumindest zu einem deutlichen Teil frei, meistens fehlt ein Griffel, und die Narben sitzen grossflächig direkt auf dem Fruchtknoten.
Amborella trichopoda (*Amborellaceae*, Ordnung *Amborellales*) kommt im tropischen Neukaledonien vor und ist der am wenigsten mit allen anderen verwandte, rezente Vertreter der *Angiospermae*. Die «ursprünglichsten», bei uns vorkommenden Basalen *Angiospermae* sind die *Nymphaeaceae* (Ordnung *Nymphaeales*). Diese Ordnung umfasst 3 Familien mit 74 Arten in 10 Gattungen, bei uns sind nur Arten aus der Familie der *Nymphaeaceae* heimisch.

Familie *Nymphaeaceae*

Krautige Wasserpflanzen mit im Seegrund wurzelnden Rhizomen und grossen, ganzrandigen Schwimmblättern; Blüten gross, aus dem Wasser ragend.
6 Gattungen, etwa 60 Arten, Verbreitung weltweit; CH: 2 Gattungen, 3 Arten.

■ *Nuphar lutea*
(Grosse Teichrose; FH **107**, 111)
Blüten 3–5 cm im Durchmesser, mit 5 gelben Blütenblättern; Schwimmblattgürtel von Verlandungszonen stehender Gewässer.

■ *Nymphaea alba*
(Weisse Seerose; FH **105**, 109)
Blüten bis 9 cm im Durchmesser, mit zahlreichen weissen Blütenblättern; Schwimmblattgürtel von Verlandungszonen stehender Gewässer.

Später als die *Nymphaeaceae* abzweigend, aber ebenfalls zu den Basalen *Angiospermae* gehörend, sind die Vertreter der Überordnung *Magnolianae*. Dazu gehört u.a. die Ordnung *Magnoliales* mit über 2900 Arten in 154 Gattungen und 6 Familien. Bei uns sind keine Arten aus dieser Ordnung heimisch. Zur Familie der *Magnoliaceae*, die v.a. Holzpflanzen mit grossen Blüten umfasst, deren zahlreiche Blütenorgane schraubig angeordnet sind, gehören die bei uns als Zierbäume gepflanzten Magnolien (Arten der Gattung *Magnolia*) und der Tulpenbaum (*Liriodendron tulipifera*). Zur Überordnung *Magnolianae* gehört auch die Ordnung *Piperales*.

Ordnung *Piperales*

Die meisten Vertreter dieser Gruppe sind krautige Pflanzen mit Blüten, deren Organe in 3zähligen Kreisen angeordnet sind. Die Ordnung umfasst 5 Familien mit 2510 Arten in 17–20 Gattungen. Bei uns kommen nur Vertreter der Familie *Aristolochiaceae* vor.

Familie *Aristolochiaceae*

Perigonblätter verwachsen; Fruchtblätter verwachsen, einen unterständigen Fruchtknoten bildend.
4 Gattungen, etwa 480 Arten, Verbreitung weltweit; CH: 2 Gattungen, 3 Arten.

■ *Asarum europaeum*
(Europäische Haselwurz; FH **110**, 106)
Bis 10 cm hoch; Stengel kriechend; Blätter langgestielt, nierenförmig; Blüten zwischen den Blättern verborgen, rotbraun; Perigonblätter 3, die Zipfel einwärts gebogen; Frucht eine Kapselfrucht; Wälder.

Monocotyledonae

Die *Monocotyledonae* (engl. *monocots*) sind eine morphologisch gut charakterisierte, monophyletische Gruppe und umfassen etwa 22 % der Arten der *Angiospermae*. Wie die Basalen *Angiospermae* haben sie Pollenkörner mit nur 1 Keimöffnung (= monosulcat). Namengebendes Merkmal ist die abgeleitete Eigenschaft (= Synapomorphie) von nur 1 Keimblatt, deshalb heissen sie auf Deutsch auch Einkeimblättrige. Neben der Keimblattzahl unterscheiden sie sich von den Basalen *Angiospermae* und den *Eudicotyledonae* durch mehrere weitere Merkmale: Die Hauptwurzel bleibt nicht lange erhalten, sie wird durch seitenständige Adventivwurzeln ersetzt (= homorrhiz), die meist in dichten Büscheln die Pflanze in der Erde verankern. Die Leitbündel sind im Sprossquerschnitt zerstreut angeordnet und geschlossen (ohne Kambium); somit ist normales sekundäres Dickenwachstum nicht möglich. Die Blätter sind meist wechselständig, häufig nicht gestielt und bilden am Grunde oft eine Blattscheide, die den Stengel umfasst. Die Blattspreiten sind oft lanzettlich und ganzrandig und haben meist parallele Hauptnerven. Nebenblätter sind nicht vorhanden. Die Blüten sind (mit wenigen Ausnahmen) 3zählig. Die Blütenhülle besteht primär aus 2 Kreisen, da aber eine Unterscheidung der beiden Kreise i.d.R. nicht möglich ist, bezeichnen wir die Blütenhülle als Perigon.

Man kann 3 Gruppen innerhalb der *Monocotyledonae* unterscheiden (Abb. 35): Die basale Gruppe ist paraphyletisch (also ein *grade*) und umfasst die als Ursprüngliche *Monocotyledonae* bezeichneten basalen Ordnungen (bei uns *Acorales* und *Alismatales*; siehe Abb. 34). Der abgeleitete *clade* der (vorwiegend) Windbestäubten *Monocotyledonae* (auch als Commeliniden

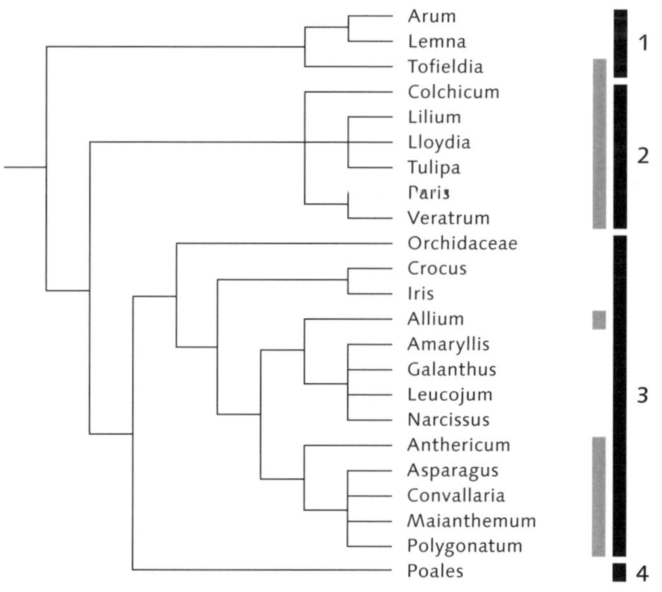

Abb. 35: Stammbaum der im Buch besprochenen *Monocotyledonae*. Schwarze Balken bezeichnen Ordnungen nach APG III (2009):
1: *Alismatales*.
2: *Liliales*.
3: *Asparagales*.
4: *Poales*.
Graue Balken markieren Taxa der alten Familie der *Liliaceae* (heute verteilt auf 6 Familien in 3 Ordnungen). Die für die Familien namengebenden Gattungen *Amaryllis* resp. *Asparagus* werden im Buch nicht behandelt.

bezeichnet; siehe Abb. 34) umfasst bei uns v.a. die grasartigen Familien (*Poales*), eine ökologisch und ökonomisch ausserordentlich wichtige Gruppe der *Angiospermae*. Dazwischen liegt der *grade* mit den Ordnungen der Tierbestäubten *Monocotyledonae* (bei uns *Dioscoreales*, *Liliales* und *Asparagales*), die häufig farbige und relativ grosse Blüten aufweisen.
Die Daten aus den molekularphylogenetischen Untersuchungen haben die Erkenntnisse über die Verwandtschaftsverhältnisse innerhalb der *Monocotyledonae*, insbesondere aber innerhalb der alten Ordnung der *Liliales*, sehr stark verändert. Bei einigen Merkmalen (z.B. die Stellung des Fruchtknotens), die früher als relevant für Verwandtschaften angesehen wurden, stellte sich heraus, dass sie mehrmals und unabhängig verändert wurden und somit nicht geeignet sind, höhere taxonomische Einheiten zu charakterisieren. Dies kann eindrücklich am Beispiel der alten *Liliaceae* gezeigt werden (Abb. 35). Die im vorliegenden Buch enthaltenen Arten verteilen sich heute auf 6 Familien in 3 verschiedenen Ordnungen (Ursprüngliche *Monocotyledonae*: *Tofieldiaceae* [*Alismatales*]; Tierbestäubte *Monocotyledonae*: *Liliales* mit *Colchicaceae*, *Liliaceae* und *Melanthiaceae* sowie *Asparagales* mit *Amaryllidaceae* und *Asparagaceae*). Die heute anerkannte, auf Erkenntnissen der Molekularphylogenetik basierende Einteilung der *Monocotyledonae* in Ordnungen und Familien kann nicht immer auch mit morphologischen Merkmalen nachvollzogen werden.

Ursprüngliche *Monocotyledonae*

Die Gruppe der Ursprünglichen *Monocotyledonae* ist sehr variabel. Einige der Taxa weisen ursprüngliche Blütenmerkmale auf (z.B. zahlreiche Staubblätter sowie zahlreiche, freie, oberständige Fruchtblätter, die nur teilweise miteinander verwachsen sind). Viele Vertreter dieser Gruppe sind krautige Sumpf- oder Wasserpflanzen.

Ordnung *Alismatales*

Die Ordnung umfasst 14 Familien mit etwa 4460 Arten in ca. 165 Gattungen. Von den 8 bei uns vorkommenden Familien sind 6 auf feuchte bis nasse Standorte beschränkt, einige weisen v.a. submers wachsende Taxa auf. Viele einheimische Vertreter sind wegen Gewässerverschmutzung und Biotopzerstörung (Korrektionen, Verbauungen) selten geworden.

Familie *Araceae*

(inkl. *Lemnaceae*)
Abweichend vom gewohnten Bild der *Monocotyledonae* haben *Araceae* meist netznervige, gestielte Blätter. Die meist krautigen (aber z.T. sehr grossen) Pflanzen haben kleine Blüten, die in einem Kolben (=Spadix) angeordnet sind. An der Basis des Kolbens sitzt häufig ein grosses und manchmal auffällig gefärbtes Hochblatt (Spatha), das den Kolben bei manchen Taxa umhüllt. Die meisten Arten der *Araceae* wachsen in den Tropen und Subtropen, wo

sie oft als Rosettenpflanzen, als Epiphyten oder als Lianen mit ihren z.T. sehr grossen Blättern eine dominierende Rolle spielen können.
106 Gattungen, über 4000 Arten, Verbreitung weltweit, meist tropisch; CH: 7 Gattungen, 11 Arten.

Unterfamilie *Aroideae*

Landpflanzen, z.T. sehr gross werdend; Spatha auffallend.

Viele *Aroideae* sind giftig, dennoch gibt es auch in dieser Verwandtschaft Arten mit essbaren Organen. *Colocasia esculenta* (Taro) und *Xanthosoma sagittifolium* (Tannia) werden in den Tropen regional wegen ihrer stärkehaltigen Rhizome für den Eigenbedarf angebaut. Aus dieser Unterfamilie stammen auch einige beliebte Zimmerpflanzen: *Alocasia* (Tropenwurz), *Anthurium* (Blütenschweif), *Dieffenbachia* (Dieffenbachie), *Monstera* (Monstera), *Philodendron* (Baumlieb), *Zantedeschia* (Zantedeschie).

■ *Arum maculatum*

(Gemeiner Aronstab; Abb. 36; FH **2414**, 2417)

Bis 40 cm hoch; Blätter pfeilförmig; Spatha gelbgrün, tütenförmig um den Blütenstand eingerollt; Blüten 1geschlechtig, ohne Perigon; Wälder, Gebüsche, kollin.

Die Art ist v.a. wegen ihrer Blütenbiologie interessant (Abb. 36B): Die Spatha ist im unteren Teil zu einem bauchigen Kessel erweitert. In diesem Bereich sind am zentral stehenden Kolben die 1geschlechtigen Blüten angeordnet. Oberhalb des Kessels ist die Spatha verengt

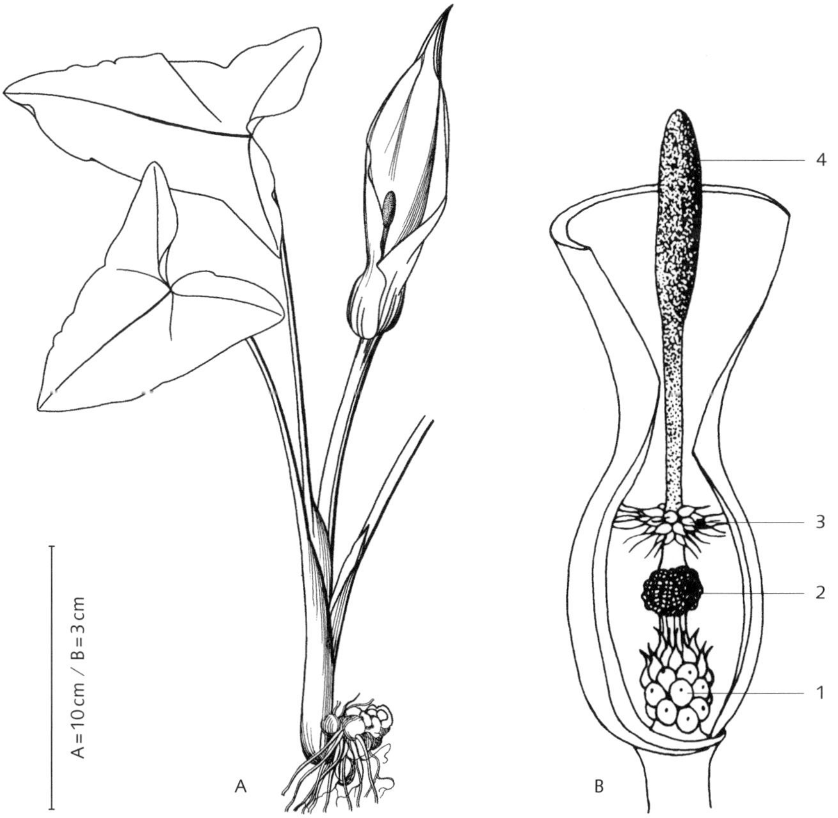

Abb. 36:
Araceae, Aroideae, Arum maculatum.
A: Habitus.
B: Blütenstand, Spatha aufgeschnitten.
1: ♀ Blüten.
2: ♂ Blüten.
3: Sperrborsten.
4: Kolben.
(A aus Hess & al. 1976–1980, B aus Frohne & Jensen 1998)

und nach oben weit geöffnet. An der Basis des Kolbens innerhalb des Kessels befinden sich die ♀, darüber die ♂ Blüten. Über ihnen hat es Sperrborsten (= sterile Blüten), welche die Öffnung des Kessels nach oben verschliessen. Oberhalb des Kessels verdickt sich der Kolben zu einer purpurroten bis violetten Keule, die sich gegenüber der Umgebung um mehrere Grad Celsius erwärmen kann und dann einen aasähnlichen Geruch entwickelt. Damit werden Insekten angelockt, die z.T. von anderen Blütenständen schon mit Pollen beladen sind. Die angelockten Insekten (kleine Fliegen) können sich an der glatten Innenseite der Spatha nicht festhalten und fallen zwischen den nach unten nachgebenden Sperrborsten hindurch in den Kessel. Aus diesem können sie wegen der glatten Spathawände und der Sperrborsten nicht entrinnen. Beim Herumkrabbeln bestäuben die Insekten mit dem mitgebrachten Pollen die ♀ Blüten. Am folgenden Morgen werden die Insekten mit dem Pollen der sich nun öffnenden ♂ Blüten bepudert, die Borsten welken, und die Insekten können aus dem Kessel entfliehen, um bald darauf im Kessel einer anderen Pflanze wiederum gefangen zu werden und mit dem mitgebrachten Pollen nun auch hier die ♀ Blüten zu bestäuben.

Arum maculatum wird in der Alternativmedizin verwendet.

Unterfamilie *Lemnoideae*

Die *Lemnoideae* umfassen die kleinsten Samenpflanzen der Erde: Die kleinste Pflanze (*Wolffia arrhiza*, Zwergwasserlinse) wird weniger als 1 mm gross! *Lemnoideae* haben einen zu einem blattartigen «Glied» reduzierten Vegetationskörper. Die innerhalb einer winzigen Spatha gebildeten zwittrigen Blüten bestehen aus 1 Fruchtknoten und 1–2 Staubblättern. Allerdings blühen Wasserlinsen sehr selten, meist pflanzen sie sich vegetativ durch Sprossung fort. Unter günstigen Bedingungen können sie innerhalb von zwei Tagen ihre Biomasse verdoppeln. *Lemnoideae* leben freischwimmend an oder wenig unterhalb der Wasseroberfläche von stehenden Gewässern, wo sie dichte Teppiche bilden können. Wegen der sehr starken Reduktionen wurden die *Lemnoideae* früher als eigene Familie (*Lemnaceae*) betrachtet, molekulare Daten zeigen, dass sie Teil der Vielfalt der *Araceae* sind.

■ *Lemna minor*
(Kleine Wasserlinse)
Glieder oval bis rundlich, 2–6 mm lang; stehende oder langsam fliessende Gewässer, kollin und montan.

Selbst diese kleinen Pflanzen der *Lemna minor* kommen in der Alternativmedizin zum Einsatz, insbesondere in der Homöopathie.

Familie *Tofieldiaceae*

Die *Tofieldiaceae* wurden wegen ihres Blütenaufbaus mit 6 Perigon-, 6 Staub- und 3 oberständigen Fruchtblättern früher in die *Liliaceae* gestellt. Allerdings ist der Fruchtknoten noch deutlich gegliedert, und einige Arten bilden Balgfrüchte. Molekularphylogenetische Untersuchungen haben aufgezeigt, dass sie näher mit Vertretern der *Alismatales* verwandt sind. Sie werden daher heute in eine eigene Familie innerhalb der *Alismatales* gestellt.
Blütenformel: P3+3 A3+3 $\underline{G}$(3)
3–5 Gattungen, 27 Arten, Verbreitung nordhemisphärisch im arktisch-temperaten Klima; CH: 1 Gattung, 2 Arten.

■ *Tofieldia calyculata*
(Kelch-Simsenlilie, Gemeine Liliensimse; FH **2417**, 2833)
Bis 30 cm hoch; mit Rhizom; Blätter auffallend 2zeilig angeordnet, grasähnlich; Blüten 3zählig, klein, in einer dichten, zylindrischen Traube; Perigonblätter gelbgrün; Flachmoore, feuchte Wiesen, montan bis alpin.

Tierbestäubte *Monocotyledonae*

Die Tierbestäubten *Monocotyledonae* bilden einen *grade* im Stammbaum. Bei uns sind 3 Ordnungen der Tierbestäubten *Monocotyledonae* heimisch. Von diesen 3 Ordnungen zweigen die *Dioscoreales* (keine Arten in diesem Buch) als erster Ast ab, dann folgen die *Liliales* und nachher die *Asparagales*. Nur die *Liliales* und die *Asparagales* weisen in der einheimischen Flora viele Arten auf.

Ordnung *Liliales*

Meist Geophyten (häufig mit Zwiebeln, aber auch mit Rhizomen oder Sprossknollen); Blätter zwischen den gut sichtbaren parallelen Hauptnerven mit feinen, netzförmigen Nerven; Blüten meist 3zählig und aktinomorph; Perigonblätter in 2 Kreisen, meist frei und relativ gross, oft mit dunklen Flecken; Staubblätter in 2 Kreisen; Nektarsekretion an der Basis der Perigon- oder Staubblätter; Fruchtknoten oberständig; Früchte meist Kapselfrüchte; Samen hell gefärbt (d.h. ohne Phytomelane).
11 Familien mit etwa 1560 Arten in 66 Gattungen. Bei uns sind Arten aus 3 Familien heimisch.
Blütenformel: P3+3 A3+3 $\underline{G}$(3)

Familie *Colchicaceae*

Pflanzen mit Sprossknollen; Perigonblätter meist basal zu einer z.T. langen Röhre verwachsen.
18 Gattungen, 225 Arten, Verbreitung weltweit, vorwiegend in gemässigten Zonen (ohne Südamerika); CH: 2 Gattungen, 3 Arten.

■ *Colchicum autumnale*
(Herbst-Zeitlose; FH **2421**, 2841)
Bis 25 cm hoch; Perigon mit bis 25 cm langer Röhre (von der tief im Boden wachsenden Knolle bis weit über die Bodenoberfläche) und 4–6 cm langen, freien Zipfeln; Blüte im Spätsommer und Herbst, Blätter und Früchte erscheinen erst im darauffolgenden Frühling; feuchte Wiesen, kollin bis subalpin.
Colchicum autumnale enthält in allen Pflanzenteilen Alkaloide (insbesondere das Zellteilungsgift Colchicin). Früher wurde *Colchicum autumnale* in der Apotheke verwendet. Die Dosierung ist aber sehr schwierig, Überdosierung mit Todesfolge ist auch schon vorgekommen; deshalb ist *Colchicum autumnale* nicht mehr offizinell.

Familie *Liliaceae*

Pflanzen meist mit Zwiebeln; Blüten in Trauben, manchmal reduziert auf eine terminale Blüte.

16 Gattungen, 635 Arten, Verbreitung nordhemisphärisch; CH: 7 Gattungen, 14 Arten.

■ *Lilium martagon*
(Türkenbund; FH **2439**, 2879)
Bis 1 m hoch; Blätter breitlanzettlich, (zumindest in der Stengelmitte) quirlständig; Blüten gross, nickend; Perigonblätter purpurn, mit dunklen Flecken, zurückgebogen; Wälder, Bergwiesen, kollin bis subalpin.

■ *Lloydia serotina*
(Faltenlilie; FH **2424**, 2855)
Bis 15 cm hoch; grundständige Blätter sehr schmal, länger als der 5–15 cm lange Stengel; Blüten 1–3; Perigonblätter weiss, mit diffusen roten Streifen; Rasen auf sauren Böden, windexponierte Lagen, alpin; Magerkeitszeiger (Nährstoffzahl 1) und mässiger Säurezeiger (Reaktionszahl 2).

■ *Tulipa sylvestris* i.w.S.
(Weinberg-Tulpe; FH **2433**, 2881)
Bis 50 cm hoch; Blätter breitlanzettlich; Blüten einzeln, gross, aufrecht; Perigonblätter gelb.

Für die Schweiz werden 2 Sippen unterschieden: *Tulipa sylvestris* subsp. *sylvestris* mit nickenden Blütenknospen und rein gelben Perigonblättern kommt in Obstgärten und Weinbergen der kollinen Stufe vor, *Tulipa sylvestris* subsp. *australis* mit aufrechten Blütenknospen und aussen rot überlaufenen Perigonblättern wächst in Bergwiesen und felsigen Hängen der montanan und subalpinen Stufe im Wallis und im Tessin.

Familie *Melanthiaceae*

Pflanzen mit horizontal kriechenden Rhizomen; Blüten in Trauben oder Rispen, manchmal reduziert auf eine terminale Blüte.
16 Gattungen, 170 Arten, Verbreitung v.a. nordhemisphärisch; CH: 2 Gattungen, 3 Arten.

■ *Paris quadrifolia*
(Vierblättrige Einbeere; Abb. 37; FH **2440**, 2880)
Bis 30 cm hoch, mit 1 endständigen Blüte; Blätter 4 (gelegentlich auch 5 oder 6), quirlständig, deutlich netznervig; Blüten 4zählig (selten 5- oder 6zählig); Perigonblätter grün; Frucht eine schwarzblaue Beerenfrucht; Wälder, kollin bis subalpin.

■ *Veratrum album* i.w.S.
(Gemeiner Germer; FH **2441**, 2837)
Bis 1.5 m hoch, mit zahlreichen Blüten; Hochstaudenfluren, Alpweiden, montan bis alpin.

Für die Schweiz werden 2 Sippen unterschieden: *Veratrum lobelianum* (= *Veratrum album* subsp. *lobelianum*) hat gelbgrüne Perigonblätter und ist weitverbreitet und häufig, *Veratrum album* (= *Veratrum album* subsp. *album*) ist selten und hat oberseits weisse Perigonblätter.

Veratrum album wird in der Alternativmedizin eingesetzt.

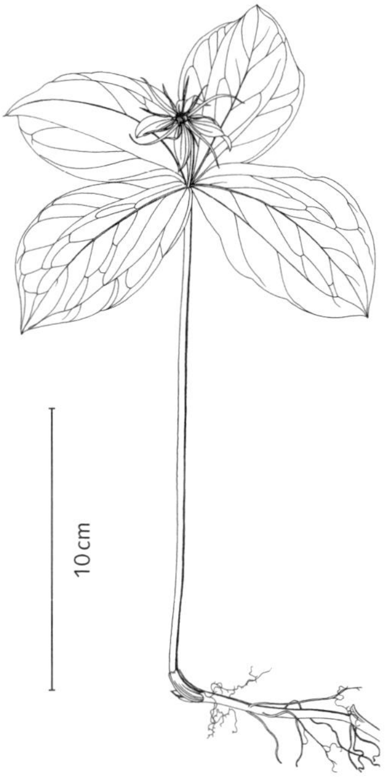

Abb. 37:
Melanthiaceae,
Paris quadrifolia.
(aus Hess & al. 1976–1980)

Ordnung *Asparagales*

Meist Geophyten (mit Rhizomen, Sprossknollen oder Zwiebeln); Blätter zwischen den gut sichtbaren parallelen Hauptnerven ohne feine, netzförmige Nerven; Blüten meist 3zählig; Perigonblätter in 2 Kreisen, meist frei und ohne dunkle Flecken; Staubblätter in 1 oder 2 Kreisen; Fruchtknoten oberoder unterständig; Nektarsekretion bei Familien mit oberständigem Fruchtknoten in Septalnektarien an den Verwachsungsnähten des Fruchtknotens; Früchte sind Beeren- oder Kapselfrüchte; Samen oft schwarz gefärbt (d.h. mit Phytomelanen).

24 Familien mit 25'000–32'000 Arten in 1100–1150 Gattungen; wegen unterschiedlich eng gefasster Arten und Gattungen in mehreren Familien (siehe z.B. *Orchidaceae*) schwanken die entsprechenden Zahlen stark. Bei uns sind Arten aus 5 Familien heimisch (nicht im Buch behandelt werden die *Xanthorrhoeaceae* mit *Asphodelus* und *Hemerocallis*). Im Stammbaum innerhalb der *Asparagales* zweigt die Familie der *Orchidaceae* als erster Ast ab, die *Iridaceae* zweigen als nächster Ast ab, dann folgen die Schwesterfamilien *Amaryllidaceae* und *Asparagaceae*.

Familie *Orchidaceae*

Pflanzen mit Rhizomen oder Sprossknollen; Blüten zygomorph, in Trauben oder Ähren; Perigonblätter frei; ein Perigonblatt meist anders geformt als die anderen und als Lippe bezeichnet, z.T. einen Sporn tragend (das Vorhandensein oder Fehlen eines Sporns ist ein wichtiges Merkmal zur Cha-

rakterisierung von Gattungen); Staubblätter meist nur 1, mit dem Griffel verwachsen (diese Struktur nennt man Gynostemium; siehe auch *Apocynaceae–Asclepiadoideae*); Fruchtknoten unterständig, mit ausserordentlich vielen Samenanlagen; Frucht eine Kapselfrucht; Samen hell, extrem klein und ohne Endosperm.
Blütenformel: P3+3 A1 oder 2 $\overline{G}(3)$
Die *Orchidaceae* haben eine sehr interessante Biologie: Die Pollenkörner einer Theke sind bei den meisten Arten zu einem Pollinium verklebt, wodurch sie als Paket zusammen auf eine Narbe übertragen werden. Damit ist gewährleistet, dass die zahlreichen Samenanlagen im Fruchtknoten auch bei nur einmaliger Bestäubung befruchtet werden. Die extrem kleinen und endospermlosen Samen können nur in Symbiose mit einem Pilz keimen, von dem sie die nötigen Nährstoffe beziehen. Viele *Orchidaceae*, besonders aber die C-heterotrophen, chlorophyllosen Arten, sind zeitlebens auf diese Symbiose angewiesen.
Die *Orchidaceae* sind eine der grössten Pflanzenfamilien. In den Tropen sind sie insbesondere als Epiphyten verbreitet (wenige auch als Lianen, z.B. *Vanilla planifolia*), in den gemässigten Zonen wachsen sie als Erdorchideen. Mit den zygomorphen, z.T. bizarr geformten und oft farbenprächtigen Blüten sind *Orchidaceae* sehr beliebte Zierpflanzen.
Etwa 780 Gattungen, 18'000 bis 25'000 Arten, Verbreitung weltweit; CH: 28 Gattungen, 62 Arten.
In der Schweiz kommen Arten aus 2 Unterfamilien vor.

Unterfamilie *Cypripedioideae*
Blüten gross, mit sackförmiger Unterlippe; Staubblätter 2.

■ *Cypripedium calceolus*
(Frauenschuh; Abb. 38G; FH **2517**, 2933)
Bis 50 cm hoch; Perigonblätter rotbraun; Lippe bauchig aufgeblasen, gelb; Wälder, Gebüsche, kollin bis subalpin.

Unterfamilie *Orchidoideae*
Lippe meist flach (Landeplatz für Insekten); Staubblätter 1.

Blüten mit Sporn

■ *Coeloglossum viride*
(Grüne Hohlzunge; FH **2528**, 2944)
Bis 20 cm hoch; Blüten grün; Sporn sackartig, sehr kurz (höchstens 1/4 so lang wie der Fruchtknoten); Rasen, Zwergstrauchgesellschaften, subalpin und alpin.

Dactylorhiza
(Knabenkraut, Fingerwurz)
Knolle handförmig geteilt; Tragblätter der Blüten blattartig, krautig, grün; Sporn dick, wenig kürzer bis etwa so lang wie der Fruchtknoten, waagrecht abstehend bis abwärts gerichtet.

Namengebendes Merkmal der Gattung ist die Form der Knolle (von griech. *dactylos* = Finger und *rhiza* = Wurzel).

■ *Dactylorhiza maculata* agg.
(= *Orchis maculata*, geflecktes Knabenkraut; Abb. 38 A+B; FH **2557**, 2973)
Bis 60 cm hoch; Blätter mit dunklen Flecken; Blüten rot; Sporn etwa so lang wie der Fruchtknoten, abwärts gerichtet; Flachmoore, Wiesen, kollin bis subalpin.

■ *Gymnadenia conopsea*
(Langspornige Handwurz, Mücken-Nacktdrüse; FH **2541**, 2957)
Bis 50 cm hoch; Blüten violett; Sporn dünn, etwa 2mal so lang wie der Fruchtknoten (Abb. 38E); Wiesen, Wälder, kollin bis subalpin.

■ *Nigritella nigra* agg.
(Männertreu, Bränderli; Abb. 38F; FH **2545**, 2961)
Bis 25 cm hoch; Blütenstand kopfig; Blüten klein, schwarzrot, stark und süss duftend; Sporn sackartig, sehr kurz (höchstens 1/4 so lang wie der Fruchtknoten); Rasen, Weiden, subalpin und alpin.

Orchis
(Knabenkraut, Orchis)
Knolle ungeteilt; Tragblätter der Blüten relativ klein, dünn und häutig; Sporn dick, 1/4 bis etwa so lang wie der Fruchtknoten.

Eine Pflanze bildet jedes Jahr eine Knolle, diese verbleibt über zwei Vegetationsperioden an der Pflanze. Deshalb weisen die Pflanzen der Gattung *Orchis* zwei nebeneinander liegende, ovale Knollen auf; dies ist das namengebende Merkmal der Gattung (von griech. *orchis* = Hoden).

■ *Orchis mascula*
(Männliches Knabenkraut; FH **2576**, 2991)
Bis 40 cm hoch; Blüten rot; Sporn etwa so lang wie der Fruchtknoten, aufwärts gerichtet; Wiesen, Weiden, Gebüsche, kollin bis subalpin.

■ *Orchis ustulata*
(Schwärzliches oder Angebranntes Knabenkraut; FH **2569**, 2984)
Bis 40 cm hoch; Blüten klein; Lippe weiss mit roten Punkten, übrige Perigonblätter dunkelrotbraun; Sporn etwa 1/4 so lang wie der Fruchtknoten, abwärts gekrümmt; Magerwiesen, kollin bis subalpin.

■ *Traunsteinera globosa*
(= *Orchis globosa*, Kugelorchis; FH **2581**, 2996)
Bis 50 cm hoch; Blütenstand kopfig; Blüten rosa; Spitzen der Perigonblätter etwas keulenförmig; Sporn 1/4–1/2 so lang wie der Fruchtknoten, abwärts gekrümmt; Bergwiesen, subalpin.

Blüten ohne Sporn

■ *Listera ovata*
(Grosses Zweiblatt; FH **2533**, 2949)
Bis 50 cm hoch; Pflanze mit 2 fast gegenständigen, rundlichen Stengelblättern; Blüten grün; Wiesen, Wälder, kollin bis subalpin.

■ *Neottia nidus-avis*
(Nestwurz; FH **2530**, 2946)
Pflanze bis 40 cm hoch, C-heterotroph (chlorophyllos, deshalb bräunlich; Parasit auf Mykorrhizapilzen); Wälder, kollin und montan.

Ophrys
(Ragwurz)
Lippe speziell geformt und gefärbt, übrige Perigonblätter weniger auffallend. Die *Ophrys*-Arten sind blütenbiologisch sehr interessant: Die Lippen ähneln in gewissen Merkmalen weiblichen Hymenopteren (v.a. Bienen); dadurch werden männliche Hymenopteren derselben Art angelockt. Beim Besuch der Blüte versuchen sie, mit dem «Weibchen» zu kopulieren. Dabei nehmen sie Pollen auf und tragen ihn zum nächsten «Weibchen». *Ophrys*-Arten zählen deshalb zu den sogenannten Sexualtäuschblumen.

■ *Ophrys insectifera*
(Fliegen-Ragwurz; Abb. 38C+D; FH **2555**, 2971)
Bis 40 cm hoch; Lippe rotbraun bis schwarzbraun; die beiden oberen inneren Perigonblätter fadenförmig dünn (wie die Fühler eines Insektes); Trockenwiesen, lichte Föhrenwälder, kollin und montan; Magerkeitszeiger (Nährstoffzahl 1) und Basenzeiger (Reaktionszahl 5).

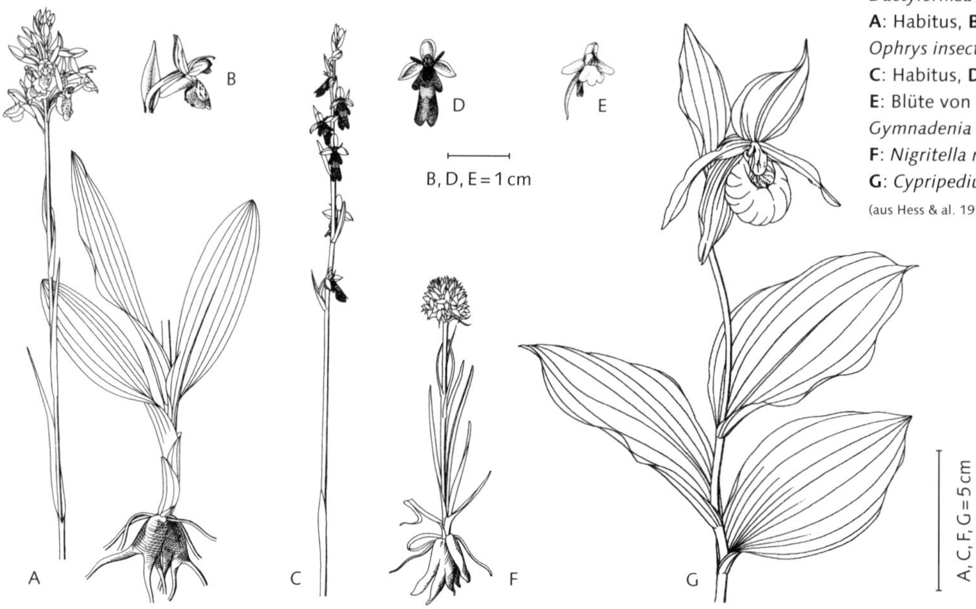

Abb. 38: *Orchidaceae*. *Dactylorhiza maculata*. **A**: Habitus, **B**: Blüte *Ophrys insectifera*. **C**: Habitus, **D**: Blüte **E**: Blüte von *Gymnadenia conopsea*. **F**: *Nigritella nigra*. **G**: *Cypripedium calceolus*. (aus Hess & al. 1976–1980)

Familie *Iridaceae*

Pflanzen mit Rhizomen oder Sprossknollen; Blüten aktinomorph (die hier behandelten Arten) oder zygomorph (z.B. *Gladiolus*); Perigonblätter an der Basis meist zu einer Röhre verwachsen; Staubblätter in 1 Kreis; Fruchtknoten unterständig; Frucht eine Kapselfrucht.
Blütenformel: P3+3 A3 $\overline{G}$(3)
67 Gattungen, 1870 Arten, Verbreitung weltweit; CH: 4 Gattungen, 8 Arten.

■ *Crocus albiflorus*
(Frühlings-Krokus; Abb. 39A; FH **2514**, 2914)
Bis 15 cm hoch; Perigon mit verwachsener Röhre und freien Zipfeln, weiss oder violett; Blüten und Blätter im Frühling erscheinend; Wiesen, Weiden, montan bis alpin.

Iris
(Schwertlilie)
Perigonblätter am Grunde verwachsen, äussere abstehend, innere aufrecht.

■ *Iris pseudacorus*
(Gelbe Schwertlilie; Abb. 39B; FH **2507**, 2923)
Bis 1.2 m hoch; Blüten gelb; Gräben, Ufer, Röhricht, kollin.

■ *Iris sibirica*
(Sibirische Schwertlilie; FH **2505**, 2921)
Bis 80 cm hoch; Blüten blau; Sumpfwiesen, kollin.

Familie *Amaryllidaceae*

Pflanzen mit Sprossknollen oder Zwiebeln (alle bei uns einheimischen Gattungen); Blätter oft grundständig; Blütenstand eine Dolde, manchmal reduziert auf eine Blüte, im Knospenstadium von 1 bis 3 häutigen Hochblättern umgeben (diese oft rasch abfallend); Blüten aktinomorph; Staubblätter in 2 Kreisen; Frucht eine Kapselfrucht.
72 Gattungen, 1600 Arten, Verbreitung weltweit; CH: 4 Gattungen, 21 Arten.

Unterfamilie *Allioideae*

(−*Alliaceae*)
Fruchtknoten oberständig.
Blütenformel: P3+3 A3+3 $\underline{G}$(3)

Allium
(Lauch)
Zwiebeln manchmal unscheinbar (z.B. *Allium schoenoprasum* und *Allium ursinum*); Blätter oft röhrenförmig, hohl; wegen der charakteristischen Inhaltsstoffe (schwefelhaltige Lauchöle) ist diese Gattung bereits am Geruch zu erkennen.

Einige *Allium*-Arten werden als Gemüse oder Gewürz kultiviert, z.B. *Allium ascalonicum* (Schalotte), *Allium cepa* (Küchenzwiebel), *Allium fistulosum* (Winterzwiebel), *Allium porrum* (Gemüse-Lauch), *Allium sativum* (Knoblauch), *Allium schoenoprasum* (Schnittlauch).

Abb. 39:
Asparagales.
A+B: *Iridaceae*:
A: *Crocus albiflorus*.
B: *Iris pseudacorus*.
C+D: *Amaryllidaceae*:
C: *Allioideae*,
Allium ursinum.
D: *Amaryllidoideae*,
Leucojum vernum.
(aus Hess & al. 1976–1980)

■ *Allium schoenoprasum*
(Schnittlauch; FH **2484**, 2868)
Bis 40 cm hoch; Blätter röhrenförmig; Perigonblätter rot; feuchte Wiesen, Flachmoore, subalpin und alpin.

■ *Allium ursinum*
(Bärlauch; Abb. 39C; FH **2486**, 2870)
Bis 40 cm hoch; Blätter flach, gestielt; Perigonblätter weiss; feuchte Laubmischwälder, kollin und montan.

Unterfamilie *Amaryllidoideae*
Fruchtknoten unterständig.
Blütenformel: P3+3 A3+3 $\overline{G}$(3)
Alle folgenden einheimischen Arten sind oft auch als Gartenpflanzen kultiviert.

■ *Galanthus nivalis*
(Schneeglöckchen; FH **2495**, 2913)
Bis 20 cm hoch; Blüten einzeln, nickend; äussere Perigonblätter abstehend, weiss; innere Perigonblätter halb so lang wie die äusseren, zusammenneigend, weiss, ausserseits mit grünem Fleck; Obstgärten, feuchte Wälder, kollin und montan.

■ *Leucojum vernum*
(Märzenglöckchen; Abb. 39D; FH **2493**, 2911)
Bis 30 cm hoch; Blüten einzeln, nickend; Perigon glockenförmig, Perigonblätter alle gleich, weiss, ausserseits mit gelbgrünem Fleck; Obstgärten, feuchte Wiesen, kollin und montan.

Narcissus
(Narzisse)
Perigonblätter unten verwachsen, am Grund der freien, abstehenden Zipfel eine verwachsene, trichterförmige «Nebenkrone» vorhanden.

■ *Narcissus poëticus*
(Poeten-, Weisse Garten-Narzisse; FH **2499**, 2907)
Bis 40 cm hoch; Blüten einzeln; Perigonblätter weiss; Nebenkrone gelb, viel kürzer als die Perigonzipfel; Wiesen, kollin bis subalpin.

■ *Narcissus pseudonarcissus*
(Osterglocke; FH **2496**, 2909)
Bis 40 cm hoch; Blüten einzeln; Perigonblätter gelb; Nebenkrone gelb, etwa so lang wie die Perigonzipfel; Wiesen, lichte Wälder, montan und subalpin.

Familie *Asparagaceae*
Pflanzen mit langem Rhizom oder mit gestauchter, unterirdischer Sprossachse (*Anthericum*); Blütenstand meist eine Traube; Blüten eher klein, meist weiss; Staubblätter in 2 Kreisen; Fruchtknoten oberständig; Frucht meist eine Beerenfrucht (Samen hell, ohne Phytomelane) oder eine Kapselfrucht (*Anthericum*; Samen schwarz, mit Phytomelanen).
Blütenformel: P3+3 A3+3 $\underline{G}$(3)
100 Gattungen, 2250 Arten, Verbreitung weltweit; CH: 12 Gattungen, 21 Arten.

■ *Anthericum liliago*
(Astlose Graslilie; FH **2449**, 2845)
Bis 60 cm hoch; mit gestauchter, unterirdischer Sprossachse (diese ausdauernd, oberirdische Triebe 1jährig), Blätter grundständig, grasartig, Perigonblätter frei, 15–20 mm lang; Rasen und felsige Stellen in trockenen Lagen; kollin und montan.

■ *Convallaria majalis*
(Maiglöckchen; FH **2470**, 2832)
Bis 25 cm hoch; mit dünnem Rhizom; Stengelblätter 2, breitlanzettlich; Blüten nickend, in einseitswendiger Traube; Perigonblätter verwachsen, glockenförmig, intensiv duftend; Wälder, Geröllhalden, kollin bis subalpin.

Convallaria majalis ist sehr giftig, die Wirkstoffe sind herzwirksame Glykoside. Die Art wird in der Alternativmedizin eingesetzt.

■ *Maianthemum bifolium*
(Zweiblättrige Schattenblume; FH **2465**, 2898)
Bis 20 cm hoch; mit dünnem Rhizom; Stengelblätter 2, mit herzförmiger Basis; Blüten 2zählig; Perigonblätter frei, zurückgebogen; Wälder, kollin bis subalpin.

Polygonatum
(Salomonssiegel, Weisswurz)
Mit dickem Rhizom; Blüten nickend; Perigonblätter zu einer Röhre verwachsen.

■ *Polygonatum multiflorum*
(Vielblütiges Salomonssiegel; Abb. 40; FH **2467**, 2903)
Bis 60 cm hoch; Stengel rund; Blätter eiförmig bis breitlanzettlich; Blüten zu 2–5 in den Blattachseln; Perigonröhre 1–2 cm lang, oberhalb des Fruchtknotens verengt; Wälder, kollin und montan.

■ *Polygonatum odoratum*
(= *Polygonatum officinale*, Echtes Salomonssiegel; FH **2468**, 2904)
Bis 40 cm hoch; Stengel kantig; Blätter eiförmig bis breitlanzettlich; Blüten meist einzeln in den Blattachseln; Perigonröhre 1–2 cm lang, gerade; steinige Wiesen, Gebüsche, Geröllhalden, kollin bis subalpin.
Polygonatum odoratum wird in der Alternativmedizin eingesetzt.

■ *Polygonatum verticillatum*
(Quirlblättriges Salomonssiegel; FH **2466**, 2902)
Bis 80 cm hoch; Blätter lanzettlich, quirlständig; Blüten zu 2–5 in den Blattachseln; Perigonröhre 7–10 mm lang; Bergwälder, Hochstaudenfluren, montan und subalpin.

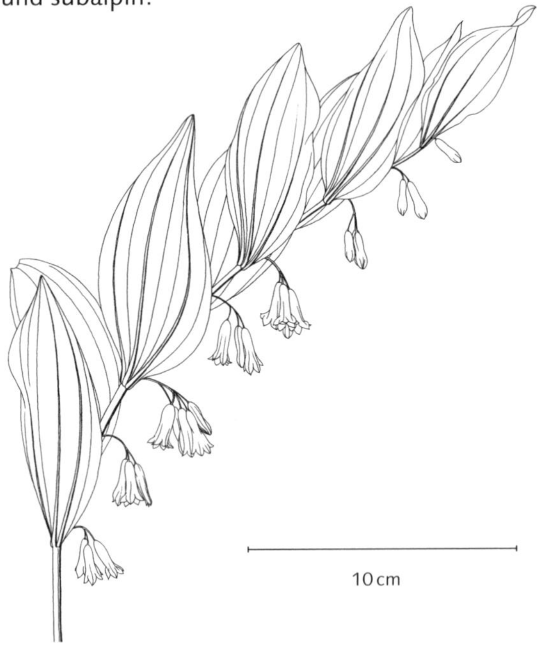

Abb. 40:
Asparagaceae, Polygonatum multiflorum.
(aus Hess & al. 1976–1980)

Windbestäubte *Monocotyledonae*

Der Name für diese monophyletische Verwandtschaftsgruppe stammt von der grossen und sehr wichtigen Gruppe der Grasartigen. Alle Grasartigen sind windbestäubt, dies gilt aber nicht für alle Vertreter der Windbestäubten *Monocotyledonae*. Einige Gruppen (z.B. *Commelinales*) werden von Tieren bestäubt. Gemeinsame Merkmale aller Vertreter dieses *clades* bestehen in anatomischen und biochemischen Merkmalen. Bei uns sind nur die Vertreter der Ordnung der *Poales* bedeutend.

Ordnung *Poales*

Die Pflanzen zeichnen sich aus durch viele, meist sehr schmale, lineale Blätter; sie haben viele Stengel aus einem meist langlebigen, dichten oder lockeren Horst (selten kurzlebig und dann nur mit einzelnen Halmen) und kleine, unauffällige Einzelblüten (aber manchmal auffallende Blütenstände!); die Blüten sind nicht nur meist klein, sondern auch oft reduziert oder umgewandelt; der Fruchtknoten ist oberständig.
17 Familien, 934 Gattungen, mehr als 18'300 Arten. Bei uns sind Vertreter aus 4 Familien heimisch.

Familie *Cyperaceae*

Stengel im Querschnitt rund oder 3kantig, ohne verdickte Knoten; Blätter 3zeilig angeordnet, am Übergang von Blattscheide zu Blattspreite kann ein Blatthäutchen vorhanden sein (analog wie in Abb. 47); Blüten zwittrig oder 1geschlechtig, in Ähren oder Spirren; Blüten einfach gebaut: Blütenhülle reduziert auf (z.T. 6) Borsten oder fehlend, Staubblätter 2 oder 3, Fruchtknoten aus 2 oder 3 verwachsenen Fruchtblättern, aber nur mit 1 Samenanlage. Die Familie der *Cyperaceae* kommt in zahlreichen verschiedenen Lebensräumen auf der Erde vor. Sie enthält viele wichtige, oft vegetationsbestimmende Arten an feuchten bis nassen Stellen, aber auch an trockenen Standorten und in der alpinen Stufe.
98 Gattungen, 4350 Arten, Verbreitung weltweit; CH: 16 Gattungen, 131 Arten.

Blüten zwittrig

Zahlreiche Gattungen mit gesamthaft relativ wenigen Arten haben zwittrige Blüten (Abb. 41A). In zwittrigen Blüten sind oft Perigonborsten (abgewandelte Perigonblätter) vorhanden.

Eriophorum

(Wollgras)
Stengel im Querschnitt im unteren Teil rund, im oberen Teil oft 3kantig; Blüten in vielblütigen, kopfigen Ähren; Perigonborsten weiss, zur Fruchtzeit auffallend verlängert, kugelige bis eiförmige, weisswollige Knäuel bildend (2–5 cm im Durchmesser).

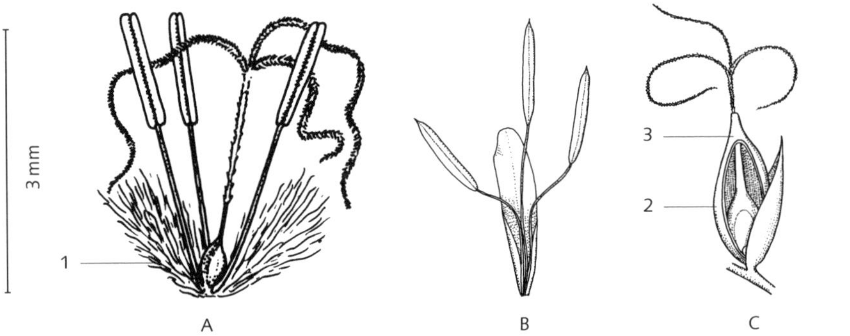

Abb. 41:
Cyperaceae.
A: Zwittrige Blüte von *Eriophorum angustifolium.*
1: Perigonborsten.
B–C: *Carex*-Blüten.
B: ♂ Blüte.
C: 3narbige ♀ Blüte.
2: Fruchtschlauch, aufgeschnitten.
3: Schnabel.
(aus Frohne & Jensen 1998)

Stengel mit mehreren Ähren

■ *Eriophorum angustifolium*
(Schmalblättriges Wollgras; FH **2652**, 2476)
Bis 50 cm hoch, mit unterirdischen Ausläufern; Scheiden der Stengelblätter nicht aufgeblasen; Ährenstiele glatt; kalkfreie Flachmoore, Sumpfwiesen, kollin bis alpin; mässiger Säurezeiger (Reaktionszahl 2).

Eriophorum angustifolium und *Eriophorum latifolium* können als Vikarianten bezüglich des pH-Wertes des Bodens (sauer resp. basisch) angesehen werden (siehe auch Kapitel «Vikarianten»).

■ *Eriophorum latifolium*
(Breitblättriges Wollgras; FH **2651**, 2475)
Bis 50 cm hoch, ohne Ausläufer; Scheiden der Stengelblätter nicht aufgeblasen; Ährenstiele rauh; kalkhaltige Flachmoore, Sumpfwiesen, kollin bis subalpin; mässiger Basenzeiger (Reaktionszahl 4).

Siehe Kommentar unter *Eriophorum angustifolium.*

Stengel mit einer einzigen endständigen Ähre

■ *Eriophorum scheuchzeri*
(Scheuchzers Wollgras; FH **2650**, 2474)
Bis 30 cm hoch, mit unterirdischen Ausläufern; Scheiden der Stengelblätter nicht aufgeblasen; Flachmoore und Verlandungszonen von Tümpeln und Seen, alpin; mässiger Säurezeiger (Reaktionszahl 2).

■ *Eriophorum vaginatum*
(Scheiden-Wollgras; FH **2649**, 2473)
Bis 50 cm hoch, ohne Ausläufer; Scheiden der Stengelblätter aufgeblasen; Hochmoore, montan und subalpin; Säurezeiger (Reaktionszahl 1) und Magerkeitszeiger (Nährstoffzahl 1).

Schoenus
(Kopfbinse)
Bis 60 cm hoch, dichte, feste Horste bildend; Stengel im Querschnitt rund; Blüten in kleinen, schwarzbraunen Ähren, diese einen 1–1.5 cm langen, kopfigen Blütenstand bildend; Perigonborsten kurz, unscheinbar.

■ *Schoenus nigricans*
(Schwärzliche Kopfbinse; FH **2678**, 2502)
Unterstes Hochblatt an der Basis des Blütenstandes 2–5mal so lang wie der Blütenstand; Flachmoore, Sumpfwiesen, kollin und montan; Basenzeiger (Reaktionszahl 5).

Bei *Schoenus ferrugineus* (FH **2677**, 2501), der anderen, sehr ähnlich aussehenden *Schoenus*-Art in der Schweiz, ist das unterste Hochblatt an der Basis des Blütenstandes etwas kürzer bis wenig länger als der Blütenstand. Beide Arten wachsen am gleichen Standort (*Schoenus ferrugineus* mit der Reaktionszahl 4) und kommen oft nebeneinander vor.

■ *Scirpus sylvaticus*
(Waldbinse, Waldried, Waldsimse; FH **2657**, 2481)
Bis 1 m hoch; Stengel im Querschnitt 3kantig; Stengel und Blütenstand mit breiten Blättern; Blüten in zahlreichen, kleinen, 3–4 mm langen Ähren, diese eine endständige, lockere Spirre bildend; Perigonborsten kurz, unscheinbar; nasse Wiesen und Wälder, kollin und montan.

■ *Trichophorum caespitosum*
(Rasen-Haarbinse; FH **2654**, 2478)
Bis 30 cm hoch, dichte Horste bildend; Stengel im Querschnitt rund; Blüten in einer einzigen kleinen (4–6 mm langen) Ähre an der Spitze der Stengel; Perigonborsten kurz, unscheinbar; Moore, Sümpfe, kollin bis alpin.

Blüten 1geschlechtig
1geschlechtige Blüten bedeutet, dass die Pflanzen entweder 1häusig oder 2häusig sind. Die folgenden 2 Gattungen haben 1geschlechtige Blüten und keine Perigonborsten.

■ *Elyna myosuroides*
(Nacktried; FH **2681**, 2505)
Bis 25 cm hoch, 1häusig, dichte Horste bildend; Blätter borstenförmig, oft so lang oder länger wie der Stengel; Blüten in schlanker, zylindrischer Ähre an der Spitze der Stengel; Fruchtknoten nicht von einem Fruchtschlauch umgeben (siehe Gattung *Carex*); windexponierte Grate, Felsen und Rasen, subalpin und alpin; Magerkeitszeiger (Nährstoffzahl 1).

Carex
(Segge, Riedgras)
Die Gattung *Carex* ist mit über 2000 Arten die artenreichste Gattung der Familie und umfasst fast die Hälfte ihrer Arten. Viele der gegen 100 Arten in der Schweiz sind ökologisch wichtig. Die Pflanzen sind (mit wenigen Ausnahmen) kahl. Der Stengel ist mehr oder weniger deutlich 3kantig.

Die 1geschlechtigen Blüten sind einfach gebaut und weisen einen charakteristischen Aufbau auf:

♂ Blüten: Sie bestehen aus einem Tragblatt und 2 oder 3 Staubblättern (Abb. 41B).

♀ Blüten: Sie bestehen aus einem Tragblatt und einem 2- oder 3narbigen Fruchtknoten, der von einem **Fruchtschlauch**, dem Utriculus, umgeben ist (Abb. 41C). Der Fruchtschlauch ist oft an der Spitze in einen Schnabel verlängert. Aus einem 2narbigen Fruchtknoten entsteht eine flache, linsenförmige Frucht, aus einem 3narbigen Fruchtknoten eine 3kantige Frucht.

Die 1geschlechtigen Blüten sind in kugeligen bis zylindrischen Ähren angeordnet, die 1- oder 2geschlechtig sein können. Die meisten Arten der Gattung *Carex* sind 1häusig. In der Schweiz gibt es nur 2 Arten, die 2häusig sind (siehe *Carex davalliana* unter A). Für die Gliederung der Gattung ist es wichtig, wie die ♂ und ♀ Blüten auf einer Pflanze verteilt sind (Abb. 42). Zudem spielen die Merkmale «Anzahl Narben» und «Behaarung des Fruchtschlauches» eine wichtige Rolle.

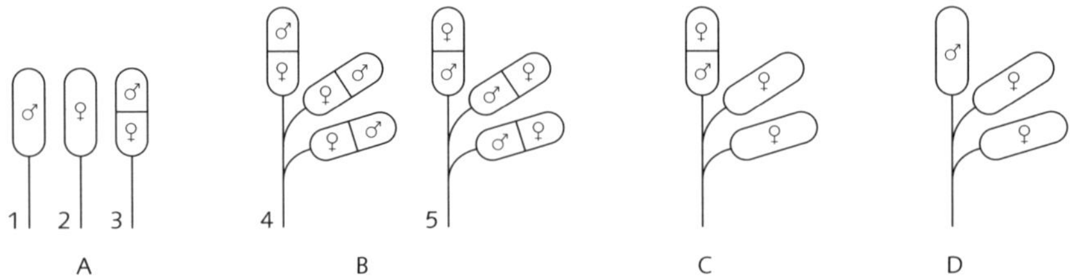

Abb. 42:
Mögliche Geschlechterverteilung in der Gattung *Carex*.
A: Blüten in 1 endständigen Ähre, Ähre 1geschlechtig (1, 2) oder 2geschlechtig (3).
B: Blüten in mehreren Ähren, alle mit ♂ und ♀ Blüten. 4: ♂ Blüten oben, ♀ Blüten unten; 5: ♀ Blüten oben, ♂ Blüten unten.
C: Blüten in mehreren Ähren; endständige Ähre an der Basis mit ♂, an der Spitze mit ♀ Blüten, seitenständige Ähren mit ♀ Blüten.
D: Blüten in mehreren Ähren; endständige Ähren mit ♂, seitenständige Ähren mit ♀ Blüten.

Die Gliederung der hier besprochenen Arten (inkl. alphabetische Benennung der Gruppen) entspricht den Nebenschlüsseln innerhalb der Gattung *Carex* im Bestimmungsbuch (Hess & al. 2010).

A) Stengel mit einer einzigen endständigen Ähre (Abb. 42A); entweder Ähre 1geschlechtig (Pflanze also 2häusig) oder Ähre mit ♀ und ♂ Blüten (Pflanze 1häusig).

■ *Carex davalliana*

(Davalls Segge; Abb. 43A; FH **2685**, 2509)
Bis 30 cm hoch; 2häusig; Fruchtschlauch lang geschnäbelt, braun; Sumpfwiesen und Flachmoore, kollin bis alpin; mässiger Basenzeiger (Reaktionszahl 4).

B) Stengel mit mehreren Ähren, alle Ähren mit ♂ und ♀ Blüten (Abb. 42B).

■ *Carex curvula* i.w.S.

(Krumm-Segge; Abb. 43D; FH **2691**, 2515)
Bis 30 cm hoch; Blätter und Stengel gekrümmt; Ähren in kopfigem Blütenstand; in jeder Ähre ♂ Blüten oben, ♀ Blüten unten; alpine Rasen auf sauren Böden; mässige Zeiger für Boden-pH.

Für die Schweiz werden 2 Sippen unterschieden, die sich in der Krümmung von Blättern und Stengeln sowie im Blattquerschnitt unterscheiden. Beide Sippen sind Zeiger, die weitverbreitete und häufige *Carex curvula* (= *Carex curvula* subsp. *curvula*) ist ein mässiger Säurezeiger (Reaktionszahl 2), die seltenere *Carex rosae* (= *Carex curvula* subsp. *rosae*) ein mässiger Basenzeiger (Reaktionszahl 4).

■ *Carex spicata*
(= *Carex contigua*, Dichtährige Stachel-Segge, Gedrängtährige Segge; Abb. 43B; FH **2705**, 2529)
Bis 60 cm hoch; Ähren kugelig, in zylindrischem Blütenstand; in jeder Ähre ♂ Blüten oben, ♀ Blüten unten; Ruderalstellen, Wiesen, kollin und montan.

Carex spicata gehört in die Gruppe der *Carex muricata* agg. (Stachel-Segge).

■ *Carex echinata*
(= *Carex stellulata*, Igelfrüchtige Segge; Abb. 43E; FH **2712**, 2536)
Bis 30 cm hoch; Ähren kugelig, in zylindrischem Blütenstand; in jeder Ähre ♀ Blüten oben, ♂ Blüten unten; Sumpfwiesen, Flachmoore, kollin bis subalpin.

C) Stengel mit mehreren Ähren; endständige Ähre an der Basis mit ♂, an der Spitze mit ♀ Blüten, seitenständige Ähren mit ♀ Blüten (Abb. 42C).

■ *Carex atrata* i.w.S.
(Geschwärzte Segge; FH **2725**, 2549)
Ähren nahe beisammen, zumindest die unteren Ähren gestielt; Tragblätter und Fruchtschläuche schwarz; feuchte Rasen, subalpin und alpin.

Für die Schweiz werden 2 Sippen unterschieden, die sich v.a. in der Grösse unterscheiden. *Carex atrata* (= *Carex atrata* subsp. *atrata*) hat 3–4 mm breite Blätter und wird bis 40 cm hoch, *Carex aterrima* (= *Carex atrata* subsp. *aterrima*) mit 5–9 mm breiten Blättern wird bis 60 cm hoch.

■ *Carex parviflora*
(Kleine Trauer-Segge, Kleinblütige Segge; Abb. 43C; FH **2727**, 2551)
Ähnlich wie *Carex atrata*, aber kleiner (bis 30 cm hoch) und alle Ähren sitzend, in dichtem, kopfigem Blütenstand; feuchte Rasen, alpin; Basenzeiger (Reaktionszahl 5).

D) Stengel mit mehreren Ähren; endständige Ähre(n) mit ♂, seitenständige Ähren mit ♀ Blüten (Abb. 42D); Narben 2.

■ *Carex elata*
(Steife oder Hohe Segge; FH **2718**, 2542)
Bis 1 m hoch, grosse, feste Horste bildend; sonst ähnlich wie *Carex nigra*; Sumpfwiesen, Flachmoore, Gräben, wichtige Verlandungspflanze im Grosseggenried, kollin und montan.

■ *Carex nigra*
(= *Carex fusca*, Braune Segge; FH **2717**, 2541)
Bis 50 cm hoch, mit Ausläufern; Ähren zylindrisch, aufrecht; Tragblät-

ter dunkel, Fruchtschläuche grün; Sumpfwiesen, Flachmoore, kollin bis alpin; mässiger Säurezeiger (Reaktionszahl 2).

E) Stengel mit mehreren Ähren; endständige Ähre(n) mit ♂, seitenständige Ähren ♀ Blüten (Abb. 42D); Narben 3; Fruchtschläuche überall mehr oder weniger dicht behaart.

■ *Carex caryophyllea*
(= *Carex verna*, Frühlings-Segge; FH **2733**, 2557)
Bis 30 cm hoch; Blütenstand kopfig; Ähren eiförmig bis zylindrisch, sitzend, die ♀ Ähren überragen die ♂ Ähre nicht; trockene Wiesen und Weiden, kollin bis subalpin.

■ *Carex digitata*
(Finger-Segge; FH **2749**, 2573)
Bis 30 cm hoch; Ähren zylindrisch; die unterste ♀ Ähre abgesetzt, gestielt, die übrigen Ähren sitzend, kopfig beisammen, die ♀ Ähre(n) überragen die ♂ Ähre; Wälder, kollin bis subalpin.

■ *Carex hirta*
(Behaarte Segge; Abb. 44A; FH **2761**, 2585)
Bis 60 cm hoch; Blattscheiden und Blattspreiten behaart; Blütenstand lang, locker, aus aufrechten, zylindrischen Ähren; Trittgesellschaften, Ruderalstellen, Gräben, kollin und montan.

Abb. 43:
Cyperaceae.
A: Blütenstand von ♀ *Carex davalliana*.
B: Blütenstand von *Carex spicata*.
C: *Carex parviflora*.
D: *Carex curvula*.
E: *Carex echinata*.
(A aus Hess 1976, B–E aus Hess & al. 1976–1980)

F) Stengel mit mehreren Ähren; endständige Ähre(n) mit ♂, seitenständige Ähren mit ♀ Blüten (Abb. 42D); Narben 3; Fruchtschläuche kahl oder nur auf den Kanten behaart.

■ *Carex ferruginea*
(Rost-Segge; FH **2757**, 2581)
Bis 50 cm hoch; horstbildend, ohne Faserschopf, mit kurzen Ausläufern; ♀ Ähren gestielt, zumindest zur Fruchtzeit nickend; feuchte Wiesen, subalpin und alpin; mässiger Basenzeiger (Reaktionszahl 4).

■ *Carex firma*
(Polster-Segge; FH **2756**, 2580)
Bis 20 cm hoch; Blätter kurz, steif, in Rosetten, dichte Polster bildend; Ähren aufrecht; Felsen, Schutt, subalpin und alpin; Basenzeiger (Reaktionszahl 5) und Magerkeitszeiger (Nährstoffzahl 1).

■ *Carex flacca*
(Schlaffe Segge; Abb. 44C; FH **2743**, 2567)
Bis 80 cm hoch; mit Ausläufern; Blätter unterseits blaugrün; meist 2–4 ♂ Ähren an der Spitze; ♀ Ähren zur Fruchtzeit nickend; Tragblätter rotbraun, Fruchtschläuche dunkelbraun bis schwarz; feuchte bis trockene Wiesen, Flachmoore, Wälder, kollin bis subalpin, häufigste Seggenart der Schweiz!

■ *Carex flava* agg.
(Gelbe Segge; Abb. 44B; FH **2765**, 2589)
Bis 50 cm hoch; ♀ Ähren kugelig bis eiförmig, in dichtem, von langen Hochblättern überragtem Blütenstand; Fruchtschläuche gelblich, mit langem Schnabel; Flachmoore, nasse Wiesen, kollin bis subalpin.

■ *Carex pallescens*
(Bleiche Segge; FH **2738**, 2562)
Bis 50 cm hoch; Blätter gelbgrün, am Rande zerstreut behaart; Ähren zylindrisch, aufrecht; Fruchtschläuche gelbgrün, eiförmig, gänzlich ohne Schnabel; Wiesen, Weiden, Flachmoore, kollin bis subalpin.

■ *Carex panicea*
(Hirsen-Segge; FH **2745**, 2569)
Bis 40 cm hoch; Blätter graugrün; Ähren zylindrisch, aufrecht, lockerfrüchtig; Tragblätter dunkelrotbraun, mit hellem Mittelnerv; Fruchtschläuche rundlich, gelb- bis rotbraun; feuchte Wiesen, Flachmoore, kollin bis subalpin.

■ *Carex pendula*
(Hänge-Segge; FH **2737**, 2561)
Bis 1.5 m hoch, grosse Horste bildend; Ähren bis 15 cm lang, lang gestielt und hängend; feuchte Wälder, kollin und montan, grösste Seggenart der Schweiz!

Abb. 44:
Cyperaceae.
A: *Carex hirta*.
B: *Carex flava*.
C: *Carex flacca*.
D: Fruchtschlauch von *Carex sylvatica*.
(A aus Frohne & Jensen 1998, B–D aus Hess & al. 1976–1980)

■ *Carex sempervirens*
(Horst-, Immergrüne Segge; FH **2759**, 2583)
Bis 50 cm hoch, horstbildend, mit deutlichem Faserschopf; oft 2–3 ♂ Ähren an der Spitze; ♀ Ähren gestielt, meist aufrecht; trockene Rasen, oft auf Kalk, subalpin und alpin.

■ *Carex sylvatica*
(Wald-Segge; FH **2753**, 2577)
Bis 70 cm hoch, horstbildend; Blätter bis 6 mm breit; Ähren zylindrisch, in lockerem Blütenstand; ♀ Ähren langgestielt, lockerfrüchtig, zur Fruchtzeit nickend; Fruchtschläuche grün, schmal, bis 6 mm lang (inkl. 2–3 mm langer Schnabel; Abb. 44D); Wälder, kollin und montan.

Familie *Juncaceae*
Stengel im Querschnitt rund, ohne verdickte Knoten; Blätter 3zeilig angeordnet; Blütenstände oft Spirren; Perigonblätter 6, trockenhäutig, derb (nicht krautig und bunt); Staubblätter 6; Fruchtblätter 3, verwachsen; Frucht eine mehrsamige Kapselfrucht.
Blütenformel: P3+3 A3+3 $\underline{G}$(3).
7 Gattungen, 430 Arten, Verbreitung weltweit; CH: 2 Gattungen, 36 Arten.

Juncus
(Binse)
Pflanzen kahl; Blätter flach oder röhrenförmig; Kapselfrucht vielsamig.

Stengel ohne Blätter; Blütenstand scheinbar seitenständig (ein aufgerichtetes Hochblatt bildet die Fortsetzung des unbeblätterten Stengels)

■ *Juncus effusus*
(Flatter-Binse; FH **2605**, 2433)
Bis 1 m hoch, grün; Stengel glatt, Mark zusammenhängend (nicht gekammert); Blätter röhrenförmig; feuchte Wiesen und Weiden, Flachmoore, kollin und montan.

■ *Juncus inflexus*
(Blaugrüne Binse; Abb. 45A; FH **2607**, 2435)
Bis 80 cm hoch, blaugrün; Stengel fein gerillt, Mark gekammert (nicht zusammenhängend); Blätter röhrenförmig; feuchte Stellen, Flachmoore, kollin und montan.

Stengel beblättert; Blütenstand endständig

■ *Juncus alpinoarticulatus*
(=*Juncus alpinus*, Alpen-Binse; Abb. 45B; FH **2622**, 2450)
Bis 40 cm hoch; Blätter röhrenförmig; Blüten in zahlreichen kleinen, wenigblütigen Köpfen, die eine lockere Spirre bilden; Flachmoore, Quellfluren, feuchte Weiden, montan bis alpin.

■ *Juncus trifidus*
(Dreiblatt-Binse; FH **2609**, 2437)
Bis 30 cm hoch, Blätter flach, den Blütenstand überragend; Blüten zu 1–4 in dichtem Blütenstand; Trockenrasen, Felsen, alpin; Säurezeiger (Reaktionszahl 1).

Luzula
(Hainsimse)
Blätter und Blattscheiden am Rande meist lang abstehend behaart; Blätter flach; Kapselfrucht 3samig.

■ *Luzula campestris*
(Feld-Hainsimse; FH **2636**, 2462)
Bis 30 cm hoch; Blätter meist schmaler als 4 mm; Blüten in 5–15blütigen Köpfen, diese in einer eng zusammengezogenen Spirre; Perigonblätter braun; Wiesen, kollin bis subalpin.

Abb. 45:
Juncaceae.
A: *Juncus inflexus*.
B: *Juncus alpinoarticulatus*.
C: *Luzula sylvatica*.
(aus Hess & al. 1976–1980)

■ *Luzula lutea*
(Gelbe Hainsimse; FH **2628**, 2456)
Bis 20 cm hoch; Pflanzen oft fast kahl; Blätter 3–5 mm breit; Blüten zu 6–10 in langgestielten Knäueln; Perigonblätter gelb; Rasen, subalpin und alpin.

■ *Luzula pilosa*
(Behaarte Hainsimse; FH **2625**, 2453)
Bis 40 cm hoch; Blätter meist breiter als 5 mm; Blüten einzeln, in einer lockeren Spirre; Perigonblätter bräunlich; Wälder, kollin bis subalpin.

■ *Luzula sylvatica* i.w.S.
(Wald-Hainsimse; Abb. 45C; FH **2633**, 2460)
Bis 1 m hoch; Blätter meist breiter als 5 mm; Blüten in zahlreichen kleinen, wenigblütigen Köpfen, die eine lockere Spirre bilden; Perigonblätter braun; Wälder, Zwergstrauchgesellschaften, kollin bis alpin.

Für die Schweiz werden 2 Sippen unterschieden: Die Tieflandsippe *Luzula sylvatica* (= *Luzula sylvatica* subsp. *sylvatica*) wird etwas grösser und hat breitere Blätter als die v.a. in höheren Lagen wachsende *Luzula sieberi* (= *Luzula sylvatica* subsp. *sieberi*).

Familie *Poaceae*

Die Familie der *Poaceae* ist eine der grössten Familien und über die ganze Erde verbreitet. Vertreter dieser Familie kommen in fast allen Lebensräumen vor. Keine andere Familie bestimmt den Aspekt so vieler Pflanzengesellschaften. *Poaceae* sind auch die wichtigsten Futterpflanzen (Wiesen- und Weidegräser, Futtergetreide [z. B. Mais]) und Nahrungsmittellieferanten (z.B. Hafer, Hirsen, Gerste, Mais, Reis, Roggen, Weizen).
Die meist zwittrigen Blüten sind stark vereinfacht (Abb. 46): Hoch-, Trag- und Perigonblätter sind trockenhäutig und unscheinbar, sie werden als **Spelzen** bezeichnet. Meist sind nur 3 Staubblätter vorhanden. Der Fruchtknoten enthält 1 Samenanlage, die sich daraus bildende Frucht ist eine Karyopse (ein Spezialfall einer Nussfrucht). Die Blüten sind zu sogenannten Ährchen (siehe unten) vereinigt.
Jede einzelne **Blüte** sitzt in der Achsel einer Deckspelze. Die Deckspelze trägt oft an der Spitze oder auf dem Rücken eine Borste, die Granne. Eine Blüte besteht aus 1 Vorspelze, den 2 Lodiculae (= Schwellkörper), den 3 Staubblättern und dem Fruchtknoten. Die Lodiculae spreizen die Spelzen durch Anschwellen und öffnen somit die Blüte zur Bestäubung. Die Blüten der *Poaceae* sind durch Reduktion und Umwandlung gewisser Organe aus einer typischen monokotylen Blüte (z.B. *Juncaceae* oder *Liliaceae*) hervorgegangen. Die Deckspelze wird als Tragblatt, die Vorspelze als Teil des äusseren und die Lodiculae als Teil des inneren Perigonkreises interpretiert.

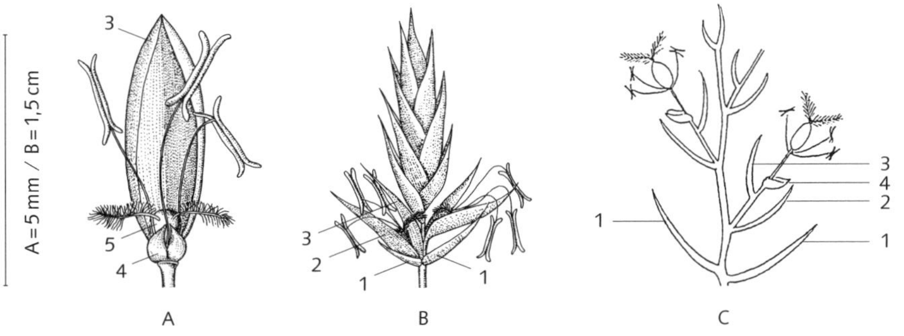

Abb. 46:
Poaceae.
A: Einzelne Blüte.
B: Mehrblütiges Ährchen (*Festuca*).
C: Mehrblütiges Ährchen, schematisch.
1: Hüllspelze.
2: Deckspelze.
3: Vorspelze.
4: Lodiculae.
5: Fruchtknoten.
(A+B aus Frohne & Jensen 1998, C aus Hess 1976)

Mit dem Begriff **Ährchen** bezeichnen wir einen Teilblütenstand bei den *Poaceae*. Ein Ährchen besteht aus 1 bis mehreren Blüten und wird unten (=aussen) von (meist 2) Hüllspelzen umschlossen (Abb. 46). Die Hüllspelzen werden als abgewandelte Hochblätter dieses kleinen (Teil-)Blütenstandes mit 1 oder wenigen Blüten verstanden. Alle Spelzen in einem Ährchen (Hüll-, Deck-, Vorspelzen) sind in der Regel 2zeilig angeordnet. Den Begriff «Ährchen» verwenden wir ausschliesslich für die Teilblütenstände bei den *Poaceae*.

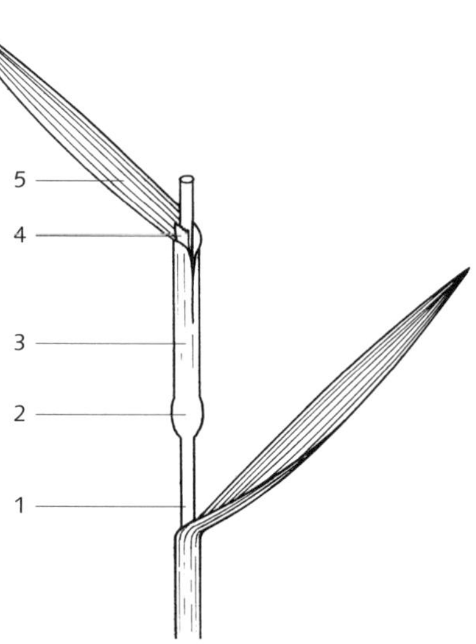

Abb. 47: *Poaceae*. Stengel (1) mit Knoten (2); Blätter mit Blattscheide (3), Blatthäutchen (4) und Blattspreite (5). (aus Frohne & Jensen 1998)

Der Stengel der *Poaceae* ist im Querschnitt meist rund und in Nodien (Knoten) und Internodien gegliedert (Abb. 47), wobei die Knoten meist deutlich verdickt sind. Die Blätter sind 2zeilig angeordnet. Der untere Teil eines Blattes umgibt den Stengel und wird Blattscheide genannt. Der obere Teil eines Blattes ist meist flach und von linealer Form und steht meist vom Stengel ab, er wird Blattspreite genannt. Am Übergang von Blattscheide zu Blattspreite ist oft ein Blatthäutchen vorhanden. Als Blütenstände (eigentlich Ährchenstände!) findet man bei den *Poaceae* Ähren, Trauben und Rispen, aber nie Spirren.
670 Gattungen, über 10'000 Arten, Verbreitung weltweit; CH: 66 Gattungen, ca. 190 Arten.

Das Bestimmen von *Poaceae* wird erschwert durch die Kleinheit der zu untersuchenden Organe und die grosse Artenzahl. Gräser sind aber in vielfacher Hinsicht sehr wichtig, es ist deshalb unerlässlich, die wichtigsten einheimischen Gräser kennenzulernen. Viele dieser meist häufigen Gräser kann man am Habitus oder an wenigen, leicht zu erkennenden Merkmalen unterscheiden. Für die Untersuchung einiger Merkmale ist eine Lupe unerlässlich. Die folgende Auswahl ist nach morphologischen Gesichtspunkten gruppiert.

a) Blütenstand eine mehr oder weniger lockere Rispe, Ährchen mehrblütig

Viele Arten dieser sehr grossen Gräsergruppe sind wichtige Pflanzen verschiedener Wiesentypen. Einige Gattungen (und z.T. auch Arten) lassen sich mit wenigen Merkmalen charakterisieren. Für die in diesem Buch aufgeführten Arten kann dies mit dem folgenden, vereinfachten Bestimmungsschlüssel erfolgen:

1 Ährchen klein (kaum über 5 mm lang).
- 2 Pflanze weich behaart, Ährchen violett überlaufen. ..... *Holcus*
- 2* Pflanze nicht weich behaart.
  - 3 Grannen die Ährchen deutlich überragend. ..... *Avenella*
  - 3* Grannen fehlend oder kurz und die Ährchen nicht überragend.
    - 4 Ährchen mit silbrigen Spitzen. ..... *Deschampsia*
    - 4* Ährchen ohne silbrige Spitzen. ..... *Poa*

1* Ährchen länger als 5 mm.
- 5 Ährchen bis 1.5 cm lang.
  - 6 Pflanze bis 4 m hoch; Blätter bis 4 cm breit; Rispe 20–50 cm lang, einseitswendig. ..... *Phragmites*
  - 6* Pflanze viel kleiner; Blätter kaum über 1 cm breit; Rispe kleiner, allseitswendig.
    - 7 Deckspelzen ohne oder mit kurzer, das Ährchen kaum überragender Granne.
      - 8 Ährchen in Gruppen zu dichten Knäueln zusammengerückt. ..... *Dactylis*
      - 8* Ährchen mehr oder weniger gleichmässig verteilt, nicht in Knäueln.
        - 9 Ährchen im Querschnitt abgeflacht, im Umriss rundlich, nickend, ohne Grannen. ..... *Briza*
        - 9* Ährchen lanzettlich, aufrecht bis abstehend, mit oder ohne Grannen.
          - 10 Ährchen den Rispenästen anliegend; Rispenäste meist aufrecht bis anliegend; Ährchen violett überlaufen, ohne Grannen. ..... *Molinia*
          - 10* Ährchen meist von den Rispenästen abstehend; Rispe mehr oder weniger ausladend; Ährchen mit oder ohne Grannen. ..... *Festuca*
    - 7* Grannen die Ährchen deutlich überragend.
      - 11 Ährchen 5–8 mm lang. ..... *Trisetum*
      - 11* Ährchen länger als 8 mm.
        - 12 Ährchen ca. 1 cm lang, meist nur mit 1 langen Granne. ..... *Arrhenatherum*
        - 12* Ährchen 12–15 mm lang, mit mindestens 2 langen Grannen. ..... *Helictotrichon*
- 5* Ährchen über 1.5 cm lang; Grannen die Ährchen überragend.
  - 13 Blütenstand aufrecht, Ährchen nickend. ..... *Avena*
  - 13* Blütenstand und Ährchen nickend oder beide aufrecht. ..... *Bromus*

■ *Arrhenatherum elatius*

(Französisches Raygras, Fromental, Glatthafer; Abb. 48A; FH **2925**, 2736)
Bis 1.2 m hoch; Ährchen ca. 1 cm lang, 2blütig; obere Blüte zwittrig, ohne oder mit kurzer Granne, untere Blüte ♂, mit langer Granne (Ährchen deshalb mit nur 1 langen Granne; Abb. 48B); Fettwiesen, kollin und montan.

■ *Avena sativa* i.w.S.

(Saat-Hafer; FH **2921**, 2741)
Bis 1.5 m hoch; 1jährig; Blütenstand aufrecht, locker; Ährchen 2–3 cm lang, nickend, mit langen Grannen; kultiviert und verwildert an Ruderalstellen und in Brachen, kollin und montan.

Für die Schweiz werden 2 Unterarten unterschieden, die sich v.a. in der Form der Rispe und der Stellung der Rispenäste unterscheiden. *Avena sativa* ist ein Getreide, das seit Ende der Bronzezeit (vor etwa 3000 Jahren) kultiviert wird. Möglicherweise wurde es als Unkraut mit Weizenkulturen verschleppt und mit der Zeit als selbständige Kulturpflanze herausselektioniert. Heute werden verschiedene Sorten und Rassen kultiviert (sog. Cultivars).

In der Alternativmedizin wird *Avena sativa* als Medikament eingesetzt.

■ *Avenella flexuosa*
(= *Deschampsia flexuosa*, Draht-Schmiele; FH **2914**, 2733)
Bis 70 cm hoch; Blätter eingerollt, fadenförmig; Rispenäste dünn, geschlängelt; Ährchen etwa 5 mm lang, mit langen Grannen; Wiesen, Weiden, Zwergstrauchgesellschaften, kollin bis subalpin; Säurezeiger (Reaktionszahl 1).

■ *Briza media*
(Mittleres Zittergras; FH **2815**, 2639)
Bis 50 cm hoch; Blütenstand aufrecht, sehr locker, Rispenäste dünn, geschlängelt; Ährchen violettgrün gescheckt, 5–8 mm lang, im Umriss rundlich, im Querschnitt abgeflacht, nickend; magere Wiesen und Weiden, kollin bis subalpin.

Bromus
(Trespe)
Ährchen über 1.5 cm lang, mit Grannen.

■ *Bromus erectus*
(Aufrechte Trespe; FH **2783**, 2607)
Bis 1 m hoch; Blattrand der Grundblätter bewimpert; Rispe etwas zusammengezogen, allseitswendig, aufrecht; Ährchen aufrecht, schlank, 2–4 cm lang, mit kurzen Grannen; Trockenwiesen, kollin und montan; mässiger Basenzeiger (Reaktionszahl 4).

■ *Bromus hordeaceus*
(= *Bromus mollis*, Gersten- oder Weiche Trespe; Abb. 48C; FH **2788**, 2612)
Bis 70 cm hoch; Pflanze dicht und weich behaart; Rispe zusammengezogen, allseitswendig, aufrecht; Ährchen aufrecht, eiförmig, bis 2 cm lang, mit kurzen Grannen; Fettwiesen, kollin und montan.

■ *Bromus sterilis*
(Taube Trespe; FH **2778**, 2602)
Bis 80 cm hoch; Rispe locker, allseitswendig, oft etwas überhängend; Ährchen 2–4 cm lang, kahl, mit langen Grannen, überhängend; Ruderalstellen, kollin und montan.

■ *Bromus tectorum*
(Dach-Trespe; FH **2777**, 2601)
Bis 40 cm hoch; Rispe zusammengezogen, einseitswendig, überhängend; Ährchen bis 2 cm lang, weich behaart, mit langen Grannen, überhängend; Bahnareale, Ruderalstellen, Felsensteppen, kollin und montan.

■ *Dactylis glomerata*
(Wiesen-Knäuelgras, Knaulgras; FH **2850**, 2674)
Bis 1.2 m hoch; Blattscheiden abgeflacht; Ährchen 5–8 mm lang, an den Rispenästen zu dichten Knäueln zusammengerückt; Fettwiesen, kollin bis subalpin.

■ *Deschampsia caespitosa*
(Rasen-Schmiele; FH **2915**, 2734)
Bis 1 m hoch; Blätter auffallend rauh; Ährchen meist kürzer als 5 mm, mit silbrigen Spitzen; Bachufer, Flachmoore, feuchte Wiesen, kollin bis alpin.

Festuca
(Schwingel)
Ährchen lanzettlich, 5–15 mm lang, ohne oder mit kurzen Grannen.

Die Gattung *Festuca* ist sehr gross, je nach Quelle umfasst die Gattung in der Schweiz 18 bis weit über 100 Arten. Für eine genaue Bestimmung benötigt man vollständige Pflanzen; zudem müssen für eine sichere Bestimmung bei vielen Gruppen Blattquerschnitte untersucht werden. Die Vertreter mit flachen Blättern können mit Arten der Gattung *Lolium* (siehe unten) Bastarde bilden. Die Gruppen mit borstenförmigen Blättern sind besonders reich an Kleinarten. Trotz vieler Schwierigkeiten können einige wichtige Gruppen leicht erkannt werden.

■ *Festuca arundinacea* i.w.S.
(=*Schedonorus arundinacea*, *Schedonorus phoenix*, Rohr-Schwingel; FH **2800**, 2622)
Bis 1.5 m hoch; alle Blätter flach; Blattöhrchen bewimpert; Ährchen 1–1.5 cm lang, meist ohne Grannen; Bachufer, feuchte Wiesen, kollin und montan.

■ *Festuca pratensis* i.w.S.
(=*Schedonorus pratensis*, Wiesen-Schwingel; FH **2799**, 2621)
Bis 1.2 m hoch; alle Blätter flach; Blattöhrchen kahl; Ährchen 1–1.5 cm lang, meist ohne Grannen; Fettwiesen, Weiden, kollin bis subalpin.

■ *Festuca rubra* agg.
(Rot-Schwingel; FH **2807**, 2629)
Bis 1 m hoch; grundständige Blätter borstenförmig, Stengelblätter flach; Ährchen 7–10 mm lang, oft rötlich überlaufen, mit kurzen Grannen; Wiesen, Weiden, kollin bis alpin.

■ *Festuca valesiaca* agg.
(Walliser Schwingel; Abb. 48D; FH **2811**, 2633)
Bis 70 cm hoch; alle Blätter borstenförmig, blaugrün; Ährchen 5–8 mm lang, mit kurzen Grannen; Wiesen an heissen, trockenen Lagen, Felsensteppen, kollin bis subalpin.

■ *Helictotrichon pubescens*
(=*Avenula pubescens*, Flaum-Wiesenhafer, Flaumhafer; FH **2926**, 2746)
Bis 1.2 m hoch; Ährchen silbrig glänzend, 12–15 mm lang, mit mindestens 2 langen Grannen; Fettwiesen, kollin bis subalpin.

■ *Holcus lanatus*
(Wolliges Honiggras; FH **2907**, 2727)
Bis 80 cm hoch; Pflanze dicht und weich behaart; Ährchen 3–4 mm lang, violett überlaufen, 2blütig, obere Blüte ♂, mit kurzer, von den Hüllspelzen verdeckter Granne, untere Blüte zwittrig, ohne Granne; Fettwiesen, Weiden, kollin und montan.

■ *Molinia caerulea* agg.
(Blaues Pfeifengras; FH **2871**, 2695)
Alle Knoten am Stengelgrund (im Boden) genähert (am Stengel deshalb keine Knoten sichtbar!); Rispenäste meist steif aufrecht bis anliegend; Ährchen den Rispenästen anliegend, 5–8 mm lang, violett überlaufen.

Bei uns werden meist 2 Arten unterschieden: *Molinia caerulea* wird bis 1 m hoch und wächst in Moorwiesen der kollinen bis subalpinen Stufe (wichtiges Gras der Streuwiesen), *Molinia arundinacea* (= *Molinia litoralis*) wird bis 2.5 m hoch und kommt kollin und montan in wechselfeuchten Rutschhängen vor. Die Zuordnung einer Pflanze zu einer der beiden Arten ist aber oft nicht eindeutig.

■ *Phragmites australis*
(= *Phragmites communis*, Schilf; FH **2893**, 2716)
Bis 4 m hoch; Blätter bis 4 cm breit; Rispe bis 50 cm lang, einseitswendig, im oberen Teil nickend; Ährchen 1–1.5 cm lang; Ufer, Gräben, Verlandungszonen (Röhricht), kollin und montan.

Phragmites australis kommt als einheimische Art natürlicherweise an nassen Stellen vor und ist meist die dominierende Art im Röhricht. Sein wenigen Jahrzehnten breitet sich *Phragmites australis* auch an trockeneren Stellen aus und kommt heute auch in Flachmooren, in Wiesen, in lichten Wäldern und an Strassenböschungen und zudem in deutlich höheren Lagen vor als früher (siehe auch Kapitel «Neophyten und invasive Arten»). Je nach Bewirtschaftung und naturschützerischem Wert eines Standortes kann *Phragmites australis* bedeutenden Schaden anrichten.

Poa
(Rispengras)
Ährchen klein, 2–4 mm lang, ohne Grannen.

Die Gattung *Poa* umfasst viele Arten. Trotz der Kleinheit der Ährchen lassen sich einige wichtige und häufige Arten an charakteristischen Merkmalen erkennen.

■ *Poa alpina*
(Alpen-Rispengras; FH **2830**, 2654)
Bis 40 cm hoch; Stengel am Grunde wenig zylindrisch (nicht zwiebelartig) verdickt; Ährchen relativ gross (bis 5 mm lang), oft violett-grün gescheckt; Blüten manchmal vivipar; Wiesen, Weiden, Wegränder, subalpin und alpin.

■ *Poa annua*
(Einjähriges Rispengras, Spitzgras; Abb. 48E; FH **2827**, 2651)
Bis 30 cm hoch; Pflanze 1jährig oder ausdauernd; Rispenäste waagrecht abstehend; Wege, Ruderalstellen, Äcker, Gärten, sehr häufiges Unkraut, kollin bis subalpin.

Abb. 48:
Poaceae.
A: *Arrhenatherum elatius*.
B: Ährchen von *Arrhenatherum elatius* (Spelzen auseinandergerückt).
C: *Bromus hordeaceus*.
D: *Festuca valesiaca*.
E: *Poa annua*.
(aus Hess & al. 1976–1980)

■ ***Poa bulbosa***
(Knolliges Rispengras; FH **2825**, 2649)
Bis 40 cm hoch; Stengel am Grunde durch Blattscheiden zwiebelartig verdickt; Rispe meist dicht zusammengezogen; Blüten meist vivipar; Trockenwiesen, Ruderalstellen, Bahnareale, kollin und montan.

■ ***Poa pratensis*** agg.
(Wiesen-Rispengras; FH **2843**, 2667)
Bis 1 m hoch, dunkelgrün; Blatthäutchen der Stengelblätter bis 2 mm lang, gestutzt; Fettwiesen, Weiden, kollin bis subalpin.

■ *Poa trivialis* i.w.S.
(Gewöhnliches Rispengras; FH **2841**, 2665)
Bis 1.2 m hoch, gelbgrün; Blatthäutchen der Stengelblätter bis 8 mm lang, spitz; Fettwiesen, Weiden, kollin bis subalpin.

Für die Schweiz werden 2 Sippen unterschieden. *Poa trivialis* (= *Poa trivialis* subsp. *trivialis*) ist weitverbreitet und sehr häufig, *Poa sylvicola* (= *Poa trivialis* subsp. *sylvicola*) hingegen ist selten und kommt v.a. im Westen der Schweiz und im Tessin vor.

■ *Trisetum flavescens*
(Wiesen-Goldhafer; FH **2917**, 2737)
Bis 80 cm hoch; Ährchen grünlich bis goldgelb, 5–8 mm lang, mit langen Grannen; Fettwiesen, kollin bis subalpin.

b) Blütenstand eine mehr oder weniger lockere Rispe, Ährchen 1blütig

Die Gräser dieser Gruppe fallen durch die Kleinheit ihrer Ährchen auf. Es sind wichtige Pionierpflanzen, Unkräuter sowie Pflanzen im Unterwuchs von Wäldern.

■ *Agrostis stolonifera*
(Kriechendes Straussgras; FH **2939**, 2759)
Bis 80 cm hoch; Pflanze mit Ausläufern; Blätter bis 6 mm breit; Ährchen spitz, 2–3 mm lang, ohne Grannen; feuchte Wiesen, Äcker, Ruderalstellen, kollin bis subalpin.

■ *Calamagrostis varia*
(Buntes Reitgras; FH **2949**, 2769)
Bis 1.2 m hoch; Blätter kahl, oft etwas blaugrün, unterseits matt; Ährchen spitz, 4–6 mm lang, mit langen Haaren zwischen Hüll- und Deckspelze; Deckspelze mit Granne, diese auf dem Rücken unterhalb der Mitte der Deckspelze angewachsen, die Deckspelze überragend und aus dem Ährchen herausragend; Wälder, Bachschutt, montan und subalpin; mässiger Basenzeiger (Reaktionszahl 4).

In Wäldern und Zwergstrauchgesellschaften der subalpinen Stufe auf eher sauren Böden wächst die sehr ähnliche Art *Calamagrostis villosa*, ein mässiger Säurezeiger (Reaktionszahl 2). *Calamagrostis villosa* hat dunkelgrüne, unterseits glänzende Blätter, die auf der Höhe des Blatthäutchens unterseits meist kurz behaart sind; die kaum aus dem Ährchen ragende Granne ist etwa in der Mitte auf dem Rücken der Deckspelze angewachsen.

■ *Milium effusum*
(Waldhirse, Flattergras; FH **2947**, 2767)
Bis 1.2 m hoch; Blätter bis 15 mm breit; Ährchen stumpf, 2–3 mm lang, ohne Grannen; Wälder, Hochstaudenfluren, kollin bis subalpin.

c) Blütenstand eine Ähre

Brachypodium
(Zwenke)
Ähre 2zeilig, locker; Ährchen meist über 2 cm lang, mit der Breitseite gegen die Blütenstandsachse.

■ *Brachypodium pinnatum*
(Fieder-Zwenke; FH **2824**, 2648)
Bis 1.2 m hoch; Blütenstand aufrecht; Deckspelzen mit kurzen Grannen; Wiesen, Weiden, Wälder, kollin bis subalpin.

■ *Brachypodium sylvaticum*
(Wald-Zwenke; FH **2822**, 2646)
Bis 1.2 m hoch; Blütenstand überhängend; Deckspelzen mit langen Grannen; Wälder, kollin und montan.

■ *Elymus repens*
(=*Agropyron repens*, Kriechende Quecke; FH **2861**, 2685)
Bis 1 m hoch; Ähre 2zeilig, mehr oder weniger dicht; Ährchen <2 cm, mit der Breitseite gegen die Blütenstandsachse; Ruderalstellen, Äcker, kollin bis subalpin.

Elymus repens ist offizinell (Droge *Graminis rhizoma*; Ph.Eur.). Stengel und v.a. Rhizome enthalten Polysaccharide, Zuckeralkohole, Schleimstoffe und ätherische Öle. Sie werden zu Tabletten, Tropfen oder Tee verarbeitet. Wegen der antibakteriellen Wirkung erfolgt die Anwendung bei entzündlichen Erkrankungen der ableitenden Harnwege.

Hordeum
(Gerste)
Spelzen 4zeilig angeordnet (Ebene der beiden Hüllspelzen senkrecht zur Ebene von Deck- und Vorspelze); Hüllspelzen sehr schmallanzettlich; Deckspelzen mit langen Grannen.

■ *Hordeum murinum*
(Mäuse-Gerste; FH **2873**, 2697)
Bis 40 cm hoch; 1jährig; Grannen 2–4 cm lang; Ruderalstellen, kollin und montan.

■ *Hordeum vulgare*
(Saat-Gerste; FH **2875**, 2699)
Bis 1.5 m hoch; 1jährig; Grannen 3–18 cm lang; kultiviert und verwildert an Ruderalstellen und in Brachen, kollin und montan.

Hordeum vulgare ist eine sehr alte Kulturpflanze, sie wurde wahrscheinlich bereits im 8. Jahrtausend v. Chr. angepflanzt. Das anspruchslose Getreide kann bis in Höhen von 4600 m ü.M. wachsen (z.B. in Tibet). Neben der Verwendung als Körnerfrucht ist *Hordeum vulgare* auch ein wichtiges Ausgangsprodukt für die Bierbrauerei. Heute werden verschiedene Sorten und Rassen kultiviert (sog. Cultivars).

Lolium
(Lolch)
Ähre 2zeilig; Ährchen mit der Schmalseite gegen die Blütenstandsachse.

■ *Lolium multiflorum*
(Italienisches Raygras; FH **2866**, 2690)
Bis 70 cm hoch; Deckspelzen mit Grannen; Wiesen, Weiden, Ruderalstellen, kollin und montan.

Abb. 49:
Poaceae.
A: *Lolium perenne.*
B: *Nardus stricta.*
(aus Hess & al. 1976–1980)

■ *Lolium perenne*
(Englisches Raygras; Abb. 49A; FH **2865**, 2689)
Bis 70 cm hoch; Deckspelzen ohne Grannen; Wiesen, Weiden, kollin und montan.

■ *Nardus stricta*
(Borstgras; Abb. 49B; FH **2904**, 2724)
Bis 30 cm hoch, dichte, feste Horste bildend; Triebe am Grunde von gelblichen Blattscheiden umgeben; Blätter borstenförmig; Ähre sehr schlank, einseitswendig; Wiesen, Weiden, subalpin und alpin; mässiger Säurezeiger (Reaktionszahl 2) und mässiger Magerkeitszeiger (Nährstoffzahl 2).

■ *Secale cereale*
(Roggen; FH **2890**, 2714)
Bis 2 m hoch; 1jährig; Pflanze blaugrün; Hüllspelzen sehr schmallanzettlich; Grannen der Deckspelzen 4–8 cm lang; kultiviert und verwildert an Ruderalstellen und in Brachen, kollin und montan.

Secale cereale ist ein Getreide, das etwa seit Ende der Bronzezeit (vor etwa 3000 Jahren) kultiviert wird. Möglicherweise wurde es als Unkraut mit Weizenkulturen verschleppt und mit der Zeit als selbständige Kulturpflanze herausselektioniert.

■ *Triticum aestivum*
(Saat-Weizen; FH **2881**, 2705)
Bis 1.5 m hoch; 1jährig; Hüllspelzen breit lanzettlich; Deckspelzen meist ohne Grannen; kultiviert und verwildert an Ruderalstellen und in Brachen, kollin und montan.

Triticum aestivum ist offizinell (Drogen *Tritici amylum*, *Tritici aestivi oleum raffinatum*, *Tritici aestivi oleum virginale*; Ph.Eur.). Die Droge wird v.a. wegen der in den Früchten vorhandenen Stärke verwendet. Die Stärke wird als Füllmittel, Bindemittel und als Zerfallsbeschleuniger bei Tabletten verwendet.

Triticum aestivum ist bezüglich Gesamtnährwert der wichtigste Stärkelieferant der Erde. Die sehr alte Kulturpflanze wird heute in zahlreichen Sorten und Rassen kultiviert (sog. Cultivars; zur Entstehung von *Triticum aestivum* siehe Kapitel «Genetik» unter «Grundlagen»]).

d) Blütenstand eine eng zusammengezogene, dichte Rispe, wie eine Ähre aussehend

■ *Alopecurus pratensis*
(Wiesen Fuchsschwanz; Abb. 50 A+B; FH **2964**, 2784)
Bis 1 m hoch; Blütenstand zylindrisch; Rispenäste allseitswendig; Deckspelzen mit langen Grannen (diese beim Umbiegen des Blütenstandes besonders gut sichtbar); Fettwiesen, kollin bis subalpin.

■ *Anthoxanthum odoratum*
(Gewöhnliches Ruchgras; FH **2975**, 2795)
Bis 50 cm hoch; Blütenstand spindelförmig (d.h. schmaloval bis eiförmig, oben und unten verschmälert); Wiesen, Weiden, kollin bis alpin.

■ *Cynosurus cristatus*
(Gewöhnliches Kammgras; FH **2851**, 2675)
Bis 60 cm hoch; Blütenstand zylindrisch; Rispenäste einseitswendig, an jedem Rispenast unten sterile Ährchen (kammförmig), oben fertile Ährchen; Wiesen, Weiden, kollin bis subalpin.

Phleum
(Lieschgras)
Blütenstand zylindrisch; Rispenäste allseitswendig; Deckspelzen ohne Grannen.

■ *Phleum alpinum* agg.
(Alpen-Lieschgras; FH **2959**, 2779)
Bis 50 cm hoch; Blütenstand violett überlaufen, meist weniger als 4 cm lang; Hüllspelzen mit 2–3 mm langen Grannen; Fettwiesen, Weiden, subalpin und alpin.

■ *Phleum pratense* agg.
(Wiesen Lieschgras; FH **2957**, 2777)
Bis 1 m hoch; Blütenstand grün, meist mehr als 8 cm lang; Hüllspelzen mit 1–2 mm langen Grannen; Fettwiesen, Weiden, kollin und montan.

Abb. 50:
Poaceae.
A: *Alopecurus pratensis*.
B: Ährchen von *Alopecurus pratensis*.
C: *Sesleria caerulea*.
D: *Melica nutans*.
(aus Hess & al. 1976–1980)

■ *Sesleria caerulea*
(= *Sesleria albicans*, Blaugras; Abb. 50C; FH **2857**, 2681)
Bis 50 cm hoch; Blütenstand eiförmig; Deckspelzen zur Blütezeit bläulich; Trockenwiesen, Felsen, Rasen, lichte Wälder, montan bis alpin; mässiger Basenzeiger (Reaktionszahl 4).

e) Spezialfälle

Die folgenden 3 Taxa sind nicht eindeutig einer der 4 oben behandelten Gruppen (a bis d) zuzuordnen. Sie zeigen jeweils ganz charakteristische Merkmale, an denen sie einfach zu erkennen sind.

Melica

(Perlgras)
Ährchen 2–3blütig, oberste Blüte in jedem Ährchen steril, deren Spelzen ein kleines, helles Kölbchen (= Perle) bildend.

■ *Melica nutans*
(Nickendes Perlgras; Abb. 50D; FH **2855**, 2679)
Bis 50 cm hoch; Blütenstand eine einseitswendige, lockere, nicken-

de Traube (manchmal eine kaum verzweigte Rispe); Wälder, kollin bis subalpin.

■ *Stipa pennata* agg.
(Federgras; FH **2970**, 2790)
Bis 50 cm hoch; dichte Horste bildend; Blätter eingerollt, borstenförmig; Deckspelzen mit sehr langer (bis 30 cm!), meist behaarter (federiger) Granne; Felsensteppen, Trockenwiesen, in heissen Lagen, kollin und montan.

■ *Zea mays*
(Mais; FH **2956**, 2821)
Bis 2.5 m hoch; 1jährig; Blätter bis 10 cm breit; Blüten 1geschlechtig, Pflanze 1häusig; ♂ Blüten an der Spitze der Pflanze in einer Rispe; ♀ Blüten in seitenständigem Kolben; kultiviert, kollin und montan.

Zea mays ist offizinell (Drogen *Maydis amylum, Maydis oleum raffinatum*; Ph.Eur.). Die Droge wird v.a. wegen der in den Früchten vorhandenen Stärke (Kohlenhydrat) verwendet. Die Stärke wird als Füllmittel, Bindemittel und als Zerfallsbeschleuniger bei Tabletten verwendet. Die Früchte enthalten neben der Stärke auch ätherische Öle und Lipoide. Für medizinische Zwecke werden aus den auffallend langen Griffeln sowie den Früchten Extrakte, Puder und Tee zubereitet, die bei Blasenentzündungen, Rheuma und Gicht angewendet werden.

Zea mays ist eine der drei wichtigsten Kohlenhydrate liefernden Pflanzen auf der Welt und stammt ursprünglich aus Mexiko, wo heute noch annuelle Wildformen vorkommen. *Zea mays* ist seit dem 6. Jahrtausend v. Chr. in Kultur. Heute werden verschiedene Sorten und Rassen (sog. Cultivars) angebaut, z.B. Futtermais, Körnermais, Puff-, Knall- oder Flockenmais, Stärkemais, Zuckermais.

Familie *Typhaceae*

(inkl. *Sparganiaceae*)
Pflanzen 1häusig; Stengel im Querschnitt rund, ohne verdickte Knoten; Blätter 2zeilig angeordnet; Blüten 1geschlechtig, in dichten 1geschlechtigen Blütenständen; ♀ Blütenstand unterhalb des ♂ Blütenstandes. Auffallend sind v.a. die ♀ Blütenstände, die kugelige bis zylindrische Kolben bilden.
2 Gattungen, etwa 25 Arten, Verbreitung weltweit; CH: 2 Gattungen, 8 Arten.

Typha

(Rohrkolben)
Gesamtblütenstand nicht verzweigt; Kolben zylindrisch.

■ *Typha latifolia*
(Breitblättriger Rohrkolben; FH **2597**, 2827)
Bis 2.5 m hoch; ♂ Blütenstand unmittelbar oberhalb des ♀ Blütenstandes; Gräben, Ufer, Röhricht, kollin.

Eudicotyledonae

Der Name *Eudicotyledonae* (engl. *eudicots*) bedeutet «echte *Dicotyledonae*», dies als Gegensatz zu den Basalen *Angiospermae*, die ebenfalls zweikeimblättrig sind, aber nicht zu den eine monophyletische Gruppe bildenden *Eudicotyledonae* gehören. Die Blütenorgane der *Eudicotyledonae* sind meist in Kreisen angeordnet (bei den zweikeimblättrigen Basalen *Angiospermae* ist die Anordnung meist schraubig).
Die *Eudicotyledonae* zeichnen sich durch eine spezielle (=abgeleitete) Eigenschaft (=Synapomorphie) an den Pollenkörnern aus: jedes Pollenkorn hat 3 Keimöffnungen (=Aperturen). Die Pollenkörner sind also tricolpat. *Eudicotyledonae* sind Kräuter, Stauden oder verholzte Pflanzen mit normalem sekundärem Dickenwachstum und allorhizem Wurzelsystem. Die Blätter sind einfach oder zusammengesetzt und weisen Netznervatur auf, der Blattrand ist oft gezähnt. Nebenblätter kommen in verschiedenen Gruppen vor. Die Blüten der *Eudicotyledonae* sind oft 5zählig, die einzelnen Blütenorgane sind meist in Kreisen angeordnet (=wirtelige Organstellung). Die Blütenhülle ist doppelt, also in Kelch und Krone gegliedert. Ausnahmen im Blütenbau finden sich vor allem bei den Basalen *Eudicotyledonae*, wo der Blütenbau noch sehr vielgestaltig ist, sowie bei abgeleiteten Verwandtschaftsgruppen, wo Vereinfachungen in Form von Reduktionen in der Zähligkeit auftreten können.

Basale *Eudicotyledonae*

An der Basis des Stammbaums der *Eudicotyledonae* stehen ein paar Gruppen von *Angiospermae*. Wie bei den Basalen *Angiospermae* bilden auch hier diese basalen Taxa nicht eine monophyletische Gruppe (siehe Abb. 34) und lassen sich als Gruppe morphologisch nicht klar fassen. Viele Arten weisen noch primär vermehrte und schraubig angeordnete Staubblätter auf. Zudem sind die Fruchtblätter frei und ohne deutlichen Griffel, die Blütenhülle ist einfach (=Perigon). Es gibt aber auch Taxa mit doppelter Blütenhülle (Kelch und Krone) und in Kreisen angeordneten Staub- und verwachsenen Fruchtblättern (z.B. *Papaveraceae*). Die Zähligkeit ist innerhalb von grösseren Verwandtschaftsgruppen variabel, oft sind die Blüten 5zählig, es treten aber auch 2zählige und 3zählige Blüten auf (wie bei den *Monocotyledonae*). Neben dem bei uns einheimischen Buchs (*Buxus sempervirens*, Familie *Buxaceae*, Ordnung *Buxales*) und den bei uns häufig gepflanzten Platanen (Arten aus der Gattung *Platanus*, Familie *Platanaceae*, Ordnung *Proteales*) sind bei uns nur Vertreter der Ordnung *Ranunculales* heimisch und z.T. auch häufig und weitverbreitet.

Ordnung *Ranunculales*

Die Ordnung *Ranunculales* umfasst 7 Familien mit etwa 200 Gattungen und 4500 Arten, bei uns heimisch sind die Familien *Berberidaceae*, *Papaveraceae* (inkl. *Fumariaceae*) und *Ranunculaceae*. Die *Ranunculales* sind krautig oder verholzt; die oft zahlreichen Blütenorgane sind schraubig oder in Kreisen angeordnet; die Fruchtblätter sind meist nicht verwachsen.

Familie *Berberidaceae*

14 Gattungen, 700 Arten, Verbreitung nordhemisphärisch, im temperaten Klima; CH: 1 Gattung, 1 Art (1 weitere Art aus einer anderen Gattung eingebürgert).

■ *Berberis vulgaris*

(Gemeine Berberitze, Sauerdorn; FH **215**, 213)

Bis 3 m hoher Strauch mit meist 3teiligen Blattdornen, in deren Achseln Büschel von ungeteilten, gezähnten Blätter sitzen (gestauchte Seitentriebe); Blüten gelb, in hängenden Trauben; Beerenfrüchte rot, länglich; Gebüsche und Hecken in warmen Lagen, kollin bis subalpin.

Berberis vulgaris wird in der Alternativmedizin verwendet.

Familie *Papaveraceae*

(inkl. *Fumariaceae*)

Blütenhülle doppelt (Kelch und Krone), meist in 2zähligen Kreisen; Fruchtknoten oberständig; Frucht eine Kapselfrucht.

Bei uns Vertreter aus 2 Unterfamilien: Die Unterfamilie *Fumarioideae* (früher als eigene Familie *Fumariaceae*) mit zygomorphen Blüten, 4 Kelch-, 4 Kron- (1–2 davon mit Sporn), 4 Staub- und 2 Fruchtblättern (keine Artbeispiele in diesem Buch) und die Unterfamilie *Papaveroideae*.

41 Gattungen, 760 Arten, Verbreitung nordhemisphärisch, im temperaten Klima; CH: 5 Gattungen, ca. 20 Arten.

Unterfamilie *Papaveroideae*

Blüten aktinomorph; Kelchblätter 2, beim Öffnen der Blüten abfallend, Kronblätter 4 (an der offenen Blüte nur noch die Kronblätter vorhanden); Staubblätter zahlreich, Fruchtblätter 2 bis viele; viele Vertreter enthalten Alkaloide, die im meist vorhandenen Milchsaft akkumuliert werden.

Blütenformel: $K2\ C4\ A\infty\ \underline{G}(2\text{–}\infty)$ (siehe auch Abb. 27A)

■ *Chelidonium majus*

(Schöllkraut; Abb. 51; FH **232**, 218)

Bis 80 cm hoch; Milchsaft orange; Blätter unregelmässig fiederteilig bis gefiedert; Blüten vor dem Aufblühen aufrecht, gelb; Fruchtblätter 2; Kapselfrucht stabförmig; Hecken, Ruderalstellen, kollin und montan.

Der Fruchtknoten von *Chelidonium majus* besteht aus 2 verwachsenen Fruchtblättern, die daraus entstehende Streufrucht sieht einer stabförmigen Schotenfrucht einer *Brassicaceae* sehr ähnlich. Da die Frucht aber einfächerig ist (also keine Scheidewand enthält), ist es eine Kapsel- und keine Schotenfrucht.

Chelidonium majus ist offizinell (Droge *Chelidonii herba*; Ph.Eur.). Die Pflanzen enthalten Alkaloide (Hauptalkaloid Coptisin). Bei krampfartigen Beschwerden im Gastrointestinaltrakt und im Bereich der Gallenwege wird ein Tee aus den oberirdischen Pflanzenteilen verwendet. Die Wirkung im Sinne der rationalen Phytotherapie ist nicht belegt. Da zudem die Gefahr der Leberschädigung bei Überdosierung (> 2.5 mg Gesamtalkaloide/Tag) besteht, wird von der Verwendung abgeraten.

In der Alternativmedizin wird *Chelidonium majus* ebenfalls eingesetzt. Und in der Volksmedizin wird der Milchsaft zur Behandlung von Warzen aufgeträufelt.

Abb. 51: *Papaveraceae*, *Chelidonium majus*: Grundständige Blätter, Blütenstand, Früchte.
(aus Hess & al. 1976–1980)

Papaver
(Mohn)
Milchsaft (meist) weiss; Blüten vor dem Aufblühen nickend; Fruchtblätter 4-∞; Kapselfrucht kugelig bis keulenförmig.

■ *Papaver rhoeas*
(Klatsch-Mohn; FH **218**, 226)
Bis 80 cm hoch; Blätter fiederteilig; Blüten rot; Kapselfrucht keulenförmig; Unkraut in Äckern und an Ruderalstellen, kollin und montan.

Papaver rhoeas ist offizinell (Droge *Papaveris rhoados flos*; Ph.Eur.). Die Blüten enthalten Anthocyane und werden als optische Verschönerung ohne medizinische Wirkung für Teemischungen verwendet; dies bezeichnet man als Schönungs- oder Schmuckdroge (oder Ornans = Verzierung). Aus dem eingetrockneten Milchsaft der angeritzten, jungen Kapselfrucht von *Papaver somniferum* (Schlaf-Mohn) wird der beim Austreten eintrocknende Milchsaft, das alkaloidhaltige Opium, gewonnen. Darin sind einige Alkaloide enthalten, die auch in der Medizin verwendet werden (z.B. Codein, Morphin, Narcotin, Papaverin, Thebain). Die alkaloidfreien Samen dieser Art werden zur Ölgewinnung und für Backwaren verwendet.

Familie *Ranunculaceae*
(Hahnenfussgewächse)
Die *Ranunculaceae* sind wegen ihres Artenreichtums und der Häufigkeit vieler Arten eine wichtige Familie der einheimischen Flora. Es sind krautige Pflanzen (verholzt ist *Clematis vitalba*) mit meist wechselständigen Blättern (Blätter gegenständig bei *Clematis*, quirlständig bei *Anemone* und *Pulsatilla*), die meist radiär geteilt sind. Sie besitzen ursprüngliche Blütenmerkmale: Die zahlreichen Staubblätter und zahlreichen, freien, oberständigen Fruchtblätter sind beide schraubig angeordnet. Die Blütenhülle ist einfach (Perigon), meist aktinomorph und oft 5zählig. Neben den Perigonblättern können Nektarblätter (Blütenblätter mit einer Drüse, die ein zuckerhaltiges Sekret produziert) vorhanden sein. Die Nektarblätter (auch Honigblätter genannt)

können sehr unterschiedlich gestaltet sein und ganz verschiedene Formen haben. Ihre Ausbildung ist ein wichtiges systematisches Merkmal. Aus den freien Fruchtblättern entstehen meist mehrsamige Balgfrüchte (z.B. *Aconitum*, *Aquilegia*, *Caltha*, *Consolida*, *Helleborus*, *Trollius*) oder 1samige Nussfrüchte (z.B. *Anemone*, *Clematis*, *Ficaria*, *Pulsatilla*, *Ranunculus*, *Thalictrum*).

Es ergeben sich folgende häufige Blütenformeln für die *Ranunculaceae*:
a) Arten ohne Nektarblätter: $P5\ A\infty\ \underline{G}\infty$ (z.B. *Caltha palustris*)
b) Arten mit Nektarblättern: $P5\ N5\ A\infty\ \underline{G}\infty$ (z.B. *Ranunculus*)

62 Gattungen, über 2500 Arten, Verbreitung weltweit, v.a. im temperaten Klima; CH: 21 Gattungen, gegen 100 Arten.
Die folgenden, in der Flora der Schweiz wichtigen Gattungen und Arten sind nach morphologischen Merkmalen geordnet.

Blüten zygomorph

Aconitum

(Eisenhut; Abb. 52B)
Pflanze bis 1.5 m hoch; Blätter radiär geteilt; Blüten in z.T. verzweigten Trauben; Nektarblätter 2, jedes aus einer gestielten Tüte mit eingerolltem Sporn bestehend, unter dem helmförmigen, oberen Perigonblatt verborgen; Fruchtknoten 2–5.

Die meisten Taxa der Gattung *Aconitum* (so auch alle Arten der beiden folgenden Aggregate) enthalten sehr giftige Alkaloide (u.a. Aconitin), die diese zu den giftigsten Arten der einheimischen Flora machen. Die Kleinarten innerhalb der beiden Aggregate sind schwierig zu unterscheiden.

■ *Aconitum napellus* agg.
(Blauer Eisenhut; FH **127**, 138)
Blüten blau; Hochstaudenfluren, Lägerstellen, montan bis alpin; mässiger Nährstoffzeiger (Nährstoffzahl 4).

In der Alternativmedizin wird *Aconitum napellus* eingesetzt, wegen der ausserordentlichen Giftigkeit aber v.a. äusserlich und in homöopathischen Medikamenten und kaum mehr in der Phytotherapie.

■ *Aconitum vulparia* agg.
(=*Aconitum lycoctonum*, Gelber Eisenhut; FH **133**, 133)
Blüten gelb; Wälder, Hochstaudenfluren, montan und subalpin; mässiger Nährstoffzeiger (Nährstoffzahl 4).

Consolida

(Rittersporn; Abb. 52C)
1jährig; oberstes Perigonblatt mit langem Sporn; Nektarblätter 2, miteinander verwachsen, vom Perigon verdeckt; Fruchtknoten 1.

■ *Consolida regalis*
(=*Delphinium consolida*, Acker-Rittersporn; FH **139**, 131)
Bis 50 cm hoch; Blätter unregelmässig feingeteilt; Blüten blau; Getreideäcker, kollin; wegen Unkrautbekämpfung selten geworden.

Blüten aktinomorph (Normalfall in der Familie)

Nektarblätter viel kleiner als die Perigonblätter

Helleborus

(Nieswurz)

Nektarblätter 5–15, trichterförmig.

■ *Helleborus foetidus*

(Stinkende Nieswurz; FH **115**, 117)

Bis 60 cm hoch; grundständige Blätter bis zum Grunde geteilt, untere Stengelblätter den grundständigen Blättern ähnlich, mittlere nur an der Spitze geteilt, obere ungeteilt; Blüten nickend; Perigonblätter glockenförmig zusammenneigend, grün; Gebüsche, Wälder, kollin und montan.

■ *Trollius europaeus*

(Europäische Trollblume; Abb. 52A; FH **123**, 116)

Bis 60 cm hoch; Blüten gelb, Perigonblätter 10–15, zu einer Kugel zusammenneigend; Nektarblätter 5–20, schmal spatelförmig; feuchte Wiesen, montan und subalpin.

Abb. 52:
Ranunculaceae.
A: *Trollius europaeus*.
B: Blütenstand von *Aconitum napellus*.
C: Blüte von *Consolida regalis*.
D: Blüte von *Aquilegia vulgaris*.
(aus Hess & al. 1976–1980)

Nektarblätter ähnlich gross oder grösser als die Perigonblätter

Aquilegia
(Akelei)
Blüten nickend; Perigonblätter 5, kronblattähnlich; Nektarblätter 5, mit Sporn, ähnlich gross oder wenig grösser als die Perigonblätter.

■ *Aquilegia vulgaris*
(Gemeine Akelei; Abb. 52D; FH **201**, 126)
Bis 1 m hoch; Blätter doppelt 3zählig zusammengesetzt; Blüten blau, gross (bis 5 cm im Durchmesser); lichte Wälder, Gebüsche, kollin und montan.

■ *Ficaria verna*
(= *Ranunculus ficaria*, Scharbockskraut; Abb. 53A; FH **179**, 176)
Bis 30 cm hoch, Stengel niederliegend; Blätter ungeteilt, nierenförmig; Perigonblätter meist nur 3, grünlich, kleiner als die Nektarblätter; Nektarblätter 8–12, schmal oval, gelb, kronblattähnlich; Hecken, feuchte Wälder, kollin und montan, Frühblüher.

Wegen der Blütenmorphologie wurde *Ficaria verna* früher in die Gattung *Ranunculus* eingeordnet (siehe Synonym). Molekulare Daten zeigen aber, dass diese Art nicht zur Gattung *Ranunculus* gehört (Hörandl & al. 2005, Emadzade & al. 2010). *Ficaria* und *Ranunculus* sind zwar in phylogenetischen Bäumen im gleichen *clade*, aber in verschiedenen *subclades*, klar und durch mehrere Gattungen voneinander getrennt (z.B. durch die auch bei uns vertretene Gattung *Myosurus*, Mäuseschwanz).

Ranunculus
(Hahnenfuss)
Blätter meist radiär geteilt; Perigonblätter 5, kleiner als die Nektarblätter, meist grün; Nektarblätter 5, oval bis rundlich, kronblattähnlich.

Die Gattung *Ranunculus* ist mit einer weltweiten Verbreitung und mit etwa 600 Arten die grösste Gattung der Familie, in der Schweiz ist sie mit ca. 50 gelb- oder weissblühenden Arten vertreten.

Nektarblätter gelb

■ *Ranunculus acris* i.w.S.
(Scharfer Hahnenfuss)
Bis 1 m hoch; Stengel aufrecht, vielblütig; Perigonblätter den Nektarblättern anliegend; Blütenboden kahl; Wiesen, kollin bis subalpin.

Für die Schweiz werden 2 Arten unterschieden: *Ranunculus acris* (= *Ranunculus acris* subsp. *acris*; FH **167**, 187) mit tief und feingeteilten Blättern in Mager- und Nasswiesen und der in Fettwiesen weitverbreitete und häufigere *Ranunculus friesianus* (= *Ranunculus acris* subsp. *friesianus*; FH **168**, 188) mit weniger tiefgeteilten Blättern.

■ *Ranunculus bulbosus*
(Knolliger Hahnenfuss; Abb. 53B; FH **173**, 198)
Bis 50 cm hoch; Stengel aufrecht, am Grunde knollig verdickt;

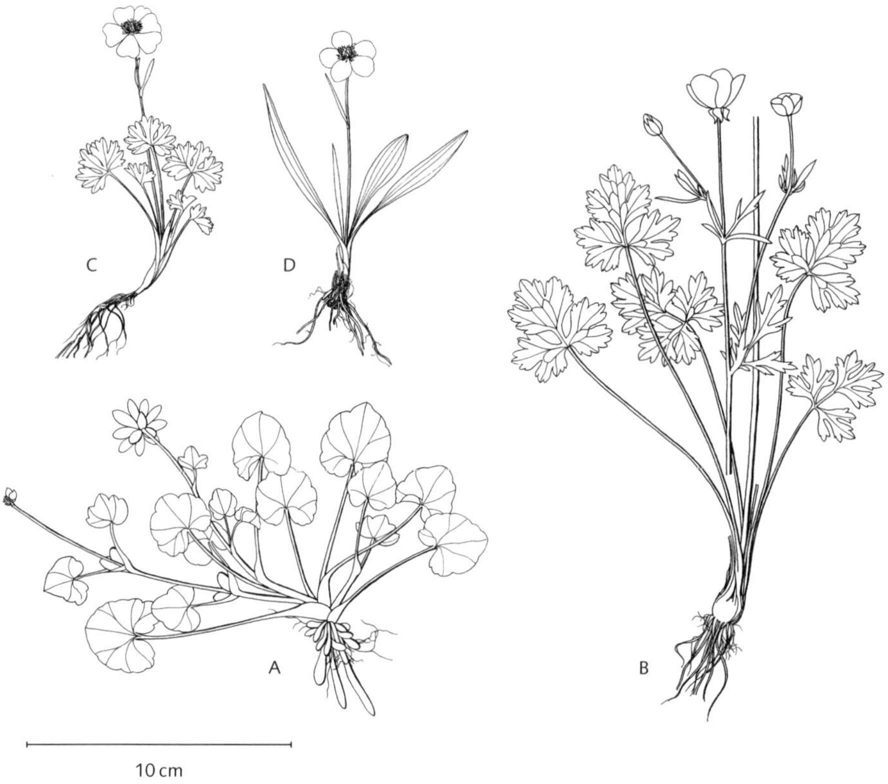

Abb. 53:
Ranunculaceae.
A: *Ficaria verna.*
B: *Ranunculus bulbosus.*
C: *Ranunculus alpestris.*
D: *Ranunculus kuepferi.*
(aus Hess & al. 1976–1980)

Perigonblätter rückwärts gerichtet; Trockenwiesen, kollin bis subalpin.

■ ***Ranunculus montanus*** **agg.**
(Berg-Hahnenfuss)
Bis 40 cm hoch; Stengel aufrecht, 1–3blütig; Perigonblätter den Nektarblättern anliegend; Blütenboden behaart; Wiesen, Weiden, subalpin und alpin.

Ranunculus montanus agg. ist eine Gruppe von etwa einem Dutzend nahe verwandter Arten, die in den Bergen Europas häufig und weitverbreitet sind. Von den z.T. schwierig zu unterscheidenden Arten sind zumindest zwei in der Schweiz häufig: *Ranunculus montanus* (FH **170**, 190) mit kahlen oder wenig behaarten Blättern ist ein mässiger Basenzeiger (Reaktionszahl 4), *Ranunculus villarsii* (= *Ranunculus grenierianus*; FH **172**, 192) mit dicht behaarten Blättern ein mässiger Säurezeiger (Reaktionszahl 2).

■ ***Ranunculus repens***
(Kriechender Hahnenfuss; FH **164**, 196)
Bis 50 cm hoch; Stengel niederliegend bis aufsteigend; mittlerer Abschnitt der grundständigen Blätter gestielt; Perigonblätter den Nektarblättern anliegend; Ruderalstellen, Weiden, kollin bis subalpin.

Nektarblätter weiss

Pflanze bis 1.5 m hoch; Stengel vielblütig

■ *Ranunculus aconitifolius*
(Eisenhutblättriger Hahnenfuss; FH **189**, 169)
Blätter bis zum Grunde geteilt; Bachufer, feuchte Wiesen und Wälder, montan und subalpin.

Ranunculus aconitifolius und *Ranunculus platanifolius* sind nahe verwandt. **Achtung**: Die Perigonblätter fallen bei beiden Arten nach dem Öffnen der Blüte rasch ab, dies täuscht vor, dass die offenen Blüten ein weisses Perigon und keine Nektarblätter aufweisen!

Ranunculus aconitifolius und *Ranunculus platanifolius* können als Vikarianten bezüglich des Wassergehaltes des Bodens angesehen werden, *Ranunculus aconitifolius* auf nassen resp. *Ranunculus platanifolius* auf feuchten Standorten (siehe auch Kapitel «Vikarianten»).

■ *Ranunculus platanifolius*
(Platanenblättriger Hahnenfuss; FH **190**, 170)
Blätter tief, aber nicht bis zum Grunde geteilt; Hochstaudenfluren und feuchte Wälder, subalpin.

Siehe Kommentare unter *Ranunculus aconitifolius*.

Pflanze bis 20 cm hoch; Stengel 1- bis wenigblütig

■ *Ranunculus alpestris*
(Alpen-Hahnenfuss; Abb. 53C; FH **185**, 174)
Stengel 1blütig; Blätter im Umriss rundlich, tiefgeteilt; Perigonblätter kahl; kalkhaltige Böden, subalpin und alpin; mässiger Basenzeiger (Reaktionszahl 4).

■ *Ranunculus glacialis*
(Gletscher-Hahnenfuss; FH **187**, 172)
Stengel 1- bis wenigblütig; Blätter tiefgeteilt; Perigonblätter dicht rotbraun behaart; Nektarblätter z.T. rötlich; saurer Schutt, alpin; mässiger Säurezeiger (Reaktionszahl 2).

■ *Ranunculus kuepferi*
(=*Ranunculus plantagineus*, *Ranunculus pyrenaeus*, Wegerich-, Pyrenäen- oder Küpfers Hahnenfuss; Abb. 53D; FH **191**, 168)
Stengel 1blütig; Blätter ungeteilt, schmallanzettlich, ganzrandig; Weiden und Rasen auf sauren Böden, alpin; mässiger Säurezeiger (Reaktionszahl 2).

Keine Nektarblätter vorhanden

Blätter wechselständig

■ *Caltha palustris*
(Sumpf-Dotterblume; FH **126**, 115)
Bis 50 cm hoch; Blätter ungeteilt, nierenförmig, gezähnt; Perigonblätter 5, gelb; feuchte Standorte (Bachufer, Sumpfwiesen), kollin bis subalpin.

Thalictrum
(Wiesenraute)
Blüten 4zählig, Perigon nach dem Öffnen der Blüte rasch abfallend.

■ *Thalictrum aquilegiifolium*
(Akeleiblättrige Wiesenraute; FH **213**, 200)
Bis 1.5 m hoch; Blätter 1–3fach gefiedert; Staubfäden lila; Früchte gestielt; Hochstaudenfluren, feuchte Wälder, kollin bis subalpin.

Blätter gegenständig

Clematis
(Waldrebe)
Blätter unpaarig gefiedert; Blüten 4zählig; Griffel federig behaart, nach der Blüte weiterwachsend.

■ *Clematis vitalba*
(Gemeine Waldrebe, Niele; FH **154**, 146)
Verholzte Liane; Perigonblätter weiss; Gebüsche, Waldränder, kollin und montan.

Blätter quirlständig

Anemone
(Anemone, Windröschen)
Griffel kahl, nach der Blüte nicht weiterwachsend.

■ *Anemone nemorosa*
(Busch-Windröschen, Wald-Anemone; Abb. 54A; FH **142**, 152)
Bis 25 cm hoch; Blüten weiss; Frühblüher in Laubmischwäldern, kollin und montan.

Pulsatilla
(Anemone, Küchenschelle)
Griffel federig behaart, nach der Blüte weiterwachsend.

■ *Pulsatilla alpina*
(Alpen-Anemone; Abb. 54B; FH **146**, 155)
Bis 50 cm hoch; Blüten weiss; auf kalkhaltigen Wiesen und Weiden, subalpin und alpin; mässiger Basenzeiger (Reaktionszahl 4).

Pulsatilla alpina und *Pulsatilla apiifolia* sind nahe verwandt und unterscheiden sich v.a. in der Blütenfarbe. Da sie Standorte mit verschiedenen pH-Werten des Bodens besiedeln (basisch resp. sauer), können sie als Vikarianten bezüglich dieses Standortfaktors angesehen werden (siehe auch Kapitel «Vikarianten»).

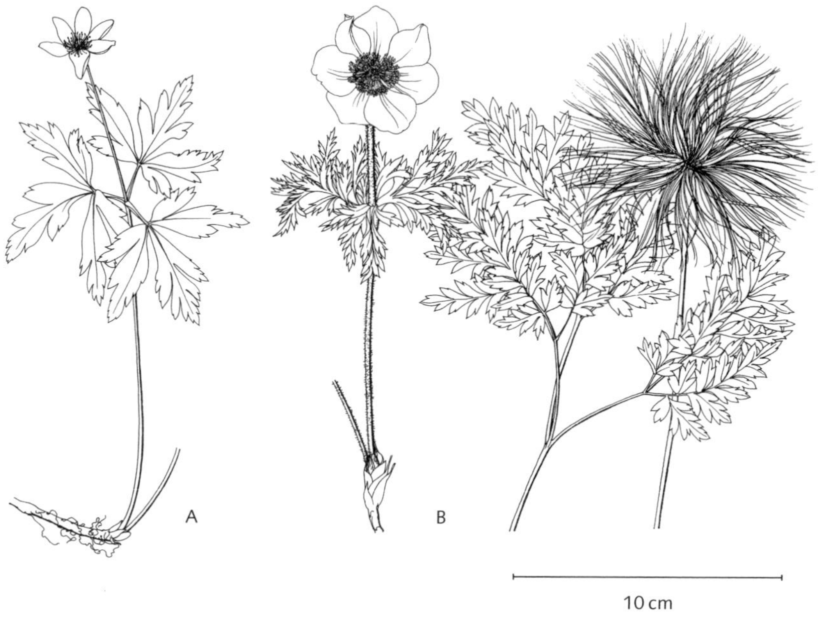

Abb. 54:
Ranunculaceae.
A: *Anemone nemorosa*.
B: *Pulsatilla alpina*, blühend und fruchtend.
(aus Hess & al. 1976–1980)

■ *Pulsatilla apiifolia*

(= *Pulsatilla alpina* subsp. *apiifolia*, = *Pulsatilla sulphurea*, Schwefel-Anemone; FH **148**, 156)
Bis 50 cm hoch; Blüten gelb; auf sauren Wiesen und Weiden, subalpin und alpin; mässiger Säurezeiger (Reaktionszahl 2).
Siehe Kommentar unter *Pulsatilla alpina*.

■ *Pulsatilla vernalis*

(Frühlings-, Pelz-Anemone; FH **149**, 157)
Bis 15 cm hoch; Perigon innen weiss und aussen rosa, ausserseits zottig behaart; Frühblüher auf sauren Weiden und Rasen und in Zwergstrauchgesellschaften der subalpinen und alpinen Stufe; mässiger Säurezeiger (Reaktionszahl 2).

Ein Spezialfall innerhalb der Familie der *Ranuculaceae* stellt die Gattung *Adonis* (Adonis, Blutströpfchen) dar. Sie hat 5 grüne äussere sowie eine nicht fixierte Zahl (5–20) farbige innere Blütenblätter. Die inneren Blütenblätter haben keine Nektardrüse, sind also Kronblätter. *Adonis* hat demzufolge eine doppelte Blütenhülle mit Kelch und Krone. Inhaltsstoffe, schraubig angeordnete Blütenorgane (nicht in Kreisen!) sowie molekulare Daten zeigen aber eindeutig, dass die Gattung *Adonis* zu den *Ranunculaceae* gehört.

Kern-*Eudicotyledonae*

Alle folgenden Ordnungen gehören zu den Kern-*Eudicotyledonae* (engl. *core eudicots*). Im Gegensatz zu den bereits besprochenen Basalen *Eudicotyledonae* mit ihrer grossen Variationsbreite betreffend Zahl und Anordnung der Blütenorgane haben die Kern-*Eudicotyledonae* zumeist Blüten mit 5zähligen, konzentrischen Organkreisen. Die Kern-*Eudicotyledonae* bestehen aus 5 Gruppen, die im Stammbaum in Abb. 34 als Polytomie dargestellt sind. Die beiden Überordnungen *Rosanae* und *Asteranae* umfassen beide viele Ordnungen, Familien und Arten und werden durch einige Tendenzmerkmale charakterisiert: beide Gruppen weisen zumeist eine doppelte Blütenhülle (Kelch und Krone) auf; bei den *Rosanae* sind die Kronblätter häufig frei, die Staubblätter sind oft in 2 Kreisen angeordnet, und Nebenblätter sind in vielen Fällen vorhanden; bei den *Asteranae* sind die Kronblätter meist verwachsen, oft ist nur 1 Staubblattkreis vorhanden, Nebenblätter fehlen meist. Die 3 zusätzlichen Ordnungen *Caryophyllales*, *Santalales* und *Saxifragales*, die hier zuerst vorgestellt werden, sind durch teilweise eher ursprüngliche Merkmale (z.B. einfache Blütenhülle, nicht verwachsene Fruchtblätter) charakterisiert. Neuste molekularphylogenetische Untersuchungen zeigen, dass die *Saxifragales* die Schwestergruppe der *Rosanae* darstellen, während die *Caryophyllales* und die *Santalales* im Stambaum an der Basis der *Asteranae* ansetzen. Aus didaktischen Gründen stellen wir diese 3 basalen Ordnungen dem Alphabet folgend an den Anfang der Darstellung der Kern-*Eudicotyledonae* und illustrieren damit die Evolutionstendenzen im Blütenbau dieser Verwandtschaftsgruppe.

Ordnung *Caryophyllales*

Die Ordnung *Caryophyllales* umfasst 18 Familien mit etwa 700 Gattungen und 11'500 Arten. Sie ist durch anatomische Merkmale im Bau der Samenanlagen und der Antheren gut charakterisiert, diese Merkmale sind aber an den Pflanzen nicht einfach zu erkennen. Ihre Vertreter haben meist aktinomorphe Blüten. Einige Familien haben ein Perigon, die meisten haben aber eine doppelte Blütenhülle mit Kelch- und freien Kronblättern. Die Staubblätter sind in 1 bis 2 Kreisen angeordnet. Der Fruchtknoten ist oberständig. In einigen Familien werden als Blütenfarbstoffe Betacyane und Betaxanthine gebildet anstelle der weitverbreiteten Anthocyane (so z.B. bei den *Amaranthaceae*, zu denen auch die Gattung *Beta* gehört, von der der Name der stickstoffhaltigen Farbsubstanzen abgeleitet wurde).

Familie *Amaranthaceae*

(inkl. *Chenopodiaceae*)

Amaranthaceae haben keine Nebenblätter (Gegensatz zu den *Polygonaceae*, siehe unten). Die kleinen, unscheinbaren Blüten sind in knäueligen Blütenständen angeordnet und haben eine einfache, meist 3- oder 5zählige Blütenhülle (Perigon). Bei unseren einheimischen Arten sind die Blüten

grün bis graugrün. Tropische Arten hingegen können farbige Perigonblätter haben, daher werden einige dieser Arten auch als Zierpflanzen kultiviert. Heute werden die früher als separate Familie angesehenen *Chenopodiaceae* in die *Amaranthaceae* eingeschlossen. Die morphologische Charakterisierung auf der Basis der Erkenntnisse aus den molekularphylogenetischen Untersuchungen lässt keine eindeutige Trennung der beiden Familien zu.
180 Gattungen, 2500 Arten, Verbreitung weltweit; CH: 5 Gattungen, etwa 25 Arten.

Kulturpflanzen: *Beta vulgaris* (Runkelrübe) kommt als Wildpflanze an den Meeresküsten von Süd- und Westeuropa vor. Sie ist die Stammart einiger wichtiger Kulturpflanzen: Mangold mit dünner Wurzel (spinatartiges Gemüse resp. Krautstiel); Rübenpflanzen mit verdickten Wurzeln und meist auch verdicktem Hypokotyl wie Rote Rüben, Rote Bete oder Randen (Gemüse), Zuckerrübe (Produktion von Zucker), Runkelrübe (Viehfutter). Eine weitere, verbreitete Kulturpflanze ist *Spinacia oleracea* (Gemüse-Spinat), von der die Blätter als Gemüse gegessen werden.

Chenopodium

(Gänsefuss)
Pflanzen oft mit Blasenhaaren (so auch die beiden folgenden Beispiele). Zahlreiche Arten sind Unkräuter in Äckern und an Ruderalstellen.

■ *Chenopodium album*

(Weisser Gänsefuss; FH **1117**, 301)
Bis 1 m hoch; Blätter eiförmig bis lanzettlich; Blütenstände seitenständig und endständig; Äcker, Ruderalstellen, kollin bis subalpin; mässiger Nährstoffzeiger (Nährstoffzahl 4).

■ *Chenopodium bonus-henricus*

(Guter Heinrich; FH **1107**, 293)
Bis 80 cm hoch; Blätter 3eckig bis spiessförmig; Blütenstände meist nur endständig; Lägerstellen, um Alphütten, montan und subalpin; Nährstoffzeiger (Nährstoffzahl 5).

Familie *Caryophyllaceae*

Die *Caryophyllaceae* haben gegenständige, ganzrandige Blätter und eine doppelte Blütenhülle (Kelch und Krone). Sie haben meist 2 Staubblattkreise und 1 Fruchtblattkreis; da die Blüten meist 5zählig sind, ergibt dies 10 Staub- und 5 Fruchtblätter. Die Fruchtblätter sind zu einem Fruchtknoten verwachsen, daraus entwickelt sich eine Kapselfrucht. Die Kombination der Merkmale «gegenständige, ganzrandige Blätter, freie Krone und oberständiger Fruchtknoten» genügt i.d.R., um die Vertreter der Familie als solche zu erkennen. (Achtung: *Linum catharticum* [*Linaceae*] sieht sehr ähnlich aus, hat aber nickende Knospen, was bei den *Caryophyllaceae* nicht vorkommt; weitere Informationen siehe unter *Linum catharticum*).
86 Gattungen, 2200 Arten, Verbreitung weltweit; CH: 26 Gattungen, etwa 110 Arten.
Die *Caryophyllaceae* werden in 3 Unterfamilien unterteilt: *Alsinoideae*, *Paronychioideae* und *Silenoideae*. Diese Unterteilung wird zwar durch molekulare

Daten nur teilweise unterstützt (Greenberg & Donaghue 2011), da sie aber sehr praktisch ist und in Literatur und Bestimmungsschlüsseln verwendet wird, behalten wir diese Unterteilung (vorerst) bei.

Unterfamilie *Alsinoideae*

Keine Nebenblätter vorhanden, Kelchblätter frei. CH: 12 Gattungen, etwa 60 Arten.

Alsinoideae sind meist weissblühend. Viele Gattungen sind schwierig zu erkennen, Ausnahmen sind die beiden Gattungen *Cerastium* und *Stellaria* mit ausgerandeten oder tief eingeschnittenen Kronblättern. Bei allen anderen Gattungen der *Alsinoideae* sind die Kronblätter ganzrandig.

Kronblätter ganzrandig (vorne abgerundet oder spitz) oder fehlend

Arenaria
(Sandkraut)
Kronblätter vorhanden; Griffel 3; Kapsel sich mit 6 Zähnen öffnend.

■ *Arenaria biflora*
(Zweiblütiges Sandkraut; FH **1140**, 353)
Stengel bis 30 cm lang, niederliegend; Blätter rundlich bis oval; Kronblätter etwas länger als die Kelchblätter; Schneetälchen auf sauren Böden, alpin; mässiger Säurezeiger (Reaktionszahl 2).

■ *Arenaria serpyllifolia* agg.
(Quendelblättriges Sandkraut; FH **1145**, 345)
1jährig; bis 15 cm hoch, aufrecht; Blätter oval bis breitlanzettlich; Kronblätter kürzer als die Kelchblätter; Äcker, Ruderalstellen, kollin und montan.

Minuartia
(Miere)
Kronblätter vorhanden oder fehlend; Griffel 3; Kapsel sich mit 3 Zähnen öffnend.

■ *Minuartia sedoides*
(Zwerg-Miere; FH **1164**, 327)
Bis 6 cm hoch, dichte Polster bildend; Kronblätter fehlend, Blüten deshalb unscheinbar und grünlich; Rasen und Feinschutt, alpin; Magerkeitszeiger (Nährstoffzahl 1).

■ *Minuartia verna*
(Frühlings-Miere; FH **1157**, 335)
Bis 15 cm hoch; Blätter lanzettlich; Kronblätter länger als die Kelchblätter; steinige Rasen, Felsschutt, subalpin und alpin, meist auf Kalk; Magerkeitszeiger (Nährstoffzahl 1).

Kronblätter ausgerandet oder tief eingeschnitten

Cerastium

(Hornkraut)

Kronblätter ausgerandet oder höchstens bis zur Mitte 2teilig; Griffel 5.

■ *Cerastium fontanum* agg.
(Gemeines Hornkraut)
Bis 40 cm hoch; Blätter oval; Kronblätter etwa so lang wie die Kelchblätter.

Cerastium fontanum agg. ist eine Gruppe von nahe verwandten und schwierig zu unterscheidenden Arten. Die häufigste Art im Tiefland ist *Cerastium holosteoides* (=*Cerastium caespitosum*, =*Cerastium fontanum* subsp. *vulgare*; FH **1191**, 385), die in Fettwiesen und auf Weiden in der kollinen und montanen Stufe vorkommt.

■ *Cerastium latifolium*
(Breitblättriges Hornkraut; FH **1186**, 380)
Bis 10 cm hoch, oft dichte Rasen bildend; Blätter oval, dunkel- bis blaugrün, Haare bis 0.5 mm lang (kürzer als bei *Cerastium uniflorum*); Kronblätter etwa 2mal so lang wie die Kelchblätter; Kalkschutt, alpin; Basenzeiger (Reaktionszahl 5).

Cerastium latifolium und *Cerastium uniflorum* sind nahe verwandt und besiedeln Standorte mit verschiedenen pH-Werten des Bodens (basisch resp. sauer), sie können als Vikarianten bezüglich dieses Standortfaktors angesehen werden (siehe auch Kapitel «Vikarianten»).

■ *Cerastium strictum*
(=*Cerastium arvense* subsp. *strictum*, Aufrechtes Hornkraut; FH **1182**, 390A)
Bis 15 cm hoch; Blätter lanzettlich; Kronblätter bis 2mal so lang wie die Kelchblätter; steinige Wiesen, Felsen, montan bis alpin.

■ *Cerastium uniflorum*
(Einblütiges Hornkraut; FH **1185**, 379)
Bis 10 cm hoch, oft dichte Rasen bildend; Blätter oval, hell- bis gelblichgrün, Haare 0.5–1.5 mm lang (länger als bei *Cerastium latifolium*); Kronblätter etwa 2mal so lang wie die Kelchblätter; saurer Schutt, alpin; mässiger Säurezeiger (Reaktionszahl 2).

Siehe Kommentar unter *Cerastium latifolium*.

Stellaria

(Sternmiere)

Kronblätter bis über die Mitte, oft bis fast zum Grunde 2teilig (auf den ersten Blick 10 Kronblätter vortäuschend); Griffel 3.

■ *Stellaria media* agg.
(Gewöhnliche Vogelmiere, Hühnerdarm; FH **1169**, 361)
Stengel 5–40 cm lang, niederliegend bis aufrecht, einreihig behaart; Kronblätter bis 5 mm lang, so lang oder kürzer als die Kelchblätter; eines der häufigsten Unkräuter in Äckern, Gärten und

auf Ruderalstellen, kollin bis subalpin; mässiger Nährstoffzeiger (Nährstoffzahl 4).

Stellaria media agg. ist eine Gruppe von nahe verwandten und schwierig zu unterscheidenden Arten.

■ *Stellaria nemorum* i.w.S.
(Hain-Sternmiere; Abb. 55C; FH **1167**, 359)
Bis 40 cm hoch, aufsteigend; Stengel ringsum behaart; Kronblätter 6–12 mm lang, länger als die Kelchblätter; Hochstaudenfluren, feuchte Wälder, kollin bis subalpin; mässiger Nährstoffzeiger (Nährstoffzahl 4).

Für die Schweiz werden 2 Unterarten unterschieden, nördlich der Alpen ist *Stellaria nemorum* subsp. *nemorum* häufig und weitverbreitet.

Unterfamilie *Paronychioideae*
Häutige Nebenblätter vorhanden, Kelchblätter frei. CH: 6 Gattungen, 8 Arten.

Die *Paronychioideae* sind im Mittelmeerraum eine grosse und vielfältige Gruppe, die wenigen Arten in der Schweiz haben meist kleine, unscheinbare Blüten.

■ *Herniaria glabra*
(Kahles Bruchkraut; FH **1214**, 317)
Stengel bis 15 cm lang, niederliegend; Blätter oval; Kronblätter fehlend oder sehr klein und grünlich, Blüten deshalb unscheinbar; Wegränder, Ruderalstellen, kollin und montan.

■ *Spergularia rubra*
(Rote Schuppenmiere; FH **1218**, 320)
Stengel bis 25 cm lang, niederliegend bis aufsteigend; Blätter schmallanzettlich; Kronblätter rosa, etwa so lang wie die Kelchblätter; Äcker, Ruderalstellen, Feldwege, kollin bis alpin.

Unterfamilie *Silenoideae*
Keine Nebenblätter vorhanden, Kelchblätter verwachsen. CH: 8 Gattungen, etwa 40 Arten.

Gemäss Nomenklaturregeln lautet der korrekte Name für diese Unterfamilie *Caryophylloideae*, nach dem alten Gattungsnamen *Caryophyllus* für die Gattung *Dianthus*; wir verwenden den in Floren und Bestimmungsbüchern gebräuchlichen Namen *Silenoideae*.

Blüten zwittrig, Griffel 2

Dianthus
(Nelke)
Kelch ohne trockenhäutige Verwachsungsnähte, am Kelchgrund mit zusätzlichen schuppenförmigen Blättern (= Kelchschuppen); Kronblätter vorne gezähnt oder tief zerschlitzt.

■ *Dianthus carthusianorum* i.w.S.
(Kartäuser-Nelke; FH **1257**, 405)
Bis 50 cm hoch; Blüten zu mehreren in kopfigen Blütenständen; Krone rot; ausgebreiteter Teil der Kronblätter 5–15 mm lang, vorne

gezähnt; Wiesen, Felsen, lichte Wälder, an trockenen, warmen Lagen, kollin bis subalpin.

Für die Schweiz werden 2 Unterarten unterschieden, nördlich der Alpen und in den Zentralalpen ist *Dianthus carthusianorum* subsp. *carthusianorum* häufig und weitverbreitet.

■ *Dianthus superbus*
(Pracht-Nelke; FH **1259**, 401)
Bis 60 cm hoch; Blüten einzeln; Krone weiss bis rot; ausgebreiteter Teil der Kronblätter 15–35 mm lang, vorne tief zerschlitzt; feuchte Wiesen, v.a. subalpin.

■ *Dianthus sylvestris*
(Stein-Nelke; Abb. 55B; FH **1261**, 409)
Bis 30 cm hoch; Blüten einzeln; Krone rot; ausgebreiteter Teil der Kronblätter 10–15 mm lang, vorne gezähnt; Felsen, steinige Stellen, an trockenen, warmen Lagen, kollin bis subalpin.

■ *Gypsophila repens*

(Kriechendes Gipskraut; FH **1246**, 393)
Bis 25 cm hoch; Kelch ohne Kelchschuppen, mit trockenhäutigen, weissen Verwachsungsnähten (die Kelchblätter deshalb auf den ersten Blick wie nicht verwachsen aussehend!); Krone weiss, Kronblätter ganzrandig oder wenig ausgerandet; kalkhaltige, steinige Böden, v.a. subalpin und alpin, herabgeschwemmt in tieferen Lagen; Basenzeiger (Reaktionszahl 5).

Saponaria
(Seifenkraut)
Kelch ohne trockenhäutige Verwachsungsnähte und ohne Kelchschuppen; Kronblätter ganzrandig oder wenig ausgerandet.

■ *Saponaria ocymoides*
(Rotes Seifenkraut; FH **1252**, 397)
Bis 30 cm hoch, Stengel niederliegend, lockere Teppiche bildend; Krone rot; felsige Hänge, Schutt, an warmen Lagen, kollin bis subalpin.

■ *Saponaria officinalis*
(Echtes Seifenkraut; FH **1253**, 399)
Bis 1 m hoch, aufrecht; Krone weiss oder hellrosa; Ruderalstellen, kollin und montan.

Griffel 3 oder 5

Silene

(Leimkraut)

Kronblätter vorne ausgerandet oder eingeschnitten.

Blüten zwittrig

Griffel 3

■ *Silene acaulis*

(Stengelloses Leimkraut, Polsternelke; FH **1235**, 425)

Pflanze 1–3 cm hoch, dichte Polster bildend; Krone rot; steinige Rasen, Geröll, alpin; Magerkeitszeiger (Nährstoffzahl 1).

■ *Silene nutans* i.w.S.

(Nickendes Leimkraut; FH **1227**, 423)

Bis 50 cm hoch, drüsig behaart; Blütenstand einseitswendig; Blüten meist nickend; Kelch nicht aufgeblasen; Krone schmutzigweiss; Trockenwiesen, kollin bis subalpin.

Für die Schweiz werden 2 Sippen unterschieden, nördlich der Alpen und in den Zentralalpen ist *Silene nutans* subsp. *nutans* häufig und weitverbreitet.

■ *Silene rupestris*

(Felsen-Leimkraut; FH **1237**, 430)

Bis 20 cm hoch, kahl; Kelch nicht aufgeblasen; Krone weiss; Trockenrasen, felsige Hänge, montan bis alpin.

■ *Silene vulgaris* i.w.S.

(Gewöhnliches Leimkraut, Klatschnelke; FH **1229**, 419)

Bis 50 cm hoch, meist kahl; Kelch aufgeblasen; Krone weiss; Wiesen, Ruderalstellen, kollin bis alpin.

Für die Schweiz werden 3 Sippen unterschieden, in der kollinen bis subalpinen Stufe ist *Silene vulgaris* subsp. *vulgaris* häufig und weitverbreitet.

Griffel 5

■ *Silene flos-cuculi*

(Kuckucks-Lichtnelke; FH **1223**, 432)

Bis 1 m hoch; Kronblätter rot, tief 4teilig, mit schmalen Zipfeln; feuchte Wiesen, Flachmoore, kollin und montan.

Blüten 1geschlechtig, Pflanzen 2häusig; Griffel 5

■ *Silene dioica*

(Rote Waldnelke; Abb. 55A; FH **1241**, 414)

Bis 1 m hoch; Kronblätter rot; feuchte Wiesen und Wälder, Hochstaudenfluren, Auen, kollin bis subalpin.

Silene dioica und *Silene latifolia* sind nahe verwandt. Sie dienen als Modellorganismen zur Erforschung der Artbildung und Arterhaltung, da die beiden Arten trotz möglicher Bastardierung nicht ineinander aufgehen. Da bei beiden Arten die Geschlechtsbestimmung über heteromorphe Geschlechtschromosomen verläuft (Geschlechtsdetermination wie beim Menschen: ♀ mit 2 X-Chromosomen, ♂ mit

1 X- und 1 Y-Chromosom), sind sie auch Modellorganismen zur Erforschung von Geschlechtschromosomen (Bildung, Erhaltung, Rekombination, aktive Gene etc.; Bernasconi & al. 2009).

■ *Silene latifolia*

(=*Silene alba*, =*Silene pratensis*, Weisse Waldnelke; FH **1242**, 415)

Bis 1 m hoch; Kronblätter weiss; Ruderalstellen, kollin und montan.

Heute soll der Name *Silene pratensis* verwendet werden; da in der sämtlichen aktuellen Forschungsliteratur über diesen Modellorganismus der Name *Silene latifolia* verwendet wird, behalten wir diesen Namen bei. Siehe auch Kommentar unter *Silene dioica*.

Abb. 55: *Caryophyllaceae*. **A**: *Silene dioica*. **B**: *Dianthus sylvestris*. **C**: *Stellaria nemorum*.
(aus Hess & al. 1976–1980)

Familie *Droseraceae*

Alle *Droseraceae* sind karnivor, d.h., sie besitzen Einrichtungen, mit denen sie Tiere fangen (meist sind dies Insekten), festhalten, verdauen und die durch die Verdauung freigesetzten Substanzen aufnehmen können. Dabei sind die Fangmechanismen sehr unterschiedlich: *Drosera* (Sonnentau, siehe unten) hat Klebfallen, *Aldrovanda vesiculosa* (Wasserfalle; Tropen und Subtropen von Afrika und Asien, durch Wasservögel weltweit verschleppt) und *Dionaea muscipula* (Venusfliegenfalle; USA) haben Klappfallen. Mit den relativ grossen Fallen (1–3 cm) und den ziemlich langsamen Fangbewegung (Schliessbewegung der Falle 0.5–2 Sekunden) entspricht *Dionaea* am ehesten dem Bild eines grausamen, todbringenden Monsters.
Blüten meist 5zählig, mit Kelch- und freien Kronblättern; Staubblätter in 1 Kreis; Fruchtknoten mit 2–5 verwachsenen Fruchtblättern; Frucht meist eine Kapselfrucht.
3 Gattungen, 115 Arten, Verbreitung weltweit; CH: 2 Gattungen, 4 Arten.

Drosera

(Sonnentau)
Blätter mit langgestielten, klebrigen Drüsen (auch als Tentakel bezeichnet), mit denen Tiere (i.d.R. Insekten) festgehalten werden; durch die Bewegungen des gefangenen Tieres stimuliert, beugen sich die Tentakel über die Beute und bedecken sie mit Schleim.

Die meisten der über 110 *Drosera*-Arten kommen auf der Südhemisphäre vor. Die 3 in der Schweiz heimischen Arten sind spezialisierte Pflanzen in Hochmooren.

■ *Drosera rotundifolia*
(Rundblättriger Sonnentau; Abb. 56; FH **1309**, 517)
Blattspreiten rundlich; häufigste Art der Gattung in der Schweiz; kollin bis subalpin; Magerkeitszeiger (Nährstoffzahl 1) und Säurezeiger (Reaktionszahl 1).

Drosera rotundifolia wird in der Alternativmedizin eingesetzt. Dabei wird die ganze Pflanze zur medizinischen Verwendung verarbeitet.

Abb. 56:
Droseraceae,
Drosera rotundifolia.
(aus Hess & al. 1976–1980)

Familie *Polygonaceae*

Wie die *Amaranthaceae* weisen die Blüten der *Polygonaceae* ebenfalls eine einfache Blütenhülle (= Perigon) auf, bei den *Polygonaceae* ist das Perigon aber meist grösser und bunter als bei den einheimischen *Amaranthaceae*. Es besteht aus zwei gleichartigen 3zähligen Kreisen oder einem 5zähligen Kreis. Zudem ist die Familie der *Polygonaceae* durch ein vegetatives Merkmal charakterisiert: Alle Vertreter besitzen häutige Nebenblätter, die zu einer den Stengel röhrig umfassenden Scheide verwachsen sind (siehe Abb. 57). Diese Nebenblattröhre wird **Ochrea** genannt. Viele Vertreter der *Polygonaceae* enthalten beträchtliche Mengen an Oxalsäure und Calciumoxalat, weshalb sie z.T. einen säuerlichen Geschmack aufweisen (deshalb auch die Namen Sauerampfer und Säuerling!).
43 Gattungen, 1100 Arten, Verbreitung weltweit; CH: 6 Gattungen, 35 Arten.

Eine Kulturpflanze aus der Familie der *Polygonaceae* ist *Rheum rhabarbarum* (Rhabarber), bei der die fleischigen Blattstiele gegessen werden. Zur gleichen Familie gehört auch *Fagopyrum esculentum* (= *Fagopyrum vulgare*, Echter Buchweizen), der heute noch in einigen Alpengebieten (z.B. Puschlav, Veltlin) als Mehllieferant (Stärke als Reservestoff in den Samen) angebaut wird. Diese Art wird auch häufig in Buntbrachen angesät.

■ *Oxyria digyna*
(Säuerling; FH **1304**, 447)
Bis 30 cm hoch; Blätter grundständig, rundlich bis nierenförmig; Blüten 2zählig (bei der sehr ähnlich aussehenden Gattung *Rumex* 3zählig), mit 4 grünen bis roten Perigonblättern und 2 Griffeln; saurer Schutt, alpin; mässiger Säurezeiger (Reaktionszahl 2).

Polygonum
(Knöterich)
Blüten oft in dichten, ährenartigen Blütenständen; Perigonblätter meist 5, grünlich, weiss oder rosa.

Stengel verzweigt, mit mehreren Blütenständen

■ *Polygonum aviculare*
(Vogel-Knöterich; FH **1271**, 448)
Stengel 5–50 cm lang, niederliegend bis aufsteigend; Blüten klein, unauffällig, zu 1–3 in den Blattachseln; Äcker, Ruderalstellen, Trittgesellschaften, kollin und montan.

Polygonum aviculare ist offizinell (Droge *Polygoni avicularis herba*; Ph.Eur.). Die Droge enthält Gerbstoffe, Flavonoide, Kieselsäure, Phenolcarbonsäuren, Cumarinderivate und Lignan. Sie wird bei Katarrhen der Luftwege (mit sekretolytischer und expektorierender Wirkung) und wegen der adstringierenden Eigenschaften bei Entzündungen der Mund- und Rachenschleimhaut eingesetzt.

■ *Polygonum persicaria*
(Pfirsichblättriger Knöterich; FH **1276**, 453)
Stengel meist aufrecht, bis 80 cm hoch; Blüten in vielblütigen, dichten, zylindrischen Blütenständen; Perigon meist rosa; Äcker, Ruderalstellen, kollin und montan.

Stengel unverzweigt, mit nur 1 dichten, zylindrischen Blütenstand

■ *Polygonum bistorta*
(Schlangen-Knöterich; Abb. 57B; FH **1281**, 452)
Bis 80 cm hoch; Blütenstand ohne Bulbillen; Perigon rosa; feuchte Wiesen, montan und subalpin.

Polygonum bistorta ist offizinell (Droge *Bistortae rhizoma*; Ph.Eur.). Die Droge enthält Gerbstoffe und Stärke. Sie wird nur noch selten bei Diarrhöe sowie bei Entzündungen der Mund- und Rachenschleimhaut eingesetzt. Es ist eine der gerbstoffreichsten Drogen mit starker, adstringierender Wirkung. Magenempfindliche Personen können aufgrund des Gerbstoffgehaltes gastrale Beschwerden bekommen.

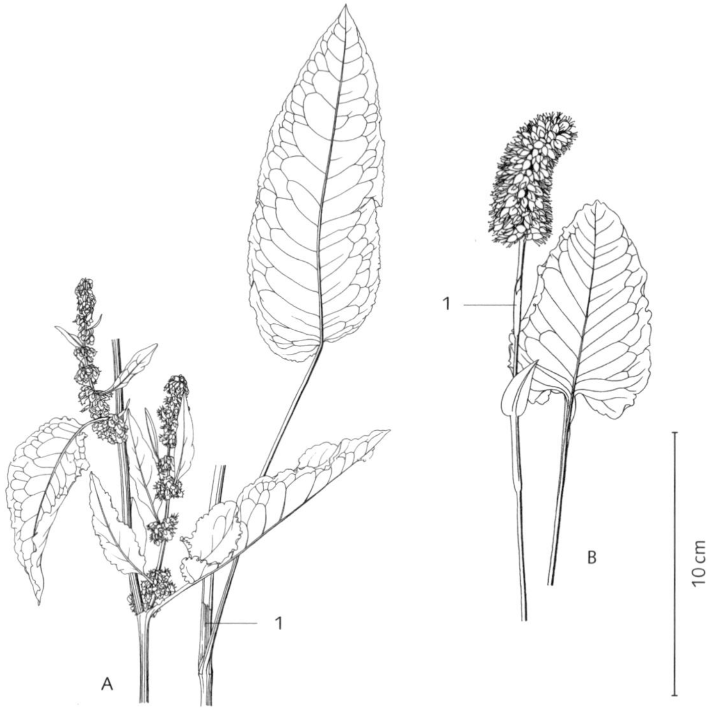

Abb. 57:
Polygonaceae.
A: *Rumex obtusifolius.*
B: *Polygonum bistorta.*
1: Ochrea.
(A aus Hess & al. 1976–1980, B aus Hess 1976)

■ *Polygonum viviparum*
(Knöllchen-Knöterich; FH **1282**, 460)
Bis 25 cm hoch; Blütenstand im unteren Teil mit asexuell gebildeten Bulbillen (anstelle der Blüten), die z.T. schon auf der Mutterpflanze zu Jungpflanzen auswachsen (vivipar; Name!), im oberen Teil mit normal ausgebildeten Blüten mit weissem Perigon; Weiden, Rasen, Flachmoore, subalpin und alpin.

■ *Reynoutria japonica*
(= *Fallopia japonica*, = *Polygonum cuspidatum*, Japanischer Staudenknöterich; FH **1269**, 464)

Bis 3 m hoch; Blätter rundlich, spitz, bis 15 cm lang; Blüten in lockeren Rispen; Perigonblätter 4 oder 5, weiss; Ruderalstellen, Hecken, kollin und montan; mässiger Nährstoffzeiger (Nährstoffzahl 4).

Diese Art (wie auch die sehr ähnlich aussehende *Reynoutria sachalinensis*) stammt aus Ostasien und wurde um die Mitte des 19. Jahrhunderts als Garten- und Futterpflanze in Europa eingeführt. Beide Arten (wie auch die Hybride) verwildern, sie sind ausserordentlich konkurrenzstark und können sich rasch ausbreiten. Sie zählen zu den invasiven Neophyten und sind auf der Schwarzen Liste (siehe Kapitel «Neophyten und invasive Arten»).

Rumex
(Ampfer)
Blütenstände meist relativ locker; Blüten wenig auffallend, Perigon mit zwei gleichartigen 3zähligen Kreisen, grün oder rötlich.

Blätter gross, bis 50 cm lang

■ *Rumex alpinus*
(Alpen-Ampfer, Blacke; FH **1293**, 481)
Bis 1 m hoch; Blätter bis 50 cm lang, 1–1.5mal so lang wie breit, alle Blätter gestielt; überdüngte Alpweiden, um Alphütten und auf Lägerstellen, subalpin und alpin; Nährstoffzeiger (Nährstoffzahl 5).

Bei den Bauern ist *Rumex alpinus* nicht beliebt, da die Pflanzen vom Vieh nicht gefressen werden. Heute wird *Rumex alpinus* nur noch selten geschnitten, gekocht und den Schweinen verfüttert.

■ *Rumex obtusifolius*
(Stumpfblättriger Ampfer, Blacke; Abb. 57A; FH **1300**, 473)
Bis 1.2 m hoch; Blätter bis 30 cm lang, etwa 2mal so lang wie breit, alle Blätter gestielt; Wiesen, Ruderalstellen, kollin und montan; Nährstoffzeiger (Nährstoffzahl 5).

Bei den Bauern ist *Rumex obtusifolius* nicht beliebt, da die Pflanzen vom Vieh nicht gefressen werden.

Blätter kleiner, kaum über 20 cm lang

■ *Rumex acetosa*
(Wiesen-Sauerampfer; FH **1289**, 465)
Bis 1 m hoch; Blätter spiessförmig, 2–5mal so lang wie breit, grün, obere Blätter sitzend; Fettwiesen, kollin bis subalpin.

■ *Rumex scutatus*
(Schildblättriger Ampfer; FH **1287**, 472)
Bis 50 cm hoch; Blätter kaum über 5 cm lang, spiessförmig, 1–2mal so lang wie breit, meist blaugrün überlaufen, alle Blätter gestielt; Schutt, kollin bis subalpin.

Ordnung *Santalales*

Die *Santalales* umfassen 8 Familien mit etwa 170 Gattungen und über 2250 Arten. Sie haben eine einfache Blütenhülle und zeigen einen Trend von ober- zu unterständigen Fruchtknoten sowie zu Halb- (Blätter grün!) oder sogar Vollparasitismus.

Familie *Santalaceae*

44 Gattungen, gegen 1000 Arten, Verbreitung weltweit; CH: 2 Gattungen, 6 Arten.

■ *Thesium alpinum*
(Alpen-Bergflachs; FH **1093**, 1297)
Bis 50 cm hoch; krautig; Blätter schmallanzettlich, wechselständig, grün;

Blütenstand eine einseitswendige Traube, mit nach oben gerichteten Blüten; Blüten weiss, 4zählig; Wiesen, montan bis alpin.

■ *Viscum album*
(Mistel; FH **1089**, 1301)
Als Epiphyt (Aufsitzer) auf Bäumen wachsend; 2häusig; verholzt, sparrig verzweigt und kugelig wachsend (bis 1 m im Durchmesser); Blätter oval, gegenständig, etwas lederig und immergrün (überwinternd); Blüten unscheinbar; Beerenfrüchte weiss, mit klebrigem Fruchtfleisch (Vogelausbreitung); Halbparasit (= Halbschmarotzer) auf Laub- und Nadelbäumen, kollin und montan.

Da die Mistel auf Bäumen wächst, hat sie keine direkte Verbindung zum Boden. Als Halbparasit hat sie grüne Blätter und assimiliert selber, sie ist aber wegen ihres Wuchsortes darauf angewiesen, der Wirtspflanze über Saugwurzeln (sog. Haustorien) Nährstoffe und auch Wasser zu entnehmen.

Viscum album ist nicht offizinell, sie wird aber in der Alternativmedizin angewendet; von Bedeutung ist z.B. die Verwendung bei malignen Krebserkrankungen im Rahmen der anthroposophischen Medizin.

Gewisse Sippen von *Viscum album* enthalten sehr wirksame Inhaltsstoffe, die schon in früheren Zeiten von Fachleuten genutzt wurden. Am bekanntesten ist wohl die Nutzung von Mistelpräparaten zur Herstellung eines Zaubertrankes («*potion magique*»). Dieser Zaubertrank, der übermenschliche Kräfte verleiht, wurde vom berühmten gallischen Druiden *Panoramix* (sein deutscher Name ist *Miraculix*) während der Kriege zwischen den Römern und Galliern aus Misteln hergestellt, die auf heiligen Eichen (Arten der Gattung *Quercus*) wuchsen (Goscinny & Uderzo 1961).

Ordnung *Saxifragales*

Die *Saxifragales* umfassen 16 Familien mit etwa 110 Gattungen und 2470 Arten. Sie sind aufgrund molekularer Daten eine gut abgegrenzte Gruppe, morphologisch unterscheiden sich aber die einzelnen Familien beträchtlich und waren dementsprechend in früheren Systemen an ganz verschiedenen Stellen positioniert. Einige (so die hier behandelten Familien) weisen eine doppelte Blütenhülle (Kelch und Krone) auf und zeigen Tendenzen zur Reduktion und Fixierung der Anzahl Blütenorgane sowie zur Verschiebung von ober- zu halb- bis ganz unterständigen Fruchtknoten. Die Fruchtblätter können frei, nur zu einem Teil oder auch ganz miteinander verwachsen sein.

Zu den *Saxifragales* gehört auch die Familie der *Grossulariaceae*, zu der nur die Gattung *Ribes* gehört. Dies sind Sträucher mit wenig tief radiär geteilten Blättern. Die 5zähligen Blüten haben nur 1 Staubblattkreis und 2 verwachsene Fruchtblätter. Aus dem unterständigen Fruchtknoten entsteht eine Beerenfrucht. Wegen der essbaren Beerenfrüchte werden einige Arten kultiviert, z.B. *Ribes nigrum* (Früchte schwarz, Schwarze Johannisbeere, Cassis), *Ribes rubrum* (Früchte rot, Rote Johannisbeere) und *Ribes uva-crispa* (Strauch mit Stacheln, Stachelbeere).

Familie *Crassulaceae*

Die Blätter der *Crassulaceae* dienen neben der Assimilation auch der Wasserspeicherung (=Sukkulenz). Sie sind dick und (als Verdunstungsschutz) von einer Wachsschicht überzogen. Damit sind die Pflanzen an zeitweise trockene Umweltbedingungen mit Wasserstress angepasst. Neben den mor-

phologischen Anpassungen weisen sie (wie auch viele andere Sukkulenten) eine physiologische Besonderheit auf, den CAM-Metabolismus (CAM = *crassulacean acid metabolism*; dieser Begriff ist darauf begründet, dass dieser Prozess bei *Crassulaceae* entdeckt wurde).
34 Gattungen, 1370 Arten, Verbreitung weltweit, v.a. an trockenen Standorten; CH: 4 Gattungen, 26 Arten.
Crassulaceae haben freie oder verwachsene Kronblätter, meist 2 Staubblattkreise und oberständige, in 1 Kreis angeordnete und meist freie Fruchtblätter. Die beiden hier besprochenen einheimischen Gattungen *Sedum* und *Sempervivum* haben freie Kronblätter. Die Zähligkeit der Blüten ist bei *Sedum* zumeist auf 5 fixiert, bei *Sempervivum* hingegen ist sie meist deutlich höher (8zählig und mehr). Sie unterscheiden sich einerseits in der Blütenformel und andererseits im Fehlen bzw. Vorhandensein einer grundständigen Blattrosette.

Sedum

(Mauerpfeffer)
Ohne Blattrosette; Blütenformel: K5 C5 A10 $\underline{G}$5 (siehe auch Abb. 27B).

■ ***Sedum acre***

(Scharfer Mauerpfeffer; Abb. 58A; FH **269**, 865)
Bis 15 cm hoch; Pflanze mit sterilen Trieben; Kronblätter gelb, 2–3mal so lang wie die Kelchblätter; Felsen und Mauern in trockenen, sonnigen Lagen, kollin bis subalpin.

■ ***Sedum album***
(Weisser Mauerpfeffer; FH **273**, 873)
Bis 20 cm hoch; Pflanze mit sterilen Trieben; Kronblätter weiss, etwa 3mal so lang wie die Kelchblätter; Felsen und Mauern in trockenen, sonnigen Lagen, kollin bis subalpin.

■ ***Sedum atratum***

(Dunkler Mauerpfeffer; FH **279**, 874)
Bis 8 cm hoch; Pflanze meist rotbraun überlaufen, ohne sterile Triebe; Kronblätter weisslich bis gelbgrün, 1–1.5mal so lang wie die Kelchblätter; kalkhaltige Böden, Rasen, Schutt, Felsspalten, subalpin und alpin; Magerkeitszeiger (Nährstoffzahl 1) und Basenzeiger (Reaktionszahl 5).

Sempervivum

(Hauswurz)
Mit grundständiger Blattrosette; Blütenformel: Kn Cn A2n $\underline{G}$n (wobei n = 8–18).

■ ***Sempervivum arachnoideum***

(Spinnweb-Hauswurz; Abb. 58B; FH **255**, 880)
Bis 15 cm hoch; Rosetten mit weisser, spinnwebiger Behaarung; Kronblätter rot; Schutt, Felsen, montan bis alpin; Magerkeitszeiger (Nährstoffzahl 1).

■ ***Sempervivum montanum***
(Berg-Hauswurz; FH **256**, 879)
Bis 20 cm hoch; Rosetten ohne weisse Behaarung, aber Blätter mit kurzen

Drüsenhaaren; Kronblätter rot; Rasen, Schutt, Felsen, subalpin bis alpin.

Sempervivum alpinum (=*Sempervivum tectorum* subsp. *alpinum*) sieht ähnlich aus wie *Sempervivum montanum*, hat aber kahle oder am Rande bewimperte Blätter ohne Drüsenhaare.

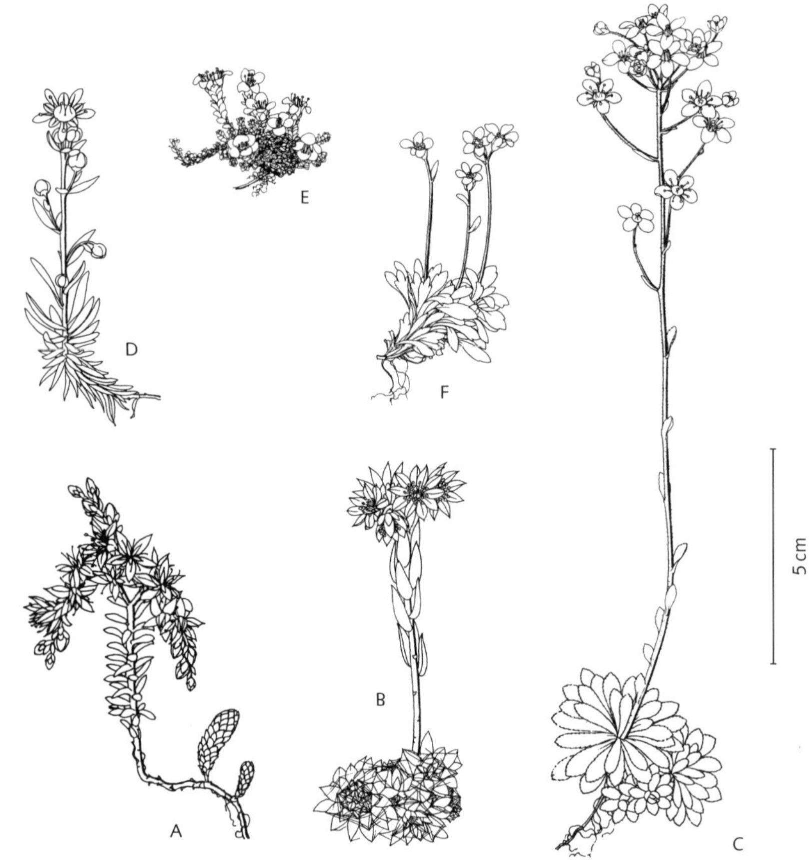

Abb. 58: *Saxifragales*.
A+B: *Crassulaceae*:
A: *Sedum acre*.
B: *Sempervivum arachnoideum*.
C–F: *Saxifragaceae*:
C: *Saxifraga paniculata*.
D: *Saxifraga aizoides*.
E: *Saxifraga oppositifolia*.
F: *Saxifraga androsacea*.
(aus Hess & al. 1976–1980)

Familie *Saxifragaceae*

Die *Saxifragaceae* haben freie Kronblätter und fixierte Zahlen der Blütenorgane. Die Staubblätter stehen in 2 Kreisen. Im Gegensatz zu den *Crassulaceae* weisen *Saxifragaceae* nur 2 Fruchtblätter auf (*Crassulaceae* G≥5). Der Fruchtknoten ist ober- bis unterständig.

29 Gattungen, 630 Arten, Verbreitung v.a. im temperaten bis arktischen Klima der Nordhemisphäre und in den Anden; CH: 2 Gattungen, 30 Arten.

■ *Chrysosplenium alternifolium*
(Wechselblättriges Milzkraut; FH **315**, 919)
Bis 20 cm hoch; Blätter wechselständig, nierenförmig, gestielt; Hochblätter gelblich, die Blüten umgebend und eine Scheinblüte bildend; Blüten 4zählig; keine Krone vorhanden; Fruchtknoten unterständig; schattige, feuchte Stellen, Hochstaudenfluren, Wälder, kollin bis subalpin.

Saxifraga
(Steinbrech)
Manche Arten mit Blattrosetten; Blätter bei einzelnen Arten mit kalkausscheidenden Grübchen (diese wegen des ausgeschiedenen Kalks mit einer weissen Kruste bedeckt); Stengelblätter meist wechselständig; Blüten 5zählig; Fruchtknoten ober- bis unterständig, Fruchtblätter wenig bis vollständig miteinander verwachsen; Fruchtknoten je nach Art mehr oder weniger in den Blütenboden eingesenkt und mit diesem verwachsen, die Stellung des Fruchtknotens kann nicht immer eindeutig bezeichnet werden.
Blütenformel: K5 C5 A10 G2

Mit etwa 325 Arten ist *Saxifraga* die grösste Gattung der Familie. Die Gattung ist v.a. in den Alpen reich vertreten. Unterschiedliche Steinbrecharten können an sehr verschiedenen Standorten vorkommen. So gibt es Tieflandarten an feuchten, schattigen wie auch an heissen, trockenen Stellen sowie Hochgebirgsarten an der Vegetationsgrenze.

Blätter mit zahlreichen, kleinen, weissen Kalkflecken
(kalkausscheidende Drüsen)

■ *Saxifraga caesia*
(Blaugrüner Steinbrech; FH **289**, 894)

Bis 10 cm hoch; Pflanze mit zahlreichen, kleinen Rosetten, dichte Polster bildend; Blätter 3–6 mm lang, blaugrün; Blüten weiss; Fruchtknoten mehr oder weniger unterständig; Felsen, Schutt, subalpin und alpin; Magerkeitszeiger (Nährstoffzahl 1) und Basenzeiger (Reaktionszahl 5).

■ *Saxifraga paniculata*
(=*Saxifraga aizoon*, Trauben-, Immergrüner Steinbrech; Abb. 58C; FH **297**, 887)
Bis 50 cm hoch; Pflanzen mit grundständiger Blattrosette (ähnlich wie bei *Sempervivum* [*Crassulaceae*]); Blätter 1–3 cm lang, graugrün; Blüten weiss; Fruchtknoten mehr oder weniger unterständig; Felsen, steinige Rasen, montan bis alpin.

Blätter ohne weisse Kalkflecken

Blüten rot oder gelb bis orange

■ *Saxifraga aizoides*
(Bach-, Mauerpfeffer-, Bewimperter Steinbrech; Abb. 58D; FH **284**, 901)
Bis 20 cm hoch; Stengel zahlreich, niederliegend und aufsteigend, dichte Rasen bildend; Blätter lanzettlich, fleischig (ähnlich wie bei *Sedum* [*Crassulaceae*]); Blüten gelb (manchmal orange); Fruchtknoten halbunterständig; feuchte Stellen, Quellfluren, an Bächen, montan bis alpin.

■ *Saxifraga oppositifolia*
(Gegenblättriger Steinbrech; Abb. 58E; FH **293**, 889)
Pflanze niederliegend, lockere bis dichte Teppiche bildend; Blätter rundlich bis oval, gegenständig; Blüten rot; Fruchtknoten halbunterständig; Schutt, alpin.

Blüten weiss

■ *Saxifraga androsacea*
(Mannsschild-Steinbrech; Abb. 58F; FH **305**, 911)
Bis 6 cm hoch; grundständige Blätter eine Rosette bildend; Blätter lanzettlich; Fruchtknoten unterständig; Schutt, Schneetälchen auf Kalk, alpin.

Saxifraga androsacea trägt diesen Namen zurecht, denn die Pflanzen sehen habituell ähnlich aus wie gewisse Arten der Gattung *Androsace* (*Primulaceae*), diese haben aber verwachsene Kronblätter.

■ *Saxifraga bryoides*
(Moosartiger Steinbrech; FH **292**, 909)
Bis 5 cm hoch; Pflanze mit zahlreichen, kleinen Rosetten, dichte Polster bildend; Kronblätter am Grund mit gelborangen Punkten; Fruchtknoten oberständig; Felsen, Schutt, alpin; Magerkeitszeiger (Nährstoffzahl 1) und mässiger Säurezeiger (Reaktionszahl 2).

■ *Saxifraga rotundifolia*
(Rundblättriger Steinbrech; FH **286**, 905)
Bis 50 cm hoch; Blätter rundlich, langgestielt; Fruchtknoten oberständig; Hochstaudenfluren, an Bächen, montan und subalpin.

■ *Saxifraga stellaris*
(Sternblütiger Steinbrech; FH **285**, 896)
Bis 20 cm hoch; Pflanzen mit Blattrosette; Blätter am Grunde verschmälert, vorne grob und spitz gezähnt; Kelchblätter rückwärts gerichtet; jedes Kronblatt mit 2 gelben Flecken; Fruchtknoten oberständig; Quellfluren, feuchte Felsen, Bachufer, montan bis alpin.

Überordnung *Rosanae*

Die Überordnung *Rosanae* ist eine grosse monophyletische Gruppe und umfasst viele Ordnungen, Familien und Arten. Dieser *clade* lässt sich durch einige Tendenzmerkmale charakterisieren: Die Blütenhülle ist zumeist doppelt (Kelch und Krone), die Kronblätter sind häufig frei; die Staubblätter sind oft in 2 Kreisen angeordnet; Nebenblätter sind in vielen Fällen vorhanden. Im *clade* der *Rosanae* gibt es 2 morphologisch schlecht fassbare, aber molekularphylogenetisch eindeutig charakterisierte *subclades*, die Fabiden und die Malviden (die beiden *subclades* wurden früher oft auch Eurosiden I und Eurosiden II genannt).

Fabiden

Ordnung *Celastrales*

Je nach Einteilung umfassen die *Celastrales* 2–4 Familien mit 94 Gattungen und 1355 Arten, bei uns sind 3 Arten aus 1–2 Familien heimisch.

Familie *Celastraceae*

Die *Celastraceae* sind Holzpflanzen mit ungeteilten Blättern; in den 4- oder 5zähligen Blüten ist nur noch der äussere Staubblattkreis erhalten, die Staubblätter stehen deshalb zwischen den Kronblättern und die Alternanzregel ist somit erfüllt (vgl. *Rhamnaceae*, Ordnung *Rosales*); Fruchtknoten oberständig. 89 Gattungen, 1300 Arten, Verbreitung weltweit; CH: 1 Gattung, 2 Arten.

■ *Euonymus europaeus*
(=*Evonymus europaeus*, Gemeines Pfaffenhütchen, Gemeiner Spindelstrauch; FH **691**, 1331)
Bis 5 m hoher Strauch; junge Zweige grün; Blätter gegenständig, fein gezähnt; Blüten 4zählig, unscheinbar, grün; Früchte 4teilig, leuchtend rosa bis purpurn; Waldränder, Hecken, kollin und montan.

Familie *Parnassiaceae*

Früher waren die Arten dieser aus 2 Gattungen bestehenden Familie Teil der *Saxifragaceae*. Heute werden sie je nach Wertung der Merkmale als eigenständige Familie *Parnassiaceae* oder als Unterfamilie *Parnassioideae* der Familie *Celastraceae* eingestuft.
2 Gattungen, 51 Arten, Verbreitung nordhemisphärisch, im temperaten Klima, Südamerika; CH: 1 Gattung, 1 Art.

■ *Parnassia palustris*
(Sumpf-Herzblatt, Studentenröschen; FH **693**, 921)
Bis 30 cm hoch; krautige Pflanze mit grundständigen, herzförmigen Blättern; Blüten einzeln, weiss, 5zählig; äusserer Kreis der Staubblätter mit 5 Staubblättern, innerer Kreis mit 5 gelbgrünen Staminodien (sterile, umgewandelte Staubblätter) mit fächerförmig abstehenden Drüsen; Fruchtblätter 4, verwachsen, Fruchtknoten oberständig; meist an feuchten Stellen, kollin bis alpin.

Ordnung *Malpighiales*

Die Ordnung der *Malpighiales* ist gross und morphologisch heterogen. Sie umfasst 39 Familien mit etwa 720 Gattungen und 16'000 Arten, bei uns sind 108 Arten in 9 Gattungen aus 6 Familien einheimisch.

Familie *Euphorbiaceae*

Die Blüten der *Euphorbiaceae* sind 1geschlechtig; die Blütenhülle ist meist einfach (Perigon); der 2- oder 3blättrige Fruchtknoten ist oberständig.

218 Gattungen, 5735 Arten, Verbreitung weltweit; CH: 3 Gattungen, 25 Arten.

Die Familie ist vor allem in den Tropen reich vertreten, wo sie auch Pflanzen ganz verschiedener Wuchsform aufweist: Kräuter, Stauden, Sträucher, Bäume, blattlose Stammsukkulenten. Einige Vertreter bilden Milchsaft, in dem pharmazeutisch und technisch nutzbare Inhaltsstoffe akkumuliert werden (z.B. Kautschuk aus *Hevea brasiliensis*). *Manihot esculenta* (Maniok) enthält in allen Pflanzenteilen giftige Blausäureglykoside, wird aber wegen der stärkereichen Wurzelknollen als Nahrungsmittel in den Tropen angebaut. Die Knollen sind roh nicht geniessbar, erst nach einer entsprechenden Behandlung (z.B. Kochen, Trocknen) können sie als kohlenhydratlieferndes Nahrungsmittel konsumiert werden.

Euphorbia

(Wolfsmilch)

Mit z.T. giftigem Milchsaft; 1häusig; Blüten ohne Blütenhülle.

Die einfach gebauten ♂ und ♀ Blüten sind zu einem Pseudanthium vereint, dieses täuscht eine Zwitterblüte vor: 5 Hochblätter sind mehr oder weniger weit miteinander verwachsen und bilden einen krugförmigen sogenannten Hüllbecher, der auf dem Rand 4–5 auffallende, ovale oder sichelförmige Drüsen trägt. Aus dem Hüllbecher hängt an langem Stiel eine ♀ Blüte heraus, die nur aus einem Fruchtknoten und 3 2teiligen Griffeln besteht. Im Hüllbecher sind in 5 Gruppen mehrere Staubblätter angeordnet; jedes Staubblatt stellt eine einzelne, äusserst reduzierte, ♂ Blüte dar. Dieser Blütenstand wird als **Cyathium** bezeichnet (Abb. 59B).

- *Euphorbia amygdaloides*
  (Mandelblättrige Wolfsmilch; FH **796**, 1324)
  Bis 60 cm hoch; unterer Teil der Pflanze verholzt; Blätter oval bis lanzettlich, immergrün; Cyathienstand (zumindest im unteren Teil) traubenartig; Tragblätter halbkreisförmig, jeweils 2 gegenübersitzende zu einem rundlichen «Teller» verwachsen; Drüsen sichelförmig; Buchenwälder auf Kalk, kollin und montan.

- *Euphorbia cyparissias*
  (Zypressenblättrige Wolfsmilch, Abb. 59; FH **800**, 1321)
  Bis 50 cm hoch; Stengel unterhalb des Blütenstandes mit nichtblühenden Seitentrieben; Blätter lanzettlich, sommergrün; Cyathienstand doldenartig; Tragblätter 3eckig bis halbkreisförmig, frei; Drüsen sichelförmig; Wegränder, Wiesen, felsige Hänge, lichte Wälder, kollin bis alpin.

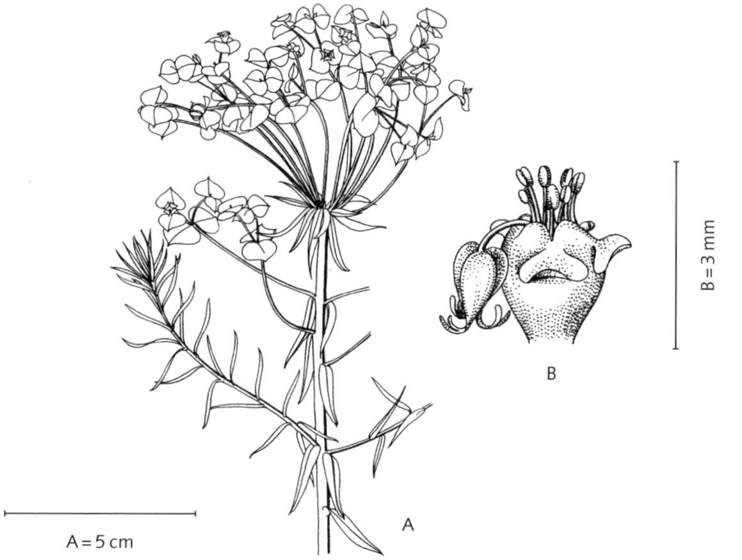

Abb. 59:
Euphorbiaceae:
A: *Euphorbia cyparissias.*
B: Cyathium.
(aus Hess 1976)

■ *Euphorbia helioscopia*
(Sonnenwend-Wolfsmilch; FH **791**, 1313)
Bis 40 cm hoch; 1jährig; Blätter oval, sommergrün; Cyathienstand doldenartig; Tragblätter oval; Drüsen oval; Weinberge, Gärten, Äcker, kollin und montan.

■ *Mercurialis perennis*
(Wald- oder Ausdauerndes Bingelkraut; FH **775**, 1307)
Bis 40 cm hoch; ohne Milchsaft; 2häusig; Blätter gegenständig; Blüten klein, mit grünen Perigonblättern; Laubmischwälder auf Kalk, kollin und montan.

Familie *Hypericaceae*

Blätter meist gegenständig oder quirlständig, mit Sekretgefässen; meist keine Nebenblätter vorhanden; Blütenhülle doppelt; Staubblätter zahlreich, Fruchtknoten oberständig.
9 Gattungen, 560 Arten, Verbreitung weltweit; CH: 1 Gattung, 11 Arten.

■ *Hypericum perforatum*
(Echtes Johanniskraut, Hartheu; FH **705**, 497)
Bis 70 cm hoch; Blätter gegenständig, im Durchlicht hell punktiert (Sekretgefässe); Blüten gelb, 5zählig; Staubblätter zahlreich, am Grunde in 3 Bündeln gruppiert; aus dem aus 3 fast vollständig verwachsenen Fruchtblättern bestehenden Fruchtknoten entsteht eine Kapselfrucht; Trockenwiesen, Waldränder, Gebüsche, kollin und montan.

Hypericum perforatum ist offizinell (Drogen *Hyperici herba*, *Hyperici summitates cum floribus recentes* (frische Triebspitzen), *Hyperici oleum*; Ph.Eur., Ph.Helv.). Die Drogen enthalten Naphthodianthrone (Hypericin, Pseudohypericin), Phloroglucinderivate (Hyperforin),

Flavonoide und Procyanidine. Zweigspitzen und Blätter werden zu Öl und Trockenextrakt (Kapseln, Tabletten) verarbeitet oder als Tee verwendet und bei leichten bis mittelschweren Depressionen eingesetzt. Die Inhaltsstoffe bewirken einen rascheren Abbau vieler Arzneimittel. Besonders kritisch ist dies bei Immunsuppressiva, Antikoagulantien, oralen Kontrazeptiva und Antidepressiva.

In der Alternativmedizin wird *Hypericum perforatum* ebenfalls eingesetzt. Die Medikamente kommen sowohl äusserlich wie innerlich zur Anwendung.

Der deutsche Name «Hartheu» verweist darauf, dass Stengel mit Fruchtkapseln in trockenem Zustand noch lange (teils bis zur nächsten Saison) stehenbleiben.

Familie *Linaceae*

Blätter ungeteilt, ganzrandig, meist wechselständig; Blütenhülle doppelt; Staubblätter meist 5; Fruchtknoten oberständig.

9 Gattungen, 560 Arten, Verbreitung weltweit; CH: 1 Gattung, 11 Arten.

■ *Linum catharticum*

(Purgier-Lein; FH **807**, 1342)

Bis 30 cm hoch; Blätter gegenständig; Blüten klein, Knospen nickend; Kelchblätter frei, Kronblätter frei, weiss; Frucht aufrecht; trockene bis feuchte Wiesen, kollin bis subalpin.

Die Merkmalskombination von *Linum catharticum* (gegenständige, ganzrandige Blätter, kleine Blüten mit freien Kelch- und freien, weissen Kronblättern, oberständiger Fruchtknoten sowie die Tendenz, einen dichasialen Blütenstand zu bilden) entspricht derjenigen vieler *Alsinoideae* (*Caryophyllaceae*); die Knospen von *Linum catharticum* nicken aber, was bei *Caryophyllaceae* nicht vorkommt. Alle anderen, einheimischen *Linum*-Arten haben wechselständige Blätter und grössere Blüten; sie sind nicht häufig. *Linum usitatissimum* (Flachs) wird seit über 8000 Jahren genutzt und ist somit eine der ältesten Kulturpflanzen, sie wird zur Faser- (Flachs, Leinen) und Ölgewinnung (Leinöl aus den Samen) angebaut und ist offizinell.

Familie *Salicaceae*

Die *Salicaceae* sind Holzpflanzen mit wechselständigen, nicht oder nur wenig geteilten Blättern und mit Nebenblättern. Sie haben 1geschlechtige Blüten und sind 2häusig. Die Blüten beider Geschlechter sind in Kätzchen angeordnet. Die Blüten haben keine Blütenhülle, die Stellung des Fruchtknotens kann deshalb nicht beurteilt werden. Die Samen sind sehr klein und endospermlos, sie tragen einen Haarschopf; damit können sie vom Wind über Hunderte von Kilometern transportiert werden. Viele *Salicaceae* ertragen zeitweise überschwemmte Böden. Sie gehören deshalb zu den wichtigsten Gehölzen in Auenwäldern und Ufergebüschen. Verschiedene niederliegende Arten sind charakteristische Pflanzen von Hochgebirgen und der Arktis.

55 Gattungen, 1010 Arten, Verbreitung weltweit in temperatem bis arktischem Klima; CH: 2 Gattungen, 33 Arten

Salicaceae haben einige Merkmale gemeinsam mit den *Fagales*: Es sind Holzpflanzen mit wechselständigen Blättern sowie unscheinbaren, 1geschlechtigen Blüten mit einfacher oder fehlender Blütenhülle in Kätzchen. Deshalb wurden sie früher zur Gruppe der *Amentiflorae* (Kätzchenblütler; Amentum = Kätzchen) zusammengefasst. Die molekularen Daten zeigen aber, dass die *Salicaceae* nicht näher mit den *Fagales* verwandt sind.

Populus

(Pappel)

Bäume; Tragblätter der Blüten zerschlitzt (Abb. 60A); windbestäubt.

■ *Populus alba*
(Silber-, Weiss-Pappel; FH **771**, 602)
Bis 35 m hoch; Blätter wenig tief 3–5teilig, unterseits dicht filzig behaart (deshalb grau bis silbrig); Weichholzauen, Ufer, kollin.

■ *Populus nigra*
(Schwarz-Pappel; FH **773**, 603)
Bis 30 m hoch; Blätter rhombisch und unterseits kahl; Weichholzauen, kollin und montan.

Im Gegensatz zu den 2 anderen Arten mit beblätterten Kurztrieben bildet *Populus nigra* Blätter nur an Langtrieben. Auen sind bei uns gefährdete Biotope, zudem bastardiert *Populus nigra* leicht mit der häufig angepflanzten *Populus deltoides* (eine amerikanische Schwarzpappel), so dass reine *Populus nigra* immer seltener wird.

■ *Populus tremula*
(Aspe, Espe, Zitter-Pappel; Abb. 60B; FH **772**, 601)
Bis 20 m hoch; Blätter rundlich, unterseits kahl oder wenig und nicht silbrig behaart; Blattstiel abgeflacht; Wälder, Gebüsche, kollin bis subalpin.

Populus tremula wird in der Alternativmedizin eingesetzt.

Salix

(Weide)

Tragblätter der Blüten nicht zerschlitzt; insektenbestäubt.

Viele Weidenarten sind morphologisch sehr variabel; zudem treten häufig Bastardierungen auf. Beides bewirkt, dass Weiden z.T. schwierig zu bestimmen sind. Die meisten Arten blühen sehr früh im Jahr, weshalb sie die erste Bienennahrung im Frühling bilden. Deshalb sind Weiden in vielen Gebieten geschützt. Wegen ihres Pioniercharakters, ihres schnellen Wachstums und wegen der einfachen vegetativen Vermehrung durch Stecklinge sind einige Weiden wichtige Pflanzen in der Ingenieurbiologie (Verfestigung von Rutschhängen sowie von Strassen- und Bachböschungen). In tiefen Lagen sind die Weiden strauch- bis baumförmig (v.a. kollin und montan), in höheren Lagen gibt es v.a. Sträucher (subalpine und untere alpine Stufe).

Bäume oder Sträucher

■ *Salix alba*
(Silber-, Weiss-Weide; FH **739**, 577)
Bis 20 m hoher Baum; Blätter lanzettlich, gezähnt, unterseits dicht seidig behaart (Haare gerade); Weichholzauen, Bruchwälder, kollin.

Salix alba wird in der Alternativmedizin verwendet.

■ *Salix caprea*
(Sal-Weide; Abb. 60G; FH **756**, 597)
Bis 10 m hoher Baum oder Strauch; Blätter oval, unterseits graugrün bis weisslich behaart; Waldränder, Gebüsche, Auenwälder, Ruderalstellen, kollin bis subalpin; häufigste Weidenart.

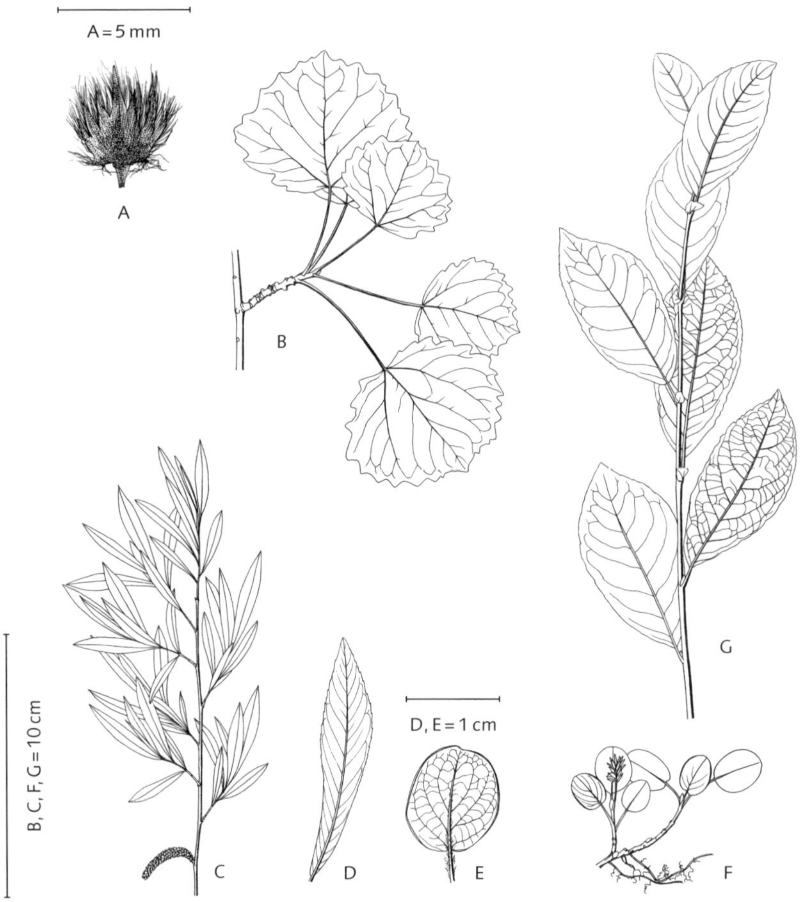

Abb. 60:
Salicaceae.
A+B: *Populus tremula.*
A: Tragblatt einer Blüte.
B: Kurztrieb.
C: *Salix purpurea.*
D: Blatt von *Salix purpurea.*
E: Blatt von *Salix reticulata.*
F: *Salix reticulata.*
G: *Salix caprea.*
(aus Hess & al. 1976–1980)

■ *Salix elaeagnos*
(Lavendel-Weide; FH **766**, 579)
Bis 6 m hoher Strauch, selten bis 16 m hoher Baum; Blätter schmal lanzettlich, ganzrandig, mit nach unten umgebogenem Rand, unterseits weiss filzig behaart (Haare kraus); Frucht kahl; Flussbegleiter, kollin und montan.

■ *Salix helvetica*
(Schweizer Weide; FH **764**, 582)
Bis 1.5 m hoher Strauch; Blätter breitlanzettlich, wenig gezähnt oder ganzrandig, mit nach unten umgebogenem Rand, unterseits weiss behaart (Haare bei jungen Blättern gerade und seidig, bei ausgewachsenen Blättern kraus und filzig); Frucht dicht behaart; saurer Blockschutt, subalpin und alpin; mässiger Säurezeiger (Reaktionszahl 2).

■ *Salix purpurea* i.w.S.
(Purpur-Weide; Abb. 60C+D; FH **767**, 585)
Bis 6 m hoher Strauch; Blätter lanzettlich, kahl, nur in der vorderen Hälfte gezähnt, teilweise gegenständig; Flussbegleiter (auch in Auenwäldern), Gebüsche, kollin bis subalpin.

Es werden 2 Sippen unterschieden: *Salix purpurea* subsp. *purpurea* ist im Tiefland weitverbreitet und häufig; *Salix purpurea* subsp. *gracilis* kommt in höheren Lagen vor und unterscheidet sich durch schmalere Blätter und kleineren Wuchs.

Salix purpurea ist offizinell (Droge *Salicis cortex*; Ph.Eur.). Die Rinde 2–3jähriger Zweige enthält Phenolglykoside (Salicylalkohol-Derivate), Flavonoide und Phenolcarbonsäuren. Die Droge wirkt antipyretisch, antiphlogistisch und analgetisch und wird bei chronischen Rückenschmerzen, leichter Arthrose und rheumatischen Beschwerden eingesetzt.

Salix purpurea wird auch in der Alternativmedizin verwendet.

Spaliersträucher

■ *Salix herbacea*
(Kraut-Weide; FH **741**, 567)
Spalierstrauch unterirdisch kriechend; Blätter rund bis oval, fein gezähnt; Feinschutt, feuchte Rasen, Schneetälchen, auf sauren Böden, alpin; mässiger Säurezeiger (Reaktionszahl 2).

■ *Salix reticulata*
(Netz-Weide; Abb. 60E+F; FH **742**, 568)
Spalierstrauch oberirdisch kriechend; Blätter rund bis oval, ganzrandig, mit deutlicher Netznervatur, oft filzig behaart, unterseits grau; Feinschutt, steinige Rasen, Schneetälchen, auf kalkreichen Böden, subalpin und alpin; Basenzeiger (Reaktionszahl 5).

■ *Salix retusa*
(Stumpfblättrige oder Gestutzte Weide; FH **743**, 569)
Spalierstrauch oberirdisch kriechend; Blätter oval bis breitlanzettlich, ganzrandig, an der Spitze oft ausgerandet, beiderseits glänzend grün; Felsen, Schutt, steinige Rasen, Schneetälchen, auf kalkreichen bis schwach sauren Böden, subalpin und alpin; mässiger Basenzeiger (Reaktionszahl 4).

Familie *Violaceae*

Blätter meist wechselständig und ungeteilt, meist mit Nebenblättern; Blüten 5zählig; Blütenhülle doppelt; Krone zygomorph, das unterste Kronblatt am Grunde mit einem Sporn; Staubblätter 5; Fruchtknoten oberständig.
23 Gattungen, 800 Arten, Verbreitung weltweit; CH: 1 Gattung, 24 Arten.
Einzige europäische Gattung ist ***Viola*** (Veilchen, Stiefmütterchen). Aufgrund der Stellung der Kronblätter lässt sich die Gattung in 2 Gruppen aufteilen, die auch im Volksmund unterschieden werden, in die «Veilchen» und in die «Stiefmütterchen».

Obere 2 Kronblätter nach oben, 2 seitliche und das untere nach unten gerichtet (Veilchen)

■ *Viola hirta*
(Rauhhaariges Veilchen; FH **714**, 543)
Bis 10 cm hoch; Blätter und Blüten grundständig (ohne Stengel); Blüten violett; Wiesen, Gebüsche, Böschungen, kollin und montan.

■ *Viola reichenbachiana*
(= *Viola sylvestris*, Wald-Veilchen; Abb. 61B; FH **721**, 547)
Bis 25 cm hoch; Stengel vorhanden, mit Stengelblättern und Blüten; Blüten blauviolett; Wälder, kollin und montan.

Obere und seitliche Kronblätter nach oben, das untere nach unten gerichtet (Stiefmütterchen)

■ *Viola arvensis*
(Acker-Stiefmütterchen; FH **735**, 558)
Bis 20 cm hoch; 1jährig; Blüten violett, gelb oder weiss, einfarbig oder mehrfarbig; Krone kürzer bis etwa so lang wie der Kelch (die Spitzen der Kelchblätter deshalb von vorne meist sichtbar); sehr ähnlich wie *Viola tricolor*; Äcker, Getreidefelder, Ruderalstellen, kollin bis subalpin.

Viola arvensis und *Viola tricolor* sind nahe verwandt und nicht immer sicher auseinanderzuhalten. Beide sind offizinell (Droge *Violae herba cum flore*; Ph.Eur.). Sie enthalten Flavonoide, Salicylsäurederivate, Phenolcarbonsäuren, Cumarine und Schleimstoffe. Es wird die ganze Pflanze (inkl. Blüten) verwendet. Daraus werden Balsame, Crèmes und Hautöle sowie Tee hergestellt. Sie finden Anwendung bei leichten, seborrhoischen Hauterkrankungen und bei Milchschorf bei Kindern.

Abb. 61:
Violaceae:
A: *Viola calcarata*.
B: *Viola reichenbachiana*.
(aus Hess & al. 1976–1980)

■ *Viola biflora*

(Gelbes Bergveilchen, Zweiblütiges Veilchen; FH **729**, 554)

Bis 20 cm hoch; Blätter nierenförmig; Blüten gelb; schattige, feuchte (insbesondere luftfeuchte) Stellen, Hochstaudenfluren, an Bächen, unter Felsen, subalpin und alpin.

Die Pflanzen haben i.d.R. 2 Blüten, wobei die eine sich normal öffnet, während die zweite meist unscheinbar und kleistogam ist (d.h., sie öffnet sich nicht und ist im Knospenstadium selbstbestäubend). *Viola biflora* wird trotz der für Stiefmütterchen typischen Stellung der Kronblätter auf deutsch als Veilchen bezeichnet.

■ *Viola calcarata*

(Langsporniges Stiefmütterchen; Abb. 61A; FH **731**, 555)

Bis 10 cm hoch; Blüten gross (bis 4 cm), dunkelviolett, mit langem Sporn; Rasen, subalpin und alpin.

■ *Viola tricolor*

(Feld-Stiefmütterchen; FH **733**, 557)

Bis 40 cm hoch; Blüten violett, gelb oder weiss, einfarbig oder mehrfarbig; Krone länger als der Kelch (der Kelch deshalb von vorne meist nicht sichtbar); Wiesen, Brachen, kollin bis subalpin.

Siehe Kommentar unter *Viola arvensis*.

Viola tricolor wird in der Alternativmedizin eingesetzt; wahrscheinlich wird die sehr ähnliche *Viola arvensis* nicht unterschieden und ebenfalls verwendet.

Ordnung *Oxalidales*

6 Familien, etwa 60 Gattungen und 1900 Arten, bei uns sind nur 3 Arten aus der Gattung *Oxalis* einheimisch.

Familie *Oxalidaceae*

Die Familie zeigt sehr unterschiedliche Wuchsformen mit krautigen Pflanzen, Sträuchern und Bäumen. Die Blüten sind meist 5zählig, mit freien Kronblättern, 10 Staubblättern und einem oberständigen Fruchtknoten. Die meisten Arten enthalten viel Oxalat (gelöst und in kristalliner Form).

6 Gattungen, 770 Arten, Verbreitung v.a. tropisch und subtropisch; CH: 1 Gattung, 3 Arten.

■ *Oxalis acetosella*

(Wald-, Gemeiner Sauerklee; FH **808**, 1399)

Bis 15 cm hoch; Blätter mit 3 Teilblättern (wie z.B. *Trifolium*, *Fabaceae*); Blüten aktinomorph, weiss, meist mit rötlich-violetten Adern; Wälder, kollin bis subalpin.

Da der Verdunstungsschutz der Blätter nur schwach ausgebildet ist, kommt die Art nur an schattigen, luftfeuchten Standorten vor.

Oxalis acetosella wird in der Alternativmedizin verwendet.

Ordnung *Fabales*

4 Familien, etwa 750 Gattungen und 20'500 Arten, in der Schweiz Vertreter aus 2 Familien.

Familie *Fabaceae*

Fabaceae sind krautig oder verholzt und haben wechselständige, meist zusammengesetzte Blätter mit Nebenblättern. Fast alle *Fabaceae* haben Wurzelknöllchen, die symbiontische, Luftstickstoff fixierende Bakterien (z.B. *Rhizobium*-Arten) enthalten. Charakteristisch für die *Fabaceae* ist das einzige oberständige Fruchtblatt, aus dem eine Hülsenfrucht entsteht, deswegen werden die *Fabaceae* auch *Leguminosae* resp. Hülsenfrüchtler genannt. Die Samen bilden meist kein Endosperm, als Speicherorgan dienen die Keimblätter, in denen Stärke, Proteine und z.T. auch Fette eingelagert werden.
730 Gattungen, 19'400 Arten, Verbreitung weltweit; CH: 28 Gattungen, 136 Arten.
Nach den *Asteraceae* und *Orchidaceae* sind die *Fabaceae* die drittgrösste Familie der *Angiospermae*. Die Familie wird in 3 Unterfamilien unterteilt, die früher manchmal auch als eigene Familien betrachtet wurden. Die 2 Unterfamilien *Faboideae* und *Mimosoideae* sind monophyletisch, die dritte Unterfamilie *Caesalpinioideae* ist paraphyletisch, wird aber meistens aus praktischen Gründen beibehalten. Bei uns kommen nur Vertreter der *Faboideae* natürlicherweise vor, viele von ihnen sind häufig und wichtig, Arten der anderen Unterfamilien werden bei uns manchmal als Zierpflanzen kultiviert.

Unterfamilie *Faboideae*

Die *Faboideae* zeigen einen charakteristischen Blütenaufbau (Abb. 62): Der 5zählige Kelch ist verwachsen. Die 5zählige Krone ist aus 3 freien (1 Fahne und 2 seitlich stehende Flügel) und 2 meist verwachsenen (Schiffchen) Kronblättern aufgebaut. Die Blüte ist deutlich zygomorph. Das Schiffchen umschliesst die 10 Staubblätter. Die Staubbeutel sind immer frei. Meist sind 9 Staubfäden verwachsen und der oberste, 10te ist frei (selten sind alle 10 Staubfäden zu einer geschlossenen Röhre verwachsen). Die verwachsenen Filamente umgeben das einzige oberständige Fruchtblatt. Mit den auffallenden Kronblättern (insbesondere mit den ausgebreiteten Flügeln) können gewisse Blüten entfernt an einen Schmetterling erinnern; auf dieser Eigenschaft beruht der alte Name dieser Unterfamilie: *Papilionoideae* (als Familie eingestuft: *Papilionaceae*, abgeleitet von lat. *papilio* = Schmetterling).
Blütenformel: K(5) C 3+(2) A(9)+1 $\underline{G}$1
476 Gattungen, 13'855 Arten; CH: 26 Gattungen, 134 Arten
Die Symbiose mit stickstoffbindenden Bakterien ermöglicht den *Faboideae*, einen bei Pflanzen unüblichen Reservestoff aufzubauen und in den Früchten und v.a. in den Samen einzulagern: Proteine. Die Samen und Früchte können deshalb als wertvolle Nahrungsmittel genutzt werden. Dies ist insbesondere für VegetarierInnen sowie in Gegenden wichtig, in denen tierisches Eiweiss nur sehr eingeschränkt zur Verfügung steht. Die *Faboideae* sind (nach den

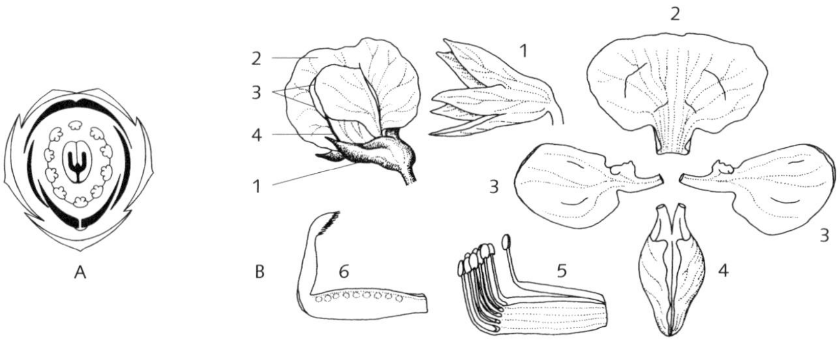

Abb. 62:
A: Blütendiagramm der *Faboideae*.
B: Blüte von *Pisum sativum*, gesamt und zerlegt.
1: Kelch.
2: Fahne.
3: Flügel.
4: Schiffchen.
5: Staubblätter.
6: Fruchtblatt.
(aus Frohne & Jensen 1998)

Poaceae mit den Getreidearten) die wichtigste Pflanzengruppe für die Ernährung der Menschen. Wegen der zusätzlichen Stickstoffversorgung durch ihre Symbionten können viele *Faboideae* auch an nährstoffarmen Pionierstandorten gut gedeihen. Der in vielen Pflanzenteilen eingelagerte Stickstoff ist für die Landwirtschaft von grossem Interesse: *Faboideae* werden als wertvolle Futterpflanzen angepflanzt. Sie werden aber auch angesät und später als ausgewachsene Pflanzen in den Boden eingepflügt; der Stickstoff kommt so in einer für andere Pflanzen verfügbaren Form in den Boden. Dieser Vorgang wird Gründüngung genannt.
Die meisten einheimischen Arten sind krautig; es gibt auch Holzpflanzen, die in der Schweiz aber von geringerer Bedeutung sind: Eine häufige verholzte Art ist *Hippocrepis emerus* (=*Coronilla emerus*, Strauchwicke), die in der ganzen Schweiz an warmen Lagen vorkommt. Südlich der Alpen spielen die Ginster im weiteren Sinne (z.B. *Cytisus*, *Genista*) eine pflanzensoziologisch wichtige Rolle. In Wäldern können die in Gärten als Ziersträucher angepflanzten Goldregen (Arten der Gattung *Laburnum*) natürlicherweise vorkommen. Häufig angepflanzt wird auch die nordamerikanische *Robinia pseudoacacia* (Falsche Akazie, Robinie), die oft verwildert und sich in weiten Teilen der Schweiz aggressiv ausbreitet.
Die Blattteilung ist ein gut sichtbares und leicht lernbares Merkmal. Eine Einteilung aufgrund der Blattmerkmale erlaubt eine praktische Übersicht über wichtige einheimische Taxa dieser Unterfamilie. Diese Einteilung ist rein morphologisch und spiegelt nicht die verwandtschaftlichen Verhältnisse wider. Wir unterscheiden hier 4 Gruppen anhand der Blattteilung:

Blätter mit 3 Teilblättern

Laburnum

(Goldregen)
Sträucher oder kleine Bäume; Teilblätter bis 10 cm lang; Blüten in langen, hängenden Trauben.

■ ***Laburnum anagyroides***

(Gemeiner Goldregen; FH **513**, 1093)
Bis 7 m hoch; Blüten gelb; Hülsenfrucht bis 8 cm lang, dicht anliegend

behaart; lichte Wälder, als Zierstrauch in Gärten und Parkanlagen kultiviert, kollin und montan.

Die ähnlich aussehende zweite Art in der Schweiz ist *Laburnum alpinum* (Alpen-Goldregen); sie hat kahle Hülsenfrüchte. Beide *Laburnum*-Arten sind wegen ihrer Alkaloide (Hauptalkaloid Cytisin) sehr giftig.

Medicago

(Schneckenklee)

Blüten in kopfartigen Trauben; Krone nach dem Verblühen abfallend; Hülsenfrucht nierenförmig, sichelförmig oder schraubenförmig (schneckenförmig) gewunden.

■ *Medicago falcata*

(Gelbe Luzerne, Sichelklee; FH **619**, 1110)

Bis 60 cm hoch; Blüten relativ gross (5–10 mm lang), gelb; Hülsenfrucht sichel- bis hufeisenförmig, 8–15 mm lang; Trockenwiesen, Ruderalstellen, kollin bis subalpin.

■ *Medicago lupulina*

(Hopfenklee; Abb. 63B; FH **622**, 1107)

Bis 50 cm hoch; Blüten relativ klein (weniger als 4 mm lang), gelb; Hülsenfrucht nierenförmig, 2–3 mm im Durchmesser; Wiesen, Ruderalstellen, kollin und montan.

■ *Medicago sativa*

(Saat-Luzerne; FH **617**, 1109)

Bis 1 m hoch; Blüten relativ gross (5–10 mm lang), blau; Hülsenfrucht schraubenförmig gewunden, 4–6 mm im Durchmesser; Wiesen, kollin und montan; wichtige Futterpflanze, deshalb und auch zur Gründüngung oft angesät.

Melilotus

(Honigklee, Steinklee)

Pflanzen süsslich nach Cumarin duftend; Blüten in lockeren, lang gestreckten Trauben; Krone nach dem Verblühen abfallend; Hülsenfrucht gerade.

■ *Melilotus albus*

(Weisser Honigklee; FH **614**, 1118)

Blüten weiss; Hülsenfrucht eiförmig, 3–4 mm lang; Ruderalstellen, kollin und montan.

■ *Melilotus officinalis*

(Echter Honigklee; FH **611**, 1115)

Blüten gelb; Hülsenfrucht eiförmig, 3–4 mm lang; Ruderalstellen, kollin und montan.

Melilotus officinalis ist offizinell (Droge *Meliloti herba*; Ph.Eur.). Die Droge enthält phenolische Säuren, Cumarin, Flavonoide und Triterpensaponine. Sie wird bei chronischer venöser Insuffizienz, Ödemen, Thrombophlebitis, Hämorrhoiden, Prellungen, Verstauchungen und oberflächlichen Blutergüssen eingesetzt. Selten treten Kopfschmerzen als Nebenwirkung auf.

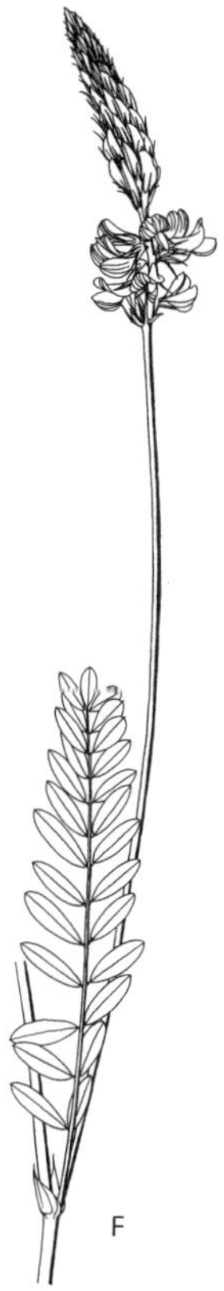

Abb. 63:
Fabaceae, Faboideae.
A: *Trifolium pratense*.
B: *Medicago lupulina*.
C: *Hippocrepis comosa*.
D: *Anthyllis vulneraria*.
E: *Vicia sepium*.
F: *Onobrychis viciifolia*.
(A aus Hess 1976, B–F aus Hess & al. 1976–1980)

Trifolium

(Klee)

Blüten in kopfigen Trauben oder Ähren; Krone nach dem Verblühen nicht abfallend, mit den Staubfäden verwachsen; Hülsenfrucht gerade.

Grosse Gattung mit mehr als 300 Arten, sehr viele Arten im Mittelmeerraum, bei uns 28 Arten.

Blüten rot

■ *Trifolium alpinum*
(Alpen-Klee; FH **624**, 1139)
Bis 20 cm hoch; ohne Stengel (Blätter und Blütenstand grundständig); Teilblätter schmallanzettlich; Blüten relativ gross (über 2 cm lang); Rasen, Weiden, Zwergstrauchgesellschaften, subalpin und alpin; mässiger Säurezeiger (Reaktionszahl 2).

■ *Trifolium pratense* i.w.S.
(Rot-, Wiesen-Klee; Abb. 63A; FH **645**, 1129)
Bis 40 cm hoch; Stengel aufrecht; Teilblätter oval; Blüten bis 1.5 cm lang; Wiesen (wichtige Futterpflanze, deshalb häufig zusätzlich eingesät), kollin bis alpin.

In der Schweiz sind 2 Sippen einheimisch: Im Tiefland wächst *Trifolium pratense* (= *Trifolium pratense* subsp. *pratense*), in der alpinen Stufe kommt *Trifolium nivale* (= *Trifolium pratense* subsp. *nivale*) mit weisslichen bis rötlich-weissen Blüten vor; die beiden Taxa sind nicht klar getrennt, intermediäre Formen sind in der subalpinen Stufe häufig. Dazu kommen v.a. im Tiefland noch eine unbekannte Zahl weiterer Sippen und Kultursorten aus dieser Verwandtschaft, die eingeführt und als Futterpflanzen angesät wurden.

Blüten gelb

■ *Trifolium badium*
(Braun-Klee; FH **635**, 1145)
Bis 25 cm hoch; Stengel aufrecht; Blüten 6–9 mm lang; Krone nach dem Verblühen dunkelbraun verfärbend; Fettwiesen, Weiden, subalpin und alpin.

■ *Trifolium dubium*
(Kleiner oder Zweifelhafter Klee; FH **640**, 1142)
Bis 20 cm hoch; Stengel meist niederliegend; Blüten 3–4 mm lang; Krone nach dem Verblühen hellbraun verfärbend; Wiesen, Rasen, Ruderalstellen, kollin.

Blüten weiss

■ *Trifolium montanum*
(Berg-Klee; FH **625**, 1134)
Bis 50 cm hoch; Stengel aufrecht; Trockenwiesen, kollin bis subalpin.

■ *Trifolium repens*
(Weiss-, Kriechender Klee; FH **626**, 1133)
Bis 20 cm hoch; Stengel bis 1 m lang, niederliegend, an den Knoten wurzelnd; Blütenstände einzeln in den Blattachseln, auf langen, aufrechten Stielen; Fettwiesen (wichtige Futterpflanze, deshalb häufig zusätzlich eingesät), Weiden, Ruderalstellen, kollin bis subalpin.

Blätter mit 5 Teilblättern

■ *Lotus corniculatus* agg.
(Gemeiner Hornklee; FH **657**, 1157)
Bis 30 cm hoch; die 2 unteren Teilblätter sitzend, die 3 oberen Teilblätter auf einem kurzen Stiel (wie ein Kleeblatt); Blüten gelb, in kopfigen Dolden; Wiesen, Weiden, Ruderalstellen, kollin bis alpin.

In der Schweiz werden aufgrund der Form der Teilblätter, der Behaarung und der Zahl der Blüten in einer Dolde meist 4 Arten unterschieden, die aber nicht immer eindeutig abzugrenzen sind. Wie einige andere *Faboideae* ist auch *Lotus corniculatus* eine wichtige Futterpflanze.

Blätter paarig gefiedert, mit endständiger Ranke oder grannenartiger Spitze

Lathyrus
(Platterbse)
Stengel kantig und oft durch die herablaufenden Blätter geflügelt; Nebenblätter meist relativ gross; Blüten gelb, rot oder blau bis violett; Staubfäden alle gleich weit miteinander verwachsen.

■ *Lathyrus pratensis*
(Wiesen-Platterbse; FH **595**, 1229)
Bis 90 cm hoch; Blätter mit endständiger Ranke; Blüten gelb; Wiesen, Gebüsche, kollin und montan.

■ *Lathyrus vernus*
(Frühlings-Platterbse; FH **583**, 1239)
Bis 50 cm hoch; Blätter mit grannenartiger Spitze; Blüten rot, blau oder violett; Laubwälder, kollin und montan.

Lathyrus vernus hat ovale bis lanzettliche Teilblätter und ist in der ganzen Schweiz verbreitet. Im Südosten der Schweiz (Tessin, Puschlav) kommt die nahe verwandte Art *Lathyrus gracilis* (=*Lathyrus vernus* subsp. *gracilis*; FH **584**, 1240) mit sehr schmallanzettlichen Teilblättern vor.

Vicia
(Wicke)
Stengel kantig; Nebenblätter unscheinbar; Blüten gelb, rot oder blau bis violett; untere Staubfäden weiter miteinander verwachsen als die oberen.

Die hier angeführten Arten haben Blätter mit endständiger Ranke und blaue bis violette Blüten.

■ *Vicia cracca* i.w.S.
(Vogel-Wicke; FH **561**, 1201)
Bis 1.2 m hoch; Blüten in vielblütigen, einseitswendigen, langgestielten Trauben; Wiesen, Gebüsche, Waldränder, Ruderalstellen, kollin bis subalpin.

In der Schweiz werden mehrere, oft nicht klar getrennte Sippen unterschieden.

■ *Vicia sativa* i.w.S.
(Futter-Wicke; FH **573**, 1217)
Bis 90 cm hoch; Blüten einzeln, zu 1–4 in den Blattachseln; Äcker, Brachen, Ruderalstellen, kollin und montan.

Die in der Schweiz vorkommenden Sippen sind nicht klar getrennt, Zwischenformen sind häufig. Wie einige andere *Faboideae* werden auch verschiedene Sippen von *Vicia sativa* als Futterpflanzen angebaut.

■ *Vicia sepium*
(Zaun-Wicke; Abb. 63E; FH **568**, 1216)
Bis 60 cm hoch; Blüten in wenigblütigen, einseitswendigen, kurzgestielten Trauben; Wiesen, Gebüsche, Wälder, kollin und montan.

Blätter unpaarig gefiedert

Blütenstand kopfig (Blüten sitzend) oder eine Dolde

■ *Anthyllis vulneraria* i.w.S.
(Gewöhnlicher Wundklee; Abb. 63D; FH **661**, 1149)
Bis 60 cm hoch; Endteilblatt grösser als die seitlichen Teilblätter; Blütenstand kopfig, von radiär geteilten Hochblättern umgeben; Blüten gelb; Trockenwiesen, steinige Rasen, kollin bis alpin.

Es werden mehrere Sippen (als Arten oder Unterarten) unterschieden. Eine Unterscheidung der verschiedenen Taxa ist schwierig und oft nur an Extremformen möglich.

■ *Hippocrepis comosa*
(Hufeisenklee; Abb. 63C; FH **672**, 1164)
Stengel niederliegend, bis 30 cm lang; Blüten in Dolden, gelb; Früchte in 1samige, hufeisenförmige (dt. Name!) Teilfrüchte zerfallend (Zerfallfrucht); Trockenwiesen, steinige Rasen, kollin bis subalpin; Basenzeiger (Reaktionszahl 5).

■ *Securigera varia*
(=*Coronilla varia*, Bunte Kronwicke; FH **671**, 1187)
Stengel bis 1.2 m lang, niederliegend oder aufsteigend; Blüten in Dolden, rötlich bis weiss, Schiffchenspitze violett; Hülsenfrucht schmal, stabförmig, bis 8 cm lang; Wiesen, Ruderalstellen, kollin und montan.

Blütenstand eine Ähre oder eine Traube

Baum oder Strauch; Blütenstand hängend

■ *Robinia pseudoacacia*
(Falsche Akazie, Robinie; FH **529**, 1162)
Bis 25 m hoher Baum oder Strauch; Zweige mit Nebenblatt-Dornen; Blüten weiss, in vielblütigen Trauben; lichte Wälder, Dämme, Ruderalstellen, kollin und montan.

Robinia pseudoacacia stammt ursprünglich aus den südlichen USA und wird bei uns häufig angepflanzt. Sie verwildert oft und breitet sich aggressiv aus, deshalb ist sie auch auf der Schwarzen Liste (siehe Kapitel «Neophyten und invasive Arten»).

Krautig, nicht verholzt; Blütenstand aufrecht

Astragalus
(Tragant)
Blüten in Ähren oder Trauben; Flügel etwa gleich lang wie das Schiffchen; Schiffchen ohne aufgesetzte Spitze.

■ *Astragalus alpinus*
(Alpen-Tragant; FH **537**, 1171)
Bis 25 cm hoch; Stengel aufsteigend; Krone weiss, Fahne und Schiffchenspitze violett; steinige Rasen, subalpin und alpin; mässiger Basenzeiger (Reaktionszahl 4).

■ *Astragalus frigidus*
(Gletscherlinse, Gletscher-Tragant; FH **535**, 1175)
Bis 40 cm hoch; Stengel aufrecht; Blüten gelblich; eher feuchte Wiesen und Weiden, subalpin und alpin; Basenzeiger (Reaktionszahl 5).

■ *Hedysarum hedysaroides*
(= *Hedysarum obscurum*, Alpen-Süssklee; FH **677**, 1191)
Bis 50 cm hoch; Blüten in Trauben, rot bis violett; Hülsenfrucht flach, zwischen den Samen eingeschnürt, in 1samige, linsenförmige Teilfrüchte zerfallend (Zerfallfrucht); Wiesen, Weiden, Zwergstrauchgesellschaften, subalpin und alpin.

Onobrychis
(Esparsette)
Blüten in Trauben; Flügel viel kürzer als das Schiffchen, so lang oder kürzer als der Kelch; Hülsenfrucht meist 1samig, eiförmig, 6–8 mm lang, mit kurzen Zähnen.

■ *Onobrychis montana*
(Berg-Esparsette; FH **674**, 1194)
Bis 40 cm hoch; Stengel niederliegend und aufsteigend; Flügel etwa so lang wie der Kelch; Blüten rot; Wiesen, Weiden, subalpin; Basenzeiger (Reaktionszahl 5).

■ *Onobrychis viciifolia*
(Saat-Esparsette; Abb. 63F; FH **676**, 1193)
Bis 70 cm hoch; Stengel meist aufrecht; Flügel kürzer wie der Kelch; Blüten rötlich; Trockenwiesen, kollin und montan; mässiger Basenzeiger (Reaktionszahl 4).

Früher war *Onobrychis viciifolia* eine wichtige Futterpflanze, die deshalb auch oft angebaut wurde. Heute ist sie vielfach durch *Medicago sativa* verdrängt worden.

Oxytropis
(Spitzkiel)
Die Gattung ist nahe verwandt mit *Astragalus*, sie weist die gleichen Merkmale auf, das Schiffchen trägt aber eine kurze, aufgesetzte Spitze (dt. Name!).

■ *Oxytropis campestris* i.w.S.
(Alpen-, Feld-Spitzkiel; FH **549**, 1179)
Bis 15 cm hoch; Blätter und Blütenstand grundständig; Blüten weiss bis gelblich; Wiesen, Weiden, alpin; mässiger Basenzeiger (Reaktionszahl 4).

In der Schweiz werden 2 Sippen unterschieden, die nicht immer klar trennbar sind. In der ganzen Schweiz wächst *Oxytropis campestris* subsp. *campestris*, nur im Osten (Unterengadin und Samnaun) kommt *Oxytropis campestris* subsp. *tyrolensis* vor.

■ *Oxytropis jacquinii*
(Berg-Spitzkiel; FH **545**, 1181)
Bis 20 cm hoch; Stengel meist nur kurz; Blüten blau bis violett; steinige Rasen, alpin; Basenzeiger (Reaktionszahl 5).

Familie *Polygalaceae*

Die *Polygalaceae* sind krautig oder verholzt. Die ungeteilten Blätter sind wechselständig und ohne Nebenblätter. Die zygomorphen Blüten haben 5 freie Kelchblätter, 3 Kelchblätter sind klein und unscheinbar, die 2 seitlichen dagegen sind stark vergrössert, aufgerichtet und kronblattartig gefärbt. Die meist 3 Kronblätter sind frei, das untere Kronblatt trägt an der Spitze ein zerschlitztes Anhängsel. In einer Blüte hat es 8 Staubblätter und 2–3 verwachsene Fruchtblätter, die sich zu einer Kapselfrucht entwickeln.
18 Gattungen, über 1000 Arten, Verbreitung weltweit; CH: 1 Gattung, 2–10 Arten.

Die Blüten vieler *Polygalaceae* (insbesondere jene der bei uns heimischen Gattung *Polygala*) gleichen auf den ersten Blick den Blüten der *Faboideae*, aber die ähnlich aussehenden, auffallenden Teile werden von verschiedenen Organen gebildet: Die Flügel der *Polygalaceae* sind Kelch-, jene der *Faboideae* sind Kronblätter; das Schiffchen der *Faboideae* wird von 2 meist verwachsenen Kronblättern gebildet, die entsprechende Struktur der *Polygalaceae* besteht aus nur 1 Kronblatt.

■ *Polygala chamaebuxus*
(Buchsblättrige Kreuzblume; FH **680**, 1357)
Bis 25 cm hoch; Zwergstrauch; Blätter lederig, immergrün; Blüten gelb und weiss, oft rot überlaufen; Wälder, Zwergstrauchgesellschaften, felsige Hänge, montan und subalpin; mässiger Basenzeiger (Reaktionszahl 4).

■ *Polygala vulgaris* agg.
(Wiesen-Kreuzblume; FH **683**, 1353)
Pflanzen bis 30 cm hoch, krautig; Blätter sommergrün; Blüten blau, selten rosa, violett oder weiss; Wiesen, Weiden, kollin bis subalpin.

Polygala vulgaris ist eine Gruppe von schwer unterscheidbaren Arten, je nach Buch werden bis zu 9 Arten angegeben.

Ordnung *Fagales*

Die *Fagales* sind Holzpflanzen mit wechselständigen Blättern. Sie haben 1geschlechtige Blüten und sind meist 1häusig. Die ♂ Blüten sind immer, die ♀ Blüten oft in Kätzchen angeordnet. Die Blütenhülle fehlt oder ist ein unscheinbares Perigon. Die Fruchtknoten sind unterständig und bestehen aus 2 bis wenigen, verwachsenen Fruchtblättern. Jedes Fruchtblatt hat 1–2 Samenanlagen, die je nur 1 Integument aufweisen. Aus jedem Fruchtknoten entsteht eine 1samige Nussfrucht. Bei einigen Familien werden die Nussfrüchte zusätzlich von vegetativen Geweben mehr oder weniger eingehüllt. Alle Arten sind windbestäubt (Ausnahme *Castanea sativa*).
8 Familien, etwa 30 Gattungen und 1020 Arten, in der Schweiz kommen Vertreter aus 3 Familien vor, zu ihnen gehören die wichtigsten waldbildenden, einheimischen Laubbäume der kollinen und montanen Stufe.

Fagales und *Salicaceae* (Ordnung *Malpighiales*) haben einige Merkmale gemeinsam: Holzpflanzen mit wechselständigen Blättern sowie unscheinbaren, 1geschlechtigen Blüten mit einfacher oder fehlender Blütenhülle in Kätzchen. Deshalb wurden sie früher zur Gruppe der *Amentiflorae* (Kätzchenblütler; Amentum = Kätzchen) zusammengefasst. Die molekularen Daten zeigen aber, dass die *Salicaceae* nicht näher mit den *Fagales* verwandt sind und deshalb auch nicht zur Ordnung der *Fagales* gehören.

Familie *Betulaceae*

Die *Betulaceae* haben gezähnte, ungeteilte Blätter. Meistens entsteht ein Fruchtknoten aus 2 Fruchtblättern. Die Nussfrüchte sind nackt (*Alnus*, *Betula*) oder offen in der Achsel eines Flügelblattes aus Vor- und Tragblättern (*Carpinus*) oder von einer dünnen Hülle aus Vor- und Tragblättern mehr oder weniger eingehüllt (*Corylus*, *Ostrya*). Mit Ausnahme von *Corylus avellana* sind bei den einheimischen Arten auch die ♀ Blüten in Kätzchen angeordnet.
6 Gattungen, 110 Arten, Verbreitung im temperaten Klima der Nordhemisphäre; CH: 5 Gattungen, 10 Arten.

Alnus

(Erle)

♀ Kätzchen zu wenigen in lockeren Trauben; vegetative Strukturen der ♀ Kätzchen zur Zeit der Fruchtreife verholzend («Zäpfchen»); Nussfrüchte nackt, linsenförmig, flach, aus den Zäpfchen herausfallend; die leeren Zäpfchen auch im Jahr nach Blüte und Fruchtbildung an der Pflanze verbleibend; Pflanzen mit Wurzelknöllchen, in denen Bakterien aus der Gattung *Frankia* leben, die Luftstickstoff fixieren können.

■ *Alnus glutinosa*

(Schwarz-Erle; FH **341**, 257)

Bis 20 m hoher Baum; Blätter vorne abgerundet bis ausgerandet, unterseits in den Winkeln der Nerven mit Haarbüscheln, sonst kahl; junge Blätter oberseits klebrig (=glutinosa); Blattzähne breiter als lang; seitenständige Zäpfchen gestielt; Bruchwälder, Weichholzauen, Ufer, v.a. kollin.

Von den bei uns einheimischen Baumarten hält *Alnus glutinosa* Bodenvernässung und somit eine anaerobe Situation im Wurzelbereich am längsten aus. Deshalb kann die Schwarz-Erle auch in Bruchwäldern gedeihen, wo der Boden dauernd vernässt ist und zeitweise sogar unter Wasser steht. Das weiche Holz der Schwarz-Erle wird als Bauholz (insbesondere im Wasserbau) und zur Herstellung von Kisten und Papier verwendet.

■ *Alnus incana*

(Grau-Erle; Abb. 64D; FH **342**, 258)

Bis 20 m hoher Baum; Blätter spitz, unterseits grau behaart; Blattzähne breiter als lang; seitenständige Zäpfchen sitzend; Weichholzauen, Bachufer, kollin und v.a. montan.

Das weiche Holz wird als Bauholz (insbesondere im Wasserbau) und zur Herstellung von Kisten und Papier verwendet.

■ *Alnus viridis*

(Alpen-, Grün-Erle; FH **340**, 259)

Bis 3 m hoher Strauch, Äste oft vom Grund an bogig austeigend; Blätter spitz, unterseits grün, meist kahl; Blattzähne länger als breit; seitenständige Zäpfchen kurzgestielt; schattige, feuchte Hänge, Lawinenrunsen, montan und v.a. subalpin; mässiger Nährstoffzeiger (Nährstoffzahl 4).

Betula

(Birke)

♀ Kätzchen nicht verholzend, zur Fruchtzeit zerfallend; Nussfrüchte nackt, linsenförmig, flach, mit 2 häutigen Flügeln.

■ *Betula pendula*

(Hänge-Birke; FH **335**, 253)

Bis 25 m hoher Baum; Rinde im oberen Teil weiss; Zweige überhängend; Blätter oval bis rhombisch; Blattstiele und diesjährige Zweige kahl; Ufer, Moore, Wälder, kollin bis subalpin.

Das relativ weiche und feinfaserige Holz wird als Möbel- und Schnitzholz verwendet, seltener auch zur Herstellung von Papier.

Abb. 64:
Fagales.
A+**B**: *Fagaceae*:
A: *Quercus robur*, blühend und fruchtend.
B: *Fagus sylvatica*, blühend und fruchtend.
C–**E**: *Betulaceae*:
C: *Carpinus betulus*, fruchtend.
D: *Alnus incana*, mit letztjährigen Zäpfchen.
E: *Corylus avellana*, blühend und fruchtend.
(aus Hess & al. 1976–1980)

Betula pendula und *Betula pubescens* sind beide offizinell (Droge *Betulae folium*; Ph.Eur.). Sie enthalten Flavonoide (Hauptflavonoid: Hyperosid), Triterpenester und Phenolcarbonsäuren. Aus den Blättern werden Dragées, Kapseln und Tee zubereitet. Die Birkenblätter haben eine diuretische Wirkung, sie werden deshalb zur Durchspülungstherapie bei bakteriellen und entzündlichen Erkrankungen der ableitenden Harnwege angewendet.

In der Alternativmedizin wird *Betula pendula* ebenfalls eingesetzt.

■ *Betula pubescens*

(Moor-Birke; FH **336**, 254)

Bis 25 m hoher Baum; Rinde meist überall weiss; Zweige abstehend oder aufrecht; Blätter oval bis rhombisch; Blattstiele und diesjährige Zweige behaart; Moore, Wälder, kollin bis subalpin.

Das relativ weiche und feinfaserige Holz wird als Möbel- und Schnitzholz verwendet, seltener auch zur Herstellung von Papier.

Betula pubescens ist offizinell, siehe Kommentar unter *Betula pendula*.

■ *Carpinus betulus*
(Hagebuche, Hainbuche, Weissbuche; Abb. 64C; FH **343**, 261)
Bis 20 m hoher Baum; Blätter länglich-eiförmig, spitz; Nussfrucht in der Achsel eines flachen Blattes aus Vor- und Tragblatt, das 3teilig ist (mit 2 kurzen seitlichen und 1 langen, flügelförmigen Mittelabschnitt) und als Flugorgan der Ausbreitung der Frucht dient; Wälder, oft als Hecke angepflanzt, kollin.
Das harte, aber wenig dauerhafte Holz wird als Werkholz und für Zaunpfähle verwendet.

■ *Corylus avellana*
(Haselstrauch; Abb. 64E; FH **339**, 260)
Bis 5 m hoher Strauch; Blätter rundlich; Blüte lange vor dem Blattaustrieb (Januar bis März!); ♀ Blüten zu 2–6 beisammen, von Knospenschuppen umgeben; Nussfrucht von unregelmässiger zerschlitzter Hülle (aus Vor- und Tragblatt) umgeben; Waldränder, Gebüsche, Wälder, kollin bis subalpin.
Die Samen in den Nussfrüchten enthalten in den Speicherkeimblättern bis zu 60 % Fett. Die Samen werden roh als Nahrungsmittel sowie als Zutaten zu Backwaren und Süssigkeiten verwendet.

■ *Ostrya carpinifolia*
(Hopfenbuche; FH **344**, 262)
Bis 10 m hoher Baum; Blätter länglich-eiförmig, spitz; Nussfrucht vollständig von einer Hülle (aus Vor- und Tragblatt) umschlossen; Wälder und Gebüsche in warmen Lagen, kollin und montan; Mittelmeerpflanze, die im Südosten der Schweiz (Tessin, Bergell, Puschlav) natürlicherweise vorkommt, nördlich der Alpen wird sie hin und wieder angepflanzt.

Familie *Fagaceae*

Die Blätter der *Fagaceae* sind ungeteilt (ganzrandig oder gezähnt) oder fiederteilig. Meistens entsteht ein Fruchtknoten aus 3 Fruchtblättern. Die Nussfrüchte werden von einem holzigen Fruchtbecher aus vegetativem Gewebe, der **Cupula**, umgeben. Bei den einheimischen Gattungen (*Castanea*, *Fagus*, *Quercus*) sind nur die ♂ Blüten in Kätzchen; ihre bei uns heimischen Arten können anhand der Zahl der Früchte pro Cupula und der Fortsätze an der Cupula charakterisiert werden.
7 Gattungen, 670 Arten, Verbreitung v.a. im temperaten Klima der Nordhemisphäre; CH: 3 Gattungen, 6 Arten.

■ *Castanea sativa*
(Edel-Kastanie; FH **327**, 244)
Bis 35 m hoher Baum; Blätter lanzettlich, bis 25 cm lang, scharf gezähnt; ♂ Kätzchen zylindrisch, aufrecht oder abstehend, bis 20 cm lang; insektenbestäubt; Cupula kugelig, meist mit 3 Nussfrüchten; Fortsätze an der Cupula lang, stechend; Wälder im Tessin, sonst angepflanzt und verwildert, kollin.
Castanea sativa stammt ursprünglich aus Südwestasien (Kleinasien und Kaukasus) und wurde wegen der essbaren Früchte von den Griechen in den Mittelmeerraum gebracht. Vor etwa 2000 Jahren wurde sie von den Römern in Europa nordwärts an den Alpensüdfuss und auch weiter nördlich verbreitet. Heute kann sie in der kollinen Stufe auf der Alpen-

südseite waldbildend sein und steigt auch in die montane Stufe auf. Nördlich der Alpen kommt sie nur angepflanzt oder verwildert vor. Im Mittelalter war sie regional ein wichtiges Nahrungsmittel, insbesondere im Winter, da die Nussfrüchte lange gelagert werden können. Das Holz wird als Bauholz und für Fassdauben und Weinbergpfähle verwendet.

■ *Fagus sylvatica*
(Buche, Rotbuche; Abb. 64B; FH **326**, 245)
Bis 40 m hoher Baum; Blätter elliptisch, ganzrandig, junge Blätter zottig bewimpert; ♂ Kätzchen kugelig, hängend; Cupula mit 2 3kantigen Nussfrüchten; Fortsätze an der Cupula lang, weich, nicht stechend; Wälder, kollin und montan.

Die Grenze der oberen Vorkommen von *Fagus sylvatica* definiert die obere Grenze der montanen Stufe nördlich und südlich der Alpen. In diesen Regionen ist *Fagus sylvatica* in der kollinen und montanen Stufe von Natur aus der häufigste Baum, aus wirtschaftlichen Gründen wird aber *Picea abies* lokal in Monokulturen angepflanzt. In den Zentralalpen fehlt die Buche wegen des kontinentalen Klimas weitgehend. Die Buche liefert ein hartes, gut zu bearbeitendes Holz mit hohem Brennwert. Es wird zur Herstellung von Möbeln (auch im Klavierbau), als Parkettholz und zur Produktion von Holzkohle verwendet.

Quercus
(Eiche)
Blätter (bei den einheimischen Arten) fiederteilig; ♂ Kätzchen locker, zylindrisch, hängend; Cupula halbkugelig, mit 1 Nussfrucht; Fortsätze an der Cupula (bei den einheimischen Arten) schuppenförmig; alle *Quercus*-Arten sind bei uns auf die kolline Stufe beschränkt; die Grenze der oberen Vorkommen von *Quercus*-Arten definiert die obere Grenze der kollinen Stufe.

Alle 3 angeführten *Quercus*-Arten sind offizinell (Droge *Quercus cortex*; Ph.Eur.) und enthalten Gerbstoffe und Triterpene. Die Rinde von jungen Zweigen wird für Bäder und Umschläge sowie zur Teezubereitung verwendet. Die Anwendung erfolgt bei Entzündungen der Haut und Schleimhäute und bei akuter Durchfallerkrankung.

■ *Quercus petraea*
(Trauben-Eiche; FH **332**, 250)
Bis 50 m hoher Baum; junge Triebe kahl; Blätter unterseits locker behaart; Blattstiel länger als 10 mm; Blätter am Grunde ohne Öhrchen; Stiel des Fruchtstandes kürzer als der Blattstiel; Wälder, an eher trockenen und nährstoffarmen Standorten.

Das Holz von *Quercus petraea* steht jenem von *Quercus robur* nur wenig nach bezüglich Festigkeit und Elastizität. Es wird als Bauholz und zur Herstellung von Möbeln und Fässern verwendet.

Betreffend pharmazeutischer Verwendung von *Quercus petraea* siehe Kommentar unter der Gattung *Quercus*.

■ *Quercus pubescens*
(Flaum-Eiche; FH **330**, 248)
Strauch oder bis 20 m hoher Baum; junge Triebe, Blattstiele und Blattunterseiten dicht behaart; lichte Wälder in warmen Lagen, steinige Hänge, Zentral- und Südalpen, Jurasüdfuss.

Betreffend pharmazeutischer Verwendung von *Quercus pubescens* siehe Kommentar unter der Gattung *Quercus*.

■ *Quercus robur*
(Stiel-Eiche; Abb. 64A; FH **331**, 249)
Bis 50 m hoher Baum; junge Triebe und Blätter kahl; Blattstiel kürzer als 10 mm; Blätter am Grunde mit Öhrchen; Stiel des Fruchtstandes viel länger als der Blattstiel; Wälder, an eher feuchten, lehmigen, nährstoffreichen Standorten (z.B. auch in Hartholz-Auenwäldern).

Das Holz von *Quercus robur* ist bezüglich Festigkeit und Elastizität das beste einheimische Holz. Seine Lebensdauer beträgt 500–1000 Jahre. Es wird als Bauholz und zur Herstellung von Möbeln und Fässern sowie von Eisenbahnschwellen verwendet.

Betreffend pharmazeutischer Verwendung von *Quercus robur* siehe Kommentar unter der Gattung *Quercus*. *Quercus robur* wird zudem auch in der Alternativmedizin verwendet.

Familie *Juglandaceae*

Blätter unpaarig gefiedert.
8 Gattungen, 50 Arten, Verbreitung Eurasien und Amerika; CH: 1 Gattung, 1 Art.

■ *Juglans regia*
(Walnussbaum; Abb. 65; FH **325**, 268)
Bis 25 m hoher Baum; ♂ Blüten in bis 10 cm langen, hängenden Kätzchen, ♀ Blüten zu 2–3 an den Spitzen der diesjährigen Triebe; Nussfrucht von einer dicken, fleischigen Hülle umgeben; kultiviert und in Wäldern verwildert, kollin und montan.

Früher wurde die Frucht von *Juglans regia* als Steinfrucht angesehen. Erst kürzlich (Markowski 2007) konnte nachgewiesen werden, dass die als fleischiges Exo- und Mesokarp interpretierte Hülle aus Blattstrukturen entsteht und somit vegetativen Ursprungs ist. Die Walnuss (ohne die fleischige Hülle) ist demnach eine Nussfrucht. *Juglans regia* kommt vom östlichen Mittelmeergebiet bis nach China vor und wurde wegen der essbaren Früchte bereits von den Griechen und Römern kultiviert. Vor etwa 2000 Jahren wurde der Walnussbaum von den Römern in Europa nordwärts verbreitet. Das Holz wird für Möbel und zum Drechseln und Schnitzen verwendet.

Juglans regia wird in der Alternativmedizin verwendet.

Ordnung *Rosales*

Die Ordnung der *Rosales* ist sehr vielgestaltig, eine einheitliche Charakterisierung ist nicht möglich. Viele Taxa haben einen erweiterten und verdickten Blütenboden, der auch Hypanthium genannt wird. In dieser oft krug- bis röhrenförmigen, z.T. fleischigen Blütenbasis können die Fruchtknoten eingesenkt sein. Solche eingesenkten Fruchtknoten können vom Blütenboden vollständig umwachsen und somit mit dem Blütenboden verwachsen sein (z.B. *Malus*, *Pyrus*, *Sorbus*), sie können aber auch frei im (z.B. krugförmigen) Blütenboden und nicht damit verwachsen sein (z.B. *Prunus*, *Rosa*). Es gibt viele verholzte Arten, die meisten haben Nebenblätter.
9 Familien, etwa 6000 Arten, in der Schweiz sind Vertreter aus 6 Familien heimisch, Vertreter aus einer weiteren Familie werden kultiviert (*Moraceae*).

Abb. 65:
Juglandaceae, Juglans regia.
(aus Hess & al. 1976–1980)

Familie *Cannabaceae*

2häusige, krautige Pflanzen; Blätter gegenständig, radiär geteilt; Blüten unscheinbar; Blütenhülle einfach, z.T. stark reduziert.
2 Gattungen, 3 Arten; CH: 2 Gattungen, 2 Arten.

■ *Cannabis sativa*

(Hanf; FH **350**, 264)
Bis 2 m hohes, aufrechtes, 1jähriges Kraut; Blätter bis zum Grunde geteilt, mit schmallanzettlichen, gezähnten Abschnitten; Ruderalstellen, Gärten, oft kultiviert auf Dachterrassen, Balkonen und in verschwiegenen Indooranlagen, kollin.

Diese Art kann sehr vielfältig genutzt werden und ist somit äusserst wertvoll: Die Nutzung der Fasern zur Herstellung von Papier, Seilen und widerstandsfähigen Stoffen (z.B. für Segel und Arbeitskleidung) war und ist nach wie vor besonders wichtig; weitere Verwendungen sind Kraut als Viehfutter, weibliche Blütenstände zur Bierherstellung, Nüsse als Vogelfutter sowie zur Ölgewinnung, Harz für medizinische Zwecke und als Genussmittel.

■ *Humulus lupulus*

(Hopfen; Abb. 66; FH **349**, 263)
Windende Staude; Stengel bis 6 m lang; Blätter nicht bis zum Grunde geteilt; ♀ Blütenstände zapfenartig, mit auffallenden Hochblättern, die harz- und bitterstoffreiche Drüsen enthalten; Hecken, Gebüsche, Waldränder, Auenwälder, kollin.

Humulus lupulus ist offizinell (Droge *Lupuli flos*; Ph.Eur.). Die Droge enthält ätherische Öle, Bitterstoffe, Flavonoide und Gerbstoffe und wird wegen der beruhigenden und schlaffördernden Wirkung bei Unruhe, Angstzuständen und Schlafstörungen eingesetzt. In Fertigarzneimitteln wird sie häufig mit Baldrian- und Melissenextrakt kombiniert.

In der Alternativmedizin wird *Humulus lupulus* ebenfalls eingesetzt.

Wegen der Bitterstoffe werden für die Bierbrauerei die ♀ Blütenstände verwendet; dazu wird Hopfen auch kultiviert.

Abb. 66: *Cannabaceae*, *Humulus lupulus*. (aus Hess & al. 1976–1980)

Familie *Elaeagnaceae*

Von Schildhaaren (=flächige Schuppenhaare) bedeckte (und deshalb meist silbrig glänzende) Holzpflanzen.

3 Gattungen, 50 Arten, Verbreitung im temperaten Klima der Nordhemisphäre; CH: 1 Gattung, 1 Art.

■ *Hippophaë rhamnoides*
(Sanddorn; FH **506**, 1251)
Bis 4 m hoher, 2häusiger Strauch mit Sprossdornen; Blätter lanzettlich, unterseits silbrigweiss; Blüten unscheinbar; Frucht bis 8 mm im Durchmesser, orange; auf kiesigen, offenen Böden, Ufer, Alluvionen, kollin und montan.

Das gelbliche Fruchtfleisch enthält sehr viel Vitamin C (bis 500 mg/100 g), Calcium und Magnesium (je 30 mg/100 g) sowie viele ungesättigte Fettsäuren. Es wird zur Herstellung von Marmelade und Saft verwendet.

Hippophaë rhamnoides wird auch in der Alternativmedizin eingesetzt.

Familie *Rhamnaceae*

Die vorwiegend verholzten *Rhamnaceae* haben ungeteilte Blätter mit bogenförmig verlaufenden Nerven. Bei den Staubblättern ist nur noch der innere Kreis erhalten, so dass die Staubblätter vor den sehr kleinen Kron- und zwischen den grösseren Kelchblättern stehen (Abb. 67). Die Alternanzregel wird somit nicht erfüllt (siehe auch *Primulaceae*, Ordnung *Ericales*).

55 Gattungen, 900 Arten, Verbreitung weltweit; CH: 2 Gattungen, 5 Arten.

■ *Frangula alnus*
(Faulbaum, Pulverholz; Abb. 67; FH **511**, 1341)
Bis 3 m hoher Strauch; ohne Dornen; Blätter wechselständig, ganzrandig; Blüten 5zählig, zwittrig; Beerenfrucht zuerst rot, später schwarz; Waldränder, Hecken, Moore, kollin und montan.

Frangula alnus ist offizinell (Drogen *Frangulae cortex*, *Frangulae cortex extractum siccum normatum*; Ph.Eur.). Die Droge enthält Anthranoide und Gerbstoffe. Die Rinde wird als Trockenextrakt oder Tee als dickdarmwirksames Laxans verwendet. Die Wirkstoffe liegen in Anthrachinonform vor, die im Gegensatz zur Dianthronform weniger sekretagog ist und dadurch milder wirkt.

Das Holz wird für Drechslerarbeiten verwendet und liefert die beste Holzkohle; diese kann extrem fein vermahlen werden und wurde deshalb früher zur Herstellung von Schwarzpulver verwendet.

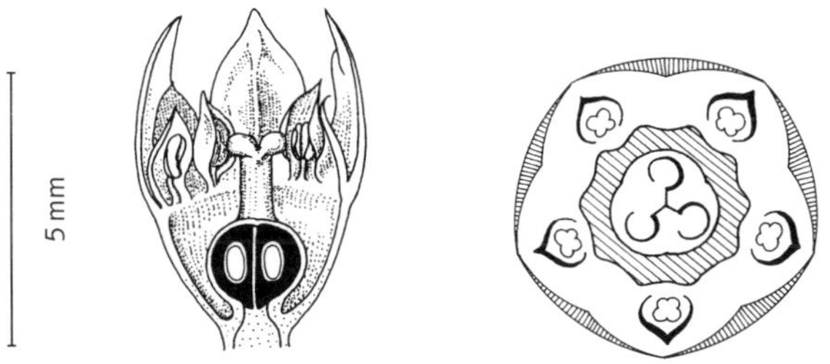

Abb. 67:
Rhamnaceae, *Frangula alnus*.
A: Blüte im Längsschnitt.
B: Blütendiagramm.
(aus Strasburger & al. 2002)

■ *Rhamnus cathartica*
(Gemeiner oder Purgier-Kreuzdorn; FH **508**, 1337)
Bis 3 m hoher Strauch; Zweige oft in einen Dorn auslaufend (Sprossdornen); Blätter gegenständig, gezähnt; Blüten 4zählig, 1geschlechtig, Pflanzen oft 2häusig; Beerenfrucht schwarz; Waldränder, Hecken, Moore, kollin und montan.

Familie *Rosaceae*

Die *Rosaceae* sind eine grosse und ökonomisch wichtige Familie mit krautigen und verholzten Pflanzen. Die Blätter sind wechselständig und weisen Nebenblätter auf. Die aktinomorphen Blüten sind meist 5zählig und haben eine doppelte Blütenhülle. Holzige *Rosaceae* haben einen einfachen Kelch, krautige *Rosaceae* hingegen haben meist einen doppelten Kelch (aussen an der Blüte sitzen meist etwas kleinere Zipfel zwischen den eigentlichen Kelchblättern); diese zusätzlichen, meist kleineren, äusseren Kelchblätter werden auch als Aussenkelch bezeichnet. Die Kronblätter sind immer frei. Bei den meisten *Rosaceae* wurde durch Ausbildung von zusätzlichen Kreisen die Zahl der Staubblätter sekundär vermehrt. Die 1 bis vielen Fruchtknoten sind ursprünglich oberständig, aber bei einigen Gruppen sind sie in einen vom Blütenboden gebildeten Becher eingesenkt. Bei einigen Taxa (z.B. Unterfamilie *Maloideae*) sind die Fruchtknoten vom Blütenboden vollständig um- und mit diesem verwachsen und werden somit unterständig. Mit den 5zähligen

Blüten mit zahlreichen Staub- und Fruchtblättern gleichen viele krautige *Rosaceae* morphologisch den *Ranunculaceae*, sie unterscheiden sich aber von diesen durch die doppelte Blütenhülle mit Kelch und Krone (*Ranunculaceae* haben ein Perigon und allenfalls zusätzlich kronblattartige Nektarblätter) sowie durch den meist doppelten Kelch (die äussere Blütenhülle [Perigon] ist bei den *Ranunculaceae* nie doppelt).
Eine häufige Blütenformel bei krautigen *Rosaceae* ist deshalb
$K5{+}5\ C5\ A\infty\ \underline{G}\infty$ (z.B. *Fragaria, Geum, Potentilla*).
Bei den *Rosaceae* treten verschiedene Fruchttypen auf, die zudem oft in Sammel- und Scheinfrüchten vereinigt sind (Abb. 68). Als einzelne, nicht miteinander verbundene Früchte gibt es Balgfrüchte (z.B. *Aruncus, Spiraea*), Nussfrüchte (z.B. *Dryas, Filipendula, Geum, Potentilla*) und Steinfrüchte (z.B. *Prunus*). Dieselben Fruchttypen finden sich auch zu Sammel- oder Scheinfrüchten vereinigt (z.B. Apfelfrüchte bei den *Maloideae*, Hagebutten bei *Rosa*). Die Aufteilung in die heute verwendeten Unterfamilien basiert hauptsächlich auf Fruchtmerkmalen. Aufgrund molekularer Daten sind diese Unterfamilien nicht haltbar. Da sie aber morphologisch gut fassbar sind und zudem immer noch gebraucht werden, behalten wir diese Aufteilung (vorerst) bei.
100 Gattungen, 3000 Arten, Verbreitung weltweit, häufig temperat bis subtropisch; CH: 24 Gattungen, die Artenzahl für die Schweiz schwankt je nach Quelle von etwas über 100 bis weit über 300 Arten. Dies hängt mit den unterschiedlichen taxonomischen Bewertungen der Sippen in den Gattungen mit apomiktischer Fortpflanzung zusammen; dies sind v.a. die beiden Gattungen *Alchemilla* und *Rubus* mit je 4 bis über 100 Arten.

Die *Rosaceae* sind bei uns in der Schweiz nicht nur eine grosse, sondern auch eine ökonomisch wichtige Familie, die vielfältig genutzt wird. Sie ist bei uns die wichtigste Familie betreffend essbarer Früchte. Dabei werden Arten aus allen 3 hier besprochenen Unterfamilien genutzt. Bei den ***Rosoideae*** sind dies Arten der Gattungen *Fragaria* (Erdbeeren) und *Rosa* (Rosen mit den Hagebutten); bei beiden sind die eigentlichen Früchte Nussfrüchte, genutzt wird aber der fleischige Blütenboden; bei den Arten der Gattung *Rubus* (Brom-, Himbeeren) sind die zahlreichen kleinen Steinfrüchte zu Sammelfrüchten vereinigt. Bei den ***Maloideae*** haben wir *Malus domestica* (Äpfel) und *Pyrus communis* (Birnen), aber auch *Cydonia oblonga* (Quittenbaum), welche Apfelfrüchte ausbilden; hier wird der fleischige, die Balgfrüchte (Kerngehäuse) umwachsende Blütenboden gegessen. Die Gattung *Prunus* (Unterfamilie ***Prunoideae***) mit Steinfrüchten umfasst mehrere wichtige Arten, bei denen das saftige Fruchtfleisch gegessen wird: *Prunus armeniaca* (Aprikose), *Prunus avium* (Süsskirsche), *Prunus cerasus* (Sauer-, Weichselkirsche), *Prunus domestica* (Zwetschge), *Prunus insititia* (Pflaume), *Prunus persica* (Pfirsich); bei *Prunus dulcis* (= *Prunus communis*, Mandel) ist das Fruchtfleisch lederig, gegessen werden hier die Samen. Einige Arten der Familie sind wichtige Medizinalpflanzen, z.B. Arten der Gattungen *Alchemilla* (Frauen-, Silbermantel) und *Crataegus* (Weissdorn). Das Holz verschiedener Strauch- und Baumarten wird technisch genutzt: Arten der Gattung *Crataegus* (Weissdorn), *Prunus avium* (Kirschbaum), *Pyrus communis* (Birnbaum), *Sorbus aucuparia* (Vogelbeerbaum, Eberesche).

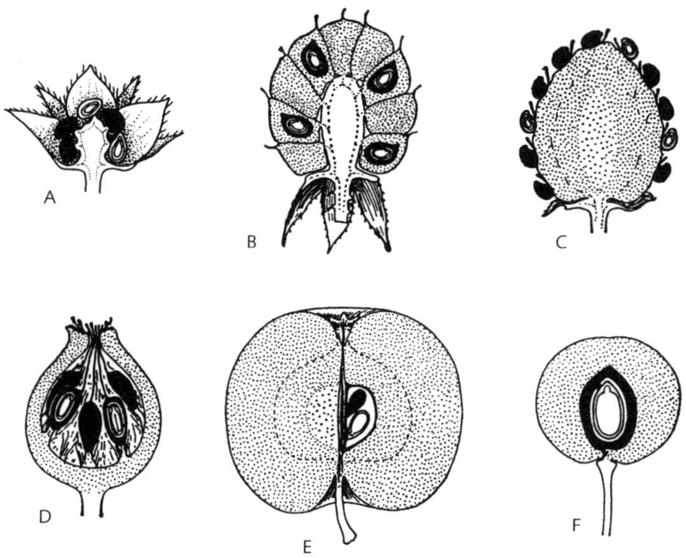

Abb. 68:
Rosaceae, Fruchtlängsschnitte (schematisch).
A: *Potentilla* (Blütenboden nicht oder kaum vergrössert, mit darauf sitzenden Nussfrüchten).
B: *Rubus fruticosus* (aus Steinfrüchten aufgebaute Sammelfrucht).
C: *Fragaria* (Blütenboden aufgewölbt, mit darauf sitzenden Nussfrüchten).
D: *Rosa* (Blütenboden krugförmig, mit darin sitzenden Nussfrüchten).
E: *Malus domestica* (Balgfrüchte von der Blütenachse umwachsen).
F: *Prunus avium* (Steinfrucht).
(aus Strasburger & al. 2008)

Unterfamilie *Rosoideae*

Bei den *Rosoideae* gibt es sowohl krautige wie auch verholzte Pflanzen (v.a. Sträucher). Sie haben meistens Nussfrüchte, die Gattung *Rubus* hat Steinfrüchte in Sammelfrüchten.

Nussfrüchte einzeln (also keine Sammel- oder Scheinfrüchte)

Griffel federig behaart, nach der Blüte weiterwachsend

■ *Dryas octopetala*
(Silberwurz; Abb. 69A; FH **413**, 937)
Spalierstrauch mit bis 1 m langen niederliegenden Trieben; Blätter oval, gezähnt, unterseits weissfilzig behaart; Kronblätter 8, weiss; Fruchtknoten zahlreich, frei; Felsschutt, steinige Rasen, subalpin und alpin; Basenzeiger (Reaktionszahl 5).

Geum
(Nelkenwurz)
Blätter unpaarig gefiedert, mit vergrössertem Endteilblatt; Fruchtknoten zahlreich, frei.

■ *Geum montanum*
(Berg-Nelkenwurz; Abb. 69C; FH **411**, 935)
Bis 40 cm hoch; Stengel 1blütig; Kronblätter gelb; Griffel nach der Blüte nicht gegliedert; Rasen, Weiden, subalpin und alpin; mässiger Säurezeiger (Reaktionszahl 2).

■ *Geum rivale*
(Bach-Nelkenwurz; FH **409**, 933)
Bis 60 cm hoch; Stengel mehrblütig; Blüten nickend; Kronblätter rosa; Griffel nach der Blüte bei etwa 2/3 der Länge hakig gegliedert, der Teil oberhalb des Hakens vor der Fruchtreife abfallend; feuchte Wiesen, an Bächen, kollin bis subalpin.

■ *Geum urbanum*
(Echte Nelkenwurz; FH **410**, 934)
Bis 90 cm hoch; Stengel mehrblütig; Blüten aufrecht; Kronblätter gelb; Griffel nach der Blüte bei etwa 2/3 der Länge hakig gegliedert, der Teil oberhalb des Hakens vor der Fruchtreife abfallend; Ruderalstellen, Gebüsche, Wälder, kollin und montan.

Geum urbanum wird in der Alternativmedizin eingesetzt.

Griffel kahl, nach der Blüte nicht weiterwachsend

Blüte mit zahlreichen, freien Fruchtknoten

■ *Filipendula ulmaria*
(Moor-Geissbart, Mädesüss, Rüsterstaude, Spierstaude; FH **363**, 925)
Bis 2 m hoch; Blätter unpaarig gefiedert, mit kleinen Zwischenfiedern; Blüten klein, weiss, in einer reichblütigen Spirre; feuchte Wiesen, Gräben, kollin bis subalpin.

Filipendula ulmaria ist offizinell (Droge *Filipendulae ulmariae herba*; Ph.Eur.). Die Droge enthält Flavonoide (hauptsächlich Spiraeosid), Phenylglykoside, ätherische Öle sowie Gerbstoffe und wird als unterstützende Behandlung von Erkältungskrankheiten eingesetzt.

Potentilla
(Fingerkraut)
Blätter meist radiär geteilt (dt. Name!); Blüten meist 5zählig; Nussfrüchte auf einem nicht oder kaum vergrösserten, trockenen Blütenboden (Abb. 68A).

Durch ihren doppelten Kelch und die Ausbildung von Nebenblättern unterscheiden sie sich von den auf den ersten Blick ähnlichen *Ranunculus*-Arten.

■ *Potentilla anserina*
(Gänse-Fingerkraut; FH **423**, 947)
Stengel bis 1 m lang, niederliegend; Blätter unpaarig gefiedert (im Gegensatz zu den übrigen erwähnten Arten); Blüten gelb; Ruderalstellen, Weiden, kollin und montan.

Potentilla anserina wird in der Alternativmedizin verwendet (v.a. in der Homöopathie und der Phytotherapie).

■ *Potentilla aurea*
(Gold-Fingerkraut; Abb. 69B; FH **445**, 969)
Bis 20 cm hoch; Blätter meist mit 5 Teilblättern; Teilblätter oval

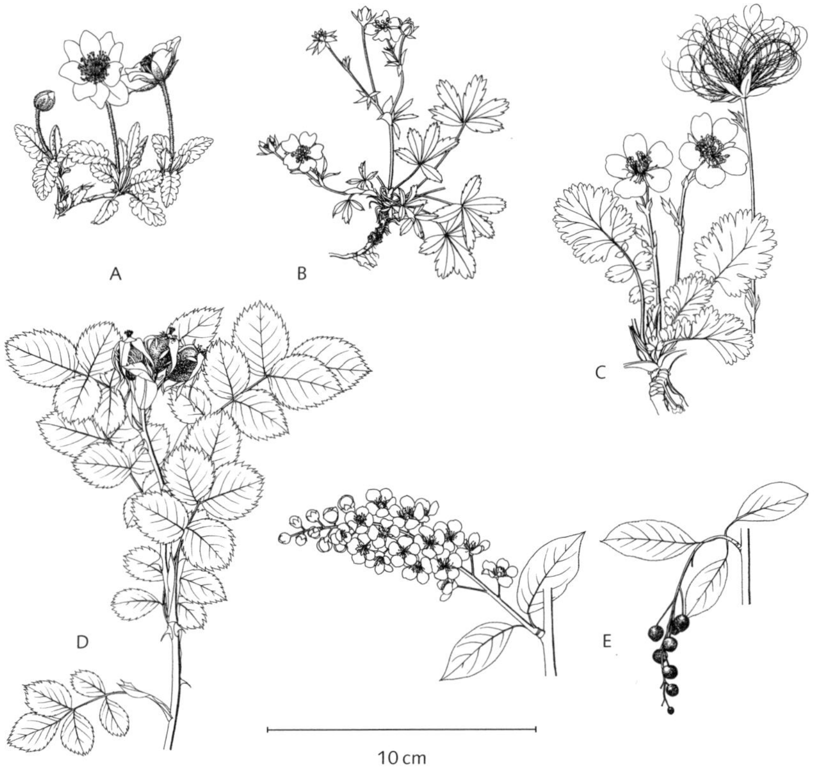

Abb. 69:
Rosaceae.
A: *Dryas octopetala*.
B: *Potentilla aurea*.
C: *Geum montanum*, blühend und fruchtend.
D: *Rosa canina*, fruchtend.
E: *Prunus padus*, blühend und fruchtend.
(A+B, D+E aus Hess & al. 1976–1980, C aus Hess 1976)

(etwas schmaler als bei *Potentilla crantzii*), silbrigglänzend berandet; Endzahn des mittleren Teilblattes meist kürzer als die benachbarten Zähne; Blüten gelb; Wiesen, Weiden, subalpin und alpin; mässiger Säurezeiger (Reaktionszahl 2).

■ *Potentilla crantzii*
(Crantz' Fingerkraut; FH **446**, 970)
Bis 20 cm hoch; Blätter meist mit 5 Teilblättern; Teilblätter oval (etwas breiter als bei *Potentilla aurea*), nicht silbrigglänzend berandet; Endzahn des mittleren Teilblattes etwa gleich lang wie die benachbarten Zähne; Blüten gelb; Wiesen, Weiden, subalpin und alpin; mässiger Basenzeiger (Reaktionszahl 4).

■ *Potentilla erecta*
(= *Tormentilla erecta*; Blutwurz, Tormentill, Aufrechtes Fingerkraut; FH **425**, 949)
Bis 60 cm hoch; Blüten gelb, 4zählig (Ausnahme in der Gattung); trockene bis feuchte Wiesen, Flachmoore, kollin bis subalpin.

Potentilla erecta ist offizinell (Droge *Tormentillae rhizoma*; Ph.Eur.). Das Rhizom läuft beim Schneiden rot an (dt. Name!); es enthält Gerbstoffe, Triterpene, Flavonoide und Phenolcarbonsäuren. Die Droge wird eingesetzt bei unspezifischen, akuten Durchfallerkrankungen. Wegen der adstringierenden Wirkung wird sie auch bei leichten Schleimhautentzündungen im Mund- und Rachenraum eingesetzt. Dazu werden aus dem Rhizom Extrakte und Tinkturen hergestellt, die als Gurgelwasser oder Spray verwendet werden. Das Rhizom kann auch zu Tee verarbeitet werden.

■ *Potentilla reptans*
(Kriechendes Fingerkraut; FH **426**, 950)
Stengel bis 1 m lang, niederliegend; Blüten gelb; Brachen, Ruderalstellen, kollin und montan.

■ *Potentilla sterilis*
(Erdbeer-Fingerkraut; FH **419**, 943)
Bis 10 cm hoch; Blätter mit 3 Teilblättern; Endzahn des mittleren Teilblattes meist kürzer als die benachbarten Zähne; Blüten weiss, Kronblätter meist nicht aneinanderstossend; Waldränder, Böschungen, Hecken, v.a. kollin.

Die Pflanze sieht *Fragaria vesca* sehr ähnlich, hat aber als *Potentilla* keine fleischigen Scheinfrüchte.

■ *Sibbaldia procumbens*
(Gelbling, Sibbaldie; FH **448**, 972)
Bis 5 cm hoch; Blätter radiär geteilt, mit 3 Teilblättern; Teilblätter vorne mit 3 Zähnen; Kronblätter gelbgrün, schmal, kürzer als die Kelchblätter; Schneetälchen, Rasen, alpin; mässiger Säurezeiger (Reaktionszahl 2).

Blüte mit 1 Fruchtknoten (aus 1 Fruchtblatt)

Alchemilla
(Frauenmantel, Silbermantel)
Blätter radiär geteilt; Blüten unscheinbar, 4zählig; Krone fehlend; Staubblätter 4.

Diese Gattung umfasst wegen der bei den meisten Arten vorherrschenden apomiktischen Fortpflanzung viele Kleinarten, die schwierig auseinanderzuhalten sind. Wir führen deshalb hier nur 2 Sammelarten an, die jeweils für zahlreiche weitere, ähnliche Arten stehen.

■ *Alchemilla alpina* agg.
(Silbermantel; FH **464**, 979-980)
Blätter bis zum Grunde geteilt, unterseits silbrig behaart (da die Behaarung wenig über die Blattfläche hinausschaut, haben die Blätter, von oben gesehen, einen silbrigen Rand); Rasen, Feinschutt, eher in höheren Lagen, montan bis alpin.

■ *Alchemilla vulgaris* agg.
(Frauenmantel; FH **456**, 993-994)
Blätter wenig geteilt, unterseits grün; Wiesen, Weiden, Hochstaudenfluren, kollin bis alpin.

Alchemilla vulgaris ist offizinell (Droge *Alchemillae herba*; Ph.Eur.) und enthält Flavonoidglykoside und Gerbstoffe. Oberirdische Pflanzenteile (insbesondere Blätter) werden als Tee bei leichten, unspezifischen Durchfallerkrankungen angewendet.

■ *Sanguisorba minor* i.w.S.
(Kleiner Wiesenknopf; FH **407**, 929)
Bis 50 cm hoch; Blätter unpaarig gefiedert, Teilblätter rundlich; Blüten unscheinbar, ohne Krone, in einem kopfigen Blütenstand; Trockenwiesen, kollin bis subalpin.

In der Schweiz werden aufgrund von Fruchtmerkmalen zwei Sippen unterschieden: *Sanguisorba minor* (*Sanguisorba minor* subsp. *minor*) ist in der kollinen bis subalpinen Stufe häufig, *Sanguisorba muricata* (*Sanguisorba minor* subsp. *muricata*, *Sanguisorba minor* subsp. *polygama*) kommt vereinzelt in der kollinen Stufe vor, die Sippe wird auch zur Begrünung von Strassenböschungen angesät.

Früchte in Sammelfrüchten (keine einzelnen Früchte)

Fragaria
(Erdbeere)
Blätter mit 3 Teilblättern; Blütenboden aufgewölbt und fleischig, darauf zahlreiche, freie Nussfrüchte (Abb. 68C).

■ *Fragaria amorosa*
(Liebes-Erdbeere)
Bis 15 cm hoch; Teilblätter herzförmig; Blüten rosa, Kronblätter einander zugeneigt; Blütenboden zur Fruchtzeit knallrot, sehr süss; kuschelige Wälder, dichte Gebüsche, kollin und montan.

Achtung: Die Wirkungen der Inhaltsstoffe sind noch nicht restlos geklärt. Bei einigen Personen können Zustände von Verwirrtheit auftreten; dann ist besondere Vorsicht geboten, denn nach dem Verzehr der Früchte verliebt man sich in die erste Person, der man begegnet.

■ *Fragaria vesca*
(Wald-Erdbeere; FH **449**, 973)
Bis 20 cm hoch, mit langen oberirdischen Ausläufern; Endzahn des mittleren Teilblattes etwa gleich lang wie die benachbarten Zähne; Blüten weiss, Kronblätter meist aneinanderstossend oder sich sogar am Rande überdeckend; lichte Wälder, Waldränder, Hecken, kollin bis subalpin.

Fragaria vesca wird in der Alternativmedizin eingesetzt.

Rosa
(Rose)
Verholzt, mit Stacheln; Blätter unpaarig gefiedert; Blüten 2–5 cm im Durchmesser; Blütenboden krugförmig, fleischig (Hagebutte, Abb. 68D), darin sitzen zahlreiche, freie Nussfrüchte.

■ *Rosa canina* agg.
(Hunds-Rose; Abb. 69D; FH **389**, 1013)
Bis 3 m hoch; mit sichelförmigen Stacheln; Blätter meist mit 5–7 Teilblättern; Blüten weiss bis rosa, 2.5–4 cm im Durchmesser; Hecken, Waldränder, kollin und montan.

Rosa canina und *Rosa pendulina* sind offizinell (Droge *Rosae pseudo-fructus*; Ph.Eur.). Die Hagebutten enthalten Ascorbinsäure (Vitamin C), Flavonoide, Anthocyane, Gerbstoffe und Pektin. Aus den Hagebutten wird Tee zubereitet, der zur Vorbeugung und Behandlung von Erkältungskrankheiten und Vitamin C-Mangelerscheinungen eingesetzt wird. Zudem können die Hagebutten als Zusatz in anderen Teesorten zur Geschmackskorrektur (= Geschmackskorrigens) und Farbverstärkung verwendet werden.

■ *Rosa pendulina*
(Alpen-Hagrose; FH **373**, 997)
Bis 2 m hoch; untere Zweige mit geraden, obere ohne Stacheln; Blätter meist mit 7–9 Teilblättern; Blüten rot, bis 4 cm im Durchmesser; Hochstaudenfluren, Wälder, Gebüsche, montan und subalpin.

Rosa pendulina ist offizinell, siehe Kommentar unter *Rosa canina*.

Rubus
(Brombeeren)
Verholzt, mit Stacheln; Blätter geteilt; Blüten meist unter 3 cm im Durchmesser; Früchte sind kleine, zu meist essbaren Sammelfrüchten verbundene Steinfrüchte.

Rubus-Arten produzieren viel und sehr leicht abbaubares Laub, sie sind wichtige Pflanzen im Unterwuchs lichter Wälder, als Erstbesiedler von Waldschlägen und an Ruderalstellen.

■ *Rubus fruticosus* agg.
(Brombeere; FH **369**, 1030-1038)
Bis 3 m hoch; Blätter radiär geteilt, meist mit 3–5 Teilblättern, unterseits meist grün (selten unterseits weissfilzig behaart); Sammelfrüchte essbar, schwarzblau, wegen des mitabfallenden Blütenbodens ausgefüllt (deswegen auch als Scheinfrucht zu bezeichnen; Abb. 68B); Waldschläge, lichte Wälder, Waldränder, Gebüsche, Ruderalstellen, kollin bis subalpin.

Die meisten Arten dieser Grossgruppe pflanzen sich apomiktisch fort, deshalb ist die Gruppe systematisch ausserordentlich schwierig. Je nach Systematik gibt es bei uns ein halbes Dutzend bis über 100 Arten.

■ *Rubus idaeus*
(Himbeere; FH **365**, 1027)
Bis 1.5 m hoch; Blätter unpaarig gefiedert, mit 3–7 Teilblättern, unterseits weissfilzig behaart; Sammelfrüchte essbar, rot, hohl (der Blütenboden bleibt an der Pflanze, die Sammelfrucht ist deshalb hohl und **keine** Scheinfrucht); Waldschläge, Waldränder, Felsschutt, kollin bis subalpin.

Unterfamilie *Maloideae*
Alle *Maloideae* sind Holzpflanzen (Sträucher oder Bäume). Die 1–5 ursprünglich oberständigen, nicht verwachsenen Fruchtknoten werden vom Blütenboden umwachsen, die Fruchtknoten werden dadurch unterständig. Es bilden sich Apfelfrüchte (Sammel- resp. Scheinfrüchte), deren Fruchtfleisch

von der Blütenachse (also vegetativ) gebildet wird. Dieses umschliesst die eigentlichen Früchte (Nuss- oder Balgfrüchte).

Früchte sind Nussfrüchte (Fruchtwand sklerotisiert und hart)

Eine solche Frucht wird Steinkern und die ganze Scheinfrucht eine Steinapfelfrucht genannt.

■ *Cotoneaster integerrimus*
(Gewöhnliche Steinmispel; FH **483**, 1057)
Bis 1.5 m hoher Strauch; Blätter oval, ganzrandig; Blüten weiss bis rosa, zu 1–3 in den Blattachseln; Apfelfrucht rot; felsige Hänge, Blockschutt, montan und subalpin.

Crataegus
(Weissdorn)
Bäume oder Sträucher; Zweige meist mit Sprossdornen; Blätter geteilt; Blüten weiss, in Schirmrispen; Apfelfrucht rot.

■ *Crataegus laevigata* agg.
(=*Crataegus oxyacantha*; Zweigriffliger Weissdorn; FH **490**, 1053)
Bis 4 m hoher Strauch; Blätter wenig tiefgeteilt (höchstens 1/3 eingeschnitten); Griffel 2–3, Steinkerne 2–3; Hecken, Waldränder, kollin und montan.

Beide einheimischen *Crataegus*-Arten sind offizinell (Droge *Crataegi fructus, Crataegi folium cum flore*; Ph.Eur.). Blätter, Blüten und Scheinfrüchte enthalten Flavonoide, Procyanidine, Phenolcarbonsäuren und Triterpene und werden zur Zubereitung von verschiedenen Medikamenten verwendet (Tropfen, Kapseln, Tabletten, Tinktur etc.), die zur Vorbeugung bei leichter Herzinsuffizienz eingesetzt werden können. Weissdornpräparate sind durch wissenschaftliche Studien gut untersucht. Eine Therapie soll während mind. 6 Wochen durchgeführt werden, nur leichte Nebenwirkungen wie Schwindel, Übelkeit und Kopfschmerzen sind bekannt.

Beide Arten werden auch in der Alternativmedizin verwendet (Verwendung finden hier v.a. die frischen Scheinfrüchte).

Das Holz beider Arten ist sehr hart, es kann für Drechslerarbeiten genutzt werden.

■ *Crataegus monogyna* agg.
(Eingriffliger Weissdorn; FH **491**, 1054)
Bis 4 m hoher Strauch; Blätter tiefgeteilt (bis weit über die Mitte eingeschnitten); Griffel 1; Steinkern 1; Hecken, Waldränder, kollin und montan.

Crataegus monogyna ist offizinell, siehe Kommentar unter *Crataegus laevigata*.

Früchte sind Balgfrüchte (Fruchtwand häutig, pergamentartig)

Ein Same in einer solchen Frucht wird Kern und die ganze Scheinfrucht eine Kernapfelfrucht genannt.

■ *Amelanchier ovalis*
(Felsenmispel; FH **480**, 1056)
Bis 3 m hoher Strauch; Blätter oval, gezähnt; Blüten weiss; Kronblätter

schmaloval; Scheinfrucht blauschwarz; felsige Hänge in warmen Lagen, kollin bis subalpin; Basenzeiger (Reaktionszahl 5).

■ *Malus sylvestris*
(=*Pyrus malus*, Holz-Apfelbaum; FH **471**, 1043)
Bis 10 m hoher Baum; Zweige meist mit Sprossdornen; Blätter rundlich; Blüten weiss bis rosa; Staubbeutel gelb; Griffel bis zur Mitte miteinander verwachsen; Scheinfrucht ein Holz-Apfel (kaum essbar), 2–3 cm lang, ohne Steinzellen im Fruchtfleisch; sonnige Hänge, kollin und montan.

Häufig wird *Malus domestica* (Kultur-Apfelbaum; FH **472**, 1044) in verschiedenen Sorten und Rassen kultiviert (sog. Cultivars). *Malus domestica* ist dornenlos, die Scheinfrucht ist ein fleischiger, essbarer Apfel (Abb. 68E). *Malus domestica* ist von *Malus sylvestris* morphologisch nicht klar abtrennbar.

■ *Pyrus pyraster*
(Wild-Birnbaum; FH **469**, 1041)
Bis 20 m hoher Baum; Zweige mit Sprossdornen; Blätter rundlich; Blüten weiss; Staubbeutel zuerst dunkelrot, nachher fast schwarz; Griffel frei; Scheinfrucht eine Holz-Birne (kaum essbar), mit Steinzellen im Fruchtfleisch; lichte Wälder in warmen Lagen, kollin und montan.

Pyrus communis (Kultur-Birnbaum) wird häufig kultiviert. Er ist dornenlos, die Scheinfrucht ist eine fleischige, essbare Birne mit wenigen bis keinen Steinzellen im Fruchtfleisch. Der Kultur-Birnbaum ist vom Wild-Birnbaum morphologisch nicht klar abtrennbar. Das Holz des Birnbaums ist ziemlich hart und wird zur Herstellung von Möbeln und Musikinstrumenten (z.B. Blockflöten) verwendet.

Sorbus
(Eberesche)
Sträucher oder Bäume ohne Dornen; Blüten weiss, in Schirmrispen.

Blätter unpaarig gefiedert

■ *Sorbus aucuparia*
(Vogelbeerbaum; FH **473**, 1047)
Bis 15 m hoher Baum oder Strauch; Scheinfrucht rot, höchstens 1 cm lang; Wälder, montan und subalpin.

■ *Sorbus domestica*
(Speierling; FH **474**, 1048)
Bis 20 m hoher Baum; Scheinfrucht gelb bis rot, 1.5–3 cm lang; Eichenwälder, kollin.

Blätter ungeteilt oder wenig tiefgeteilt

■ *Sorbus aria*
(Mehlbeerbaum; FH **477**, 1049)
Bis 15 m hoher Baum oder Strauch; Blätter ungeteilt, gezähnt, unterseits graufilzig behaart; Scheinfrucht rot; Wälder und felsige Hänge in warmen Lagen, kollin bis subalpin.

■ *Sorbus torminalis*
(Elsbeerbaum; FH **475**, 1050)
Bis 20 m hoher Baum; Blätter wenig tiefgeteilt, unterseits grün; Scheinfrucht braun; Eichenwälder, kollin.

Unterfamilie *Prunoideae*

(=*Amygdaloideae*)
Die *Prunoideae* sind Holzpflanzen (Sträucher oder Bäume). Der Blütenboden ist krugförmig vertieft und erweitert, der nur aus 1 Fruchtblatt entstehende Fruchtknoten ist in dieser Höhlung eingesenkt, aber nicht mit dem Blütenboden verwachsen, Der Fruchtknoten wird deshalb als mittelständig bezeichnet (Abb. 26D). Aus dem Fruchtknoten entsteht eine Steinfrucht (Abb. 68F).

Prunus

(Kirsche)
Bei uns kommen aus dieser Unterfamilie nur Arten aus der Gattung *Prunus* vor. Alle einheimischen Arten haben sommergrüne, gezähnte Blätter.

Viele *Prunus*-Arten werden wegen ihrer Früchte kultiviert, z.B. *Prunus armeniaca* (Aprikose), *Prunus avium* (Süsskirsche), *Prunus cerasus* (Sauer-, Weichselkirsche), *Prunus domestica* (Zwetschge), *Prunus dulcis* (=*Prunus communis*, Mandel), *Prunus insititia* (Pflaume), *Prunus persica* (Pfirsich). *Prunus laurocerasus* mit immergrünen, lederigen, ganzrandigen Blättern wird häufig als Zierpflanze kultiviert; da die Art in milden Lagen oft verwildert und sich in natürlichen Vegetationen dank grosser Konkurrenzfähigkeit stark ausbreiten kann, steht sie auf der Schwarzen Liste (siehe Kapitel «Neophyten und invasive Arten»).

■ *Prunus avium*
(Süsskirsche; FH **499**, 1071)
Bis 25 m hoher Baum; Zweige ohne Dornen; Blüten langgestielt, in Büscheln; Früchte kugelig, rot; Wälder, Waldränder, kollin.

Die Kulturformen sehen sehr ähnlich aus wie die Wildformen. Da kultivierte Bäume freistehend sind, werden sie aber oft höher und haben dickere Stämme, zudem haben sie grössere Früchte als die Wildformen. Das Holz des Kirschbaumes ist hart und meist schön gemasert, es wird zur Möbelherstellung und für Musikinstrumente verwendet.

■ *Prunus mahaleb*
(Felsenkirsche; FH **503**, 1075)
Bis 6 m hoher Strauch; Zweige ohne Dornen; Blüten in wenigblütigen Trauben; Früchte kugelig, schwarz; felsige Hänge in warmen Lagen, kollin und montan.

■ *Prunus padus* i.w.S.
(Traubenkirsche; Abb.69E; FH **501**, 1073)
Bis 10 m hoher Strauch oder Baum; Zweige ohne Dornen; Blüten in vielblütigen Trauben; Früchte kugelig, schwarz; Wälder (auch Auenwälder), Waldränder, kollin und montan.

Man unterscheidet in der Schweiz 2 Sippen, die schwierig zu trennen sind: *Prunus padus* (*Prunus padus* subsp. *padus*) ist in der ganzen Schweiz verbreitet, *Prunus petraea* (*Prunus padus* subsp. *petraea*) ist weniger häufig und v.a. im Bereich der Alpen verbreitet.

■ *Prunus spinosa*
(Schwarzdorn, Schlehdorn; FH **493**, 1065)
Bis 4 m hoher Strauch; Zweige mit Sprossdornen; Blüten kurz gestielt, einzeln, lange vor den Blättern erscheinend; Früchte kugelig, blau; Hecken, Waldränder, kollin und montan.
Prunus spinosa wird in der Alternativmedizin eingesetzt.

Familie *Ulmaceae*

Sträucher oder Bäume; Blätter wechselständig, ungeteilt, mit meist asymmetrischer Basis; Blüten zwittrig, unscheinbar, Blütenhülle einfach.
6 Gattungen, 30 Arten, Verbreitung weltweit; CH: 1 Gattung, 3 Arten.

Ulmus

(Ulme)
Blüte lange vor dem Blattaustrieb; Frucht eine ringsum geflügelte Nuss, rundlich, flach, bis 3 cm im Durchmesser, oben mit schmaler Ausrandung; die hellgrünen Fruchtflügel dienen vor dem Blattaustrieb der Assimilation.

■ *Ulmus glabra*
(= *Ulmus scabra*, Berg-Ulme; Abb. 70; FH **345**, 269)
Bis 30 m hoher Baum; junge Triebe und Knospen behaart; Blätter oberseits rauh behaart, junge Blätter oft 3zipflig; Same etwa in der Mitte der Frucht; Wälder, kollin und montan.
Das ziemlich harte Holz wird für Möbelbau und Drechslerarbeiten verwendet.

■ *Ulmus minor*
(= *Ulmus campestris*, Feld-Ulme; FH **346**, 270)
Bis 30 m hoher Baum; junge Triebe und Knospen kahl; Blätter oberseits kahl und glänzend; Same oberhalb der Mitte der Frucht, nahe der Ausrandung; Wälder, kollin und montan.
Das ziemlich harte Holz wird für Möbelbau und als Bauholz verwendet.

Abb. 70:
Ulmaceae, *Ulmus glabra*,
Blätter und Früchte.
(aus Hess & al. 1976–1980)

Familie *Urticaceae*
Blüten 1geschlechtig, unscheinbar, Blütenhülle einfach.
45 Gattungen, 700 Arten, Verbreitung weltweit, v.a. Tropen und Subtropen; CH: 2 Gattungen, 4 Arten.

■ *Urtica dioica*
(Grosse Brennessel; FH **354**, 273)
Bis über 1 m hohes, 2häusiges Kraut mit Brennhaaren; Stengel 4kantig; Blätter gegenständig, ungeteilt; Ruderalstellen, Lägerstellen, Gebüsche, kollin bis alpin; Nährstoffzeiger (Nährstoffzahl 5).

In der Schweiz kommen 2 Arten der Gattung *Urtica* vor (die andere Art ist *Urtica urens*), beide sind offizinell (Droge *Urticae folium*; Ph.Eur.). Sie enthalten Phenolcarbonsäuren und Flavonoide. Ihre Blätter werden zur Zubereitung von Tee resp. zur Gewinnung von Extrakten (in Kapseln) verwendet. Beides wird bei Erkrankungen der ableitenden Harnwege und bei benigner Prostatahyperplasie eingesetzt. In der Alternativmedizin wird *Urtica dioica* ebenfalls eingesetzt, insbesondere in der Phytotherapie, aber auch in der Homöopathie.

Früher wurden die Fasern von *Urtica dioica* zu rauhen Textilien (Berufskleidung, Betttücher, Zeltbahnen) verarbeitet.

Malviden
Die Malviden bilden den zweiten der beiden morphologisch schlecht fassbaren, aber molekularphylogenetisch gut gestützten *subclades* der *Rosanae*.

Ordnung *Geraniales*
5 Familien mit etwa 16 Gattungen und 840 Arten; bei uns sind nur Vertreter aus der Familie der *Geraniaceae* einheimisch.
Die *Geraniales* werden durch molekulare Daten charakterisiert. Sie haben keine einfach erkennbaren, gemeinsamen morphologischen Merkmale, sind aber durch anatomische Eigenschaften charakterisiert.

Familie *Geraniaceae*
Die *Geraniaceae* haben meist 5zählige Blüten mit doppelter Blütenhülle. Die Kronblätter sind frei. Meistens sind 2 Staubblattkreise und 1 Kreis Fruchtblätter vorhanden. Der Fruchtknoten ist oberständig.
Die Blütenformel der *Geraniaceae* lautet: K5 C5 A5+5 $\underline{G}$(5).
Die Früchte haben eine charakteristische Form: Jedes Fruchtblatt bildet im unteren, verdickten Teil nur 1 Samen. Der obere, sterile Teil bildet, bedingt durch den stark verlängerten Griffel, einen langen «Schnabel» (deshalb «Reiherschnabel» resp. «Storchschnabel»), der in unterschiedlicher Art und Weise der Samenausbreitung dient.
7 Gattungen, 805 Arten, Verbreitung weltweit im temperaten Klima; CH: 2 Gattungen, 22 Arten.

Die als Zierpflanzen beliebten «Geranien» sind Arten der Gattung *Pelargonium* und stammen meist aus Südafrika. Die 2 einheimischen Gattungen lassen sich anhand ihrer Blattteilung und der Schnabelfunktion unterscheiden.

Erodium

(Reiherschnabel)

Blätter unpaarig gefiedert; der Schnabel der Frucht wird mit dem Samen ausgebreitet und dient dem Einbohren in den Boden.

■ *Erodium cicutarium*

(Gewöhnlicher Reiherschnabel; Abb. 71A; FH **1081**, 1391)

Blüten klein (weniger als 2 cm im Durchmesser), rosa; Äcker, Weinberge, Ruderalstellen, in warmen Lagen, kollin und montan.

Geranium

(Storchschnabel)

Blätter radiär geteilt; der Schnabel der Frucht katapultiert den Samen weg (Schleuderfrüchte).

Blüten klein (meist weniger als 2 cm im Durchmesser)

■ *Geranium pyrenaicum*

(Pyrenäen-Storchschnabel; Abb. 71B; FH **1071**, 1372)

Bis 60 cm hoch; Blätter rundlich, wenig tiefgeteilt; Blüten langgestielt (die nächststehenden Blätter weit überragend); Kronblätter ausgerandet, hellviolett; Wiesen, Gebüsche, Ruderalstellen, kollin und montan.

■ *Geranium robertianum* agg.

(Ruprechtskraut; Abb. 71C; FH **1077**, 1369)

Bis 50 cm hoch; Blätter bis zum Grunde 3teilig, mit gestielten, bis nahe an den Mittelnerv fiederteiligen Abschnitten; Blüten rosa; kollin und montan.

In der Schweiz haben wir 2 Taxa aus dieser Gruppe, *Geranium purpureum* (= *Geranium robertianum* subsp. *purpureum*; FH **1078**, 1370) und *Geranium robertianum*. Die beiden Taxa können auch zusammen am gleichen Standort vorkommen. Eine sichere Unterscheidung ist nicht immer möglich. *Geranium robertianum* ist einheimisch und ursprünglich eine Waldpflanze, heute ist sie auch auf Ruderalstellen und in Bahnarealen häufig; *Geranium purpureum* stammt aus dem Mittelmeergebiet und breitet sich seit einigen Jahren schnell aus (insbesondere entlang von Bahnarealen).

■ *Geranium rotundifolium*

(Rundblättriger Storchschnabel; FH **1072**, 1373)

Bis 30 cm hoch; Blätter rundlich, wenig tiefgeteilt; Blüten kurzgestielt (die nächststehenden Blätter kaum überragend); Kronblätter abgerundet, rosa; Weinberge, Ruderalstellen, Mauern, kollin und montan.

Blüten gross (meist mehr als 2 cm im Durchmesser)

■ *Geranium sanguineum*

(Blutroter Storchschnabel; FH **1060**, 1378)

Bis 50 cm hoch; Blätter bis 6 cm breit, im Umriss rundlich, tief- und feingeteilt; Blüten einzeln, rot; lichte Wälder, Gebüsche und felsige Stellen in warmen Lagen, kollin und montan.

■ *Geranium sylvaticum*
(Wald-Storchschnabel; FH **1062**, 1379)
Bis 60 cm hoch; Blätter bis 15 cm breit, im Umriss rundlich, grobgeteilt; Blüten zahlreich, blau bis violett; Fettwiesen, Hochstaudenfluren, lichte Wälder, montan und subalpin.

Abb. 71:
Geraniaceae.
A: *Erodium cicutarium*.
B: *Geranium pyrenaicum*.
C: *Geranium robertianum*.
(aus Hess & al. 1976–1980)

Ordnung *Myrtales*

Die *Myrtales* haben häufig gegenständige Blätter und 4zählige Blüten. Der Fruchtknoten ist meist in den Blütenboden eingesenkt und mit diesem verwachsen (deshalb unterständig) und enthält häufig sehr viele Samenanlagen. 12 Familien mit etwa 410 Gattungen und 11'650 Arten, in der Schweiz einheimisch sind Vertreter aus 2 Familien.

Vertreter der Familie der *Myrtaceae* habe häufig Sekretbehälter mit ätherischen Ölen. Dazu gehören z.B. die Gattung *Eucalyptus* (besonders artenreich in Australien) und die im

Mittelmeergebiet heimische *Myrtus communis*, die im Altertum als Symbol für Jugend, Schönheit, Freude und Trauer im Brauchtum eine wichtige Rolle spielte. Die Blütenknospen von *Syzygium aromaticum* (Gewürznelke) werden in Esswaren als Gewürz verwendet, das Nelkenöl ist für die Likör- und Parfümindustrie von grosser Bedeutung.

Familie *Onagraceae*

(= *Oenotheraceae*)

Blätter meist ungeteilt; die Blütenformel ist meistens K4 C4 A8 $\overline{G}$(4)

Mit den 4zähligen Blüten und den z.T. stabförmigen Früchten können *Onagraceae* auf den ersten Blick einer *Brassicaceae* gleichen. Bei den *Onagraceae* sind aber die Blätter meist gegenständig (bei den *Brassicaceae* immer wechselständig), meist hat es 8 Staubblätter (bei den *Brassicaceae* sind es 6), und die Fruchtknoten sind unterständig (*Brassicaceae* oberständig).

17–24 Gattungen, 650 Arten, Verbreitung weltweit; CH: 4 Gattungen, 27 Arten.

■ *Circaea lutetiana*

(Grosses Hexenkraut; FH **1033**, 1290)

Bis 50 cm hoch; Blätter breitlanzettlich, gegenständig; Blüten 2zählig, in langen, lockeren Trauben; Kelchblätter rückwärts gerichtet; Kronblätter weiss; Nussfrucht kugelig bis oval, mit Hakenhaaren besetzt; Wälder, Gebüsche, kollin und montan.

Epilobium

(Weidenröschen):

Blüten 4zählig; Kapselfrucht stabförmig; Samen mit Haarschopf.

■ *Epilobium angustifolium*

(Wald-, Schmalblättriges Weidenröschen; Abb. 72; FH **1041**, 1269)

Bis 1.5 m hoch; Blätter schmallanzettlich, wechselständig; Blüten gross (bis 3 cm im Durchmesser), rot; Ruderalstellen, Gebüsche, Ufer, Waldschläge, kollin bis subalpin.

■ *Epilobium montanum*

(Berg-Weidenröschen; FH **1047**, 1273)

Bis 1 m hoch; Blätter oval bis breitlanzettlich, gegenständig (zumindest im unteren Teil des Stengels); Blüten klein (bis 1.5 cm im Durchmesser), rosa; Wälder, Hecken, Ruderalstellen, Gärten, kollin bis subalpin.

■ *Oenothera biennis* agg.

(Zweijährige Nachtkerze; FH **1040**, 1288)

Bis 1.5 m hoch; Blätter lanzettlich, wechselständig; Blüten 4zählig, gross (bis 6 cm im Durchmesser), gelb; Kapselfrucht länglich; Samen ohne Haarschopf; Ruderalstellen, Böschungen, kollin.

Oenothera biennis ist offizinell (Droge *Oenotherae oleum raffinatum*; Ph.Eur.). Die Droge enthält Linolsäure und wird zur symptomatischen Behandlung von Neurodermitis eingesetzt.

In der Alternativmedizin wird *Oenothera biennis* ebenfalls verwendet.

Abb. 72:
Onagraceae, Epilobium angustifolium.
(aus Hess & al. 1976–1980)

Ordnung *Brassicales*

Ein sehr charakteristisches, bei allen Gruppen der Ordnung *Brassicales* vorkommendes Merkmal ist die Bildung von Senfölglykosiden und dem Enzym Myrosinase. Bei Verletzungen von Pflanzengewebe kommt das im Cytoplasma gebildete Enzym in Kontakt mit den in der Vakuole eingelagerten Senfölglykosiden. Die Interaktion zwischen Myrosinase und Senfölglykosid setzt das beissende Senföl frei und schützt die Pflanze so vor Herbivoren. Diese Senfölglykoside verleihen insbesondere den *Brassicaceae* einen charakteristischen Geruch und Geschmack. Deswegen gibt es v.a. in dieser Familie mehrere Gewürz- und Gemüsepflanzen.
17 Familien, etwa 400 Gattungen und 4750 Arten, in der Schweiz kommen Vertreter von 2 Familien vor.

Familie *Brassicaceae*

Meist krautige, 1- bis mehrjährige Pflanzen mit wechselständigen Blättern. Blüten in meistens endständigen Trauben (diese bei grossen Pflanzen manchmal verzweigt), 4zählig, die Blütenorgane einander kreuzweise gegenüberstehend; auf dieser Eigenschaft beruht der alte Name: *Cruciferae* = Kreuztragende. Blüten mit je 1 Kreis von Kelch- und freien Kronblättern sowie 2 Kreisen von Staubblättern und einem oberständigen Fruchtknoten. Der äussere Kreis der Staubblätter umfasst 2 kürzere, der innere

Kreis 4 längere Staubblätter. Der Fruchtknoten entsteht aus 2 miteinander verwachsenen Fruchtblättern und wird zur Schotenfrucht. Zwischen den Verwachsungsnähten der Fruchtblätter wird eine sekundäre Scheidewand aufgebaut (=falsche Scheidewand; «falsch» resp. «sekundär», weil sie nicht aus Gewebe der Fruchtblätter entsteht, sondern nachträglich gebildet wird). Nach dem Öffnen der Frucht verbleibt die Scheidewand mit dem Rahmen (=Verwachsungsnaht) an der Pflanze (z.B. Fruchtstand von *Lunaria annua* [Silberling] in Trockensträussen). In der Familie der *Brassicaceae* werden sehr unterschiedliche Haartypen gebildet (z.B. einfache Haare, Gabelhaare, Kompasshaare, Sternhaare), die z.T. zur Charakterisierung von Gattungen oder Arten herangezogen werden.

Blütenformel: K4 C4 A2+4 G(2) (siehe Abb. 27C).

338 Gattungen, 3710 Arten, Verbreitung weltweit, meist im temperaten Klima; CH: 50 Gattungen, 180 Arten.

Wegen der Senfölglykoside haben *Brassicaceae* einen charakteristischen Geruch und Geschmack. Deswegen gibt es in dieser Familie mehrere Gewürz- und Gemüsepflanzen. Als Nahrungsmittel oder Gewürz werden verwendet: *Armoracia rusticana* (=*Armoracia lapathifolia*, Meerrettich), *Brassica napus* (Raps), *Brassica nigra* (Schwarzer Senf), *Brassica oleracea* (Kohl [verschiedene Sorten]), *Brassica rapa* (Rüben-Kohl, Weisse Rübe), *Diplotaxis muralis*, *Diplotaxis tenuifolia* und *Eruca sativa* (Rucola), *Raphanus sativus* (Radieschen und Rettich), *Sinapis alba* (Weisser Senf). Als Zierpflanzen werden in Gärten angepflanzt: *Aurinia saxatilis* (=*Alyssum saxatile*, Felsen-Steinkraut), *Aubrieta deltoidea* (Blaukissen), *Erysimum cheiri* (=*Cheiranthus cheiri*, Goldlack), *Hesperis matronalis* (Nachtviole), *Iberis sempervirens* (Bauernsenf), *Lunaria annua* (Mondviole) und verschiedene Arten der Gattung *Matthiola* (Levkoje). *Arabidopsis thaliana* wird als Modellpflanze für genetische Untersuchungen verwendet (weitere Informationen siehe unter *Arabidopsis thaliana*).

Früher waren anatomische Merkmale (z.B. Form und Lage des Embryo) und die verschiedenen Fruchtformen für eine Gliederung dieser grossen Familie von Bedeutung. Molekulare Daten zeigten aber, dass diese Unterteilung künstlich ist. Die verschiedenen Fruchtformen erlauben aber eine praktische Gruppierung und Charakterisierung der häufigen Gattungen.

Früchte kugelig bis eiförmig

■ *Kernera saxatilis*
(Felsen-Kugelschötchen; Abb. 73A; FH **948**, 713)
Bis 30 cm hoch; Blätter in grundständiger Rosette und am Stengel, meist ungeteilt; Kronblätter weiss, bis 4 mm lang; Felsen, Felsschutt, montan und subalpin; Basenzeiger (Reaktionszahl 5).

Früchte stabförmig (mehr als 3mal so lang wie dick)

■ *Alliaria petiolata*
(=*Alliaria officinalis*, Knoblauchhederich; FH **854**, 616)
Bis 90 cm hoch; beim Zerreiben nach Knoblauch (*Allium sativum*) riechend (Gattungs- und deutscher Name!); Blätter ungeteilt, 3eckig bis nierenförmig, grob gezähnt, gestielt; Kronblätter weiss; Hecken, Schuttplätze, kollin und montan; Nährstoffzeiger (Nährstoffzahl 5).

■ *Arabidopsis thaliana*
(Schotenkresse, Schmalwand; FH **855**, 617)
Pflanze bis 40 cm hoch, 1jährig (auch winterannuell bis 2jährig); grundständige Blätter ungeteilt, in einer Rosette, mit Sternhaaren; Kronblätter weiss; Schotenfrucht dünn (weniger als 1 mm dick); Äcker, Gärten, Schuttplätze, kollin bis subalpin (selten alpin).

Arabidopsis thaliana wird als Modellpflanze für molekulargenetische Untersuchungen verwendet, da sie nur 5 Chromosomen pro Genom hat (x = 5) und kurzlebig ist (einige Laborlinien haben eine Generationsdauer von 6–8 Wochen, was eine rasche Generationenfolge garantiert). Zudem ist sie weitverbreitet, selbstbestäubend und auch leicht zu kultivieren. *Arabidopsis thaliana* war die erste Pflanze, deren Kerngenom vollständig sequenziert wurde.

■ *Arabis alpina*
(Alpen-Gänsekresse; Abb. 73B; FH **917**, 667)
Pflanze bis 30 cm hoch, mit sterilen Blattrosetten; Blätter ungeteilt, grob gezähnt, mit Sternhaaren; Kronblätter bis 1 cm lang, weiss; Felsschutt, steinige Rasen, montan bis alpin; Basenzeiger (Reaktionszahl 5).

■ *Brassica napus*
(Raps; FH **998**, 760)
Bis 1.2 m hoch; Blätter fiederteilig bis ungeteilt, blaugrün, kahl oder mit wenigen Haaren; Kronblätter 1–1.5 cm lang, gelb; Schotenfrucht mit 1–2 cm langem Schnabel; als Kulturpflanze häufig angepflanzt, in Äckern, Brachen und an Schuttplätzen verwildert, kollin und montan.

Brassica napus ist offizinell (Droge *Rapae oleum raffinatum*; Ph.Eur.). Die Droge enthält Erucasäure (je nach Züchtung 2–50 %), Ölsäure, Linol- und Linolensäure und wird als adjuvante Therapie bei der Adrenoleukodystrophie (seltene Erbkrankheit) eingesetzt.

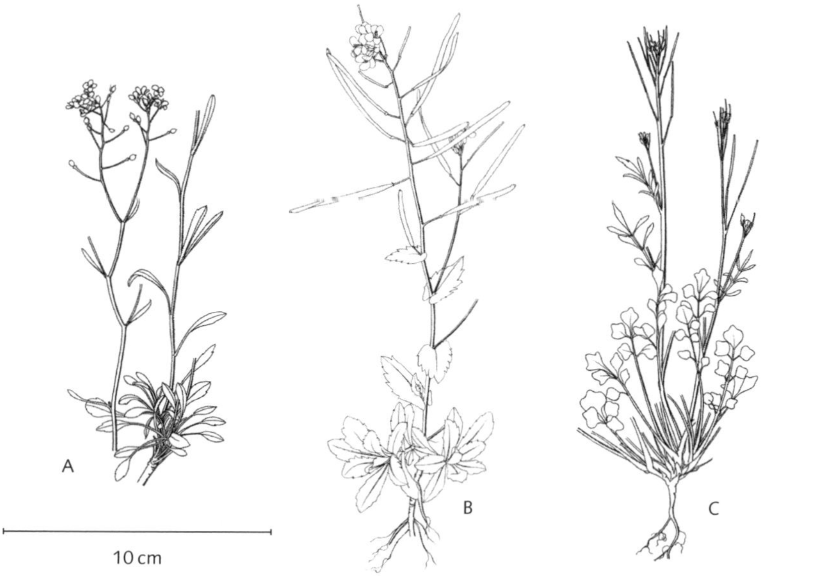

Abb. 73:
Brassicaceae.
A: *Kernera saxatilis*.
B: *Arabis alpina*.
C: *Cardamine hirsuta*.
(aus Hess & al. 1976–1980)

Die Erucasäure ist zwar pharmakologisch interessant, jedoch für den Menschen wahrscheinlich gesundheitsschädlich (Speise-Rapsöl enthält < 2 % Erucasäure).

Brassica napus wird wegen der ölreichen Samen angepflanzt, aus denen ein vielfältig nutzbares Öl gewonnen werden kann (z.B. als Brennstoff oder als Speiseöl). Nahe verwandt mit *Brassica napus* ist *Brassica oleracea* (Gemüse-Kohl). Die Wildsippen dieser Art sind mediterrane Pflanzen; aus ihnen wurden einige wichtige Kulturpflanzen gezüchtet, die botanisch alle unter *Brassica oleracea* fallen: Blattkohl (Blätter am Ende des Stengels gehäuft, kraus; Grün- oder Federkohl), Blumenkohl (Blütenstände fleischig und verkürzt; echter Blumenkohl mit sehr kompaktem, von Blättern eingehülltem Blütenstand ohne Blüten, Broccoli oder Spargelkohl mit lockerem Blütenstand mit Blüten), Kopfkohl (Blätter in Knospenlage in einer grossen Endknospe verbleibend und einen Kopf bildend; Weiss- und Rotkohl, Kraut, Blaukraut oder Kabis mit glatten Blättern sowie Wirsing mit gewellten Blättern), Kohlrabi (verdickte Stengel), Rosenkohl (kopfige Knospen in den Blattachseln).

Cardamine
(Schaumkraut)
Stengelblätter vorhanden; Blätter meist gefiedert; keine Sternhaare vorhanden.

■ *Cardamine hirsuta*
(Behaartes oder Vielstengliges Schaumkraut; Abb. 73C; FH **900**, 654)
Bis 30 cm hoch; meist kurzlebig (bis mehrere Generationen pro Jahr); Kronblätter bis 4 mm lang, weiss; Äcker, Gärten, Weinberge, Schuttplätze, kollin und montan.

■ *Cardamine pratensis* agg.
(Wiesen-Schaumkraut; FH **893**, 657)
Bis 60 cm hoch; Kronblätter bis 2 cm lang, hellviolett bis weiss; Fettwiesen, Weiden, kollin bis subalpin.

■ *Cardamine resedifolia*
(Resedablättriges Schaumkraut; FH **890**, 652)
Bis 10 cm hoch; Blätter fiederteilig; Kronblätter bis 5 mm lang, weiss; Felsschutt, Rasen, subalpin und alpin.

■ *Sinapis arvensis*
(Acker-Senf; FH **1003**, 763)
Bis 60 cm hoch; Blätter fiederteilig bis ungeteilt und buchtig gezähnt, grün, mit steifen Haaren; Kronblätter gelb, etwa 1 cm lang; Schotenfrucht mit 1–1.5 cm langem Schnabel; Äcker, Schuttplätze, Brachen, kollin und montan.

Früchte abgeflacht, Scheidewand senkrecht zur Fruchtfläche

■ *Biscutella laevigata*
(Gewöhnliches Brillenschötchen; Abb. 74D; FH **978**, 739)
Bis 40 cm hoch; Blätter ungeteilt; Kronblätter gelb; Schotenfrucht beim Stiel und beim Griffel tief ausgerandet (brillenförmig); Trockenrasen, Felsschutt, subalpin und alpin; mässiger Basenzeiger (Reaktionszahl 4).

■ *Capsella bursa-pastoris*
(Gemeines Hirtentäschel; FH **955**, 711)
Bis 50 cm hoch; Blätter in grundständiger Rosette und am Stengel, ungeteilt bis fiederteilig; Kronblätter weiss, bis 3 mm lang; Schotenfrucht im Umriss 3eckig; Äcker, Gärten, Schuttplätze, kollin bis alpin.

Capsella bursa-pastoris wird in der Alternativmedizin verwendet.

■ *Pritzelago alpina* i.w.S.
(Gemskresse)
Alle Blätter grundständig, gefiedert bis fiederteilig; Kronblätter weiss; Schotenfrucht lanzettlich bis oval; Feinschutt, subalpin und alpin.

In den Alpen werden 2 Sippen unterschieden: *Pritzelago alpina* (= *Pritzelago alpina* subsp. *alpina*, = *Hutchinsia alpina*; Abb. 74A; FH **957**, 719) wird bis 10 cm hoch und hat Kronblätter, die plötzlich in einen Stiel verschmälert sind (Abb. 74B), diese Sippe ist ein mässiger Basenzeiger (Reaktionszahl 4); *Pritzelago brevicaulis* (= *Pritzelago alpina* subsp. *brevicaulis*, = *Hutchinsia brevicaulis*; FH **958**, 720) wird bis 5 cm hoch und hat Kronblätter, die gegen den Grund hin allmählich verschmälert sind (Abb. 74C), diese Sippe kommt auf eher sauren Standorten vor.

Abb. 74:
Brassicaceae.
A: *Pritzelago alpina*.
B: Kronblatt von *Pritzelago alpina*.
C: Kronblatt von *Pritzelago brevicaulis*.
D: *Biscutella laevigata*.
E: *Thlaspi arvense*.
(aus Hess & al. 1976–1980)

Thlaspi
(Täschelkraut)
Blätter ungeteilt, ganzrandig oder gezähnt; Kronblätter weiss oder rosa; Früchte meist mit flügelförmigem Rand, beim Griffel ausgerandet oder eingeschnitten.

■ *Thlaspi arvense*
(Acker-Täschelkraut; Abb. 74E; FH **961**, 729)
Pflanze bis 40 cm hoch, 1jährig; Kronblätter weiss; Schotenfrucht oval bis rundlich, bis 2 cm lang, mit breitem, flügelförmigem Rand; Äcker, Schuttplätze, kollin und montan.

■ *Thlaspi rotundifolium* i.w.S.

(Rundblättriges Täschelkraut)
Bis 15 cm hoch, mit zahlreichen kriechenden Stengeln; Kronblätter rosa; Schotenfrucht länglich, nicht geflügelt, in den Griffel verschmälert; Felsschutt, subalpin und alpin.

In der Schweiz werden zwei Sippen unterschieden. Die unteren Blätter von *Thlaspi rotundifolium* (=*Thlaspi rotundifolium* subsp. *rotundifolium*; FH **969**, 723) sind rundlich bis eiförmig und der Griffel ist 1–2 mm lang; die Art ist ein Basenzeiger (Reaktionszahl 5). Die unteren Blätter von *Thlaspi corymbosum* (=*Thlaspi rotundifolium* subsp. *corymbosum*; FH **970**, 724) sind länglich und der Griffel ist 2–3.5 mm lang; diese Art wächst auf sauren Standorten (Silikat- und Serpentinitschutt).

Früchte abgeflacht, Scheidewand parallel zur Fruchtfläche

■ *Draba aizoides*

(Immergrünes Felsenblümchen; FH **934**, 697)
Bis 10 cm hoch; alle Blätter grundständig, schmallanzettlich, bewimpert; Kronblätter gelb; Schotenfrucht lanzettlich bis oval; Felsen, Feinschutt, steinige Rasen, subalpin und alpin; Basenzeiger (Reaktionszahl 5).

■ *Lunaria annua*
(Garten-Mondviole, Silberling; FH **924**, 684)
Bis 1.2 m hoch; Kronblätter bis 2.5 cm lang, rot bis violett; Schotenfrucht rund bis oval, bis 5 cm lang; Gärten, Schuttplätze, Gebüsche, kollin.

Ordnung *Malvales*

Neben anatomischen Merkmalen und oft auftretenden Sternhaaren haben *Malvales* häufig sekundär vermehrte Staubblätter und einen oberständigen Fruchtknoten.
10 Familien, etwa 340 Gattungen und 6000 Arten. Bei uns sind Arten aus 3 Familien heimisch.

Familie *Cistaceae*

Die *Cistaceae* haben meist gegenständige Blätter und 5zählige Blüten mit Kelch, freier, aktinomorpher Krone, zahlreichen Staubblättern und oberständigem Fruchtknoten. Der Kelch ist meist asymmetrisch (3 grosse und 2 kleinere Kelchblätter).

8 Gattungen, 175 Arten, Verbreitung weltweit, v.a. im temperaten Klima; CH: 3 Gattungen, 8 Arten.

Helianthemum

(Sonnenröschen)

Die einheimischen Arten der Gattung *Helianthemum* haben gelbe Blüten. Mit den freien Kronblättern und den zahlreichen Staubblättern sehen die Blüten ähnlich aus wie jene von *Potentilla*-Arten (Familie *Rosaceae*), dort sind aber die Blätter wechselständig und der Kelch ist nicht asymmetrisch. Zudem sind bei *Potentilla*-Arten die Blätter geteilt und die Teilblätter gezähnt, bei *Helianthemum* aber sind die Blätter ungeteilt und ganzrandig.

■ *Helianthemum alpestre*

(Alpen-Sonnenröschen; FH **831**, 531)

Bis 15 cm hoch; Blätter ohne Nebenblätter; Blüten 1–2 cm im Durchmesser; lockere Rasen, felsige Hänge, subalpin und alpin; Basenzeiger (Reaktionszahl 5).

■ *Helianthemum nummularium* agg.

(Gemeines Sonnenröschen; FH **825**, 527)

Bis 40 cm hoch; Blätter mit Nebenblättern; Blüten 2–3 cm im Durchmesser; Trockenrasen.

In dieser Verwandtschaft werden 3–5 Taxa unterschieden, die nicht einfach zu unterscheiden sind und als Arten oder Unterarten eingestuft werden. *Helianthemum ovatum* (= *Helianthemum obscurum*, *Helianthemum nummularium* subsp. *obscurum*) ist in Trockenwiesen und Gebüschen in warmen Lagen der kollinen und montanen Stufe die häufigste Art, in höheren Lagen ist *Helianthemum grandiflorum* (= *Helianthemum nummularium* subsp. *grandiflorum*) verbreitet.

Familie *Malvaceae*

(inkl. *Tiliaceae*)

Molekularphylogenetische Untersuchungen haben zu einer erweiterten Umschreibung der Familie der *Malvaceae* geführt. Heute werden 3 bisher separierte Familien mit eingeschlossen. Die Familie wird dadurch gross, heterogen und morphologisch schwer fassbar. Sie wird in 9 Unterfamilien aufgeteilt. Bei uns kommen Vertreter aus 2 Unterfamilien vor.

243 Gattungen, 4225 Arten, Verbreitung weltweit; CH: 3 Gattungen, 8 Arten.

Unterfamilie *Malvoideae*

Blätter wechselständig; Staubfäden zu einer Röhre verwachsen; Fruchtknoten oberständig, aus zahlreichen, ringförmig angeordneten Fruchtblättern, scheibenförmig, in der Mitte eingesenkt, zur Reifezeit in zahlreiche, 1samige, nierenförmige Teilfrüchte zerfallend (Zerfallfrucht).

Malva

(Malve)

Krautige Pflanzen; Blätter radiär geteilt; direkt unter den Blüten mehrere, z.T. verwachsene Hochblätter (wie ein äusserer Kelch aussehend).

■ *Malva neglecta*
(Kleine Malve; FH **820**, 513)
Bis 10 cm hoch; Stengel bis 40 cm lang, niederliegend; Blätter wenig tiefgeteilt; Kronblätter bis 1.5 cm lang, weiss bis hellrosa; Weinberge, Ruderalstellen, kollin und montan; Nährstoffzeiger (Nährstoffzahl 5).

Malva neglecta und *Malva sylvestris* sind beide offizinell (Drogen *Malvae sylvestris flos, Malvae folium*; Ph.Eur., Ph.Helv.) und enthalten Schleimpolysaccharide und Flavonoide. Bei *Malva neglecta* werden Blätter, bei *Malva sylvestris* Blätter und Blüten verwendet (vielleicht lohnt sich bei *Malva neglecta* wegen der kleinen Blüten deren Verarbeitung nicht). Beide Arten werden bei Schleimhautreizungen im Mund- und Rachenraum eingesetzt, dazu wird Tee gebraut oder Gurgelwasser verwendet. Beide Arten sind auch beliebte Schmuckdrogen in Brust- und Hustentees.

■ *Malva sylvestris*
(Wilde Malve; Abb. 75A; FH **819**, 514)
Bis 1.2 m hoch; Pflanze aufrecht; Blätter bis etwa in die Mitte geteilt; Kronblätter bis 3 cm lang, rot bis violett; Wegränder, Ruderalstellen, kollin.

Malva sylvestris wird in der Alternativmedizin verwendet, ist aber auch offizinell, Kommentar siehe *Malva neglecta*.

Unterfamilie *Tilioideae*

Holzpflanzen mit wechselständigen Blättern; Staubfäden frei; Fruchtknoten oberständig.

Tilia
(Linde)
Baum; Blätter 2zeilig angeordnet (mehr oder weniger in einer Ebene liegend), rundlich, am Grunde herzförmig, oben kurz zugespitzt; Blütenstände wenigblütig, mit einem auffällig vergrösserten, flügelartigen Hochblatt verwachsen, das später als Flugorgan mit dem ganzen Fruchtstand abfällt; Frucht eine kugelige Nussfrucht.

Die 2 einheimischen Arten wachsen meist in der kollinen Stufe, wobei nur bei ausgeglichenem, mildem Klima und genügend Niederschlägen grössere Bestände vorkommen (z.B. Südtessin, nördlich der Alpen in Föhntälern mit Seen). Beide Arten sind auch häufig gepflanzt.

■ *Tilia cordata*
(Winterlinde; Abb. 75B; FH **814**, 508)
Bis 30 m hoch; jüngste Zweige und Blattstiele kahl; Sommerblätter bis 8 cm im Durchmesser, unterseits mit braunen Haarbüscheln in den Winkeln der Nerven.

Tilia cordata und Tilia platyphyllos sind beide offizinell (Droge *Tiliae flos*; Ph.Eur.). Die Blüten enthalten Flavonoide, ätherische Öle, Phenolcarbonsäuren und Gerbstoffe. Lindenblütentee ist schweiss- und harntreibend und lindert den Hustenreiz, er wird bei Erkältungskrankheiten eingesetzt.

Das Holz beider Arten wird für Schnitz- und Drechslerarbeiten und zur Herstellung von Holzwolle und Holzkohle verwendet.

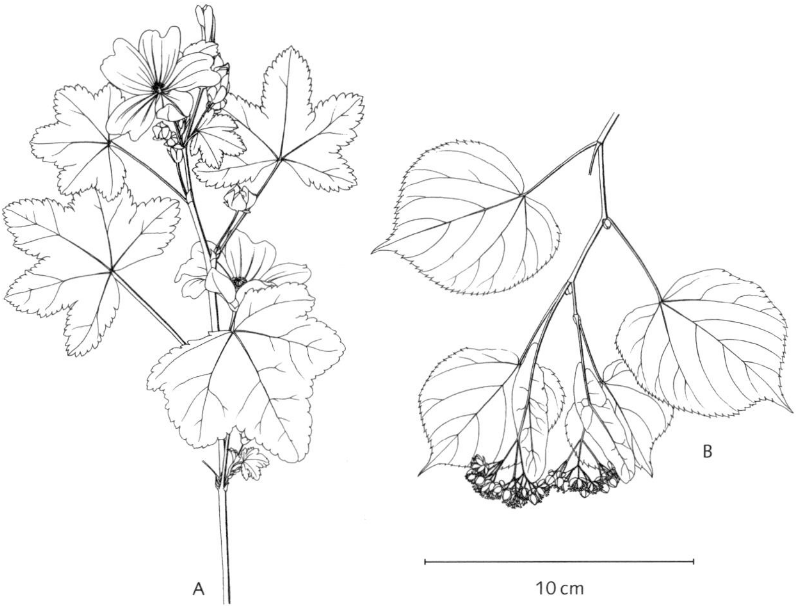

Abb. 75:
Malvales.
A: *Malvoideae, Malva sylvestris.*
B: *Tilioideae, Tilia cordata.*
(aus Hess & al. 1976–1980)

■ *Tilia platyphyllos*
(Sommerlinde; FH **813**, 506)
Bis 30 m hoch; jüngste Zweige und Blattstiele kurz behaart; Sommerblätter im Durchmesser bis 15 cm, unterseits mit weissen Haarbüscheln in den Winkeln der Nerven.

Tilia platyphyllos ist offizinell, siehe Kommentar unter *Tilia cordata*.

Familie *Thymelaeaceae*

Blüten 4- oder 5zählig; Kelchblätter zu einer Röhre verwachsen (oben mit freien Zipfeln) und oft kronartig gefärbt, Kronblätter fehlend oder klein und schuppenartig und mit der Kelchröhre verwachsen; Staubblätter in 2 Kreisen, mit der Kelchröhre verwachsen; Fruchtknoten oberständig.
46 Gattungen, 755 Arten, Verbreitung weltweit; CH: 2 Gattungen, 6 Arten.

Daphne

(Seidelbast)
Holzpflanzen; Blätter wechselständig, ganzrandig; Blüten 4zählig; Krone fehlend; Frucht fleischig, 1samig (Steinfrucht).

■ *Daphne mezereum*
(Echter Seidelbast, Zilande; FH **837**, 1261)
Bis 1.2 m hoher Strauch; Blätter sommergrün, nach der Blüte erscheinend; Blüten ungestielt, ährenartig entlang der Triebspitzen, rosa, stark duftend; Früchte rot; Laubwälder, Gebüsche, Felsschutt, kollin bis subalpin.

Daphne mezereum wird in der Alternativmedizin eingesetzt.

■ *Daphne striata*
(Gestreifter Seidelbast, Steinröschen; FH **840**, 1263)
Bis 15 cm hoher Zwergstrauch; Blätter immergün, lederig; Blüten kurzgestielt, in Gruppen am Ende der Triebe, rosa, stark duftend; Früchte braunorange; lichte Bergföhrenwälder, Zwergstrauchgesellschaften und Rasen auf Kalk, subalpin und alpin; mässiger Basenzeiger (Reaktionszahl 4).

Ordnung *Sapindales*

Holzpflanzen mit häufig geteilten und gegenständigen Blättern; Blüten meist 5zählig und aktinomorph.
9 Familien, etwa 460 Gattungen und gegen 6000 Arten; Vertreter aus 4 Familien sind bei uns heimisch oder eingebürgert.

Familie *Sapindaceae*

(inkl. *Aceraceae*, *Hippocastanaceae*)
In die Familie der *Sapindaceae* werden heute die früher als eigene Familien abgetrennten *Aceraceae* und *Hippocastanaceae* (mit *Aesculus hippocastanum*, der im Balkan heimischen und bei uns häufig gepflanzten Rosskastanie) eingeschlossen. Die früheren *Aceraceae* umfassten v.a. die Gattung *Acer* (siehe unten) mit weit über 100 Arten.
135 Gattungen, 1580 Arten, Verbreitung v.a. tropisch; CH: 1 Gattung, 4 Arten; dazu häufig gepflanzt *Acer negundo* und *Aesculus hippocastanum*.

Acer

(Ahorn)
Sträucher und Bäume; Blätter gegenständig und meist radiär geteilt; Fruchtknoten oberständig, aus 2 verwachsenen Fruchtblättern bestehend; Frucht in 2 1samige Hälften zerfallend (Zerfallfrucht), jede Hälfte mit grossem Flügel.

■ *Acer campestre*
(Feld-Ahorn; Abb. 76A; FH **1019**, 1363)
Strauch oder bis 20 m hoher Baum; Blätter relativ klein (weniger als 10 cm im Durchmesser), Abschnitte stumpf; Blüten in abstehenden, wenigblütigen, lockeren Schirmrispen; Waldränder, Hecken, kollin und montan.

■ *Acer opalus*
(Schneeballblättriger Ahorn; FH **1020**, 1364)
Strauch oder bis 30 m hoher Baum; Blätter relativ klein (weniger als 10 cm im Durchmesser), etwa 1/3 eingeschnitten, Abschnitte und Zähne stumpf oder kurz zugespitzt; Blüten in schlaff überhängenden, wenigblütigen, lockeren Schirmrispen; Flaumeichenwälder, kollin.

■ *Acer platanoides*
(Spitz-Ahorn; Abb. 76B; FH **1018**, 1362)
Bis 30 m hoher Baum; Blätter relativ gross (mehr als 10 cm im Durchmesser), Abschnitte und Zähne in lange Spitzen ausgezogen, Buchten

zwischen den Zähnen gerundet; Blüten in abstehenden, vielblütigen, lockeren Schirmrispen; Wälder (auch Auenwälder), kollin und montan.

Das Holz ist hart und leicht bearbeitbar, es wird zur Herstellung von Möbeln und Musikinstrumenten sowie für Drechslerarbeiten verwendet.

■ *Acer pseudoplatanus*

(Berg-Ahorn; Abb. 76C; FH **1017**, 1361)

Bis 30 m hoher Baum; Blätter relativ gross (mehr als 10 cm im Durchmesser), etwa bis zur Mitte eingeschnitten, Abschnitte und Zähne stumpf oder kurz zugespitzt, Buchten zwischen den Zähnen spitz; Blüten in hängenden, vielblütigen schlanken Rispen; Wälder (auch Auenwälder), kollin bis subalpin.

Das Holz ist feinfaserig und hart und wird zur Herstellung von Möbeln, Musikinstrumenten und Parkett sowie für Drechslerarbeiten verwendet.

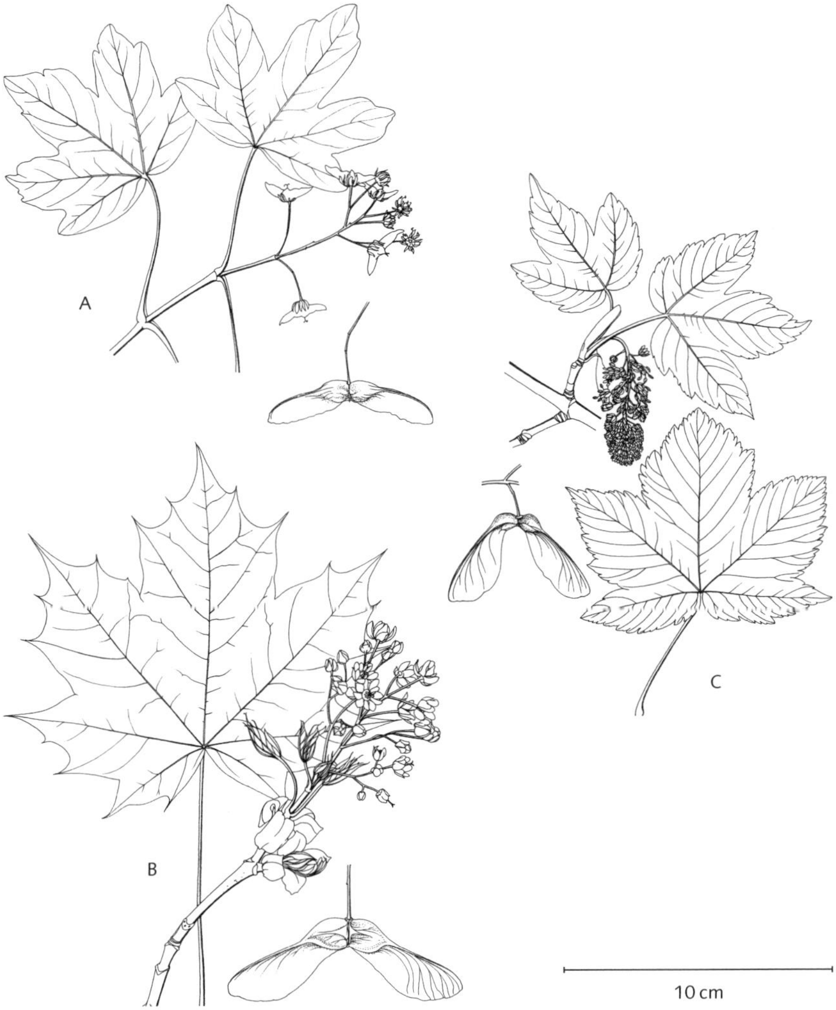

Abb. 76:
Sapindaceae.
A: *Acer campestre.*
B: *Acer platanoides.*
C: *Acer pseudoplatanus.*
(aus Hess & al. 1976–1980)

Überordnung *Asteranae*

Die Überordnung *Asteranae* ist eine grosse monophyletische Gruppe und umfasst viele Ordnungen, Familien und Arten. Dieser *clade* lässt sich durch die folgenden Tendenzmerkmale charakterisieren: die Blüten sind meist 5zählig, ihre Hülle ist zumeist doppelt (Kelch und Krone), die Kronblätter sind meist verwachsen; oft ist nur 1 Staubblattkreis vorhanden; die Fruchtblätter sind meist verwachsen und ihre Zahl ist oft reduziert; die Samenanlagen haben nur 1 Integument; Nebenblätter fehlen meist. Im *clade* der *Asteranae* haben wir basale Ordnungen (*Cornales*, *Ericales*) und 1 abgeleitete Gruppe, die aus 2 *subclades* besteht, den Lamiiden und den Campanuliden (die beiden *subclades* wurden in der Vergangenheit auch Euasteriden I und Euasteriden II genannt). Die Lamiiden haben häufig gegenständige und oft ganzrandige Blätter; die Fruchtknotenstellung ist meist oberständig; die Früchte sind häufig vielsamige Kapselfrüchte, die aus 2 verwachsenen Fruchtblättern hervorgehen. Die Campanuliden hingegen zeichnen sich aus durch häufig wechselständige Blätter mit gezähntem Blattrand; die Fruchtknotenstellung ist meist unterständig; die Frucht wird meist als Schliessfrucht in unterschiedlicher Form ausgebildet (Beeren-, Nuss- oder Steinfrucht).

Basale Ordnungen der *Asteranae*

Bei den basalen *Asteranae* sind meist noch 2 Kreise von Staubblättern ausgebildet (Ausnahmen bei uns z.B. *Balsaminaceae*, *Cornaceae* und *Primulaceae*) und es finden sich nur vereinzelt Reduktionen in der Zahl der Staubblätter und Fruchtblätter.

Ordnung *Cornales*

Viele *Cornales* sind Holzpflanzen; ihre Blätter sind meist gegenständig; die oft 4zähligen Blüten haben meist einen reduzierten Kelch und freie Kronblätter; die Fruchtknoten sind unterständig; oft ist ein intrastaminaler, nektarproduzierender Diskus vorhanden.

Je nach Einteilung umfassen die *Cornales* 5–7 Familien mit etwa 40 Gattungen und gegen 600 Arten, bei uns kommen nur 3 Arten aus der Familie der *Cornaceae* vor.

Familie *Cornaceae*

Die Blütenstände sind Dolden oder Schirmrispen, z.T. sind die Blütenstände dicht zusammengezogen und kopfartig; die Blüten weisen nur den äusseren Kreis Staubblätter auf, die Staubblätter stehen deshalb zwischen den Kronblättern (Alternanzregel erfüllt).

2–7 Gattungen, 85–110 Arten, Verbreitung v.a. im temperaten Klima der Nordhemisphäre; CH: 1 Gattung, 3 Arten.

Cornus
(Hornstrauch)
Die Blätter sind gegenständig und meist ganzrandig, ihre Nerven verlaufen bogenförmig; die Blüten sind 4zählig; die Frucht ist eine Steinfrucht.

■ *Cornus mas*
(Kornelkirsche, Tierlibaum; FH **1316**, 1295)
Bis 5 m hoher Strauch; Blüten gelb, in kugeligen Dolden, vor den Blättern erscheinend; Früchte oval, bis 2 cm lang, rot (enthalten viel Vitamin C); lichte Wälder und Gebüsche in warmen Lagen (z.B. Unterwallis, Tessin), kollin, häufig als Zierstrauch gepflanzt.

■ *Cornus sanguinea*
(Hartriegel, Roter Hornstrauch; FH **1317**, 1293)
Bis 4 m hoher Strauch; Blüten weiss, in Schirmrispen, nach den Blättern erscheinend; Früchte kugelig, bis 8 mm im Durchmesser, dunkelblau bis schwarz; Waldränder, Hecken, kollin.

Ordnung *Ericales*

Die verschiedenen Taxa der heute weit gefassten *Ericales* haben kaum morphologische Gemeinsamkeiten: Die Blattstellung ist variabel; die Blüten weisen eine doppelte Hülle auf mit Kelchblättern und freien oder verwachsenen Kronblättern; sie sind aktinomorph oder zygomorph; die Staubblätter sind in 1 oder 2 Kreisen angeordnet; der Fruchtknoten ist ober- oder unterständig. Die *Ericales* in ihrer heutigen weiten Fassung enthalten 22 Familien mit mehr als 11'400 Arten in etwa 350 Gattungen. In der Schweiz sind 71 Arten aus 6 Familien heimisch oder eingebürgert.

Familie *Balsaminaceae*

Blüten 5zählig, zygomorph; 1 Kelchblatt kronblattartig, gross, trichter- oder helmförmig, mit langem Sporn; die seitlichen Kronblätter paarweise miteinander verwachsen; Staubblätter in 1 Kreis; Fruchtknoten oberständig.
2 Gattungen, etwa 900 Arten, Verbreitung v.a. Eurasien und Afrika; CH: 1 Gattung, 4 Arten.

Impatiens
(Springkraut)
Frucht eine zylindrische oder keulenförmige Kapselfrucht; reife Früchte platzen beim Berühren auf (sog. Explosionskapseln) und schleudern die Samen weg. Mit etwa 900 Arten ist die Gattung *Impatiens* sehr artenreich.

■ *Impatiens glandulifera*
(Drüsiges Springkraut; FH **1393**, 1396)
Bis 2 m hoch; Blätter gegenständig; Blüten gross (2.5–4 cm), rot; Bachufer, feuchte Wälder (auch in Auenwäldern), kollin.

Impatiens glandulifera stammt aus dem Himalaya und wurde als Zierpflanze eingeführt, die bei uns oft verwildert. Da sie sehr konkurrenzfähig ist, kann sie sich stark ausbreiten. Sie ist auf der Schwarzen Liste der invasiven Neophyten (siehe Kapitel «Neophyten und invasive Arten»).

■ *Impatiens noli-tangere*
(Rühr-mich-nicht-an, Wald-Springkraut; FH **1391**, 1393)
Bis 1 m hoch; Blätter wechselständig; Blüten gross (2.5–3 cm), gelb; feuchte Wälder, kollin und montan.

Die beim Berühren aufspringenden Kapselfrüchte führten zu den Namen dieser Art (wissenschaftlich und deutsch!).

■ *Impatiens parviflora*
(Kleines Springkraut; FH **1392**, 1394)
Bis 1 m hoch; Blätter wechselständig; Blüten klein (bis 1 cm), gelb; Laubwälder, Hecken, Ruderalstellen, kollin und montan.

Impatiens parviflora ist seit Beginn des 19. Jahrhunderts bei uns eingebürgert, die Art stammt ursprünglich aus Zentral- und Ostasien.

Familie *Ericaceae*

(inkl. *Empetraceae*, *Monotropaceae*, *Pyrolaceae*)
Ericaceae sind vorwiegend Holzpflanzen (häufig Zwergsträucher) mit ungeteilten und häufig immergrünen Blättern. Die Blüten haben Kelch und Krone, die Kronblätter können frei oder verwachsen sein. Meist sind 2 Staubblattkreise vorhanden. Für die Freisetzung der nach der Meiose meist in Tetraden verbleibenden Pollenkörner reissen die Staubbeutel in der Regel nicht mit einem Schlitz auf, sondern sie entlassen die Pollenkörner über spezielle Öffnungsmechanismen (Poren). Zudem weisen die Staubbeutel oft 2 hornartige Anhängsel auf (deshalb der frühere Name «*Bicornes*» = 2 Hörner). *Ericaceae* leben in einer speziellen Symbiose mit Mykorrhiza-Pilzen, deshalb sind viele Arten befähigt, nährstoffarme Böden zu besiedeln. Einige *Ericaceae* sind wichtige Zeigerarten für den pH-Wert des Bodens.
126 Gattungen, 4000 Arten, Verbreitung weltweit; CH: 13 Gattungen, 24 Arten.
Bei den im folgenden besprochenen Arten ist die Krone zumindest im untersten Teil verwachsen (Ausnahme *Empetrum*).

Blätter relativ klein, nadel- oder schuppenförmig oder mit stark umgelegtem Blattrand (Blatt höchstens 1 cm lang und 2 mm breit)

■ *Calluna vulgaris*

(Besenheide, Heidekraut; Abb. 77A; FH **1326**, 788)
Bis 50 cm hoher Zwergstrauch; Blätter immergrün, schuppenförmig (1–3 mm lang und ca. 0.5 mm breit), 4zeilig angeordnet; Blüten 4zählig, bis 4 mm lang, rosa; Fruchtknoten oberständig; Frucht eine Kapselfrucht; Wälder, Zwergstrauchgesellschaften, Weiden, Moore, kollin bis alpin, auf sauren und nährstoffarmen Böden; Säurezeiger (Reaktionszahl 1) und mässiger Magerkeitszeiger (Nährstoffzahl 2).

■ *Empetrum hermaphroditum*

(= *Empetrum nigrum* subsp. *hermaphroditum*, Zwittrige Krähenbeere; FH **1322**, 779)

Niederliegender Zwergstrauch, Triebspitzen aufrecht, bis 10 cm hoch; Blätter immergrün, lederig, 4–5 mm lang und 1.5–2 mm breit, Blattrand stark nach unten umgebogen, so dass auf der Unterseite nur eine schmale Längsfurche frei bleibt; Blüten 3zählig, bis 3 mm lang, rot; Kronblätter frei; Fruchtknoten oberständig; Frucht fleischig (beerenartig; eigentlich eine mehrsamige Steinfrucht), schwarz; Zwergstrauchgesellschaften, subalpin und alpin; Säurezeiger (Reaktionszahl 1).

Die Gattung *Empetrum* wurde früher (mit 2 weiteren kleinen Gattungen) in eine eigene Familie der *Empetraceae* gestellt. Die molekularphylogenetischen Untersuchungen zeigen die Zugehörigkeit zu den *Ericaceae*.

■ *Erica carnea*
(=*Erica herbacea*, Erika, Schneeheide; Abb. 77B; FH **1323**, 795)
Bis 30 cm hoher Zwergstrauch; Blätter immergrün, nadelförmig, 6–10 mm lang; Blüten 4zählig, 5–7 mm lang, rosa; Fruchtknoten oberständig; Frucht eine Kapselfrucht; Wälder, trockene Hänge, auf Kalk, montan bis alpin; mässiger Basenzeiger (Reaktionszahl 4).

■ *Loiseleuria procumbens*
(Alpenazalee; FH **1320**, 781)
Niederliegender Spalierstrauch; Blätter immergrün, lederig, 4–7 mm lang und 1.5–2 mm breit, Blattrand stark nach unten umgebogen, so dass auf der Unterseite nur eine schmale Längsfurche frei bleibt; Blüten bis 5 mm lang, rosa, mit nur 1 Staubblattkreis; Fruchtknoten oberständig; Frucht eine Kapselfrucht; windgefegte Stellen (Kuppen, Kämme) auf sauren Böden, subalpin und alpin; Magerkeitszeiger (Nährstoffzahl 1) und mässiger Säurezeiger (Reaktionszahl 2).

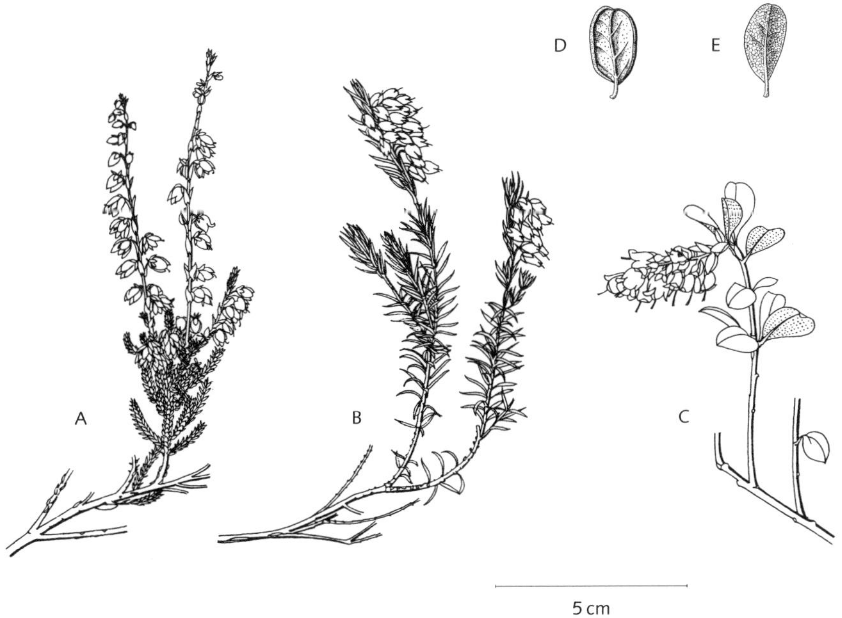

Abb. 77:
Ericaceae.
A: *Calluna vulgaris*.
B: *Erica carnea*.
C: *Vaccinium vitis-idaea*.
D: Blattunterseite von *Vaccinium vitis-idaea*.
E: Blattunterseite von *Arctostaphylos uva-ursi*.
(A–C aus Hess & al. 1976–1980, D+E aus Frohne & Jensen 1998)

Blätter relativ gross, mit flacher Spreite (mind. 1 cm lang und 0.5 cm breit)

■ *Arctostaphylos uva-ursi*

(Bärentraube; Abb. 77E; FH **1327**, 783)

Niederliegender Spalierstrauch; Blätter immergrün, lederig, unterseits mit deutlicher Netznervatur (aber ohne dunkle Punkte); Krone krugförmig, bis 5 mm lang, weiss mit rosa Zipfeln; Fruchtknoten oberständig; Frucht fleischig (beerenartig; eigentlich eine mehrsamige Steinfrucht), rot; Wälder, Zwergstrauchgesellschaften, steinige Stellen, montan bis alpin.

Arctostaphylos uva-ursi ist offizinell (Droge *Uvae ursi folium*; Ph.Eur.). Die Droge enthält Phenolglucoside (insbesondere Arbutin), Gerbstoffe (insbesondere Gallotannine) und Flavonoide und wird wegen der antibakteriellen Wirkung bei entzündlichen Erkrankungen der ableitenden Harnwege angewendet. Die Einnahme soll nicht länger als 1 Woche am Stück und höchstens 5mal pro Jahr erfolgen, da ansonsten Gefahr für Leberschäden (Hydrochinonvergiftung) besteht. Aufgrund des hohen Gerbstoffgehaltes ist akute Unverträglichkeit auch in therapeutischen Dosen möglich (Übelkeit und Erbrechen).

Rhododendron

(Alpenrose, Rhododendron)

Unsere einheimischen Arten: Bis 1 m hohe Sträucher; Krone ca. 1.5 cm lang, rosa; Fruchtknoten oberständig; Frucht eine Kapselfrucht.

Zahlreiche ausländische *Rhododendron*-Arten werden als Zierpflanzen in Gärten und Parkanlagen kultiviert; es sind z.T. grosse Sträucher mit auffallenden und meist viel grösseren Blüten; viele stammen aus Südwestchina und dem Himalaya. Der Begriff «Azalee» ist kein botanischer Begriff, er ist aber im Volksmund und in Gärtnereien weitverbreitet; meist versteht man darunter (ausländische) Arten der Gattung *Rhododendron*, die laubwerfend (also sommergrün) und meist auch kleinblütig sind.

■ *Rhododendron ferrugineum*

(Rostblättrige Alpenrose; FH **1329**, 786)

Blätter kahl, unterseits rostrot bis braun (nur ganz junge Blätter beidseitig grün); Wälder, Weiden, Zwergstrauchgesellschaften, subalpin und alpin; mässiger Säurezeiger (Reaktionszahl 2).

Rhododendron ferrugineum und *Rhododendron hirsutum* können als Vikarianten bezüglich des pH-Wertes des Bodens (sauer resp. basisch) angesehen werden (siehe auch Kapitel «Vikarianten»).

■ *Rhododendron hirsutum*

(Bewimperte Alpenrose; FH **1330**, 785)

Blätter am Rande bewimpert, unterseits grün; Wälder, Felsen, Zwergstrauchgesellschaften, subalpin und alpin; mässiger Basenzeiger (Reaktionszahl 4).

Siehe Kommentar unter *Rhododendron ferrugineum*.

Vaccinium
(Heidelbeere)
Zwergsträucher; Fruchtknoten unterständig; Frucht eine Beerenfrucht.

■ *Vaccinium myrtillus*
(Heidelbeere; FH **1336**, 790)
Bis 50 cm hoch; Zweige kantig, grün; Blätter sommergrün, gezähnt, grün; Krone krugförmig, bis 5 mm lang, grünlich bis rot; Beerenfrucht aussen und innen dunkelblau; Wälder, Zwergstrauchgesellschaften, Moore, kollin bis alpin; Säurezeiger (Reaktionszahl 1).

Vaccinium myrtillus ist offizinell (Drogen *Myrtilli fructus siccus, Myrtilli fructus recens*; Ph.Eur.). Die Drogen enthalten Gerbstoffe, Anthocyane und Flavonoidglykoside und werden bei unspezifischen, akuten Durchfallerkrankungen sowie, wegen der adstringierenden Wirkung, bei leichten Schleimhautentzündungen im Mund- und Rachenraum angewendet.

■ *Vaccinium uliginosum* agg.
(Moorbeere, Rauschbeere)
Bis 50 cm hoch; Zweige rund, braun; Blätter sommergrün, ganzrandig, meist blau- bis graugrün; Krone krugförmig, bis 5 mm lang, weiss oder rötlich; Beerenfrucht aussen dunkelblau, innen hell; Wälder, Zwergstrauchgesellschaften, Moore, kollin bis alpin; Säurezeiger (Reaktionszahl 1).

In der Schweiz sind 2 Sippen heimisch: Im Tiefland wächst *Vaccinium uliginosum* (FH **1337**, 791) in Mooren, in Wäldern und Zwergstrauchgesellschaften der subalpinen und alpinen Stufe kommt *Vaccinium gaultherioides* (FH **1338**, 792) vor; die beiden Taxa sind nicht klar getrennt, sie unterscheiden sich in quantitativen Merkmalen (Grösse der Pflanze und der Blätter, Anzahl Blüten pro Blattachsel, Länge des Blütenstieles).

■ *Vaccinium vitis-idaea*
(Preiselbeere; Abb. 77C+D; FH **1335**, 789)
Bis 30 cm hoch; Blätter immergrün, lederig, Blattrand wenig nach unten umgebogen, unterseits mit dunklen Punkten (Drüsen); Krone glockenförmig, bis 8 mm lang, weiss oder rötlich; Beerenfrucht rot; Wälder, Zwergstrauchgesellschaften, Moore, montan bis alpin; Säurezeiger (Reaktionszahl 1).

Familie *Primulaceae*

Primulaceae sind meist nicht verholzt. Ihre Blüten haben verwachsene Kronblätter; die oft sehr weit hinauf eine enge Röhre bildenden Kronblätter umschliessen die Staubblätter. *Primulaceae* haben nur 1, den inneren Staubblattkreis, die in der Kronröhre angewachsenen Staubblätter stehen deshalb vor den Kronzipfeln (Abb. 27D). Wie bei den *Rhamnaceae* (Ordnung *Rosales*) ist deshalb die Alternanzregel nicht erfüllt.
Wir fassen die Familie der *Primulaceae* weit (z.B. inkl. *Anagallis* und *Lysimachia*), dann enthält die Familie 60 Gattungen mit etwa 2600 Arten;

Verbreitung im temperaten Klima der Nordhemisphäre; CH: 11 Gattungen, 40 Arten. (In enger Fassung wie in Strasburger & al. 2008 enthalten die *Primulaceae* 9 Gattungen mit 900 Arten.)

Stengel niederliegend; Blätter gegenständig; Krone flach ausgebreitet, nur am Grunde verwachsen

■ *Anagallis arvensis*
(Acker-Gauchheil; FH **1387**, 841)
Stengel bis 30 cm lang, niederliegend; Kronblätter meist rot; Unkrautgesellschaften, kollin und montan.
Anagallis arvensis wird in der Alternativmedizin verwendet.

■ *Lysimachia nemorum*
(Hain-Gilbweiderich, Abb. 78A; FH **1382**, 846)
Bis 20 cm hoch, Stengel niederliegend bis aufsteigend; Kronblätter gelb; feuchte Wälder, Gebüsche, kollin und montan.

Stengel aufrecht und Blätter in grundständiger Rosette oder Polsterpflanze; Krone röhren- oder trichterförmig

Androsace
(Mannsschild)
Blüten meist klein; Krone unten röhrenförmig (Kronröhre <0.5 cm lang), oben mit ausgebreiteten Zipfeln.
Viele polsterbildende Arten der subalpinen und alpinen Stufe. Alle Arten sind in der ganzen Schweiz geschützt.

Stengel aufrecht; Blätter in grundständiger Rosette; Blüten in langgestielten Dolden

■ *Androsace chamaejasme*
(Zwerg-, Bewimperter Mannsschild; Abb. 78B; FH **1366**, 821)
Bis 10 cm hoch; Stengel lang behaart; Blüten weiss; kalkhaltige, steinige Rasen, subalpin und alpin; Basenzeiger (Reaktionszahl 5).
Androsace chamaejasme und *Androsace obtusifolia* können als Vikarianten bezüglich des pH-Wertes des Bodens (basisch resp. sauer) angesehen werden (siehe auch Kapitel «Vikarianten»).

■ *Androsace obtusifolia*
(Stumpfblättriger Mannsschild; FH 1365, 822)
Bis 10 cm hoch; Stengel kahl oder kurz behaart; Blüten weiss; kalkarme, steinige Rasen, alpin; mässiger Säurezeiger (Reaktionszahl 2).
Siehe Kommentar unter *Androsace chamaejasme*.

Pflanze niedrig, Polster bildend; Blüten einzeln, kurzgestielt

■ *Androsace alpina*
(Alpen-Mannsschild; FH **1370**, 830)
Flache, dichte bis lockere Polster bildend; Krone rosa; Schutt, Fels-

spalten, alpin; Magerkeitszeiger (Nährstoffzahl 1) und mässiger Säurezeiger (Reaktionszahl 2).

■ *Androsace helvetica*

(Schweizer Mannsschild; FH **1369**, 829)

Dichte Polster bildend; Blätter mit einfachen Haaren, graugrün; Krone weiss; Spalten von Kalkfelsen, alpin; Magerkeitszeiger (Nährstoffzahl 1) und Basenzeiger (Reaktionszahl 5).

Die 2 sehr ähnlichen Arten *Androsace helvetica* und *Androsace vandellii* besiedeln den gleichen Standort (Felsspalten), aber auf verschiedenen Gesteinen; sie können als Vikarianten bezüglich des pH-Wertes (basisch resp. sauer) angesehen werden (siehe auch Kapitel «Vikarianten»).

■ *Androsace vandellii*

(Vandellis Mannsschild; FH 1368, 828)

Dichte Polster bildend; Blätter dicht mit Sternhaaren besetzt, weissfilzig; Krone weiss; Spalten von kalkarmen Felsen, alpin; Magerkeitszeiger (Nährstoffzahl 1) und mässiger Säurezeiger (Reaktionszahl 2).

Siehe Kommentar unter *Androsace helvetica*.

Primula

(Primel, Schlüsselblume)

Blätter in grundständiger Rosette; Blütenstand eine Dolde; Blüten relativ gross; Krone unten röhrenförmig (Kronröhre ≥0.5 cm lang), oben mit ausgebreiteten Zipfeln.

Oft in Gärten angepflanzt wird *Primula acaulis* (=*Primula vulgaris*, Stengellose Schlüsselblume) mit grossen, grundständigen Blüten (Durchmesser bis 3 cm); die Wildform hat gelbe Blüten, in den Gärten werden auch Sippen mit anderen Blütenfarben kultiviert.

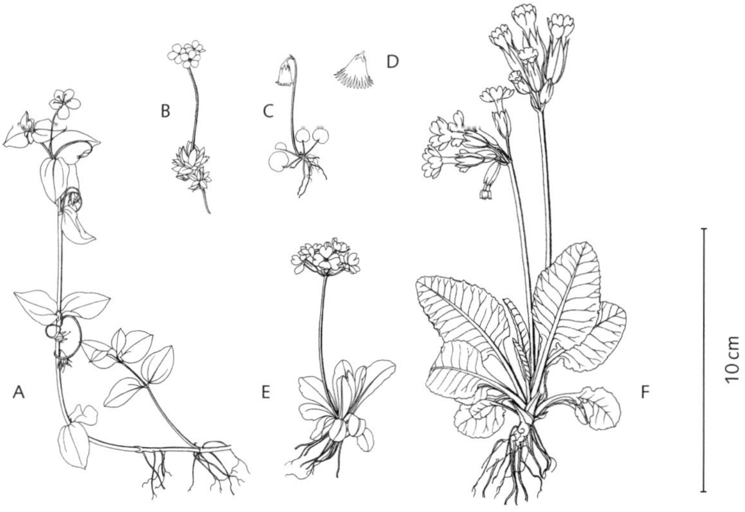

Abb. 78:
Primulaceae.
A: *Lysimachia nemorum*.
B: *Androsace chamaejasme*.
C: *Soldanella pusilla*.
D: Blüte von *Soldanella alpina*.
E: *Primula farinosa*.
F: *Primula veris*.
(A–C, E+F aus Hess & al. 1976–1980, D von Eckehart Jäger)

Krone gelb

■ *Primula auricula*
(Aurikel, Fluhblümchen; FH **1353**, 813)
Bis 20 cm hoch; Blätter blaugrün, fleischig; Kelch klein (3–6 mm lang); Felsen und Schutt auf Kalk, subalpin und alpin; Basenzeiger (Reaktionszahl 5).

■ *Primula elatior*
(Wald-Schlüsselblume; FH **1350**, 810)
Bis 25 cm hoch; Kelch gross (8–15 mm lang); Krone hellgelb, Kronzipfel flach ausgebreitet, 5–10 mm lang; Wälder, Gebüsche, feuchte Wiesen, kollin bis subalpin.

Primula elatior und *Primula veris* sind offizinell (Droge *Primulae radix*; Ph.Eur.). Die Droge enthält Triterpensaponine, Phenolglykoside und Flavone. Wegen der sekretolytischen und expektorierenden Wirkung kommt sie bei Katarrhen der Luftwege zur Anwendung.

■ *Primula veris* i.w.S.
(Frühlings-Schlüsselblume; Abb. 78F; FH **1351**, 811)
Bis 30 cm hoch; Kelch gross (8–15 mm lang); Krone dunkelgelb bis orange, Kronzipfel trichterförmig, bis 6 mm lang; Trockenwiesen, kollin bis subalpin.

Für die Schweiz werden 2 Sippen innerhalb von *Primula veris* i.w.S. unterschieden: *Primula veris* (= *Primula veris* subsp. *veris*) mit unterseits grünen Blättern und *Primula columnae* (= *Primula canescens*, = *Primula veris* subsp. *columnae*) mit Blättern, die unterseits grau- bis weissfilzig behaart sind.

Primula veris wird in der Alternativmedizin eingesetzt, ist aber auch offizinell, siehe Kommentar unter *Primula elatior*.

Krone rot oder rosa

■ *Primula farinosa*
(Mehl-Primel; Abb. 78E; FH **1355**, 815)
Bis 20 cm hoch; Blätter fein gezähnt bis ganzrandig; Blattunterseiten und Blütenstiele weiss mehlig bestäubt (Name!); Dolde vielblütig; Krone rosa, beim Trocknen blau werdend; Bachufer, feuchte Wiesen, Flachmoore, Quellfluren, montan bis alpin; Magerkeitszeiger (Nährstoffzahl 1) und mässiger Basenzeiger (Reaktionszahl 4).

■ *Primula hirsuta*
(Behaarte Schlüsselblume, Rote Felsen-Primel; FH **1354**, 814)
Bis 10 cm hoch; Blätter grün, grob gezähnt und drüsig behaart, etwas fleischig; Dolde mit 2–5 Blüten; Krone rot; Felsen, subalpin und alpin; mässiger Säurezeiger (Reaktionszahl 2).

Soldanella
(Alpenglöckchen, Soldanelle)
Blätter rund, lederig, langgestielt; Blüten nickend; Krone fransenartig zerschlitzt, blau bis violett; Blühbeginn gleich nach der Schneeschmelze.

■ *Soldanella alpina*
(Grosse Soldanelle; Abb. 78D; FH **1376**, 837)
Bis 15 cm hoch; Stengel meist 2- oder 3blütig; Krone breit trichterförmig, bis zur Mitte tief zerschlitzt; Schneetälchen, eher auf Kalk, subalpin und alpin.

■ *Soldanella pusilla*
(Kleine Soldanelle; Abb. 78C; FH **1375**, 838)
Bis 10 cm hoch; Stengel meist 1blütig; Krone schmalglockenförmig, kaum zerschlitzt; Schneetälchen, alpin; mässiger Säurezeiger (Reaktionszahl 2).

Lamiiden

Die Lamiiden sind einer der 2 *subclades* in der abgeleiteten Gruppe der Überordnung *Asteranae*. Sie haben häufig gegenständige und oft ganzrandige Blätter. Die Fruchtknotenstellung ist meist oberständig (Ausnahme *Rubiaceae*). Die Früchte sind häufig aus 2 verwachsenen Fruchtblättern hervorgehende Kapselfrüchte mit zahlreichen Samen.

Ordnung *Boraginales*

Die Ordnung enthält nur die heute weit gefasste Familie der *Boraginaceae*. Ihre Beziehung zu den übrigen Ordnungen und Familien der Lamiiden ist noch unklar.

Familie *Boraginaceae*

(inkl. *Hydrophyllaceae*)
Die einheimischen Arten gehören fast alle zur Unterfamilie *Boraginoideae*. Diese sind meist krautig mit runden Stengeln, haben wechselständige, ungeteilte Blätter und sind oft rauh (z.T. sogar leicht stechend) behaart. Die 5zähligen, meist aktinomorphen Blüten (Ausnahme *Echium*) sind in Wickeln (Abb. 79C) angeordnet. Die 5 Staubblätter sind meist in der Kronröhre eingeschlossen. Der aus den 2 verwachsenen Fruchtblättern aufgebaute Fruchtknoten ist oberständig und wird durch falsche Scheidewände 4fächerig, jedes dieser Fächer entwickelt sich zu einer unabhängigen, 1samigen Teilfrucht (sog. Klausen). Der Fruchtknoten ist deshalb von aussen gesehen 4teilig (Abb. 79A; siehe auch *Lamiaceae* und *Verbenaceae*). Die Kronröhre weist bei einigen Gattungen innen zwischen den Staubblättern 5 sogenannte Schlundschuppen (Einstülpungen) auf (Abb. 79B).
148 Gattungen, 2740 Arten, Verbreitung weltweit; CH: 16 Gattungen, 41 Arten.

Abb. 79:
Boraginaceae.
A: 4teiliger Fruchtknoten.
B+C: *Symphytum officinale.*
B: Blütenlängsschnitt mit Schlundschuppen (1).
C: Blütenstand (Wickel).
D: *Echium vulgare.*
E: *Myosotis alpestris.*
(A–C aus Strasburger & al. 2008, D+E aus Hess & al. 1976–1980)

Echium
(Natterkopf)
Krone zygomorph, ohne Schlundschuppen; Staubblätter weit aus der Krone herausragend.

■ *Echium vulgare*
(Gemeiner Natterkopf; Abb. 79D; FH **1480**, 1573)
Bis 90 cm hoch; Blüten blau; Ruderalstellen, steinige Stellen, warme Lagen, kollin bis subalpin.

Myosotis
(Vergissmeinnicht)
Krone klein (Röhre deutlich unter 1 cm lang, die ausgebreiteten Zipfel 0.5–4 mm lang), blau, in der Kronröhre mit kleinen, gelben Schlundschuppen.

■ *Myosotis alpestris*
(Alpen-Vergissmeinnicht; Abb. 79E; FH **1504**, 1584)
Bis 20 cm hoch; Blütenstiel zur Fruchtzeit etwa so lang wie der Kelch; Blüten 4–8 mm im Durchmesser; Rasen, subalpin und alpin.

■ *Myosotis arvensis*
(Acker-Vergissmeinnicht; FH **1509**, 1589)
Bis 50 cm hoch; 1jährig; Blütenstiel zur Fruchtzeit 2–3mal so lang wie der Kelch; Blüten 2–3 mm im Durchmesser; Äcker, Ruderalstellen, Wiesen, kollin bis subalpin.

Pulmonaria
(Lungenkraut)
Krone etwa 2 cm lang, in der Kronröhre ohne Schlundschuppen.

■ *Pulmonaria obscura*
(Dunkelgrünes Lungenkraut; FH **1483**, 1606)
Bis 30 cm hoch; grundständige Blätter gestielt, Spreite am Grunde herzförmig; Stengelblätter nicht herablaufend; Krone zuerst hellrot, später violettblau; Laubwälder, kollin und montan.

Symphytum
(Wallwurz)
Krone 1–2 cm lang, in der Kronröhre mit deutlichen Schlundschuppen (Abb. 79B).

■ *Symphytum officinale*
(Echte Wallwurz; Abb. 79C; FH **1489**, 1601)
Bis 1.2 m hoch; Blätter mit geflügelten Blattstielen, Flügel bis zum nächsten Blatt am Stengel herablaufend; Blüten gelblich oder rotviolett; feuchte Wiesen, Gräben, Ufer, kollin und montan.

Symphytum officinale ist nicht offizinell, wird aber in der Alternativ- und der Volksmedizin angewendet. Unter anderem wird aus den Wurzeln eine Salbe hergestellt, die bei Gelenkentzündungen und Verstauchungen eingesetzt wird.

Ordnung *Gentianales*

Die Blätter der *Gentianales* sind gegenständig, ungeteilt und ganzrandig. Sie haben meist keine oder stark reduzierte Nebenblätter, nur die *Rubiaceae* weisen z.T. grosse Nebenblätter auf. Die *Gentianales* haben Blüten mit Kelch und verwachsener Krone. Die Blüten weisen nur den äusseren Kreis Staubblätter auf, die Staubblätter stehen deshalb zwischen den Kronblättern (Alternanzregel erfüllt). Der Fruchtknoten besteht meist aus 2 mehr oder weniger verwachsenen Fruchtblättern. Die *Gentianales* mit oberständigem Fruchtknoten haben Kronblätter, die in der Knospenlage gedreht sind (daher der frühere Name «*Contortae*» = Gedrehte für die Gruppe dieser Familien). Wegen der gedrehten Lage in der Knospe sind die Kronzipfel meist asymmetrisch, die Krone sieht deshalb oft aus wie ein Windrad (mit leicht gebogenen Kronzipfeln). Die Kronblätter der Familien mit unterständigem Fruchtknoten sind gefaltet (wie bei den meisten Familien ausserhalb dieser Ordnung).
5 Familien mit über 16'600 Arten in etwa 1120 Gattungen, bei uns sind Arten aus 3 Familien heimisch.

Familie *Apocynaceae*
(inkl. *Asclepiadaceae*)

Apocynaceae haben meist keine Nebenblätter. Die beiden Fruchtblätter des oberständigen Fruchtknotens sind nur zu einem (oft nur kleinen) Teil verwachsen. Die Familie ist reich an Alkaloiden und Glykosiden und deshalb pharmazeutisch wichtig.
415 Gattungen, 4555 Arten, Verbreitung weltweit mit Schwerpunkt in den Tropen und Subtropen; CH: 2 Gattungen, 3 Arten.

Unterfamilie *Apocynoideae*
Blüten ohne Nebenkrone; Staubbeutel frei; Pollenkörner einzeln.

Zu den *Apocynoideae* gehört auch *Nerium oleandrum* (Oleander); dieser Strauch ist im mediterranen Raum verbreitet und wird häufig entlang von Autobahnen angepflanzt. Wegen der Inhaltsstoffe sind Arten der Gattungen *Rauvolfia* (mit dem blutdrucksenkenden Indolalkaloid Reserpin) und *Strophanthus* (mit Herzglykosiden) pharmazeutisch wichtig. Extrakte aus *Apocynoideae* werden von Ureinwohnern in Afrika als wirksame Komponenten der Pfeilgifte verwendet.

■ *Vinca minor*
(Kleines Immergrün; FH **1434**, 1539)
Stengel niederliegend, blühende Sprosse aufrecht, bis 20 cm hoch; Blätter immergrün, etwas lederig, kahl; Blüten einzeln in Blattachseln, blau (selten rotviolett); Laubwälder, Gebüsche, kollin und montan.

Vinca minor ist zwar nicht offizinell, wird aber pharmazeutisch verwendet. Aus Blättern und Blüten werden Extrakte gewonnen, die wegen der darin enthaltenen Alkaloide blutdrucksenkend und beruhigend wirken.

Als Bodenbedecker wird oft die nahe verwandte Art *Vinca major* (Blätter am Rande bewimpert; Blüten grösser) in Gärten und auf Friedhöfen angepflanzt, von wo sie verwildert und sich teilweise in natürlichen Vegetationen eingebürgert hat.

Unterfamilie *Asclepiadoideae*
Anhängsel an Staubblättern z.T. auffallend ausgebildet und als Nebenkrone bezeichnet; Staubbeutel mit dem Narbenkopf verwachsen (diese Struktur nennt man Gynostegium; siehe auch *Orchidaceae*); Pollenkörner einer Theke zu einem Pollinium verbunden.

Diese Unterfamilie wurde früher als separate Familie *Asclepiadaceae* anerkannt.

■ *Vincetoxicum hirundinaria*
(= *Vincetoxicum officinale*, Schwalbenwurz; FH **1433**, 1541)
Bis 1 m hoch; Blüten in Rispen in den Blattachseln; Krone gelblichweiss, innen mit Nebenkrone; steinige Stellen in warmen Lagen, kollin bis subalpin.

Familie *Gentianaceae*
Die *Gentianaceae* haben Blätter mit parallel verlaufenden Hauptnerven, dazwischen befinden sich feine, wenig auffallende Netznerven. Auf den ersten Blick erinnern diese Blätter (ungeteilt, ganzrandig, parallelnervig) an jene monokotyler Pflanzen. *Monocotyledonae* haben aber wechselständige Blätter und eine einfache Blütenhülle. Die Blätter der *Gentianaceae* weisen keine Nebenblätter

auf. Die Fruchtknoten sind oberständig, die beiden Fruchtblätter sind meist weitgehend miteinander verwachsen. Die Kapselfrucht ist meist 1fächerig.
Blütenformel: K(5) C(5) A5 $\underline{G}$(2).
87 Gattungen, 1655 Arten, Verbreitung weltweit; CH: 6 Gattungen, 34 Arten.

Gentiana
(Enzian)
Krone blau, rot oder gelb, im Schlund (d.h. am Übergang Kronröhre/Kronzipfel) nicht bärtig.

Pflanze bis 10 cm hoch, 1blütig; Blüten blau

■ *Gentiana acaulis*

(=*Gentiana kochiana*, Kochs, Stengelloser oder Glocken-Enzian; Abb. 80B; FH **1410**, 1518)
Bis 10 cm hoch; Blüten gross (bis 7 cm lang); weissliche Verbindungshaut zwischen den breit 3eckigen, unten oft etwas eingeschnürten Kelchzipfeln vorhanden; Krone eng glockenförmig bis trichterförmig, fast vollständig verwachsen, mit kleinen, 3eckigen, ausgebreiteten Zipfeln, im Innern mit olivgrünen Flecken; Rasen, Weiden, subalpin und alpin; mässiger Säurezeiger (Reaktionszahl 2).

Die 2 sehr ähnlichen Arten *Gentiana acaulis* und *Gentiana clusii* können als Vikarianten bezüglich des pH-Wertes des Bodens (sauer resp. basisch) angesehen werden (siehe auch Kapitel «Vikarianten»).

■ *Gentiana clusii*

(Clusius' oder Glocken-Enzian; FH **1409**, 1517)
Bis 10 cm hoch; Blüten gross (bis 7 cm lang); weissliche Verbindungshaut zwischen den schmal 3eckigen Kelchzipfeln fehlend oder undeutlich; Krone eng glockenförmig bis trichterförmig, fast vollständig verwachsen, mit kleinen, 3eckigen, ausgebreiteten Zipfeln, im Innern ohne olivgrüne Flecken; Rasen, Felsen, subalpin und alpin; Basenzeiger (Reaktionszahl 5).

Siehe auch Kommentar unter *Gentiana acaulis*.

Abb. 80:
Gentianaceae.
A: *Gentiana verna*.
B: *Gentiana acaulis*.
(aus Hess & al. 1976–1980)

■ *Gentiana verna* agg.
(Frühlings-Enzian; Abb. 80A; FH **1413**, 1521)
Bis 10 cm hoch; Blüten relativ klein (1.5–3 cm lang); Krone röhrenförmig, mit relativ langen, lanzettlichen, ausgebreiteten Zipfeln; Wiesen, Weiden, Feinschutt, montan bis alpin.

Die Gruppe *Gentiana verna* umfasst mehr als 15 schwierig zu unterscheidende Arten in den Gebirgen Eurasiens. Für die Schweiz werden mindestens 5 Arten angegeben (z.B. die weitverbreiteten *Gentiana bavarica*, *Gentiana brachyphylla* und *Gentiana verna*).

Pflanze mehr als 20 cm hoch, mehrblütig; Blüten gelb oder rot

■ *Gentiana lutea*
(Gelber Enzian; FH **1401**, 1509)

Bis 1.2 m hoch; Blüten gelb; Krone trichterförmig, nur am Grunde verwachsen, mit ausgebreiteten Zipfeln; Wiesen, Weiden, montan und subalpin.

Gentiana lutea ist offizinell (Drogen *Gentianae radix, Gentianae tinctura, Gentianae extractum siccum normatum*; Ph.Eur., Ph.Helv.). Die Drogen enthalten Secoiridoidglykoside und Polysaccharide. Auch wegen der darin enthaltenen Bitterstoffe (Amarogentin) werden Wurzeln und Rhizome zu Tinktur, Tonikum und Fluidextrakten verarbeitet sowie auch als Tee verwendet und bei Verdauungsbeschwerden sowie wegen der appetitanregenden Wirkung auch als Apéritif angewendet (Anregung der Speichel- und Magensaftsekretion durch die Bitterstoffe). Die Wurzel von *Gentiana lutea* wird auch für die Herstellung des Enzian-Schnapses verwendet, der v.a. wegen seiner Bitterkeit sehr speziell ist.

Ebenfalls wegen der Bitterstoffe wird *Gentiana lutea* auch in der Alternativmedizin eingesetzt.

■ *Gentiana punctata*
(Getüpfelter oder Punktierter Enzian; FH **1402**, 1510)

Bis 60 cm hoch; Blüten hellgelb, mit dunklen Punkten; Krone glockenförmig, mit ovalen, aufrechten Zipfeln; Weiden, Zwergstrauchgesellschaften, subalpin und alpin; Säurezeiger (Reaktionszahl 1).

■ *Gentiana purpurea*
(Purpur-Enzian; FH **1403**, 1511)
Bis 60 cm hoch; Blüten rot; Krone glockenförmig, mit ovalen, aufrechten Zipfeln; Weiden, Zwergstrauchgesellschaften, subalpin.

Gentianella
(Enzian)
Krone röhrenförmig, im Schlund (d.h. am Übergang von Kronröhre zu Kronzipfel) auffallend bärtig, mit ausgebreiteten Zipfeln.

Die Gattung *Gentianella* wurde früher in die Gattung *Gentiana* eingeschlossen (siehe Synonyme). Molekulare Daten zeigen aber, dass *Gentianella* eine von *Gentiana* deutlich getrennt verlaufende Evolutionslinie darstellt und daher abzutrennen ist (Struwe & al. 2002).

■ *Gentianella campestris*
(= *Gentiana campestris*, Feld-Enzian; FH **1421**, 1529)
Bis 20 cm hoch, mehrblütig; Blüten relativ klein (1–3 cm lang), violett; Krone 4zählig; Wiesen, Weiden, montan und subalpin.

■ *Gentianella germanica* i.w.S.
(=*Gentiana germanica*, Deutscher Enzian; FH **1425**, 1533)
Bis 40 cm hoch, mehrblütig; Blüten relativ klein (1–3 cm lang), violett; Krone 5zählig; Wiesen, Weiden, kollin bis subalpin.

In der Schweiz werden 3 Sippen unterschieden, *Gentianella germanica* subsp. *germanica* (=*Gentiana germanica* subsp. *germanica*) ist die häufigste und am weitesten verbreitete Unterart.

Familie *Rubiaceae*

Rubiaceae haben Nebenblätter, die an der Basis wenig miteinander verwachsen sind. Der Fruchtknoten ist unterständig. *Rubiaceae* sind vorwiegend tropische Holzpflanzen mit Kapsel- oder Steinfrüchten. Die einheimischen Gattungen sind krautig; ihre Nebenblätter sind stark vergrössert und gleich gestaltet wie die Laubblätter, so dass Neben- und Laubblätter einen Quirl bilden (mit 4 oder mehr «Blättern»); ihre Blüten sind 4zählig, der Kelch ist meist stark reduziert und darum sehr unscheinbar; die einheimischen Arten bilden Zerfallfrüchte mit 2 1samigen Teilfrüchten.
600 Gattungen, 10'000 Arten, Verbreitung weltweit; CH: 5 Gattungen, 36 Arten.

Arten der tropischen Gattung *Cinchona* (Chinarindenbaum) liefern Chinin und andere Indolalkaloide, die als Malariamedikament und gegen Fieber eingesetzt werden. Arten der Gattung *Coffea* (Kaffeestrauch) enthalten in den Samen («Kaffeebohnen») das anregend wirkende Alkaloid Coffein.

Asperula

(Waldmeister)
Teilblütenstände länger als die dazugehörenden Blätter; Blüten weiss, rosa oder blau; Kronzipfel kürzer als die Kronröhre.

■ *Asperula cynanchica*
(Hügel-Waldmeister; FH **1437**, 1935)
Bis 40 cm hoch; Blätter schmallanzettlich, zu 4 im Quirl (obere oft nur zu 2); Blüten rosa; Trockenwiesen, Weiden in warmen Lagen, kollin und montan; mässiger Basenzeiger (Reaktionszahl 4).

Cruciata

(Kreuzlabkraut)
Blätter oval bis breitlanzettlich, zu 4 im Quirl; Teilblütenstände kürzer als die dazugehörenden Blätter, zur Fruchtzeit nach unten unter die Blätter gebogen, die Früchte von den Blättern verdeckt; Blüten gelb.

■ *Cruciata laevipes*
(Behaartes Kreuzlabkraut; FH **1469**, 1966)
Bis 50 cm hoch; Stengel abstehend behaart; Hecken, Waldränder, kollin und montan.

Galium
(Labkraut)
Teilblütenstände länger als die dazugehörenden Blätter; Blüten weiss oder gelb; Kronzipfel länger als die Kronröhre.

■ *Galium anisophyllon*
(Alpen-Labkraut; FH 1463, 1954)
Bis 15 cm hoch; Stengelbasis fadenförmig dünn; Stengel und Früchte glatt; Blätter zu 7–9 im Quirl, schmallanzettlich, am Blattrand mit rückwärts gerichteten, kurzen, borstenförmigen Haaren; Blüten weiss; steinige Wiesen und Weiden, Schutt, subalpin und alpin.

■ *Galium aparine*
(Kletten-Labkraut; FH **1465**, 1949)
Stengel bis 1.5 m lang, niederliegend oder kletternd, wegen der rückwärtsgerichteten, borstenförmigen Haare rauh; Blätter zu 6–8 im Quirl, lanzettlich, 2–3 mm breit; Blüten weiss; Früchte mit Hakenhaaren; Hecken, Waldränder, Ruderalstellen, Äcker, kollin und montan; Nährstoffzeiger (Nährstoffzahl 5).

■ *Galium mollugo* agg.
(Wiesen-Labkraut; Abb. 81B; FH **1456**, 1961)
Bis 1.5 m hoch; Stengel und Früchte glatt; Blätter zu 6–9 im Quirl, lanzettlich, 2–7 mm breit, am Blattrand mit vorwärts gerichteten Zähnchen; Blüten weiss.

Die Unterscheidung der 2 in der Schweiz vorkommenden Arten ist oft schwierig; die häufige und weitverbreitete Art ist *Galium album*, sie kommt in der kollinen bis subalpinen Stufe v.a. in Fettwiesen, aber auch in Gebüschen vor.

■ *Galium odoratum*
(Echter Waldmeister; Abb. 81A; FH **1443**, 1939)
Bis 30 cm hoch; Pflanze nach Cumarin duftend; Krone trichterförmig (bei den anderen Arten Kronzipfel ausgebreitet); Blätter zu 6–8 im Quirl, lanzettlich, 5–12 mm breit; Blüten weiss; Früchte mit Hakenhaaren; Frühblüher in Laubwäldern, kollin und montan.

Galium odoratum und *Galium verum* werden in der Volksmedizin verwendet. Zudem ist der Waldmeister wegen seines Cumarin-Gehaltes eine wesentliche Komponente der Maibowle.

■ *Galium verum* i.w.S.
(Echtes Labkraut; FH **1453**, 1941)
Bis 70 cm hoch; Blätter zu 8–12 im Quirl, sehr schmallanzettlich (nadelförmig); Blüten gelb; Wiesen, Waldränder, kollin und montan.

In der Schweiz werden 2 Taxa unterschieden, die sich in der Blattbreite und der Länge der Teilblütenstände sowie im Duft unterscheiden.

Siehe auch Kommentar unter *Galium odoratum*.

Abb. 81:
Rubiaceae.
A: *Galium odoratum*.
B: *Galium album*.
(aus Hess & al. 1976–1980)

Ordnung *Lamiales*

Die *Lamiales* haben oft gegenständige Blätter. Meist sind die Blüten zygomorph und zeigen eine Ober- und eine Unterlippe (Ausnahme z.B. Familie *Oleaceae* und Gattungen *Buddleja* und *Plantago*). Die Pflanzen tragen häufig Drüsenhaare. Die Zahl der Staubblätter ist (mit wenigen Ausnahmen) auf 4 oder sogar 2 reduziert; einige Gattungen oder sogar Familien lassen sich über die Morphologie der Staubblätter (Stellung und Verwachsunsgrad der Antheren) charakterisieren. Die meisten Familien haben vielsamige Kapselfrüchte (Ausnahmen *Oleaceae*, *Lamiaceae* und *Verbenaceae*). Neben den genannten morphologischen Merkmalen und den molekularen Daten ist die Ordnung auch durch chemische Eigenschaften charakterisiert (Speicherkohlenhydrate, bestimmte Iridoide).
23 Familien mit über 23'300 Arten in etwa 1120 Gattungen, bei uns sind Vertreter aus 8 Familien einheimisch.
Daten aus molekularphylogenetischen Untersuchungen haben gezeigt, dass die früher eigenständigen Ordnungen *Lamiales*, *Oleales* und *Scrophulariales* Teil einer einzigen grossen Verwandtschaftsgruppe sind und demnach in die erweiterte Ordnung *Lamiales* gestellt werden müssen. Zudem wurde deutlich, dass einige der traditionellen Familien innerhalb dieser Ord-

nung in stark veränderter Form umschrieben werden müssen. Dies betrifft insbesondere die traditionelle Familie der *Scrophulariaceae*. Aufgrund der Erkenntnisse aus molekularen Daten müssen die Gattungen der früheren *Scrophulariaceae* auf mehrere Familien aufgeteilt werden (Abb. 82). Die neue Familieneinteilung auf der Basis von molekularen Daten ist gut unterstützt, kann aber nicht immer auch morphologisch nachvollzogen werden. In der einheimischen Flora gut fassbar und unverändert bleiben die basale Familie der *Oleaceae* sowie die *Lentibulariaceae*; als Gruppe sind die *Lamiaceae* und die *Verbenaceae* klar umschrieben (4teilige Fruchtknoten mit 4 Teilfrüchten [Klausen]), ihre gegenseitige Abgrenzung ist aber schwierig; sie stellen aber gemäss molekularphylogenetischen Untersuchungen keine monophyletische Gruppe dar. Viele Gattungen der ehemaligen *Scrophulariaceae* gehören nun den weit gefassten *Orobanchaceae* resp. *Plantaginaceae* an, die *Scrophulariaceae* werden eng gefasst. Von den einheimischen Familien werden die *Globulariaceae* (sowie die *Callitrichaceae* und *Hippuridaceae*, von beiden keine Arten in diesem Buch) neu in den *Plantaginaceae*, die *Buddlejaceae* in den *Scropulariaceae* eingeschlossen. Die Familien der *Orobanchaceae*, *Plantaginaceae* und *Scrophulariaceae* in ihren aktuellen Umschreibungen sind morphologisch kaum fassbar. Die Zuordnung der meist klar charakterisierten Gattungen zu den Familien ist deshalb aufgrund der Morphologie nicht eindeutig nachvollziehbar.
Die verwandtschaftlichen Beziehungen der Familien innerhalb der *Lamiales* sind nicht restlos geklärt. Eine mögliche Struktur der Verwandtschaftsverhältnisse ist in Abb. 82 dargestellt. Von den bei uns heimischen Familien innerhalb der *Lamiales* zweigen die *Oleaceae* an basaler Stelle ab und sind somit Schwesterfamilie zum Rest der Ordnung. Der nächste abzweigende Ast ist die Familie der *Plantaginaceae*, dann folgt die neu enggefasste Familie der *Scrophulariaceae*, gefolgt von den *Orobanchaceae* und einer Polytomie aus *Lamiaceae*, *Lentibulariaceae* und *Verbenaceae*.

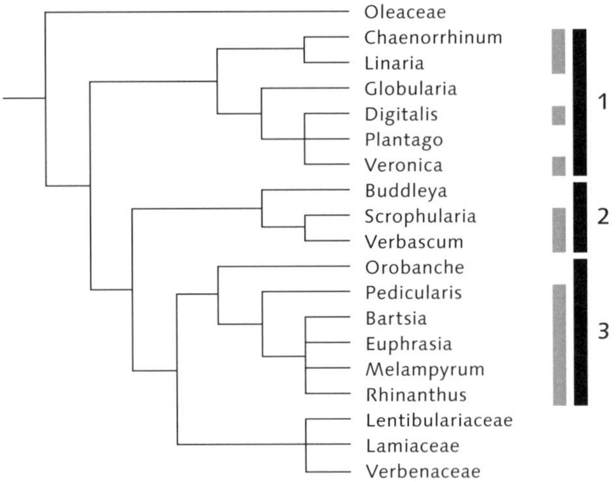

Abb. 82:
Stammbaum der *Lamiales*. Die neu gefassten Familien (schwarze Balken) sind auf Gattungsniveau aufgelöst:
1: *Plantaginaceae*,
2: *Scrophulariaceae*,
3: *Orobanchaceae*
Die mit grauen Balken markierten Gattungen gehörten alle zur früheren Familie der *Scrophulariaceae*, sie sind heute auf 3 Familien verteilt. Die für die Familie namengebende Gattung *Scrophularia* wird im Buch nicht behandelt.

Die Besprechung der Familien entspricht der Reihenfolge im Stammbaum (Abb. 82). Die Reihenfolge der Gattungen in den einzelnen Familien folgt ebenfalls dem Stammbaum (*Orobanchaceae*, *Plantaginaceae*, *Scrophulariaceae*) oder dem Alphabet (*Oleaceae*, *Lentibulariaceae*, *Verbenaceae*); die Gattungen in der grossen Familie der *Lamiaceae* sind morphologisch gruppiert.

Familie *Oleaceae*

Holzpflanzen; Blätter gegenständig; Blüten aktinomorph, meist 4zählig; Blütenhülle z.T. reduziert oder sogar fehlend; Staubblätter 2; Fruchtblätter 2, verwachsen; Früchte vielfältig (z.B. Kapsel-, Beeren-, Nuss-, Steinfrucht).
24 Gattungen, 615 Arten, Verbreitung weltweit; CH: 2 Gattungen, 3 Arten.

Häufig werden in Gärten Arten aus der Gattung *Jasminum* (Jasmin) sowie *Forsythia suspensa* (Forsythie) und *Syringa vulgaris* (Flieder) als Ziersträucher angepflanzt. Im mediterranen Raum ist *Olea europaea* (Ölbaum, Olivenbaum) mit ungeteilten, silbergrauen Blättern ein wichtiger und sehr charakteristischer Baum; die Steinfrüchte (Oliven) mit dem ölhaltigen Fruchtfleisch werden als Speiseoliven (grossfrüchtige Sorten mit einem besonders grossen Mesokarp) und zur Gewinnung von Speiseöl geerntet.

Fraxinus

(Esche)
Baum; Blätter unpaarig gefiedert, Teilblätter fein gezähnt; Nussfrucht geflügelt.

■ ***Fraxinus excelsior***
(Gemeine Esche; FH **1715**, 1729)
Bis 25 m hoher Baum; Teilblätter sitzend oder sehr kurz gestielt; Blüten vor den Blättern erscheinend, ohne Blütenhülle, windbestäubt; feuchte Laubwälder, Auenwälder, v.a. kollin.

Fraxinus excelsior ist offizinell (Droge *Fraxini folium*; Ph.Eur.). Die Blätter enthalten Flavonoide (z.B. Rutin, Quercetin), Iridoide, Gerbstoffe, Triterpene, Steroide, Mannitol und Schleimstoffe und werden bei rheumatischen Erkrankungen eingesetzt. Die Wirksamkeit ist aber nicht belegt.

■ ***Fraxinus ornus***
(Blumen-, Manna-Esche; FH **1716**, 1730)
Bis 10 m hoher Baum; Teilblätter kurz gestielt; Blüten mit den Blättern erscheinend, mit 2 oder 4 schmalen, bandförmigen, weissen Kronblättern, stark duftend, insektenbestäubt; Wälder, kollin, natürlicherweise im Südtessin, nördlich der Alpen als Zierbaum angepflanzt.

■ ***Ligustrum vulgare***
(Liguster; FH **1718**, 1732)
Bis 4 m hoher Strauch; Blätter ungeteilt, ganzrandig, etwas lederig (oft bis im Frühling grün am Strauch verbleibend); Blüten weiss, in dichten Rispen; Beerenfrüchte schwarz; Hecken, Waldränder, kollin.

Familie *Plantaginaceae*

(inkl. *Callitrichaceae*, *Globulariaceae*, *Hippuridaceae* und Teile der früheren *Scrophulariaceae*)

Die *Plantaginaceae* in ihrer neuen Umschreibung können nicht einheitlich morphologisch charakterisiert werden. Viele Vertreter zeigen Antheren mit gespreizten (pfeilförmigen) Theken, bei der Gattung *Globularia* hingegen sind die Theken einer Anthere miteinander verschmolzen. Die Gattungen *Chaenorrhinum*, *Digitalis*, *Linaria* und *Veronica* wurden früher den *Scrophulariaceae* zugeordnet, die Gattung *Globularia* gehörte in die Familie der *Globulariaceae*.

90 Gattungen, 1700 Arten, Verbreitung weltweit; CH: 17 Gattungen, 69 Arten.

■ *Chaenorrhinum minus*

(=*Linaria minor*, Kleines Leinkraut; FH **1659**, 1767)

Bis 30 cm hoch, dicht drüsig behaart; Krone zygomorph, mit Ober- und Unterlippe, mit offenem Schlund (siehe *Linaria*); Krone klein (etwa 5 mm lang), weisslich bis lila, mit kurzem Sporn (etwa so halb lang wie die Krone); Äcker, Ruderalstellen, kollin und montan.

Linaria

(Leinkraut)

Pflanzen kahl, höchstens im Blütenstand drüsig behaart; Krone zygomorph, mit Ober- und Unterlippe, auf der Unterlippe mit einer den Schlund verschliessenden Wölbung («Maskenblume»); Krone meist grösser und mit längerem Sporn als bei *Chaenorrhinum minus*.

■ *Linaria alpina* i.w.S.

(Alpen-Leinkraut; FH **1665**, 1761)

Bis 10 cm hoch, im Schutt kriechend, kahl; Blätter meist zu 3–4 in einem Quirl, bläulich, etwas fleischig; Krone 8–15 mm lang, blauviolett, mit orangefarbenem Schlund; Oberlippe ausgerandet; Sporn etwa so lang wie die Krone.

In der Schweiz kommen 2 Sippen vor: *Linaria alpina* (=*Linaria alpina* subsp. *alpina*) ist niederliegend, die Zipfel der Kronoberlippe sind 1–2mal so lang wie breit; diese in den Alpen häufige und weitverbreitete Art ist ein mässiger Basenzeiger (Reaktionszahl 4). Die Stengel von *Linaria petraea* (=*Linaria alpina* subsp. *petraea*) sind aufsteigend, die Zipfel der Kronoberlippe sind 2–3mal so lang wie breit; diese Art kommt v.a. im Jura vor und ist ein Basenzeiger (Reaktionszahl 5).

■ *Linaria vulgaris*

(Gewöhnliches Leinkraut; FH **1661**, 1757)

Bis 70 cm hoch, im Blütenstand drüsig behaart; Blätter wechselständig, schmallanzettlich; Krone bis 2 cm lang, hellgelb, mit dunkelgelbem bis orangem Schlund; Sporn etwa 2/3 so lang wie die Krone; Ruderalstellen, steinige, offene Stellen, kollin und montan.

Globularia
(Kugelblume)
Blätter wechselständig oder grundständig; Blüten relativ klein, in kugeligen, dichten Blütenständen; Krone röhrenförmig, blau.

■ *Globularia cordifolia*
(Herzblättrige Kugelblume; Abb. 83A; FH **1711**, 1890)
Bis 10 cm hoch; Stengel verholzt, niederliegend (Spalierstrauch); Blätter bis 4 cm lang, oval, in den Stiel verschmälert, vorne abgerundet oder meist ausgerandet; Felsen, Felsschutt, steinige Hänge, montan bis alpin; Basenzeiger (Reaktionszahl 5).

■ *Globularia nudicaulis*
(Nacktstenglige oder Schaft-Kugelblume; FH **1712**, 1891)
Bis 25 cm hoch; Blätter grundständig, bis 15 cm lang, vorne meist abgerundet; Weiden, Rasen, subalpin und alpin; mässiger Basenzeiger (Reaktionszahl 4).

Digitalis
(Fingerhut)
Blätter wechselständig; Blüten in meist einseitswendiger Traube, abwärts geneigt; Krone eng glockenförmig, zygomorph, mit Ober- und Unterlippe.

Alle Arten der Gattung *Digitalis* enthalten herzwirksame Glykoside und sind deshalb sehr giftig, ein paar Arten (z.B. die griechische Art *Digitalis lanata* oder die auch bei uns vorkommende *Digitalis purpurea*) sind offizinell und werden pharmazeutisch genutzt.

■ *Digitalis grandiflora*
(Grossblütiger Fingerhut; FH **1674**, 1774)
Bis 1 m hoch; Krone 3–4.5 cm lang, gelb; lichte Wälder, Schutthalden, Wiesen, montan und subalpin.

Plantago
(Wegerich)
Blätter in grundständiger Rosette, ganzrandig, mit parallelen Hauptnerven (ähnlich den Blättern von monokotylen Pflanzen); Blüten 4zählig, aktinomorph, unscheinbar, klein, in kugeligen bis zylindrischen Ähren.
Zur vergleichenden Ökologie der hier vorgestellten *Plantago*-Arten siehe auch Kapitel «Vikarianten».

Pflanzen tiefer Lagen, meist mehr als 10 cm hoch

■ *Plantago lanceolata*
(Spitz-Wegerich; Abb. 83B; FH **1648**, 1721)
Bis 40 cm hoch; Blätter lanzettlich, wenig behaart bis kahl; Stiel des Blütenstandes viel länger als der eiförmige bis zylindrische, bis 3 cm lange Blütenstand; Fettwiesen, kollin bis subalpin.

Plantago lanceolata ist offizinell (Droge *Plantaginis lanceolatae folium*; Ph.Eur.). Die oberirdischen Pflanzenteile (insbesondere die Blätter) enthalten Iridoidglykoside, Phenylethanoidglykoside, Flavonoide, Polysaccharide, Phenolcarbonsäuren und Gerbstoffe und werden zu Bonbons, Sirup, Tropfen und Tabletten verarbeitet sowie als Tee gebraucht. Die Anwendung erfolgt bei Katarrhen der Luftwege und bei Entzündugen der Schleimhäute und der Haut.

In der Alternativmedizin wird *Plantago lanceolata* ebenfalls eingesetzt.

■ *Plantago major*
(Breit-Wegerich; Abb. 83C; FH **1645**, 1723)
Bis 30 cm hoch; Blätter breit-eiförmig, gestielt, kahl; Stiel des Blütenstandes etwa so lang wie der zylindrische, bis 20 cm lange Blütenstand; Trittgesellschaften auf Feldwegen, Ruderalstellen und Lägerstellen, kollin bis subalpin.

■ *Plantago media*
(Mittlerer Wegerich; FH **1647**, 1722)
Bis 40 cm hoch; Blätter breit-eiförmig, ungestielt, zerstreut bis dicht abstehend behaart; Stiel des Blütenstandes viel länger als der zylindrische, bis 8 cm lange Blütenstand; Staubfäden lila; Trockenwiesen, Weiden, kollin und montan.

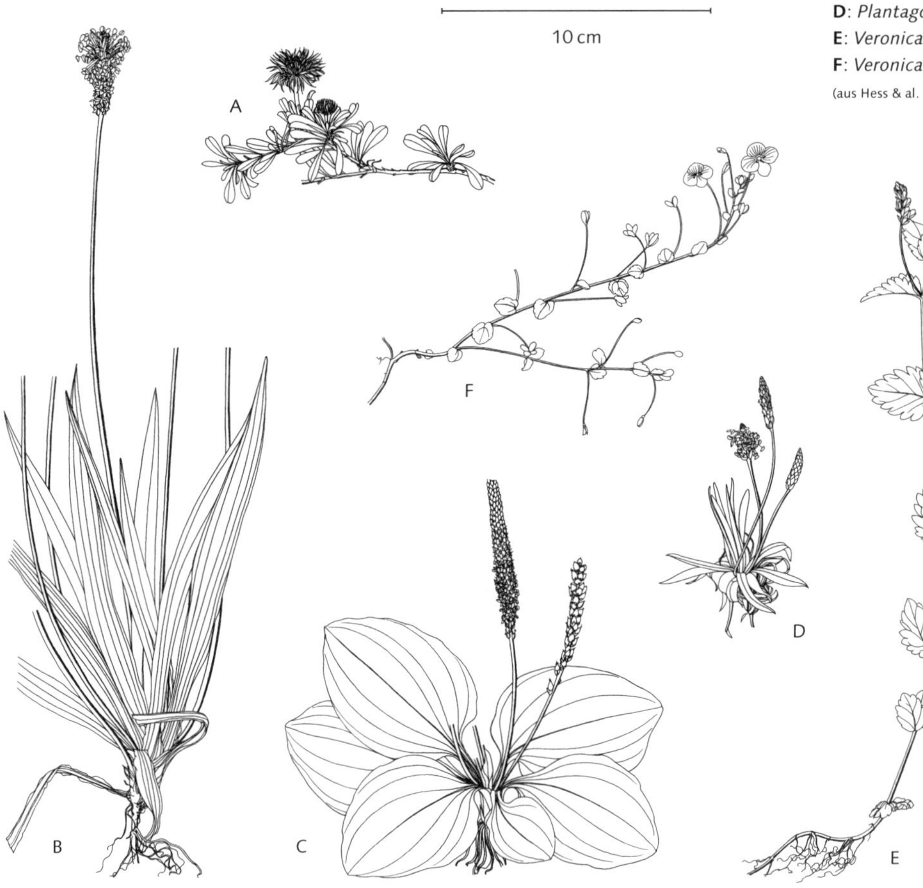

Abb. 83: *Plantaginaceae.*
A: *Globularia cordifolia.*
B: *Plantago lanceolata.*
C: *Plantago major.*
D: *Plantago alpina.*
E: *Veronica chamaedrys.*
F: *Veronica filiformis.*
(aus Hess & al. 1976–1980)

Pflanzen höherer Lagen, meist nicht über 10 cm hoch

■ *Plantago alpina*
(Alpen-Wegerich, Adelgras; Abb. 83D; FH **1649**, 1726)
Blätter schmallanzettlich; Blütenstand zylindrisch, bis 3 cm lang; Staubblätter gelb; Wiesen, Weiden, subalpin und alpin; mässiger Säurezeiger (Reaktionszahl 2).

■ *Plantago atrata*
(= *Plantago montana*, Berg-Wegerich; FH **1650**, 1727)
Blätter lanzettlich; Blütenstand kugelig bis oval; Staubblätter weisslich; Wiesen, Weiden, subalpin und alpin; mässiger Basenzeiger (Reaktionszahl 4).

Veronica
(Ehrenpreis)
Untere Blätter gegenständig; Krone blau (selten rosa oder weiss), nur schwach zygomorph, mit sehr kurzer Röhre und 4 flachen oder trichterförmig ausgebreiteten Zipfeln; Staubblätter 2.

Blüten in gestielten Trauben in den Achseln von Stengelblättern

■ *Veronica beccabunga*
(Bachbungen-Ehrenpreis; FH **1681**, 1782)
Bis 60 cm hoch, vollständig kahl; Stengel niederliegend und aufsteigend; auch obere Blätter gegenständig; Blätter oval bis rundlich, fleischig; Quellfluren, Bachufer, Gräben, manchmal sogar untergetaucht, kollin bis subalpin.

■ *Veronica chamaedrys*
(Gamander-Ehrenpreis; Abb. 83E; FH **1691**, 1787)
Bis 30 cm hoch; Stengel auf 2 Kanten behaart; auch obere Blätter gegenständig; Fettwiesen, lichte Wälder, Hecken, kollin bis subalpin.

■ *Veronica urticifolia*
(= *Veronica latifolia*, Breitblättriger oder Nessel-Ehrenpreis; FH **1690**, 1786)
Bis 70 cm hoch; auch obere Blätter gegenständig; Blätter breitlanzettlich; Blüten rosa; Wälder, Hochstaudenfluren montan und subalpin.

Blüten einzeln in den Achseln von Stengelblättern

Blüten am Stengel mehr oder weniger locker verteilt

■ *Veronica arvensis*
(Feld-Ehrenpreis; FH **1697**, 1797)
Bis 25 cm hoch, 1jährig; obere Blätter wechselständig; Blüten kurzgestielt, Stiel viel kürzer als das zur Blüte gehörende Blatt; Krone klein, 3–4 mm im Durchmesser; Äcker, Getreidefelder, Weinberge, kollin und montan.

■ *Veronica filiformis*
(Feinstieliger Ehrenpreis; Abb. 83F; FH **1706**, 1806)
Stengel niederliegend, auffallend dünn, wurzelnd, bis 50 cm lang; obere Blätter wechselständig; Blätter rundlich bis eiförmig; Blütenstiel 3–5mal so lang wie das zur Blüte gehörende Blatt; Kelchzipfel oval bis lanzettlich; Zierrasen, Weiden, kollin und montan.

Veronica filiformis ist ursprünglich eine südwestasiatische Pflanze (Kaukasus, Nordanatolien), die anfangs des 20. Jahrhunderts als Unkraut eingeschleppt wurde und sich bei uns eingebürgert hat. Heute ist sie fast über die ganze Erde verbreitet.

■ *Veronica hederifolia*
(Efeublättriger Ehrenpreis; FH **1703**, 1803)
1(–2)jährig; Stengel niederliegend, bis 50 cm lang; obere Blätter wechselständig; Blätter 3- bis 5lappig (entfernt wie Blätter von *Hedera helix* [Efeu] aussehend, siehe Artepithet und deutscher Name!); Blütenstiel 1–2mal so lang wie das zur Blüte gehörende Blatt; Kelchzipfel am Grunde herzförmig; Äcker, Getreidefelder, Weinberge, Gärten, Ruderalstellen, kollin und montan.

■ *Veronica persica*
(Persischer Ehrenpreis; FH **1705**, 1805)
1(–2)jährig; Stengel niederliegend, bis 50 cm lang; obere Blätter wechselständig; Blätter rundlich bis eiförmig; Blütenstiel 1–2mal so lang wie das zur Blüte gehörende Blatt; Kelchzipfel oval bis lanzettlich; Äcker, Getreidefelder, Weinberge, Gärten, Ruderalstellen, kollin und montan.

Veronica persica ist ursprünglich wahrscheinlich eine westasiatische Pflanze, die anfangs des 19. Jahrhunderts als Unkraut eingeschleppt wurde. Sie hat sich bei uns eingebürgert. Heute ist sie fast über die ganze Erde verbreitet.

Blüten gedrängt am Ende der Stengel

■ *Veronica bellidioides*
(Rosetten-Ehrenpreis; FH **1687**, 1791)
Bis 20 cm hoch; grundständige Blätter in einer Rosette, auch obere Stengelblätter gegenständig; Blüten in einer endständigen, doldenartigen Traube; Rasen, Weiden, Zwergstrauchgesellschaften, alpin; Säurezeiger (Reaktionszahl 1).

■ *Veronica fruticans*
(Felsen-, Strauch-Ehrenpreis; FH **1696**, 1796)
Bis 20 cm hoch; Stengel am Grunde holzig; auch obere Blätter gegenständig; Krone dunkelblau; kalkarme, steinige Böden, subalpin und alpin.

Familie *Scrophulariaceae*

(inkl. *Buddlejaceae*)

Obwohl viele Gattungen aus der früher sehr heterogenen Familie der *Scrophulariaceae* heute einer anderen Familie zugeordnet werden, können die *Scrophulariaceae* auch in ihrer neuen, engen Fassung nicht einheitlich morphologisch beschrieben werden. Die Vertreter zeigen aber i.d.R. Antheren mit verschmolzenen Theken (scheinbar nur 1 Theke pro Staubblatt), diese sind kopfig bis bogenförmig.

69 Gattungen, 1910 Arten, Verbreitung weltweit (besonders Afrika und Australien); CH: 3 Gattungen, 14 Arten.

■ *Buddleja davidii*

(Schmetterlingsstrauch, Sommerflieder; FH **1724**, 1887)

Bis 3 m hoher Strauch; Blätter gegenständig, unterseits graufilzig behaart, mit kleinen Nebenblättern; Blüten in dichten, zylindrischen Rispen, 4zählig; Krone aktinomorph, violett; Staubblätter 4; Frucht eine Kapselfrucht; Ruderalstellen, Gebüsche, See- und Flussufer, kollin.

Buddleja davidii stammt ursprünglich aus China und wird oft als Zierpflanze angepflanzt, da die Blüten gerne von Schmetterlingen besucht werden. Die Art verwildert häufig und breitet sich rasch aus. Deshalb ist *Buddleja davidii* auch auf der Schwarzen Liste der invasiven Neophyten (siehe Kapitel «Neophyten und invasive Arten»).

Verbascum

(Königskerze)

Blätter wechselständig; Blüten 5zählig, schwach zygomorph; Staubblätter 5, mit wollig behaarten Staubfäden; Frucht eine Kapselfrucht.

■ *Verbascum lychnitis*

(Lampen-Königskerze; FH **1733**, 1745)

Bis 2 m hoch; Blätter oberseits grün, unterseits weissfilzig behaart; Gebüsche, Ruderalstellen, steinige Trockenwiesen, kollin und montan.

Ebenfalls häufig und weitverbreitet ist *Verbascum thapsus* (FH **1729**, 1741); bei dieser Art ist die ganze Pflanze dicht von filzigen, gelblichen Haaren bedeckt.

Familie *Orobanchaceae*

(inkl. Teile der früheren *Scrophulariaceae*)

Pflanzen mit sog. Haustorien (Saugorgan) die Wurzeln von Wirtspflanzen anzapfend und diesen Nährstoffe entnehmend; **Vollparasit** (ohne Chlorophyll, ganze Pflanze darum weisslich oder gelblich bis braun) oder **Halbparasit** (Pflanze mit Chlorophyll [also grün] und auch selber assimilierend); Kelch meist mit 4 Zipfeln; Kelchblätter bis über die Hälfte verwachsen; Krone zygomorph, mit Ober- und Unterlippe; Antheren mit deutlich sichtbaren, parallelen (nicht spreizenden) Theken; Frucht eine Kapselfrucht.

101 Gattungen, 2065 Arten, Verbreitung weltweit; CH: 9 Gattungen, 67 Arten.

Vollparasit ohne Chlorophyll (C-heterotroph)

Orobanche

(Sommerwurz, Würger)

Blätter schuppenförmig; Blüten allseitswendig; Krone 5zählig, zygomorph.

■ *Orobanche alba*

(Weisse Sommerwurz, Thymian-Würger; FH **1756**, 1872)

Bis 30 cm hoch; parasitiert meist auf *Thymus serpyllum*; Trockenwiesen, kollin bis subalpin.

Die Gattung umfasst bei uns 20 Arten. *Orobanche alba* ist eine der häufigen Arten und steht stellvertretend für alle anderen Arten, die sehr ähnlich aussehen und v.a. durch ihre Farbe auffallen.

Halbparasit mit grünen Blättern

Blätter geteilt

Pedicularis

(Läusekraut)

Blätter fein fiederteilig, grundständig und stengelständig, am Stengel meist wechselständig; Kelch mit 5 Zipfeln.

■ *Pedicularis foliosa*

(Blattreiches Läusekraut; FH **1789**, 1813)

Bis 50 cm hoch; Stengelblätter wechselständig; Blätter im Blütenstand länger als die Blüten; Blüten in einer dichten Ähre; Krone gelb, Oberlippe abgerundet; feuchte Rasen, subalpin.

■ *Pedicularis tuberosa*

(Knolliges Läusekraut; FH **1792**, 1816)

Bis 20 cm hoch, bogig aufsteigend; Stengelblätter wechselständig; Blüten in einer dichten, kopfigen Ähre, oft bis 90° gedreht; Krone gelb, Oberlippe in einen 3–4mm langen Schnabel verlängert; Wiesen, Weiden, subalpin und alpin.

■ *Pedicularis verticillata*

(Quirlblättriges Läusekraut; Abb. 84A; FH **1787**, 1811)

Bis 20 cm hoch; Stengelblätter quirlständig; Blüten in einer dichten, kurzen Ähre; Krone rot, Oberlippe abgerundet; Wiesen, Weiden, subalpin und alpin.

Blätter ungeteilt

Melampyrum

(Wachtelweizen)

1jährig; Stengel 4kantig; Blätter gegenständig; Kelch röhrenförmig (nicht abgeflacht).

■ *Melampyrum pratense*

(Wiesen-Wachtelweizen; FH **1766**, 1854)

Bis 50 cm hoch; Blütenstand einseitswendig; Krone 1–2 cm lang,

Abb. 84:
Orobanchaceae.
A: *Pedicularis verticillata.*
B: *Rhinanthus alectorolophus.*
(aus Hess & al. 1976–1980)

gerade, gelb, an der Basis oft weiss; Wälder, Moore, kollin bis subalpin; mässiger Säurezeiger (Reaktionszahl 2).

■ *Melampyrum sylvaticum*
(Wald-Wachtelweizen; FH **1765**, 1853)
Bis 25 cm hoch; Blütenstand einseitswendig; Krone 6–10 mm lang, gekrümmt, gelb; Wälder, Moore, kollin bis subalpin; Säurezeiger (Reaktionszahl 1).

Rhinanthus
(Klappertopf)
1jährig; Stengel 4kantig; Blätter gegenständig; Kelch seitlich abgeflacht; Krone gelb.

■ *Rhinanthus alectorolophus*
(Behaarter oder Zottiger Klappertopf; Abb. 84B; FH **1799**, 1845)
Bis 50 cm hoch; Pflanze behaart; Oberlippe mit bis 2mm langem, blauem Zahn; Wiesen, kollin bis subalpin.

■ *Rhinanthus minor*
(Kleiner Klappertopf; FH **1800**, 1846)
Bis 50 cm hoch; Pflanze kahl; Oberlippe ohne oder mit ganz kurzem, blauem Zahn; Magerwiesen, Flachmoore, kollin bis subalpin.

■ *Bartsia alpina*
(Alpen-Bartschie, Alpenhelm; FH **1798**, 1822)
Bis 20 cm hoch; Blätter gegenständig; obere Blätter und Blüten braunviolett; feuchte Wiesen und Weiden, Quellfluren, Flachmoore, meist auf Kalk, subalpin und alpin.

Euphrasia
(Augentrost)
1jährig; untere Blätter gegenständig, meist kürzer als 1.5 cm; Krone kürzer als 1.5 cm, meist weiss.

■ *Euphrasia minima*
(Zwerg-Augentrost; FH **1769**, 1824)
Bis 10 cm hoch; Krone 5–7 mm lang, neben Pflanzen mit weisser Krone oft auch solche mit gelber oder rötlicher Krone; Rasen, Weiden, subalpin und alpin.

■ *Euphrasia rostkoviana*
(Gebräuchlicher oder Wiesen-Augentrost; FH **1776**, 1833)
Bis 25 cm hoch; Krone 8–14 mm lang, weiss, oft mit lila Oberlippe und mit gelbem Fleck auf der Unterlippe; Wiesen, Weiden, kollin bis alpin.

Euphrasia rostkoviana wird in der Alternativmedizin eingesetzt.

Familie *Lentibulariaceae*

Alle *Lentibulariaceae* sind fleischfressende Pflanzen (karnivor). Je nach Gattung weisen sie verschiedene Fangmechanismen auf. Die Blüten sind zygomorph und haben einen Sporn. Die etwas ähnlichen, ebenfalls gespornten Blüten der *Violaceae* (Ordnung *Malpighiales*) weisen im Gegensatz zu den *Lentibulariaceae* freie Kronblätter auf.
3 Gattungen, 320 Arten, Verbreitung weltweit; CH: 2 Gattungen, 10 Arten.

Einheimische Arten der Gattung *Utricularia* (Wasserschlauch) sind freischwimmende Wasserpflanzen. Die Blätter sind feingeteilt, zudem sind zu Fallen umgewandelte Blätter vorhanden (Blasen, Schluckfallen), mit denen Planktontiere eingefangen und resorbiert werden; unsere Arten kommen v.a. in Hochmoorschlenken und Schwimmblattgesellschaften vor.

Pinguicula
(Fettblatt)
Landpflanzen mit grundständigen Blattrosetten; Blätter fleischig, auf der Oberseite ein Sekret absondernd, an dem Insekten klebenbleiben und anschliessend aufgelöst und resorbiert werden.

■ *Pinguicula alpina*
(Alpen-Fettblatt; FH **1805**, 1877)
Bis 15 cm hoch; Blüten weiss, mit gelben Flecken auf der Unterlippe; nasse Stellen, v.a. im Bereich von Flachmooren und Bächen sowie an Felsen, subalpin und alpin.

■ *Pinguicula vulgaris*
(Gewöhnliches Fettblatt; Abb. 85; FH **1806**, 1878)
Bis 20 cm hoch; Blüten violett; feuchte Stellen, v.a. im Bereich von Flachmooren und an Bächen, kollin bis subalpin.

Abb. 85:
Lentibulariaceae.
Pinguicula vulgaris.
(aus Hess & al. 1976–1980)

Familie *Lamiaceae*

Die *Lamiaceae* haben 4kantige Stengel mit gegenständigen Blättern. Die Blüten befinden sich in verzweigten Seitentrieben; da die Verzweigungen dieser Seitentriebe aber meist sehr kurz und kaum zu sehen sind, scheinen die Blüten zu mehreren direkt in den Blattachseln angeordnet. Die gegenständigen Blätter mit den Blüten in ihren Achseln sind jeweils an 2 einander gegenüberliegenden Flächen des 4kantigen Stengels angewachsen, deshalb nennt man diese Teilblütenstände auch Halb- oder Scheinquirle. Die 5 Kelchblätter sind verwachsen und meist aktinomorph mit 5 mehr oder weniger gleichen Zipfeln. Die Krone ist meist deutlich zygomorph mit 2 Lippen (einfache Ober- und oft 3lappige Unterlippe; *labium* = Lippe, deshalb der frühere Name «*Labiatae*» = Lippenblütler). Die Blüten weisen 4 (selten nur 2) Staubblätter auf. Der aus den 2 verwachsenen Fruchtblättern entstandene Fruchtknoten wird durch falsche Scheidewände 4fächerig, jedes Fach entwickelt sich zu einer unabhängigen, 1samigen Teilfrucht (eine sog. Klause). Der Fruchtknoten ist deshalb von aussen gesehen 4teilig (Abb. 86A; siehe auch *Boraginaceae* und *Verbenaceae*).
236 Gattungen, etwa 7200 Arten, Verbreitung weltweit; CH: 28 Gattungen, 82 Arten.

Viele Vertreter sind reich an ätherischen Ölen. Deswegen werden viele *Lamiaceae* als Gewürz- und volksmedizinisch (und z.T. auch pharmazeutisch) als Heilpflanzen genutzt, z.B. *Hyssopus officinalis* (Ysop), *Majorana hortensis* (Majoran), *Melissa officinalis* (Zitronenmelisse), *Ocimum basilicum* (Basilikum), *Rosmarinus officinalis* (Rosmarin), *Satureja hortensis* (Bohnenkraut) sowie Arten der Gattungen *Lavandula* (Lavendel), *Mentha* (Minze, Pfefferminze), *Origanum* (Oregano), *Salvia* (Salbei) und *Thymus* (Thymian).

Wir gruppieren die Gattungen und Arten dieser grossen Familien nach morphologischen Gesichtspunkten.

Kronoberlippe (scheinbar) fehlend oder viel kürzer als die Unterlippe

Ajuga
(Günsel)
Oberlippe der Krone sehr kurz (meist kürzer als 1 mm; Abb. 86B).

■ *Ajuga pyramidalis*
(Pyramiden-Günsel; FH **1543**, 1623)
Bis 20 cm hoch; Pflanze mit grundständiger Blattrosette, ohne Ausläufer; Blätter dichtstehend, im Blütenstand etwa 2mal so lang wie die Blüten; Blüten blau bis violett; magere Wiesen und Weiden, subalpin und alpin; mässiger Säurezeiger (Reaktionszahl 2).

■ *Ajuga reptans*
(Kriechender Günsel; FH **1541**, 1621)
Bis 30 cm hoch; Pflanze mit grundständiger Blattrosette und mit oberirdischen Ausläufern; Blätter lockerstehend, im Blütenstand etwa so lang wie die Blüten; Blüten blau; Wiesen, Rasen, Wälder, kollin bis subalpin.

■ *Glechoma hederacea* i.w.S.
(Gewöhnliche Gundelrebe; Abb. 86H; FH **1589**, 1641)
Bis 20 cm hoch; Stengel kriechend, sich bewurzelnd; Blätter nierenförmig, grob und stumpf gezähnt; Blüten an aufrechten Seitentrieben, blau bis violett; Oberlippe der Krone etwa halb so lang wie die Unterlippe (Abb. 86E); Wiesen, Waldränder, Gebüsche, kollin und montan.

Bei uns kommen 2 Sippen vor: *Glechoma hederacea* (= *Glechoma hederacea* subsp. *hederacea*) mit 15–22 mm langen Blüten und variabler Behaarung ist häufig und weitverbreitet, *Glechoma hirsuta* (= *Glechoma hederacea* subsp. *hirsuta*) mit 20–30 mm langen Blüten und dichter Behaarung ist selten und kommt in warmen Gebieten vor.

Glechoma hederacea wird in der Alternativmedizin eingesetzt.

Teucrium
(Gamander)
Krone scheinbar ohne Oberlippe (Oberlippe tief eingeschnitten, die beiden Zipfel herabgeklappt und der Unterlippe angeschlossen, diese deshalb 5lappig; Abb. 86C).

■ *Teucrium chamaedrys*
(Echter oder Edel-Gamander; FH **1549**, 1627)
Bis 25 cm hoch; aufsteigend, am Grunde verholzt; Blätter eiförmig, grob gezähnt; Krone rosa; Trockenwiesen, Felsensteppen, kollin bis subalpin; mässiger Basenzeiger (Reaktionszahl 4).

■ *Teucrium montanum*
(Berg-Gamander; FH **1546**, 1626)
Stengel bis 25 cm lang, niederliegend, am Grunde verholzt; Blätter

schmallanzettlich, ganzrandig, mit umgerolltem Rand, unterseits weissfilzig behaart; Krone gelblich; Felsen, Schutt, Trockenwiesen, in warmen Lagen, kollin bis subalpin; Basenzeiger (Reaktionszahl 5).

Oberlippe der Krone wenig kürzer bis länger als die Unterlippe

Staubblätter aus der Krone herausragend und spreizend

■ *Origanum vulgare*
(Dost; FH **1607**, 1697)
Bis 60 cm hoch; Blätter 1–4 cm lang; Blüten klein; Krone rosa, 4–7 mm lang; Trockenwiesen, Gebüsche, Waldränder, kollin bis subalpin.

Origanum vulgare ist offizinell (Droge *Origani herba*; Ph.Eur.) und enthält ätherische Öle (Hauptbestandteil Carvacrol), Flavonoide, Gerb- und Bitterstoffe. Wegen der expektorierenden Eigenschaften wird *Origanum vulgare* bei Husten und chronischer Bronchitis eingesetzt.

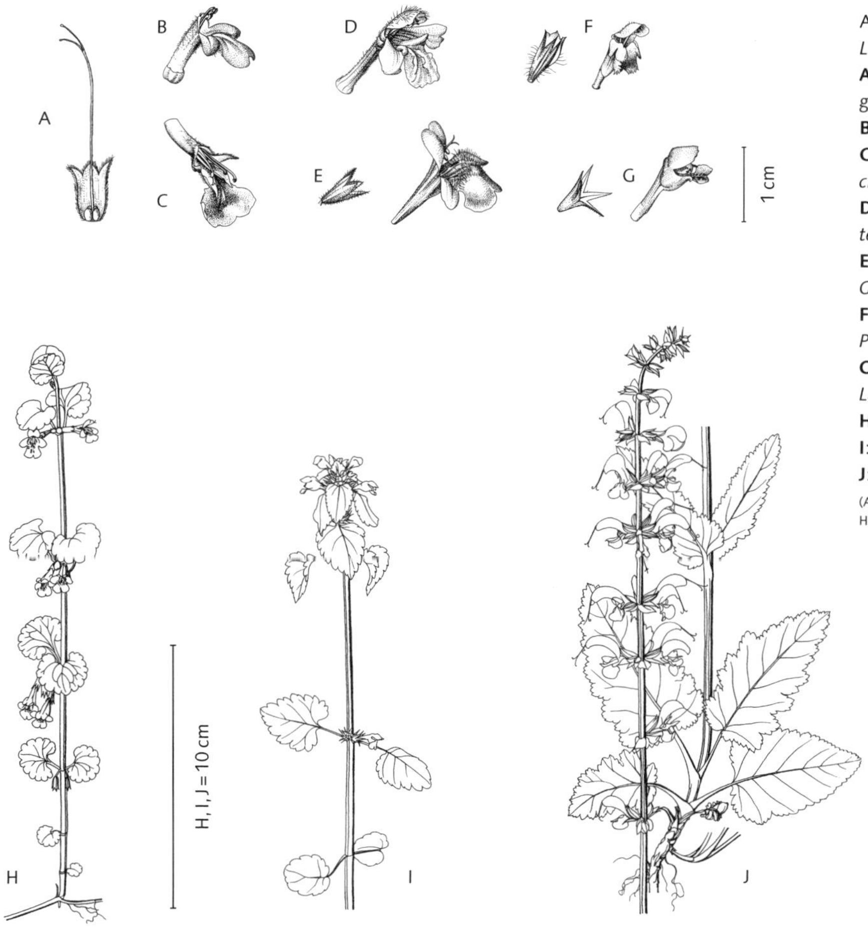

Abb. 86:
Lamiaceae.
A: 4teiliger Fruchtknoten im geöffneten Kelch.
B: Krone von *Ajuga reptans*.
C: Krone von *Teucrium chamaedrys*.
D: Krone von *Galeopsis tetrahit*.
E: Kelch und Krone von *Glechoma hederacea*.
F: Kelch und Krone von *Prunella vulgaris*.
G: Kelch und Krone von *Lamium purpureum*.
H: *Glechoma hederacea*.
I: *Lamium purpureum*.
J: *Salvia pratensis*.
(A aus Strasburger & al. 2008, B–J aus Hess & al. 1976–1980)

■ *Thymus serpyllum* agg.
(Feld-Thymian)
Bis 25 cm hoch; aufsteigend, am Grunde verholzt; Blätter 4–15 mm lang; Blüten klein; Krone rosa, 3–6 mm lang; Rasen, felsige Stellen an trockenen, warmen Lagen, kollin bis alpin.

In der Schweiz werden bis zu 8 schwer unterscheidbare Sippen angegeben; *Thymus polytrichus* (=*Thymus praecox* subsp. *polytrichus*; FH **1614**, 1701) und *Thymus pulegioides* (FH **1609**, 1702) sind beide häufig und weitverbreitet.

Thymus serpyllum ist offizinell (Droge *Serpylli herba*; Ph.Eur.). Das Kraut enthält ätherische Öle (Hauptbestandteile: Carvacrol und Thymol), Flavonoide, Triterpene und Phenolcarbonsäuren und wird wegen der spasmolytischen und antimikrobiellen Wirkung bei Katarrhen der oberen Luftwege eingesetzt.

Staubblätter nicht spreizend, meist der Kronoberlippe anliegend oder von ihr verdeckt

Acinos
(Steinquendel)
Kelch auf der Unterseite am Grunde ausgebuchtet; Krone violett, Oberlippe flach.

■ *Acinos alpinus*
(=*Satureja alpina*, Alpen-Steinquendel; FH **1600**, 1696)
Bis 20 cm hoch; Krone 1–2 cm lang; Felsen, steinige Hänge; subalpin und alpin.

Galeopsis
(Hohlzahn)
Oberlippe der Krone helmförmig, Unterlippe mit 2 kleinen, aufrechten, hohlen Höckern oder Zähnen (deutscher Name!; Abb. 86D).

■ *Galeopsis tetrahit*
(Stechender Hohlzahn, Glure; FH **1561**, 1649)
Bis 1 m hoch; Stengel unter den Knoten verdickt, borstig behaart; Kelchzähne begrannt, stechend; Krone weiss bis rot; Äcker, Ruderalstellen, Waldschläge, Auenwälder, kollin bis subalpin; Nährstoffzeiger (Nährstoffzahl 5).

Lamium
(Taubnessel)
Oberlippe der Krone deutlich helmförmig, seitliche Lappen der Unterlippe spitz (Abb. 86G).

■ *Lamium album*
(Weisse Taubnessel; FH **1569**, 1661)
Bis 50 cm hoch; Krone weiss, 2–3 cm lang; Staubbeutel schwarz; Gebüsche, Hecken, Lägerstellen, Ruderalstellen, kollin bis subalpin; Nährstoffzeiger (Nährstoffzahl 5).

Lamium album wird in der Alternativmedizin verwendet.

■ *Lamium galeobdolon* i.w.S.
(=*Lamiastrum galeobdolon,* Goldnessel; FH **1570**, 1662)
Bis 60 cm hoch; Krone gelb; Wälder, Hecken, kollin bis subalpin.
Bei uns werden 3 Arten unterschieden; die häufigste Art und besonders im Mittelland und den Voralpen weitverbreitet ist *Lamium montanum* (=*Lamium galeobdolon* subsp. *montanum*, =*Lamiastrum montanum*) mit langen Ausläufern, vielblütigen Halbquirlen und 2–3 cm langer Krone.

■ *Lamium maculatum*
(Gefleckte Taubnessel; FH **1565**, 1657)
Bis 50 cm hoch; Krone rot, 2–3 cm lang; Kronröhre S-förmig gebogen; Wälder, Hecken, Ruderalstellen, kollin bis subalpin; Nährstoffzeiger (Nährstoffzahl 5).

■ *Lamium purpureum*
(Acker-, Purpur-Taubnessel; Abb. 86I; FH **1566**, 1659)
Bis 25 cm hoch; Krone rot, ca. 1 cm lang; Kronröhre gerade; Äcker, Gärten, Weinberge, Rasen, kollin bis subalpin.

■ *Melittis melissophyllum*
(Immenblatt; FH **1557**, 1648)
Bis 60 cm hoch; Blätter oval bis breitlanzettlich, grob gezähnt; Krone rosa oder weiss, gross (3–4.5 cm lang), Oberlippe mehr oder weniger flach; Laubwälder in warmen Lagen, kollin und montan; mässiger Basenzeiger (Reaktionszahl 4).

Prunella
(Brunelle)
Kelch deutlich 2lippig (Abb. 86F); Oberlippe der Krone helmförmig.

■ *Prunella vulgaris*
(Kleine Brunelle; FH **1595**, 1645)
Bis 20 cm hoch; Krone violett, 1–1.5 cm lang; Wiesen, Weiden, Rasen, kollin bis subalpin.

Salvia
(Salbei)
Oberlippe der Krone sichelförmig; Staubblätter nur 2.

■ *Salvia glutinosa*
(Klebrige Salbei; FH **1632**, 1680)
Bis 1 m hoch; Pflanze dicht drüsig behaart (deshalb klebrig); Blüten gelb, gross (3–4.5 cm lang); Wälder, Gebüsche, Hochstaudenfluren, montan.

■ *Salvia pratensis*
(Wiesen-Salbei; Abb. 86J; FH **1633**, 1679)
Bis 60 cm hoch; Krone blau, 2–2.5 cm lang; Trockenwiesen, kollin und montan.

Stachys
(Ziest)
Blüten in dichten Halbquirlen, am Ende der Stengel gehäuft; Oberlippe der Krone meist etwas helmförmig; seitliche Lappen der Unterlippe stumpf.

■ *Stachys recta*
(Aufrechter Ziest; FH **1585**, 1673)
Bis 60 cm hoch; Blätter schmaloval bis lanzettlich; Blüten weisslich bis gelb; Trockenwiesen, kollin und montan.

■ *Stachys sylvatica*
(Wald-Ziest; FH **1581**, 1667)
Bis 1 m hoch; Blätter herzförmig, grob gezähnt, stinkend; Blüten rot bis violett; Wälder, kollin und montan.

Familie *Verbenaceae*

Die *Verbenaceae* sind den *Lamiaceae* sehr ähnlich und nicht immer klar von diesen zu unterscheiden. Sie haben 4kantige Stengel mit gegenständigen Blättern. Die Blüten befinden sich einzeln (nicht in Scheinquirlen) in Ähren oder Trauben oder in dichten Köpfen. Die 5 Kelchblätter sind verwachsen und meist aktinomorph mit 5 mehr oder weniger gleichen Zipfeln. Die Krone ist meist zygomorph (undeutlich 2lippig mit Ober- und Unterlippe). Die Blüten weisen 4 Staubblätter auf. Der aus den 2 verwachsenen Fruchtblättern entstandene Fruchtknoten wird durch falsche Scheidewände 4fächerig, jedes Fach entwickelt sich zu einer unabhängigen, 1samigen Teilfrucht (eine sog. Klause). Der Fruchtknoten ist deshalb von aussen gesehen 4teilig.
34 Gattungen, 1175 Arten, Verbreitung weltweit; CH: 1 Art.

■ *Verbena officinalis*
(Eisenkraut; FH **1540**, 1568)
Bis 70 cm hoch; Blätter fiederteilig; Blüten klein, in lockeren, schlanken Ähren; Krone 3–5 mm lang, violett, einzeln in den Blattachseln; Ruderalstellen, Trittgesellschaften, kollin und montan.

Verbena officinalis ist offizinell (Droge *Verbenae herba*; Ph.Eur.) und enthält Iridoidglykoside, Phenylethanoidglykoside, Flavonoide und Triterpene. Die pharmazeutische Wirkung ist nicht belegt. *Verbena officinalis* wird volksmedizinisch als Diuretikum und Antirheumatikum eingesetzt.

Für den Genusstee «Eisenkraut» (=Verveine) verarbeitet man die nach Zitronen duftende *Lippia triphylla* (=*Aloysia triphylla*, Echtes oder Wohlriechendes Eisenkraut, auch Zitronenstrauch oder Zitronenverveine genannt), eine andere Art aus der Familie der *Verbenaceae*. *Lippia triphylla* ist ein kleiner Strauch mit lanzettlichen Blättern und stammt ursprünglich aus Südamerika, wird aber im Mittelmeergebiet (insbesondere in Spanien und Südfrankreich) zur Teegewinnung angepflanzt.

Ordnung *Solanales*

Solanales haben runde oder kantige Stengel mit wechselständigen, meist ungeteilten Blättern ohne Nebenblätter. Die meist 5zähligen Blüten sind aktinomorph mit einem auch zur Fruchtzeit noch vorhandenen Kelch und verwachsenen Kronblättern. Die Blüten weisen nur einen (den äusseren) Kreis von Staubblättern auf. Die Staubblätter stehen deshalb zwischen den Kronblättern (Alternanzregel erfüllt). Der oberständige Fruchtknoten besteht meist aus 2 verwachsenen Fruchtblättern und ist von aussen gesehen ungeteilt.
5 Familien mit 4080 Arten in 164 Gattungen, in der Schweiz kommen Vertreter aus 2 Familien vor.

Familie *Convolvulaceae*

(inkl. *Cuscutaceae*)
Die *Convolvulaceae* haben trichterförmige Kronen mit fast vollständig verwachsenen Kronblättern, die in der Knospenlage gedreht sind. Die einheimischen Arten sind krautige, windende Pflanzen, entweder mit langem, ausdauerndem Rhizom oder wurzellose Parasiten.
57 Gattungen, 1600 Arten, Verbreitung weltweit; CH: 3 Gattungen, 7 Arten.
Zu dieser Familie gehört auch *Ipomoea batatas* (Batate, Süsskartoffel), deren stärkereiche Wurzelknollen als Grundnahrungsmittel in einigen Tropenregionen genutzt werden.

■ *Calystegia sepium*
(=*Convolvulus sepium*, Echte Zaunwinde; Abb. 87C; FH **1537**, 1566)
Pflanze kletternd, mit weitkriechendem Rhizom; Stengel bis 3 m lang, windend; Blattpaar unter der Blüte (Vorblätter) relativ gross, den Kelch umschliessend; Krone 3.5–6 cm lang, weiss; Auenwälder, Waldränder, Hecken, Gärten, kollin und montan.

■ *Convolvulus arvensis*
(Acker-Winde; FH **1539**, 1567)
Pflanze niederliegend (selten kletternd); Stengel bis 1 m lang; Blattpaar unter der Blüte (Vorblätter) klein, unauffällig; Krone 1.5–2.5 cm lang, weiss oder rosa; Äcker, Weinberge, Ruderalstellen, kollin und montan.

■ *Cuscuta epithymum*
(Quendel-Seide; FH **1533**, 1561)
Chlorophylloser (C-heterotropher) Vollparasit ohne Wurzeln und Blätter; Pflanze mit fadenförmigem, meist rotem Stengel die Wirtspflanze umschlingend und mit sog. Haustorien (Saugorgan) in diese eindringend; Blüten klein, bis 5 mm lang, rot oder weiss, in 5–10 mm dicken Knäueln; Ruderalstellen, Wiesen, kollin und montan.
Cuscuta epithymum parasitiert oft auf *Thymus*-Arten (*Lamiaceae*) und verschiedenen Arten aus der Familie der *Fabaceae*.

Familie *Solanaceae*

Solanaceae sind meist aufrechte Pflanzen. Die Krone ist deutlich 5zipflig.

102 Gattungen, 2460 Arten, Verbreitung weltweit; CH: 7 Gattungen, 11 Arten.

Solanaceae enthalten häufig Alkaloide als Inhaltsstoffe, weshalb es in dieser Familie viele Medizinal- und Giftpflanzen gibt: *Atropa bella-donna* (Tollkirsche), *Datura stramonium* (Stechapfel), *Hyoscyamus niger* (Bilsenkraut), *Nicotiana tabacum* (Tabak), *Physalis alkekengi* (Judenkirsche). Volkswirtschaftlich ist *Nicotiana tabacum* (Tabak) ausserordentlich wichtig, im positiven wie auch im negativen Sinne. Trotz der in der Familie weitverbreiteten und z.T. sehr giftigen Alkaloide gehören einige wichtige Gemüsepflanzen zu dieser Familie: *Capsicum annuum* (Paprika, Peperoni), *Solanum lycopersicum* (=*Lycopersicon esculentum*, Tomate), *Solanum melongena* (Aubergine, Eierfrucht), *Solanum tuberosum* (Kartoffel).

■ *Atropa bella-donna*

(Tollkirsche; Abb. 87A; FH **1519**, 1544)

Bis 1.5 m hoch, oberirdische Teile 1jährig, unterirdisch ausdauernd; Blätter ungeteilt, ganzrandig; Krone 2.5–3.5 cm lang, engglockenförmig, braunviolett; Beerenfrucht kugelig, bis 1.5 cm im Durchmesser, schwarz, glänzend; Waldschläge, Waldränder, Wälder, kollin und montan.

Alle Pflanzenteile dieser Art sind sehr giftig. Da sie in Waldschlägen meist in grossen Beständen vorkommt, sind die Beerenfrüchte oft in grosser Menge verfügbar und zudem auch leicht zugänglich, weshalb es immer wieder zu Vergiftungen kommt. Sie ist aber auch offizinell (Droge *Belladonnae folium*; Ph.Eur.) und wird in der Medizin verwendet. Sie enthält Tropanalkaloide (insbesondere Hyoscyamin, aber auch Atropin und Scopolamin), Flavonoide, Gerbstoffe und Cumarine und wird bei Spasmen und kolikartigen Schmerzen des Gastrointestinaltraktes und der Gallenwege eingesetzt. Als Nebenwirkungen können Mundtrockenheit, Akkommodationsstörungen, Abnahme der Schweissproduktion, Hautrötung, Tachykardie und Krämpfe auftreten. Die extrahierten Reinsubstanzen werden als Tropfen (z.B. Augentropfen), Zäpfchen, Tabletten oder zur Injektion angewendet. Wegen der pupillenerweiternden Wirkung sind die Augentropfen in der Augenmedizin wichtig (Augenspiegelung).

■ *Datura stramonium*

(Stechapfel; FH **1530**, 1543)

Bis 1 m hoch; 1jährig; Blätter grob gezähnt; Krone 6–10 cm lang, trichterförmig, weiss; Kapselfrucht mit Stacheln, grün, oval, bis 7 cm lang; Ruderalstellen, kollin.

Alle Pflanzenteile von *Datura stramonium* sind sehr giftig, als Medizinalpflanze ist sie aber auch offizinell (Drogen *Stramonii folium, Stramonii pulvis normatus*; Ph.Eur.). Die Pflanze enthält sehr wirksame (und damit auch giftige) Alkaloide (insbesondere Hyoscyamin und Scopolamin), hat aber heute keine medizinische Bedeutung mehr.

Datura stramonium wird auch in der Alternativmedizin verwendet. Früher wurde sie in der Volksmedizin als Expektorans bei starker Verschleimung eingesetzt.

Solanum

(Nachtschatten)

Blätter ungeteilt bis gefiedert; Staubbeutel zu einer Röhre zusammenneigend; Frucht eine Beerenfrucht.

Zu dieser Gattung gehören ein paar Gemüsepflanzen, von diesen ist v.a. die ursprünglich aus Südamerika stammende Kartoffel (*Solanum tuberosum*) mit ihren viel Stärke enthaltenden Sprossknollen von grosser Bedeutung. Die Kartoffel ist nach den drei Getreiden

Weizen, Reis und Mais der wichtigste Stärkelieferant für die Erdbevölkerung und somit eines der wichtigsten Nahrungsmittel. Die Stärke aus den Sprossknollen wird in Puderform als Absorptions- und Füllmittel, als Hydrogelgerüstbildner sowie als Zerfallsbeschleuniger bei Tabletten auch pharmazeutisch genutzt (siehe auch *Triticum aestivum* und *Zea mays*, beide Familie *Poaceae*). Deshalb ist *Solanum tuberosum* auch offizinell.

■ *Solanum dulcamara*

(Bittersüsser Nachtschatten, Bittersüss; Abb. 87B; FH **1526**, 1556)

Bis 1.5 m hoch; Stengel windend, oft an der Basis verholzt; Blätter lanzettlich, ungeteilt oder am Grunde mit 2 kleinen, abgesetzten Abschnitten; Krone violett; Beerenfrucht eiförmig, bis 1 cm lang, leuchtend rot; Waldschläge, Auenwälder, Ufer, Gebüsche, kollin und montan.

Abb. 87:
Solanales:
A+B: *Solanaceae*:
A: *Atropa bella-donna*, mit Beere.
B: *Solanum dulcamara*.
C: *Convolvulaceae*, *Calystegia sepium*.
(aus Hess & al. 1976–1980)

Campanuliden

Die Campanuliden stellen neben den Lamiiden den zweiten *subclade* in der abgeleiteten Gruppe der Überordnung *Asteranae* dar. Sie zeichnen sich aus durch häufig wechselständige Blätter mit gezähntem Blattrand (Ausnahme *Dipsacales*). Die Kronblätter sind verwachsen (Ausnahme *Apiales*). Die Fruchtknotenstellung ist meist unterständig (Ausnahme *Aquifoliaceae*). Die Frucht wird meist als Schliessfrucht in unterschiedlicher Form ausgebildet (Beeren-, Nuss- oder Steinfrucht).
Zu den Campanuliden gehören die als basalste Evolutionslinie abzweigende Ordnung *Aquifoliales* sowie die (bei uns heimischen) Ordnungen *Apiales*, *Asterales* und *Dipsacales*.

Ordnung *Aquifoliales*

Alle *Aquifoliales* sind verholzt. Die meist kleinen Blüten bilden Steinfrüchte.
5 Familien mit 535 Arten in 20 Gattungen, bei uns kommt nur 1 Art vor.

Familie *Aquifoliaceae*

Die *Aquifoliaceae* haben 4zählige Blüten. Ihre Kronblätter sind nur am Grunde wenig verwachsen. Der Fruchtknoten ist oberständig.
1 Gattung, 405 Arten, Verbreitung weltweit; CH: 1 Art.

Zur einzigen Gattung *Ilex* in dieser Familie gehört auch *Ilex paraguariensis*, eine südamerikanische Art. Die immergrünen Blätter des kleinen Baumes enthalten etwa gleichviel vom Alkaloid Coffein wie der Kaffee (Arten der Gattung *Coffea*, *Rubiaceae*), deshalb werden sie zur Zubereitung von Mate-Tee verwendet.

■ *Ilex aquifolium*
(Stechpalme; FH **1816**, 1260)
Bis 10 m hoher Strauch oder Baum; Blätter lederig, immergrün, stachelig gezähnt; Blüten 1geschlechtig, Pflanze meist 2häusig; Krone weiss; Steinfrüchte leuchtend rot, 6–8 mm im Durchmesser; Laubwälder, kollin und montan.

Die Pflanze ist mit ihren dunkelgrünen, glänzenden Blättern und leuchtend roten Früchten auffallend, insbesondere im Winter. Da die Blätter immergrün sind, ist sie als Schnittpflanze auch langlebig, deshalb wurde sie oft gesammelt. Heute ist die Art in vielen Regionen der Schweiz geschützt.

Ordnung *Apiales*

(=*Araliales*)

Die Blätter der *Apiales* sind wechselständig. Die meist 5zähligen, aktinomorphen und unscheinbaren Blüten haben kleine Kelchblätter, die Kronblätter sind frei. Die Blüten weisen nur den äusseren Kreis Staubblätter auf, die Staubblätter stehen deshalb zwischen den Kronblättern (Alternanzregel erfüllt); der Fruchtknoten ist unterständig.
7 Familien mit etwa 5500 Arten in fast 500 Gattungen, bei uns sind Vertreter aus 2 Familien einheimisch.

Familie *Apiaceae*

(= *Umbelliferae*)

Die fast immer krautigen *Apiaceae* haben meist geteilte Blätter, die mit einem unten verbreiterten Blattstiel den Stengel umfassen. Die Blütenstände sind einfache oder meist zusammengesetzte Dolden (*umbella* = Sonnenschirm oder Dolde, deshalb der frühere Name «*Umbelliferae*» = Doldentragende); am Grunde der Dolden (jeder Ordnung) können Hochblätter sitzen. Der Kelch ist oft sehr klein und kaum zu sehen. Die Krone ist meist weiss, selten gelb oder rötlich. Der Fruchtknoten besteht aus 2 verwachsenen Fruchtblättern und trägt an seiner Spitze ein als Griffelpolster bezeichnetes Nektarium. Die Früchte sind Zerfallfrüchte, die 2 trockenen Teilfrüchte enthalten (wie viele andere Pflanzenteile) ätherische Öle. Der Bau der Früchte (Morphologie und Anatomie) ist für die Systematik der *Apiaceae* sehr wichtig.

Die Blütenformel lautet: K5 C5 A5 $\overline{\text{G}}$(2)

434 Gattungen, 3780 Arten, Verbreitung weltweit; CH: 50 Gattungen, etwa 90 Arten.

Insbesondere wegen der ätherischen Öle werden verschiedene Pflanzen aus der Familie der *Apiaceae* kulinarisch genutzt. **Gewürze**: *Anethum graveolens* (Dill), *Carum carvi* (Kümmel), *Coriandrum sativum* (Koriander), *Cuminum cyminum* (Kreuzkümmel), *Levisticum officinale* (Liebstöckel, Maggikraut), *Petroselinum crispum* (Petersilie), *Pimpinella anisum* (Anis). **Gemüse**: *Apium graveolens* (Knollen-, Stangensellerie), *Daucus carota* (Karotte, Möhre), *Foeniculum vulgare* (Fenchel).

Die Blätter der einheimischen *Apiaceae* sind meist gefiedert oder fiederteilig, einige Arten haben radiär geteilte Blätter, nur 1 Gattung hat ungeteilte Blätter (*Bupleurum*, keine Art in diesem Buch). Die häufigeren Arten lassen sich anhand der Blätter unterscheiden (Abb. 88).

Blätter fiederteilig oder gefiedert

Blätter gross (bis 1 m lang), **grobgeteilt** (grösste Abschnitte über 1.5 cm breit)

Heracleum

(Bärenklau)

Blätter fiederteilig bis 1fach gefiedert; Randblüten der Dolde zygomorph (die nach aussen gerichteten Kronblätter meist ausgerandet und länger als die übrigen Kronblätter); Frucht oval, 1–2mal so lang wie breit, abgeflacht, mit geflügelten Rippen.

Viele *Heracleum*-Arten enthalten phototoxische Stoffe, die in Kombination mit Sonnenlicht aktiv werden und gravierende Hautschädigungen (Entzündungen, Blasen ähnlich wie bei Verbrennungen) zur Folge haben können.

Der aus dem Kaukasus stammende *Heracleum mantegazzianum* (Riesen- oder Mantegazzis Bärenklau, im Volksmund auch als Riesenkerbel bezeichnet) wird bis 3.5 m hoch und wurde als Zierpflanze eingeführt. Als verwilderte Gartenpflanze ist sie sehr konkurrenzfähig und breitet sich deshalb rasch und aggressiv aus, deshalb steht sie auch auf der Schwarzen Liste der invasiven Neophyten (siehe Kapitel «Neophyten und invasive Arten»).

■ ***Heracleum sphondylium*** i.w.S.
(Wiesen-Bärenklau; Abb. 88A; FH **1901**, 1489)
Bis 1.5 m hoch, borstig und rauh behaart; Blätter bis 50 cm lang,

1fach gefiedert; Teilblätter grob gezähnt; Fettwiesen, Hochstaudenfluren, kollin bis subalpin.

In der Schweiz werden bis zu 4 Unterarten unterschieden. *Heracleum sphondylium* ist nicht offizinell, wird aber wegen der blähungstreibenden Cumarine als Tee verwendet.

Laserpitium
(Laserkraut)
Blätter meist mehrfach gefiedert; Kronblätter weiss; Frucht oval, 1–3mal so lang wie breit, abgeflacht oder im Querschnitt rundlich, mit geflügelten Rippen.

■ *Laserpitium latifolium*
(Breitblättriges Laserkraut; Abb. 88B; FH **1907**, 1497)
Bis 1.5 m hoch; Blätter bis 1 m lang, 1–2fach gefiedert; Teilblätter oval, gezähnt; Frucht 5–12 mm lang; steinige Hänge, Hochstaudenfluren, montan und subalpin.

■ *Laserpitium siler*
(Berg-Laserkraut; Abb. 88C; FH **1906**, 1496)
Bis 1.5 m hoch; Blätter bis 1 m lang, 3–4fach gefiedert, blaugrün; Teilblätter lanzettlich, ganzrandig; Frucht 5–12 mm lang; steinige Hänge, Felsen, montan und subalpin.

Blätter kleiner und weniger grobgeteilt

Blätter mittelfeingeteilt (Abschnitte bis 1 cm breit)

Anthriscus
(Kerbel)
Blätter 2–3fach gefiedert; Frucht länglich, 3–5mal so lang wie breit, mit kurzem (1–2 mm langem), geripptem Schnabel (Abb. 89B).

■ *Anthriscus sylvestris*
(= *Chaerophyllum sylvestre*, Wiesen-Kerbel; Abb. 88D, Abb. 89A; FH **1831**, 1413)
Bis 1.5 m hoch; Kronblätter weiss, nicht bewimpert; Frucht 6–10 mm lang; Wiesen, kollin bis subalpin.

Chaerophyllum
(Kälberkropf)
Blätter 2–3fach gefiedert; Frucht länglich, 3–10mal so lang wie breit, ohne Schnabel.

■ *Chaerophyllum hirsutum* agg.
(Gebirgs-Kälberkropf)
Bis 1 m hoch; Kronblätter weiss oder rötlich, bewimpert; Frucht 8–20 mm lang; feuchte Wiesen, Hochstaudenfluren.

In der Schweiz werden 3 Arten unterschieden. Häufig und weitverbreitet sind die beiden Arten *Chaerophyllum hirsutum* (Abb. 88E; FH **1825**, 1409) mit etwas gröber geteilten Blättern vom Tiefland bis ins Gebirge sowie

Chaerophyllum villarsii (Abb. 88F; FH **1826**, 1410) mit etwas feiner geteilten Blättern in der subalpinen und alpinen Stufe.

Blätter feingeteilt, mit schmalen Abschnitten

(Abschnitte weniger als 2 mm breit)

■ *Athamanta cretensis*

(Augenwurz; Abb. 88G; FH **1856**, 1457)

Bis 30 cm hoch, behaart, graugrün; Blätter 3fach gefiedert; Krone weiss; Frucht 2–3 mm lang, oval, 2–3mal so lang wie breit, dicht grau behaart; Felsen, Schutt, subalpin und alpin; Basenzeiger (Reaktionszahl 5).

■ *Carum carvi*

(Kümmel; Abb. 88H, Abb. 89D; FH **1879**, 1447)

Bis 60 cm hoch, kahl; Blätter 2–3fach gefiedert; unterstes Teilblattpaar der untersten Blätter deutlich von den übrigen Teilblattpaaren abgesetzt; Krone weiss oder rötlich; Frucht 3–4 mm lang, oval, weniger als 2mal so lang wie breit (Abb. 89C); Wiesen, Weiden, kollin bis subalpin.

Carum carvi ist offizinell (Drogen *Carvi fructus, Carvi aetheroleum*; Ph.Eur.) und enthält ätherische Öle (Hauptbestandteile: Carvon und Limonen), Flavonoide, Phenolcarbonsäuren und Furanocumarine. Die Früchte werden als Tee verwendet oder zu Öl oder Zäpfchen verarbeitet. Kümmel wirkt spasmolytisch und antibakteriell und wird bei leichten, krampfartigen Beschwerden im Magen-Darm-Bereich, bei Blähungen und Völlegefühl eingesetzt. Die Früchte werden auch häufig als Gewürz verwendet.

In der Alternativmedizin wird *Carum carvi* ebenfalls eingesetzt.

■ *Daucus carota*

(Karotte, Wilde Möhre; Abb. 88I; FH **1917**, 1486)

Bis 1 m hoch; Blätter 2–3fach gefiedert; Dolden zur Blütezeit flach, zur Fruchtzeit eingesenkt (kugelig); Hochblätter fein geteilt; zentrale Blüte der Dolden meist steril, schwarz; Krone weiss; Frucht 3–4 mm lang, oval, 1.5–2mal so lang wie breit, mit an der Spitze hakigen Stacheln; Wiesen, Böschungen, Ruderalstellen, kollin und montan.

Die kultivierten Sippen haben eine dicke, fleischige Hauptwurzel (Karotte, «Rüebli»).

■ *Ligusticum mutellina*

(Alpen-Liebstock, Mutterwurz, Muttern; Abb. 88J; FH **1883**, 1471)

Bis 20 cm hoch, kahl, am Grunde mit Faserschopf; Blätter 2fach gefiedert; Hochblätter 1. Ordnung 0–3, ungeteilt und ganzrandig; Krone weiss oder rötlich; Frucht 5–6 mm lang, oval, 1.5–2mal so lang wie breit; Wiesen, Weiden, subalpin und alpin.

Die ebenfalls verbreitet vorkommende und ähnlich aussehende *Ligusticum mutellinoides* hat mehrere (bis 10), 3teilige oder fiederteilige Hochblätter 1. Ordnung.

Abb. 88:
Blätter der *Apiaceae*.
A: *Heracleum sphondylium*.
B: *Laserpitium latifolium*.
C: *Laserpitium siler*.
D: *Anthriscus sylvestris*.
E: *Chaerophyllum hirsutum*.
F: *Chaerophyllum villarsii*.
G: *Athamanta cretensis*.
H: *Carum carvi*.
I: *Daucus carota*.
J: *Ligusticum mutellina*.
K: *Aegopodium podagraria*.
L: *Astrantia major*.
M: *Peucedanum ostruthium*.
N: *Sanicula europaea*.
(aus Hess & al. 1976–1980)

Blätter radiär geteilt

■ *Aegopodium podagraria*
(Baumtropfen, Geissfuss; Abb. 88K, Abb. 89E; FH **1840**, 1453)
Bis 1 m hoch; Blätter mit 3 gestielten, meist 3teiligen Teilblättern; Teilblätter breitlanzettlich, gezähnt; Blüten weiss; Frucht 3 mm lang, 1.5mal so lang wie breit; Auenwälder, Hecken, Waldschläge, Unkraut in Gärten und Parks, kollin und montan; mässiger Nährstoffzeiger (Nährstoffzahl 4).

Astrantia
(Sterndolde)
Dolden relativ dicht zusammengezogen (aber nicht dichtkopfig wie bei *Sanicula europaea*), von auffallenden, weissen bis rötlichen Hochblättern umgeben; Frucht kugelig, ohne Stacheln.

■ *Astrantia major*
(Grosse Sterndolde; Abb. 88L; FH **1819**, 1403)
Bis 1 m hoch; Blätter bis nahe zum Grunde 5–7teilig, mit breit lanzettlichen, gezähnten Abschnitten; Kranz der Hochblätter 3–5 cm im Durchmesser; Frucht 5–7 mm lang; Hochstaudenfluren, Wälder, montan und subalpin.

■ *Peucedanum ostruthium*
(Meisterwurz; Abb. 88M; FH **1891**, 1479)
Bis 1 m hoch; Blätter mit 3 gestielten, meist 3teiligen Teilblättern; Abschnitte breitoval, gezähnt; Blüten weiss oder rötlich; Frucht 4–5 mm lang, rund, abgeflacht; Hochstaudenfluren, Lägerstellen, subalpin und alpin; mässiger Nährstoffzeiger (Nährstoffzahl 4).

■ *Sanicula europaea*
(Sanikel; Abb. 88N; FH **1821**, 1402)
Bis 50 cm hoch; Blätter bis nahe zum Grunde 3–5teilig, Abschnitte etwas eingeschnitten und gezähnt; Blüten weiss, klein, in eng zusammengezogenen, kopfigen Dolden; Frucht 4–5 mm lang, kugelig, mit an der Spitze hakigen Stacheln; Wälder, kollin und montan.

Familie *Araliaceae*
Araliaceae sind vorwiegend verholzt. Die Blüten sind in Dolden angeordnet. Der Fruchtknoten besteht aus 2–5 verwachsenen Fruchtblättern. Daraus entwickeln sich Steinfrüchte.
43 Gattungen, 1450 Arten, Verbreitung v.a. in den Tropen; CH: 2 Gattungen, 2 Arten.

■ *Hedera helix*
(Efeu; Abb. 89F; FH **1817**, 1401)
Bis 20 m hoch kletternde, verholzte Liane, mit Haftwurzeln an Bäumen, Felsen oder Mauern haftend; vegetative Sprosse mit mehr oder weniger tief 3- oder 5teiligen, fertile Sprosse mit ungeteilten Blättern (Blattdimor-

phismus); Blätter lederig, immergrün; Blüten in einfachen Dolden, Blütezeit Herbst; Früchte überwinternd, im Frühling reifend, dann schwarz, 8–10 mm im Durchmesser; Wälder, Felsen, Mauern, kollin und montan.

Hedera helix ist offizinell (Droge *Hederae folium*; Ph.Eur.) und enthält Triterpensaponine, Flavonoidglykoside, Phenolcarbonsäuren und Polyacetylene. Die Droge hat expektorierende und spasmolytische Wirkungen und wird bei Husten mit übermässiger Schleimbildung und chronisch-entzündlichen Bronchialerkrankungen verwendet.

Junge, noch nicht verholzte Triebe von *Hedera helix* werden auch in der Alternativmedizin eingesetzt.

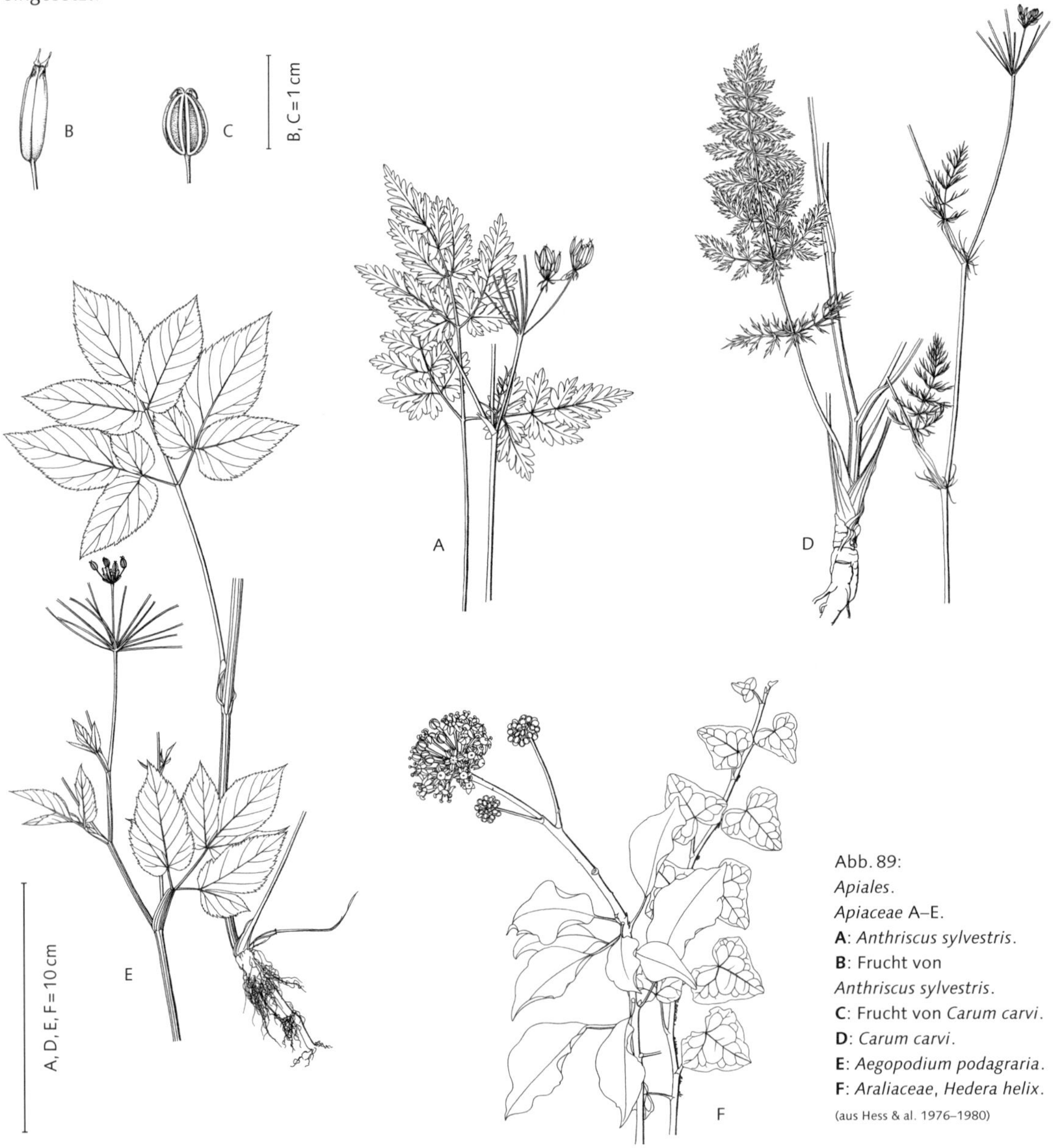

Abb. 89:
Apiales.
Apiaceae A–E.
A: *Anthriscus sylvestris.*
B: Frucht von *Anthriscus sylvestris.*
C: Frucht von *Carum carvi.*
D: *Carum carvi.*
E: *Aegopodium podagraria.*
F: *Araliaceae, Hedera helix.*
(aus Hess & al. 1976–1980)

Ordnung *Asterales*

Die *Asterales* weisen oft Milchsaft und meist wechselständige Blätter auf. Die Blüten haben eine doppelte Blütenhülle mit Kelch und verwachsener Krone. Der Fruchtknoten ist unterständig. Es besteht eine Tendenz zu Pseudanthienbildung (siehe *Phyteuma* [*Campanulaceae*] und *Asteraceae*). Bei den 2 grossen Familien *Asteraceae* und *Campanulaceae* bilden die Antheren (zumindest zeitweise) eine den Griffel umschliessende Röhre, womit sekundäre Pollenpräsentation ermöglicht wird.
11 Familien, über 26'000 Arten in mehr als 1700 Gattungen; in der Schweiz kommen Arten aus 3 Familien vor.

Familie *Asteraceae*

Die Blüten der *Asteraceae* sind klein. Die Blüten haben nie einen grünen Kelch; entweder ist der Kelch zu einem sogenannten Pappus reduziert oder er fehlt ganz. Der **Pappus** besteht meist aus zahlreichen Borsten oder Haaren, deren Beschaffenheit für die Systematik wichtig sein kann. Die 5zipflige Krone kann aktinomorph (**Röhrenblüten**; Abb. 90B) oder zygomorph (**Zungenblüten**; Abb. 90C) sein. Die Filamente der 5 Staubblätter sind frei, die Antheren sind zu einer Röhre zusammengefügt, die den Griffel umschliesst. Der unterständige Fruchtknoten besteht aus 2 verwachsenen Fruchtblättern, er enthält aber nur 1 Samenanlage. Aus dem Fruchtknoten entsteht eine Achäne, die in einen Schnabel (Abb. 90D) verlängert sein kann. An der Spitze der Frucht (oder des Schnabels) sitzt der Pappus (Abb. 90D+E), der oft der Ausbreitung der Früchte dient (z.B. als Flugorgan).
Besonders auffallend bei den *Asteraceae* sind die optisch einer Einzelblüte ähnlichen **Blütenstände**. Meist Dutzende bis Hunderte von Blüten (nur selten ganz wenige) sind in einem **Körbchen** (Abb. 90A) zusammengefasst, das von Hüllblättern (auch Brakteen oder Phyllarien genannt) umgeben ist. Diese Körbchen sind aus vielen Blüten zusammengesetzte Blütenstände, die eine grössere Einzelblüte (= **Pseudanthium**) vortäuschen. Auf dieser Eigenschaft basiert der alte Name der Familie: «*Compositae*» = Zusammengesetzte. In einigen Fällen sind die stark reduzierten und nur wenige Blüten umfassenden Körbchen wiederum in Blütenständen zusammengefasst, die als Gesamtheit eine Blüte vortäuschen (z.B. *Leontopodium alpinum*). Die einzelnen Blüten stehen in den Körbchen auf dem sogenannten Blütenboden (eigentlich ist dies der Blütenstands- oder Körbchenboden!), wo neben den Blüten oft auch noch **Spreublätter** ausgebildet werden, die den Tragblättern der Blüten entsprechen.
1600 Gattungen, ca. 23'000 Arten, Verbreitung weltweit; CH: 71 Gattungen, etwa 290 Arten.

Die *Asteraceae* sind die artenreichste Familie der *Angiospermae*. Sie sind auch in der einheimischen Flora die grösste Familie. Die Aufteilung dieser Familie in Unterfamilien und die Zugehörigkeit von Arten zu Gattungen hat sich in den letzten Jahren drastisch verändert. Neu wird die Familie v.a. aufgrund von molekularen und phytochemischen Daten in etwa 12 Unterfamilien aufgeteilt. In der Schweiz kommen Vertreter von 3 Unterfamilien vor

(*Asteroideae*, *Carduoideae*, *Cichorioideae*). Bei den folgenden Beschreibungen der Taxa wird beim Durchmesser der Hülle nur die Hülle gemessen (ohne Blüten!), beim Durchmesser des Körbchens werden die eventuell vorhandenen ausgebreiteten Zungenblüten mitgemessen; Körbchen mit einem Durchmesser von weniger als 1 cm werden als klein bezeichnet, grosse Körbchen haben einen Durchmesser von 5 cm und mehr.

In der Familie gibt es mehrere Nutzpflanzen. Als Gemüse oder Salat werden verwendet: *Cichorium endivia* (Endiviesalat), *Cichorium intybus* (Chicoréesalat), *Cynara cardunculus* (Gemüseartischocke, gegessen werden die fleischigen Blattstiele), *Cynara scolymus* (Artischocke, gegessen wird der fleischige Blütenboden), *Helianthus tuberosus* (Topinambur, Wurzelgemüse), *Lactuca sativa* (Kopfsalat), *Scorzonera hispanica* (Schwarzwurzel), *Taraxacum officinale* (Salat). *Helianthus annuus* liefert das wertvolle Sonnenblumenöl. Gewürzpflanzen sind *Artemisia abrotanum* (Eberraute), *Artemisia absinthium* (Absinth, Wermut) und *Artemisia dracunculus* (Estragon). Einige Arten sind wichtige Medizinalpflanzen, offizinell sind: *Achillea millefolium*, *Arnica montana*, *Artemisia absinthium*, *Matricaria chamomilla*, *Solidago* (alle drei im Buch enthaltenen Arten), *Taraxacum officinale*. Als Zierpflanzen werden Arten verschiedener Gattungen kultiviert, z.B. *Achillea*, *Aster*, *Calendula*, *Chrysanthemum*, *Cosmos*, *Dahlia*, *Helianthus*, *Rudbeckia*, *Solidago* und *Tagetes*.

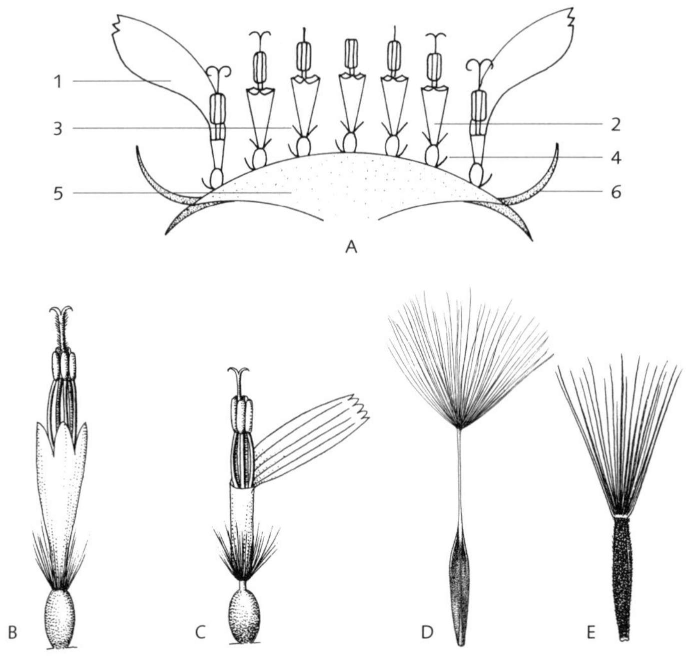

Abb. 90:
Asteraceae.
A: Schnitt durch ein Körbchen einer *Asteroideae* (schematisch): 1: Zungenblüte. 2: Röhrenblüte. 3: Pappus. 4: Spreublätter. 5: Blütenboden. 6: Hüllblätter.
B: Röhrenblüte.
C: Zungenblüte.
D: Frucht mit Schnabel.
E: Frucht ohne Schnabel.
(A aus Hess 1983, B+C aus Hess 1976, D+E aus Hess & al. 1976–1980)

Unterfamilie *Asteroideae*
Pflanzen ohne Milchsaft; Spreublätter fehlend oder oval bis lanzettlich, oft häutig; Körbchen mit Röhrenblüten, randständige Blüten oft zungenförmig. In der Schweiz 141 Arten in 38 Gattungen.

Körbchen nur mit Röhrenblüten (ohne randständige Zungenblüten)

Adenostyles
(Alpendost)
Blätter ungeteilt; grundständige Blätter gross (bis 40 cm im Durchmesser), herzförmig bis nierenförmig; Körbchen klein, nur wenige Blüten umfassend, zahlreich, in einer Schirmrispe; Blüten rosa.

■ *Adenostyles alliariae*
(Grauer Alpendost; FH **2014**, 2026)
Bis 1.5 m hoch; Stengelblätter den Stengel mit 2 breiten Zipfeln umfassend; Hochstaudenfluren, Wälder, v.a. subalpin; mässiger Nährstoffzeiger (Nährstoffzahl 4).

■ *Adenostyles glabra*
(=*Adenostyles alpina*, Kahler Alpendost; FH **2015**, 2027)
Bis 80 cm hoch; Stengelblätter am Grunde nicht verbreitert, den Stengel nicht umfassend; Hochstaudenfluren, Wälder, v.a. subalpin; Basenzeiger (Reaktionszahl 5).

■ *Antennaria dioica*
(Gemeines Katzenpfötchen; FH **2057**, 2067)
Bis 25 cm hoch; 2häusig; Pflanze graufilzig behaart, mit oberirdischen, kurzen Ausläufern; Blätter ungeteilt; Körbchen klein, zu 3–12 dicht beisammen, nicht von Hochblättern umgeben; Hüllblätter trockenhäutig, weiss oder rosa; Wiesen, Weiden, subalpin und alpin.

Artemisia
(Beifuss)
Blätter geteilt; Körbchen klein, zahlreich, in Trauben oder Rispen.

■ *Artemisia absinthium*
(Absinth, Wermut; FH **2133**, 2143)
Bis 80 cm hoch; Blätter mittelfeingeteilt (Zipfel 2–4 mm breit), beiderseits graufilzig behaart, beim Zerreiben stark duftend; steinige, heisse Stellen (z.B. Felsensteppen), kollin bis subalpin.

Artemisia absinthium ist offizinell (Droge *Absinthii herba*; Ph.Eur.). Die Pflanzen enthalten Sesquiterpenlactone (insbesondere Absinthin und Artabsin), ätherische Öle, Flavonoidglykoside, Phenolcarbonsäuren und Cumarine. Blätter und Sprossspitzen werden als Tee verwendet, daraus werden aber auch Extrakte (Dragées, Tabletten oder Pulver) und Tinktur hergestellt. Die Anwendung erfolgt bei dyspeptischen Beschwerden und Dyskinesien der Gallenwege. Bei Ekzemen findet auch eine äusserliche Anwendung statt. Wegen der Bitterstoffe wirkt *Artemisia absinthium* auch appetitanregend. Aus *Artemisia absinthium* wird ein Schnaps (Absinth, auch genannt «La Fée Verte») hergestellt, der wegen seines Thujongehaltes besonders schädigend auf die Konsumenten wirken soll, was anfangs des 20. Jahrhunderts zum Verbot des Absinth auf Verfassungsebene führte. Erst mit der Totalrevision der Schweizerischen Bundesverfassung im Jahre 2000 wurde dieses Verbot aufgehoben! Heute sind die zugelassenen Thujongehalte im Absinth so niedrig, dass sie weniger zur Toxizität beitragen als der Alkoholgehalt.

■ *Artemisia campestris*
(Feld-Beifuss; FH **2137**, 2147)
Bis 60 cm hoch; Blätter feingeteilt (Zipfel 0.5–1.5 mm breit), fadenförmig, meist nicht graufilzig behaart; Trockenwiesen, Ruderalstellen, kollin bis subalpin.

■ *Artemisia vulgaris*
(Gemeiner Beifuss; FH **2131**, 2141)
Bis 1.4 m hoch; Blätter grobgeteilt (Zipfel bis 1.5 cm breit), unterseits graufilzig behaart, oberseits grün; Ruderalstellen, Ufer, kollin und montan.

Artemisia vulgaris ist zwar nicht offizinell, wird aber volksmedizinisch ähnlich angewendet wie *Artemisia absinthium*. *Artemisia vulgaris* enthält ebenfalls ätherische Öle, aber weniger Bitterstoffe. Aus dieser Art wird auch kein Schnaps hergestellt.

■ *Eupatorium cannabinum*
(Wasserdost; FH **2013**, 2025)
Bis 1.5 m hoch; Blätter gegenständig, tief radiär geteilt (an *Cannabis sativa* erinnernd; Name!); Körbchen klein, zahlreich, in einer Schirmrispe; Blüten rosa; nährstoffreiche, feuchte Stellen, Ufer, Gräben, Wälder, kollin und montan.

Gnaphalium
(Ruhrkraut)
Pflanzen filzig behaart; Blätter ungeteilt; Körbchen klein.

■ *Gnaphalium supinum*
(Zwerg-, Niedriges Ruhrkraut; FH **2063**, 2073)
Pflanzen sehr klein, meist deutlich kleiner als 10 cm (im Extremfall ganze Pflanze weniger als 1 cm hoch!); Körbchen 1–6, einen kurzen Gesamtblütenstand bildend; Schneetälchen, alpin; mässiger Säurezeiger (Reaktionszahl 2).

■ *Gnaphalium sylvaticum*
(Wald-Ruhrkraut; FH **2061**, 2069)
Bis 50 cm hoch; Körbchen zahlreich, zu 1–5 in den Blattachseln, einen lockeren, ährenartigen Gesamtblütenstand bildend; Wälder, Weiden, Rasen, v.a. montan und subalpin.

■ *Homogyne alpina*
(Alpenlattich; FH **2147**, 2156)
Bis 30 cm hoch; Stengel 1köpfig; grundständige Blätter mehrjährig, lederig, nierenförmig, bis 3 cm breit; Stengelblätter schuppenförmig; Blüten rötlich; Wiesen, Weiden, lichte Wälder, subalpin und alpin.

■ *Leontopodium alpinum*
(Edelweiss; FH **2059**, 2066)
Bis 20 cm hoch, graufilzig behaart; Blätter ungeteilt; Körbchen klein, zu 2–10 dicht beisammen, von sternförmig ausgebreiteten Hochblättern umgeben; steinige Rasen, Felsen, alpin; mässiger Basenzeiger (Reaktionszahl 4).

■ *Matricaria discoidea*
mit feingeteilten Blättern, aufgewölbtem, hohlem Blütenboden und gelben Röhrenblüten (Informationen zu dieser Art siehe *Matricaria* unter «Zungenblüten weiss, rosa oder violett»).

Petasites
(Pestwurz)
Stengel vielköpfig; grundständige Blätter rundlich bis nierenförmig, gross (bis 60 cm breit), erst nach der Blüte erscheinend; Stengelblätter schuppenförmig; Körbchen in kurzen, dichten Trauben oder Rispen, zur Fruchtzeit verlängert und locker; an feuchten Stellen.

■ *Petasites albus*
(Weisse Pestwurz; FH **2149**, 2157)
Bis 30 cm hoch, zur Fruchtzeit bis 60 cm hoch; Blüten weiss; Wälder, Gebüsche, kollin und montan.

■ *Petasites hybridus*
(Rote oder Gemeine Pestwurz; FH **2150**, 2158)
Bis 30 cm hoch, zur Fruchtzeit bis 1 m hoch; Blüten rot; Bachschutt, Ufer, Gebüsche, kollin bis subalpin.

■ *Senecio vulgaris*
mit fiederteiligen Blättern, kleinen Körbchen und gelben Röhrenblüten (siehe *Senecio* unter «Zungenblüten gelb»).

Körbchen im Zentrum mit Röhrenblüten, am Rande mit Zungenblüten

Zungenblüten gelb

■ *Arnica montana*
(Arnika; Abb. 91A; FH **2153**, 2161)
Bis 60 cm hoch; mit grundständiger Blattrosette; Stengelblätter gegenständig; Körbchen meist einzeln, gross (bis 8 cm im Durchmesser); Röhrenblüten gelb; Wiesen, Weiden, subalpin und alpin; mässiger Säurezeiger (Reaktionszahl 2).

Arnica montana ist eine wichtige einheimische, offizinelle Pflanze (Droge *Arnicae flos*; Ph.Eur.). Sie enthält in den Blütenkörbchen Sesquiterpenlactone (Pseudoguajanolidtyp), ätherische Öle, Flavonoide, Phenolcarbonsäuren und Cumarine. Die Körbchen werden als Tee verwendet, daraus werden aber auch Öle und Salben sowie Tinkturen für Umschläge hergestellt. Diese werden bei Quetschungen, Prellungen, rheumatischen Gelenkschmerzen, Bänderverletzungen, Blutergüssen und Insektenstichen äusserlich angewendet sowie bei Entzündungen der Schleimhäute von Mund- und Rachenraum eingesetzt. Die früher übliche orale Verabreichung

Abb. 91:
Asteraceae, Asteroideae.
A: *Arnica montana.*
B: *Achillea millefolium.*
C: *Bellis perennis.*
D: *Tussilago farfara.*
(A–C aus Hess & al. 1976-1908, D aus Hess 1976)

soll wegen zytotoxischer Nebenwirkungen vermieden werden. Arnika hat ein hohes Allergisierungspotential, insbesondere die unverdünnte Anwendung der Tinktur unter Kompressen und Umschlägen kann zur Blasenbildung und zu Ekzemen führen. Kreuzallergien mit anderen *Asteraceae* (z.B. *Achillea millefolium*, *Helianthus annuus*) werden häufig beobachtet. Häufigste Anwendungsform ist die Tinktur (*Arnicae tinctura*, Ph. Eur.), die zur Anwendung verdünnt werden muss. Auch in der Alternativmedizin ist *Arnica montana* eine wichtige Medizinalpflanze.

Doronicum

(Gemswurz)

Blätter ungeteilt; Hülle flach oder halbkugelig; Röhrenblüten gelb.

■ *Doronicum clusii*

(Clusius' Gemswurz; FH **2156**, 2164)

Bis 25 cm hoch; grundständige Blätter oval, in den Stiel verschmälert, ohne Drüsenhaare; Körbchen einzeln, gross (bis 6 cm im Durchmesser); Felsschutt, alpin; mässiger Säurezeiger (Reaktionszahl 2).

Doronicum clusii und *Doronicum grandiflorum* können als Vikarianten bezüglich des pH-Wertes des Bodens (sauer resp. basisch) angesehen werden (siehe auch Kapitel «Vikarianten»).

■ *Doronicum grandiflorum*
(Grossköpfige Gemswurz; FH **2155**, 2163)
Bis 40 cm hoch; grundständige Blätter oval, gestutzt bis herzförmig, am Rande mit Drüsenhaaren; Körbchen einzeln, gross (bis 8 cm im Durchmesser); Felsschutt, alpin; mässiger Basenzeiger (Reaktionszahl 4).

Siehe Kommentar unter *Doronicum clusii*.

■ *Helianthus annuus*
(Einjährige Sonnenblume; FH **2085**, 2093)
Bis 3 m hoch, 1jährig; Blätter oval, gestutzt bis herzförmig, bis 40 cm lang; Körbchen einzeln, gross (bis 40 cm im Durchmesser); Röhrenblüten rotbraun; Gärten, Ruderalstellen, kollin.

Helianthus annuus ist eine aus Nordamerika eingeführte Zierpflanze, die gelegentlich verwildert. Aus den ölhaltigen Früchten wird ein wertvolles Speiseöl gewonnen.

Wegen des hohen Linolsäuregehaltes wird das Öl auch pharmazeutisch verwendet, *Helianthus annuus* ist deswegen auch offizinell (Droge *Helianthi anni oleum raffinatum*; Ph.Eur.). Das Öl wird v.a. als Hilfsstoff verwendet, z.B. als Lösungs- und Suspensionsmittel sowie zur Konsistenzerniedrigung von lipophilen Zubereitungen.

Senecio
(Greiskraut, Kreuzkraut)
Hülle zylindrisch bis glockenförmig; Röhrenblüten gelb.

■ *Senecio alpinus*
(Alpen-Greis- oder Kreuzkraut; FH **2161**, 2169)
Bis 1 m hoch; Blätter oval bis herzförmig; Körbchen zahlreich, in einer Schirmrispe; Lägerstellen, Weiden, Bachufer, subalpin und alpin; Nährstoffzeiger (Nährstoffzahl 5).

Senecio alpinus bildet oft grosse Bestände, da es wegen seiner Giftigkeit vom Vieh nicht gefressen wird.

■ *Senecio doronicum*
(Gemswurz-Greis- oder Kreuzkraut; FH **2178**, 2186)
Bis 50 cm hoch; Pflanze wenigköpfig; Blätter derb, schmaloval bis lanzettlich, unterseits filzig behaart, oft oberseits dunkelgrün glänzend; Wiesen, Zwergstrauchgesellschaften, subalpin und alpin.

■ *Senecio incanus* i.w.S.
(Graues Greis- oder Kreuzkraut)
Bis 15 cm gross; Pflanze grau- bis weissfilzig behaart; Blätter fiederteilig; Körbchen klein, in kopfiger Traube; Weiden, Rasen, Feinschutt, alpin.

Die 3 in der Schweiz vorkommenden Sippen unterscheiden sich in Behaarung und Blattteilung: *Senecio incanus* (=*Senecio incanus* subsp. *incanus*; FH **2170**, 2178) ist dicht weissfilzig behaart, hat tief fiederteilige Blätter und kommt im westlichen Teil der Alpen vor; *Senecio carniolicus* (=*Senecio incanus* subsp. *carniolicus*; FH **2171**, 2179) ist weniger dicht und grau behaart, die Blätter sind wenig tiefgeteilt bis fast ganzrandig, diese Art hat eine ostalpine Verbreitung und kommt in der Schweiz im Kanton Graubünden vor; *Senecio insubricus* (=*Senecio incanus* subsp. *insubricus*; FH **2172**, 2180) steht morphologisch zwischen den beiden anderen Arten und kommt nur in den Südalpen vor (in der Schweiz im Kanton Tessin und im Misox [GR]).

■ *Senecio vulgaris*
(Gemeines Greis- oder Kreuzkraut; FH **2165**, 2173)
Bis 40 cm hoch, 1jährig; Blätter fiederteilig; Körbchen nur mit Röhrenblüten, ohne Zungenblüten (Ausnahme in der Gattung *Senecio*); Äcker, Gärten, Ruderalstellen, kollin und montan.

Solidago
(Goldrute)
Körbchen meist klein, zahlreich, in einer Rispe; Röhrenblüten gelb.

■ *Solidago canadensis*
(Kanadische Goldrute; FH **2019**, 2032)
Bis 2.5 m hoch; Stengel flaumig behaart; Körbchen 3–5 mm im Durchmesser, Hülle 2–3 mm lang; Zungenblüten kaum länger als die Röhrenblüten; Waldschläge, Ruderalstellen, Ufer, kollin und montan.

Solidago canadensis und *Solidago gigantea* stammen beide aus Nordamerika und wurden als Zierpflanze eingeführt, die bei uns oft verwildern. Da sie sehr konkurrenzfähig sind, können sie sich stark ausbreiten. Beide Arten sind auf der Schwarzen Liste der invasiven Neophyten (siehe Kapitel «Neophyten und invasive Arten»).

Alle 3 hier aufgeführten Arten der Gattung *Solidago* sind offizinell (Droge *Solidaginis herba*; Ph.Eur.). Sie enthalten Flavonoide, Triterpensaponine, ätherische Öle, Diterpene und Phenolglykoside. Oberirdische Pflanzenteile werden zu Tee und Extrakten verarbeitet, die wegen der diuretischen, antiphlogistischen, schwach spasmolytischen und antimikrobiellen Wirkungen für Durchspülungstherapien bei Harnwegserkrankungen Anwendung finden.

■ *Solidago gigantea*
(Spätblühende Goldrute; FH **2020**, 2031)
Bis 1.5 m hoch; Stengel kahl; Körbchen 4–8 mm im Durchmesser, Hülle 3–4 mm lang; Zungenblüten wenig länger als die Röhrenblüten; Waldschläge, Ruderalstellen, Ufer, kollin und montan.

Solidago gigantea ist offizinell, siehe Kommentar unter *Solidago canadensis*.

■ *Solidago virgaurea* i.w.S.
(Echte Goldrute)
Bis 1.2 m hoch; Körbchen 1–2 cm im Durchmesser, Hülle 5–10 mm lang; Zungenblüten deutlich länger als die Röhrenblüten.

Es werden 2 Sippen mit verschiedener Höhenverbreitung unterschieden, in mittleren Höhen findet man Übergangsformen. In Wäldern und Gebüschen der kollinen und montanen Stufe wächst die bis 1.2 m hohe *Solidago virgaurea* (=*Solidago virgaurea* subsp. *virgaurea*; FH **2017**, 2029) mit eher kleinen Körbchen (Durchmesser 10–15 mm, Hülle 5–8 mm lang). *Solidago alpestris* (=*Solidago virgaurea* subsp. *minuta*; FH **2018**, 2030) in der subalpinen und alpinen Stufe wird bis 40 cm hoch und hat etwas grössere Körbchen (Durchmesser 15–20 mm, Hülle 7–10 mm lang).

Solidago virgaurea ist offizinell, siehe Kommentar unter *Solidago canadensis*.

In der Alternativmedizin wird *Solidago virgaurea* ebenfalls eingesetzt.

■ *Tussilago farfara*
(Huflattich; Abb. 91D; FH **2148**, 2160)
Bis 15 cm hoch, zur Fruchtzeit bis 30 cm hoch; Stengel 1köpfig; grundständige Blätter nieren- bis herzförmig, gross (bis 20 cm breit), erst nach der Blüte erscheinend; Stengelblätter schuppenförmig; Röhrenblüten gelb; feuchte, offene Böden, kollin bis alpin.

Zungenblüten weiss, rosa oder violett

Achillea
(Schafgarbe)
Körbchen klein, zahlreich, in einer Schirmrispe; Röhrenblüten gelblich, Zungenblüten meist weiss; Zungen der randständigen Blüten etwa so lang wie breit.

■ *Achillea atrata*
(Schwarze Schafgarbe; FH **2099**, 2113)
Bis 25 cm hoch; Blätter fiederteilig, Abschnitte schmallanzettlich, meist mit wenigen Zähnen; Hülle 6–8 mm lang, Hüllblätter schwarz berandet; Feinschutt, steinige Rasen, alpin; Basenzeiger (Reaktionszahl 5).

Achillea atrata sieht ähnlich aus wie *Achillea moschata* (siehe unten), die 2 Arten können als Vikarianten bezüglich des pH-Wertes des Bodens (basisch resp. sauer) angesehen werden (siehe auch Kapitel «Vikarianten»).

■ *Achillea macrophylla*
(Grossblättrige Schafgarbe; FH **2103**, 2109)
Bis 1 m hoch; Blätter tief und grob fiederteilig; Hochstaudenfluren, Gebüsche, subalpin; mässiger Nährstoffzeiger (Nährstoffzahl 4).

■ *Achillea millefolium* agg.
(Wiesen-Schafgarbe; Abb. 91B; FH **2105**, 2117)
Bis 80 cm hoch; Blätter tief und mehrfach feinfiederteilig; Wiesen, Weiden, Ruderalstellen, kollin bis subalpin.

Achillea millefolium ist ein Aggregat mit mehreren, schwierig zu unterscheidenden Arten.

Achillea millefolium ist offizinell (Drogen *Millefolii herba*, *Millefolii flos*; Ph.Eur., Ph.Helv.). Die Drogen enthalten Bitterstoffe, ätherische Öle, Flavonoide, Cumarine und Phenolcarbonsäuren und werden als Tee verwendet oder zu Saft, Salben, Tinktur oder Tabletten verarbeitet. Der Einsatz erfolgt bei dyspeptischen Beschwerden und (als Sitzbäder) bei schmerzhaften Krampfzuständen im kleinen Becken der Frau. Wegen der Bitterstoffe kann *Achillea millefolium* auch bei Appetitlosigkeit zur Appetitanregung eingenommen werden.

In der Alternativmedizin wird *Achillea millefolium* ebenfalls eingesetzt.

■ *Achillea moschata*
(=*Achillea erba-rotta* subsp. *moschata*, Moschus-Schafgarbe, Ivapflanze; FH **2100**, 2114)
Bis 15 cm gross, ganze Pflanze (v.a. die Blätter) stark duftend; Blätter fiederteilig, Abschnitte schmallanzettlich, meist ganzrandig; Hülle 4–5 mm lang, Hüllblätter braun berandet; Feinschutt, steinige Rasen, alpin; mässiger Säurezeiger (Reaktionszahl 2).

Achillea moschata duftet stark aromatisch, deswegen wird sie für die Herstellung eines Likörs (Liquore d'Iva) verwendet. Siehe auch Kommentar unter *Achillea atrata*.

Aster
(Aster)
Röhrenblüten gelb; Zungenblüten in 1 Reihe, mit schmalen Zungen (diese aber breiter als 1mm); Pappus aus 2–3 Reihen Borsten bestehend.

■ *Aster alpinus*
(Alpen Aster; FH **2024**, 2036)
Bis 20 cm hoch; Stengel 1köpfig, beblättert; Blätter lanzettlich; Zungenblüten violett; Rasen, Felsen, subalpin und alpin.

■ *Aster bellidiastrum*
(=*Bellidiastrum michelii*, Alpenmasslieb; FH **2023**, 2035)
Bis 25 cm hoch; Stengel 1köpfig; alle Blätter in grundständiger Rosette, oval bis lanzettlich; Blütenboden aufgewölbt, nicht hohl; Zungenblüten weiss; auf feuchten Böden, montan bis alpin; mässiger Basenzeiger (Reaktionszahl 4).

■ *Bellis perennis*
(Gänseblümchen, Massliebchen; Abb. 91C; FH **2022**, 2034)
Bis 15 cm hoch; Stengel 1köpfig; alle Blätter in grundständiger Rosette, oval bis lanzettlich; Blütenboden aufgewölbt, hohl; kein Pappus vorhanden; Röhrenblüten gelb, Zungenblüten weiss; Fettwiesen, Zierrasen, kollin bis subalpin.

Erigeron
(Berufkraut)
Röhrenblüten gelb; Zungenblüten zahlreich, in mehreren Reihen, mit sehr schmalen Zungen (diese meist weniger als 1 mm breit); Pappus aus 1 Reihe Borsten bestehend.

■ *Erigeron alpinus*
(Alpen-Berufkraut; FH **2041**, 2053)
Bis 30 cm hoch; Stengel 1- bis wenigköpfig; Blätter ganzrandig; Hüllblätter grün, locker behaart; Zungenblüten rosa; Wiesen, Weiden, subalpin und alpin.

■ *Erigeron annuus*
(Einjähriges Berufkraut; FH **2037**, 2057)
Bis 1.5 m hoch, 1jährig; Stengel vielköpfig; zumindest die grundständigen Blätter grob gezähnt; Zungenblüten weiss oder lila; Ruderalstellen, Bahnhöfe, Wiesen, kollin und montan.

Vor etwa 350 Jahren wurde *Erigeron annuus* aus Nordamerika als Zierpflanze eingeführt. In fast ganz Europa ist sie schon lange verwildert und weitverbreitet, aber erst in den letzten 20 Jahren ist sie sehr häufig geworden, mittlerweile breitet sie sich nun auch in Wiesen mit geschlossener Vegetation aus. Deswegen wurde diese Art auf die Watch-Liste gesetzt (siehe Kapitel «Neophyten und invasive Arten»).

■ *Erigeron uniflorus*
(Einköpfiges Berufkraut; FH **2043**, 2055)
Bis 10 cm hoch; Stengel 1köpfig; Blätter ganzrandig; Hüllblätter weisswollig behaart; Zungenblüten rosa; Rasen, Felsen, alpin.

■ *Leucanthemopsis alpina* agg.
(= *Chrysanthemum alpinum*, Alpenmargerite; FH **2119**, 2139)
Bis 15 cm hoch; Blätter fiederteilig, die meisten grundständig; Körbchen einzeln, bis 4 cm im Durchmesser; Hüllblätter mit dunkelbraunem Rand; Röhrenblüten gelb, Zungenblüten weiss; Rasen, Feinschutt, alpin.

Das Aggregat umfasst in den Alpen 2 kaum unterscheidbare Arten.

Leucanthemum
(Margerite)
Blätter stengelständig, ungeteilt, gezähnt; Körbchen einzeln, langgestielt, bis 7 cm im Durchmesser; Hüllblätter mit schwarzbraunem Rand; Röhrenblüten gelb, Zungenblüten weiss.

■ *Leucanthemum adustum*
(= *Chrysanthemum adustum*, Berg-Margerite; FH **2126**, 2134)
Bis 40 cm hoch; Stengel meist 1köpfig; Blätter gegen den Grund hin nicht verbreitert, den Stengel nicht umfassend; Wiesen, steinige Rasen, montan bis alpin.

Siehe Kommentar unter *Leucanthemum vulgare*.

■ *Leucanthemum vulgare*
(= *Chrysanthemum leucanthemum*, Gewöhnliche Margerite; FH **2125**, 2133)
Bis 80 cm hoch; Stengel oft verzweigt und wenigköpfig; Blätter gegen den Grund hin verbreitert, mit kleinen Zipfeln den Stengel umfassend; Wiesen, Weiden, Ruderalstellen, kollin bis subalpin.

Leucanthemum adustum und *Leucanthemum vulgare* gehören zu einem Aggregat, das nach der häufigsten Art *Leucanthemum vulgare* benannt ist. Bei uns kommen mehrere, wegen der häufig auftretenden Übergangsformen und der geringen Unterscheidungsmerkmale schwer unterscheidbare Arten vor. Auch die beiden hier angeführten Arten sind nur in ihren typischen Ausprägungen unterscheidbar.

Matricaria

(Kamille)

Blätter feingeteilt; Blütenboden aufgewölbt, hohl; Röhrenblüten gelb, Zungenblüten (wenn vorhanden) weiss.

■ *Matricaria chamomilla*

(=*Matricaria recutita*, Echte Kamille; FH **2115**, 2125)

Bis 40 cm hoch; mit Zungenblüten; Äcker, Brachen, kollin bis subalpin.

Matricaria chamomilla ist offizinell (Drogen *Matricariae flos*, *Matricariae extractum fluidum*, *Matricariae extractum fluidum normatum*, *Matricariae aetheroleum*; Ph.Eur., Ph.Helv.). Die Pflanzen enthalten ätherische Öle, Schleimpolysaccharide und Flavonoide. Die Blütenkörbchen werden zu Tee, Tinktur, Tropfen, Salben und Gurgelwasser verarbeitet, die bei Schleimhautreizungen im Mund- und Rachenraum, bei Verbrennungen, Hautentzündungen, Hautschrunden sowie Reizungen am Auge äusserlich angewendet werden. *Matricaria chamomilla* ist eine beliebte Schmuckdroge in Brust- und Hustentees.

In der Alternativmedizin wird *Matricaria chamomilla* ebenfalls verwendet.

■ *Matricaria discoidea*

(=*Matricaria suaveolens*, Strahlenlose Kamille; FH **2116**, 2126)

Bis 30 cm hoch; ohne Zungenblüten (Ausnahme in der Gattung *Matricaria*); Äcker, Ruderalstellen, Feldwege, kollin bis subalpin; mässiger Nährstoffzeiger (Nährstoffzahl 4).

Matricaria discoidea ist seit Ende des 19. Jahrhunderts bei uns eingebürgert, die Art stammt ursprünglich aus Ostasien und Nordamerika.

Obwohl *Matricaria discoidea* gleich riecht und die gleichen Inhaltsstoffe aufweist wie *Matricaria chamomilla*, wird sie pharmazeutisch nicht angewendet; vielleicht beruht dies nur auf dem weniger schönen und auffälligen Aussehen (keine Zungenblüten).

Unterfamilie *Carduoideae*

Pflanzen meist ohne Milchsaft; Spreublätter schmallanzettlich, weiss, glänzend; Körbchen nur mit Röhrenblüten (Randblüten z.T. vergrössert, siehe *Centaurea*), alle Blüten fertil und zwittrig (Ausnahme siehe *Centaurea*). In der Schweiz 51 Arten in 13 Gattungen. Zu dieser Unterfamilie gehören fast alle einheimischen Disteln.

Blätter stechendgezähnt, oft auch Hüllblätter stechend (Disteln)

Carduus

(Distel)

Blüten rot; Pappusborsten rauh, nicht federig behaart.

■ *Carduus defloratus* i.w.S.

(Berg-Distel; FH **2201**, 2209)

Bis 50 cm hoch; Stengel meist 1köpfig, oft nickend, im oberen Teil unter dem Körbchen blatt- und stachellos; steinige Stellen, montan bis alpin.

Für die Schweiz werden 3 Sippen unterschieden.

■ *Carduus personata*

(Kletten-Distel; FH **2199**, 2207)
Bis 1.5 m hoch; Stengel vielköpfig, bis zu den Körbchen mit stechenden Blättern; Körbchen in Knäueln; Hochstaudenfluren, Lägerstellen, Ruderalstellen, montan und subalpin; Nährstoffzeiger (Nährstoffzahl 5).

Carlina

(Silberdistel)
Mit Milchsaft; Körbchen meist einzeln; innere Hüllblätter verlängert und ausgebreitet, oberseits gelb oder weiss (Zungenblüten vortäuschend).

■ *Carlina acaulis* i.w.S.
(Silberdistel; FH **2188**, 2195)
Stengel sehr kurz oder bis 30 cm lang; Körbchen gross, 5–12 cm im Durchmesser; Blüten weiss bis bräunlich; Wiesen, Weiden, montan und alpin.

Für die Schweiz werden mehrere Sippen unterschieden, deren morphologische Abtrennung aber nicht eindeutig ist.

Cirsium

(Kratzdistel)
Blüten rot oder hellgelb; Pappusborsten federig behaart.

■ *Cirsium arvense*
(Acker-Kratzdistel; FH **2207**, 2215)
Bis 1.5 m hoch; Stengel vielköpfig; Blätter wenig stechend; Körbchen in einer (meist unregelmässigen) Schirmrispe; Blüten rot; Äcker, Ruderalstellen, kollin und montan.

■ *Cirsium oleraceum*

(Kohldistel; FH **2216**, 2224)
Bis 1.5 m hoch; Stengel vielköpfig; Blätter wenig stechend; Körbchen in Knäueln, von bleichgrünen, breitovalen Blättern umhüllt; Blüten hellgelb; feuchte Wiesen, Gräben, Auenwälder, kollin und montan; mässiger Nährstoffzeiger (Nährstoffzahl 4).

■ *Cirsium spinosissimum*

(Alpen- oder Reichstachlige Kratzdistel; FH **2215**, 2223)
Bis 50 cm hoch, überall sehr stachelig; Stengel vielköpfig; Körbchen nahe beisammen, von bleichgrünen, lanzettlichen Blättern umhüllt; Blüten hellgelb; Lägerstellen, Weiden, Schutt, subalpin und alpin; mässiger Nährstoffzeiger (Nährstoffzahl 4).

Blätter nicht stechend

Centaurea

(Flockenblume)
Hüllblätter mit häutigem Anhängsel, manchmal mit Stacheln (nicht bei den hier vorgestellten Arten); Randblüten steril, vergrössert, trichterförmig (deshalb auch Trichterblüten genannt).

■ *Centaurea cyanus*
(Kornblume; FH **2244**, 2241)
Bis 70 cm hoch, 1jährig; Stengel mit wenigen bis vielen Körbchen; Blätter schmallanzettlich, ungeteilt (bei grossen Pflanzen untere Blätter fiederteilig), nicht am Stengel herablaufend; Blüten blau; Getreidefelder, Brachen, kollin und montan.

■ *Centaurea jacea* i.w.S.
(Wiesen-Flockenblume; FH **2233**, 2250)
Bis 60 cm hoch, mit wenigen bis mehreren Körbchen; Blätter ungeteilt; Blüten rot; Wiesen, kollin bis subalpin.

Für die Schweiz werden 3 Taxa unterschieden.

■ *Centaurea montana*
(Berg-Flockenblume; Abb. 92; FH **2242**, 2235)
Bis 60 cm hoch; Stengel 1köpfig; Blätter oval bis lanzettlich, ungeteilt, am Stengel herablaufend; Blüten blau; Fettwiesen, Wälder, Gebüsche, montan und subalpin.

■ *Centaurea scabiosa* i.w.S.
(Skabiosen-Flockenblume; FH **2225**, 2237)
Bis 1.2 m hoch; Stengel mit wenigen bis mehreren Körbchen; Blätter fiederteilig; Blüten rot; Trockenwiesen, kollin und montan.

Für die Schweiz werden 3 Sippen unterschieden.

Abb. 92:
Asteraceae, Carduoideae.
Centaurea montana.
(aus Hess & al. 1976–1980)

Unterfamilie *Cichorioideae*

Die *Cichorioideae* zeichnen sich durch die folgenden Merkmale aus: Pflanzen mit Milchsaft; Spreublätter fehlend oder oval bis lanzettlich, oft häutig; Körbchen nur mit Zungenblüten. In der Schweiz gehören 20 Gattungen zu den *Cichorioideae*. Die Artenzahl schwankt je nach Quelle von knapp 100 bis weit über 400 Arten. Dies hängt mit den unterschiedlichen taxonomischen Bewertungen der Sippen in den Gattungen mit apomiktischer Fortpflanzung zusammen: *Hieracium* mit 15 bis über 100 Arten, *Taraxacum* mit 1 bis gegen 250 Arten.
Die meisten der hier aufgeführten Arten sind gelbblühend. Für die Gattungsunterscheidung sind u.a. auch Pappusmerkmale wichtig.

Blüten blau oder violett

■ *Cicerbita alpina*
(Alpen-Milchlattich; FH **2289**, 2305)
Bis 2 m hoch; Stengel nicht verzweigt; Blätter fiederteilig; Körbchen in einer schlanken Traube oder Rispe; Blüten blau; Pappusborsten weiss, rauh; Wälder, Hochstaudenfluren, subalpin; mässiger Nährstoffzeiger (Nährstoffzahl 4).

■ *Cichorium intybus*
(Wegwarte, Zichorie; FH **2249**, 2259)
Bis 1.2 m hoch; Stengel sparrig verzweigt; Blätter fiederteilig; Körbchen sitzend in den Achseln der Hochblätter; Blüten blau; Pappus schuppenförmig, sehr kurz; Böschungen, Ruderalstellen, kollin und montan.

Die Wurzeln von *Cichorium intybus* wurden früher geröstet und als Kaffee-Ersatz verwendet. *Cichorium intybus* (Chicorée) und *Cichorium endivia* (Endivie) werden als Salat kultiviert.

Cichorium intybus wird in der Alternativmedizin eingesetzt.

■ *Prenanthes purpurea*
(Purpurlattich, Hasenlattich; FH **2292**, 2308)
Bis 1.5 m hoch; Blätter lanzettlich, mit herzförmigem Grunde den Stengel umfassend; Körbchen klein, wenigblütig, zahlreich, in lockeren Rispen; Blüten violett; Pappusborsten weiss, rauh; Wälder, kollin bis subalpin.

Blüten gelb oder orange

Pappusborsten rauh, nicht federig behaart

Crepis
(Pippau)
Pappus mehrreihig, Borsten meist biegsam und weiss.

■ *Crepis aurea*
(Gold-Pippau; Abb. 93A; FH **2307**, 2319)
Bis 30 cm hoch; Stengel 1köpfig; alle Blätter grundständig, fiederteilig; Blüten orange; Wiesen, Weiden, subalpin und alpin.

■ *Crepis biennis*
(Wiesen-Pippau; FH **2325**, 2337)
Bis 1 m hoch; Stengel mehrköpfig; Blätter buchtig gezähnt bis fiederteilig; Stengelblätter vorhanden; Körbchen relativ gross, Hüllblätter 8–13 mm lang; Fettwiesen, kollin und montan.

■ *Crepis capillaris*
(Kleinköpfiger Pippau; FH **2320**, 2332)
Bis 90 cm hoch; Stengel vielköpfig; Blätter buchtig gezähnt bis fiederteilig; Stengelblätter vorhanden; Körbchen relativ klein, Hüllblätter 4–7 mm lang; Ruderalstellen, Wiesen, Äcker, kollin und montan.

Hieracium
(Habichtskraut)
Pappus 1reihig, Borsten meist brüchig und gelblich.

■ *Hieracium murorum* i.w.S.
(Mauer-, Wald-Habichtskraut; Abb. 93C; FH **2345**, 2357)
Bis 80 cm hoch; Stengel mehrköpfig; grundständige Blätter grob buchtig gezähnt, gestielt; Wälder, Gebüsche, kollin bis subalpin.
Für die Schweiz werden mehrere Sippen unterschieden.

■ *Hieracium pilosella* i.w.S.
(Langhaariges Habichtskraut; Abb. 93B; FH **2333**, 2345)
Pflanze bis 30 cm hoch, mit oberirdischen Ausläufern; Stengel 1köpfig; Blätter grundständig, ganzrandig; Blüten hellgelb; trockene, warme Stellen, kollin bis alpin.
Für die Schweiz werden mehrere Taxa unterschieden.

■ *Hieracium villosum*
(Zottiges Habichtskraut; FH **2355**, 2365)
Bis 30 cm hoch; Stengel wenigköpfig; Blätter ganzrandig oder mit kleinen Zähnen; Stengel, Blätter und Hüllblätter mit zahlreichen, langen Haaren; steinige Rasen, Felsen, subalpin und alpin; Basenzeiger (Reaktionszahl 5).

■ *Sonchus oleraceus*
(Kohl-, Gewöhnliche Gänsedistel; FH **2277**, 2309)
Bis 1 m hoch; Stengel hohl, mehrköpfig; Blätter fiederteilig, wenig stechend, den Stengel mit zugespitzten Zipfeln umfassend; Äcker, Ruderalstellen, Gärten, kollin und montan.

Sonchus asper ist sehr ähnlich und kommt ebenfalls häufig an den gleichen Standorten vor wie *Sonchus oleraceus*. *Sonchus asper* (FH **2278**, 2310) hat meist weniger tiefgeteilte Blätter, die den Stengel mit abgerundeten Zipfeln umfassen.

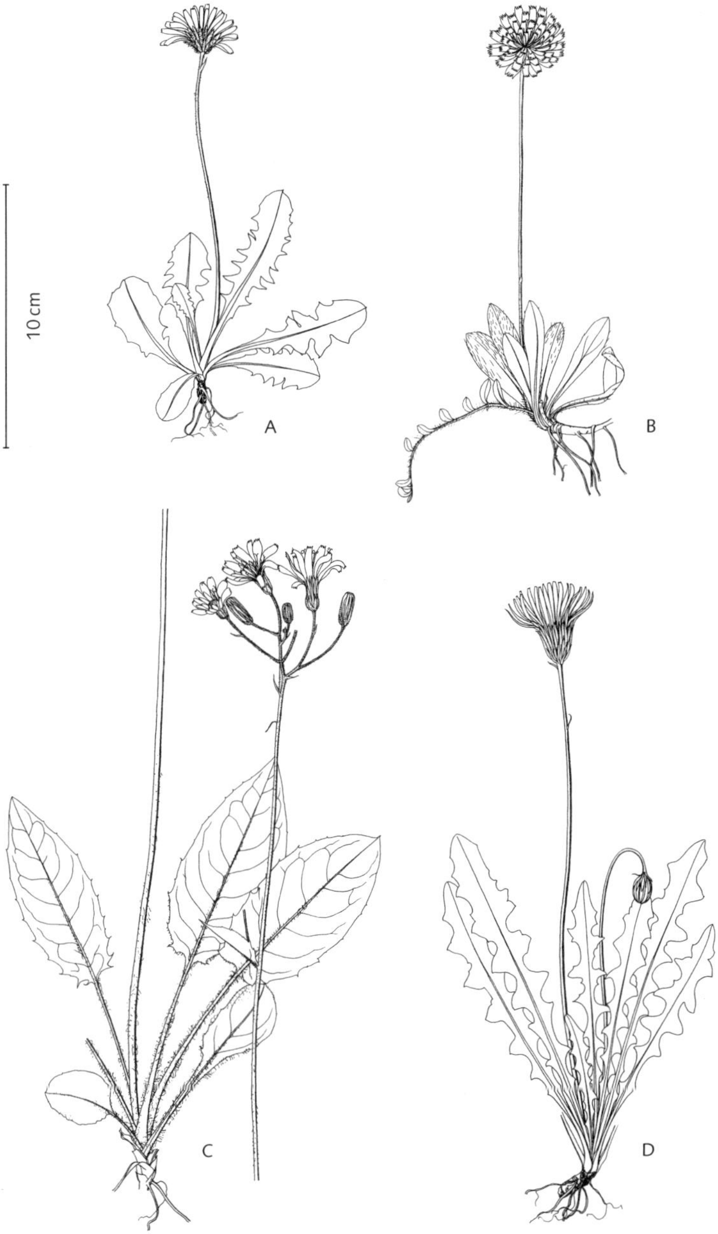

Abb. 93:
Asteraceae, Cichorioideae.
A: *Crepis aurea.*
B: *Hieracium pilosella.*
C: *Hieracium murorum.*
D: *Leontodon hispidus.*
(aus Hess & al. 1976–1980)

■ *Taraxacum officinale* agg.
(Kuhblume, Löwenzahn, Pfaffenröhrlein; FH **2295**, 2294)
Bis 30 cm hoch; Stengel hohl, 1köpfig; alle Blätter in grundständiger Rosette, fiederteilig; Frucht langgeschnäbelt; Fettwiesen, Ruderalstellen, Äcker, Gärten, kollin bis alpin.

Alle in der Schweiz vorkommenden Sippen der Gattung *Taraxacum* gehören zur Grossgruppe *Taraxacum officinale*. Viele Sippen sind apomiktisch, und die meisten können miteinander bastardieren. Dies führt zu einer ausserordentlichen morphologischen Variabilität mit unübersichtlichen Reihen von sich durch wenige, oft konstante Merkmale unterscheidenden Sippen und fixierten, sich aufspaltenden und auch immer wieder neu bildenden Bastarden. Deshalb ist die Gliederung und systematische Einordnung der verschiedenen Taxa sehr unterschiedlich, die beiden Extreme sind 1 sehr variable Sammelart oder etwa 250 Kleinarten.

Taraxacum officinale ist offizinell (Drogen *Taraxaci officinalis herba cum radice*, *Taraxaci officinalis radix*; Ph.Eur.). Die Drogen enthalten Sesquiterpenlactone, Triterpene, phenolische Verbindungen und Kohlenhydrate und werden bei Störungen des Gallenflusses, Appetitlosigkeit und dyspeptischen Beschwerden eingesetzt. Bei intensivem Kontakt mit dem Milchsaft von *Taraxacum officinale* kann es zu Allergien kommen.

Auch in der Alternativmedizin wird *Taraxacum officinale* eingesetzt.

Pappusborsten federig behaart

Leontodon

(Löwenzahn, Milchkraut)

Pappusborsten nicht miteinander verwoben; Frucht nicht oder nur undeutlich geschnäbelt.

■ *Leontodon helveticus*

(Schweizer Löwenzahn, Schweizer Milchkraut; FH **2255**, 2271)

Bis 30 cm hoch; Stengel 1köpfig, mit 3–6 kleinen Blattschuppen; alle Blätter in grundständiger Rosette, gezähnt bis fiederteilig, kahl oder mit einfachen Haaren; Körbchen vor dem Aufblühen aufrecht; Wiesen, Weiden, subalpin und alpin.

■ *Leontodon hispidus* i.w.S.

(Steifhaariger Löwenzahn, Steifhaariges Milchkraut; Abb. 93D; FH **2261**, 2265)

Bis 60 cm hoch; Stengel 1köpfig, mit 0–1 kleinen Blattschuppen; alle Blätter in grundständiger Rosette, gezähnt bis fiederteilig, kahl oder mit Sternhaaren; Körbchen vor dem Aufblühen nickend; Wiesen, Weiden, kollin bis alpin.

Für die Schweiz werden bis zu 5 Sippen unterschieden, welche die ausserordentliche Variabilität (Blattteilung, Behaarung, Standorte) widerspiegeln.

Tragopogon

(Bocksbart)

Pappusborsten miteinander verwoben; Frucht langgeschnäbelt.

■ *Tragopogon pratensis* i.w.S.

(Bocksbart)

Bis 70 cm hoch; Blätter schmallanzettlich, ganzrandig; Stengelblätter vorhanden; Fettwiesen, kollin und montan.

Für die Schweiz werden 3 Sippen unterschieden, das häufigste Taxon *Tragopogon orientalis* (= *Tragopogon pratensis* subsp. *orientalis*; FH **2273**, 2281) zeichnet sich aus durch Zungenblüten, welche die Hüllblätter überragen (bei den beiden anderen Sippen sind die Zungenblüten kürzer bis etwa so lang wie die Hüllblätter).

Familie *Campanulaceae*

Die einheimischen Gattungen gehören zur Unterfamilie *Campanuloideae*: Pflanzen meist mit Milchsaft; Blüten aktinomorph; Kelchblätter grün (vgl. *Asteraceae*); unterständiger Fruchtknoten aus meist 3 Fruchtblättern bestehend; Früchte meist vielsamige Kapselfrüchte.
84 Gattungen, 2400 Arten, Verbreitung weltweit; CH: 5 Gattungen, 34 Arten.

Campanula

(Glockenblume)
Blüten meist in mehr oder weniger lockeren Ähren, Trauben oder Rispen; Krone trichter- bis glockenförmig, meist blau.

Grundständige und stengelständige Blätter verschieden geformt

(Pflanze heterophyll: grundständige Blätter gestielt, Spreite eiförmig bis rundlich, Stengelblätter lanzettlich)

■ *Campanula cochleariifolia*
(Kleine oder Niedliche Glockenblume; Abb. 94B; FH **1992**, 1908)
Bis 15 cm hoch; Stengel 1blütig oder mit wenigblütiger Traube; grundständige Blätter zur Blütezeit vorhanden; Krone 1–2 cm lang, hellblau; kalkreiche Schutthalden und Felsspalten, montan bis alpin, an Bächen auch herabgeschwemmt; Basenzeiger (Reaktionszahl 5).

■ *Campanula rotundifolia*
(Rundblättrige Glockenblume; Abb. 94C; FH **1989**, 1905)
Bis 40 cm hoch; Stengel am Grunde dicht kurz behaart, meist mit mehreren Blüten in lockerer Traube oder Rispe; grundständige Blätter (Frühlingsblätter) zur Blütezeit meist nicht mehr vorhanden; Knospen aufrecht; Krone 1–2 cm lang; Wiesen, Felsen, kollin bis subalpin.

Campanula rotundifolia und *Campanula scheuchzeri* sind zwei häufige und weitverbreitete, nahe miteinander verwandte Arten aus einem formenreichen Aggregat (*Campanula rotundifolia* agg.) mit weiteren, schwierig zu unterscheidenden Taxa. *Campanula rotundifolia* und *Campanula scheuchzeri* können als Vikarianten bezüglich ihrer Höhenverbreitung (Tiefland resp. Bergregion) angesehen werden (siehe auch Kapitel «Vikarianten»).

■ *Campanula scheuchzeri*
(Scheuchzers Glockenblume; FH **1991**, 1907)
Bis 40 cm hoch; Stengel am Grunde an den Kanten mit wenigen Borsten, 1blütig oder mit wenigblütiger Traube; grundständige Blätter (Frühlingsblätter) zur Blütezeit meist nicht mehr vorhanden; Knospen nickend; Krone 1.5–3.5 cm lang; Rasen, subalpin bis alpin.

Siehe Kommentar unter *Campanula rotundifolia*.

■ *Campanula sonora*
(= *Campanula ecclesiae*, Wohltönende Glockenblume)
Schlank und senkrecht in die Höhe wachsend, oben oft spitz; Stengelblätter reduziert, nicht sichtbar; Tragblätter klöppelförmig; Blüten 3–6, einzeln in den Achseln der Tragblätter, nach oben in der Grösse abneh-

mend; Blüten beim Zusammenstoss mit ihrem Tragblatt einen reinen Glockenton abgebend; Friedhöfe, Kirchplätze, kollin bis subalpin.

Die unterste Blüte oft auf as^{0} (Schlagton) gestimmt, obere Blüten häufig in den Folgetönen des As-Dur Dreiklanges erklingend (je kleiner die Blüte desto höher der Ton).

Grundständige und stengelständige Blätter gleich geformt
(Stengelblätter aber i.d.R. kleiner als die grundständigen Blätter)

■ *Campanula barbata*
(Bärtige Glockenblume; Abb. 94A; FH **1984**, 1900)
Bis 40 cm hoch; Blätter lanzettlich; Blüten in einseitswendiger Traube; zwischen den Kelchblättern ein rückwärtsgerichtetes, herzförmiges Anhängsel; Krone 1.5–3 cm lang, hellblau, mit bärtig behaarten Zipfeln; Weiden, lichte Wälder, subalpin und alpin; mässiger Säurezeiger (Reaktionszahl 2).

■ *Campanula rhomboidalis*
(Rautenblättrige Glockenblume; FH **1985**, 1901)
Bis 60 cm hoch; Blätter oval bis breit lanzettlich, sitzend; Blüten in einseitswendiger Traube; Krone 1–2 cm lang; Fettwiesen, montan und subalpin.

■ *Campanula trachelium*
(Nesselblättrige Glockenblume; FH **1997**, 1913)
Bis 1 m hoch; Stengel scharfkantig; Blätter herzförmig, lang gestielt; Blüten in allseitswendiger Traube; Krone 2.5–4 cm lang; Wälder, Gebüsche, kollin und montan.

Phyteuma
(Rapunzel, Teufelskralle)
Blüten sitzend, dicht gedrängt, daher Blütenstände kugelig bis zylindrisch (damit erinnern sie etwas an die Körbchen der *Asteraceae*); Krone röhrenförmig, beim Aufblühen in der Mitte aufreissend, an der Spitze und an der Basis verwachsen bleibend, meist blau.

■ *Phyteuma betonicifolium*
(Betonienblättrige Rapunzel; FH **2007**, 1923)
Bis 70 cm hoch; Blätter oval bis lanzettlich; Blütenstand zylindrisch; Wiesen, Weiden, lichte Wälder, subalpin und alpin.

■ *Phyteuma hemisphaericum*
(Halbkugelige Rapunzel; Abb. 94E; FH **2001**, 1917)
Bis 20 cm hoch; Blätter lineal; Blütenstand kugelig; Felsspalten, Rasen, Weiden, alpin; Säurezeiger (Reaktionszahl 1).

■ *Phyteuma orbiculare*
(Rundköpfige Rapunzel; FH **2010**, 1926)
Bis 40 cm hoch; Blätter oval bis lanzettlich; Blütenstand kugelig; Wiesen, Weiden, montan bis alpin.

Abb. 94:
Campanulaceae.
A: *Campanula barbata*.
B: *Campanula cochleariifolia*.
C: *Campanula rotundifolia*.
D: *Phyteuma spicatum*.
E: *Phyteuma hemisphaericum*.
(aus Hess & al. 1976–1980)

■ *Phyteuma spicatum*
(Ährige Rapunzel; Abb. 94D; FH **2009**, 1925)
Bis 1 m hoch; Blätter herzförmig; Blütenstand zylindrisch; Blüten weiss bis gelblich; Wälder, kollin bis subalpin.

Ordnung *Dipsacales*

Dipsacales sind verholzt (Sträucher) oder krautig (Stauden und Kräuter) und zeigen gegenständige Blattstellung. Die Blüten sind meist 5zählig. Die Kelchblätter sind oft reduziert und unscheinbar, die Kronblätter sind verwachsen. Die Staubblätter stehen in 1 (z.T. reduzierten) Kreis. Der Fruchtknoten besteht aus 3–5 verwachsenen Fruchtblättern und ist unterständig.
7 Familien mit etwa 1100 Arten in 45–48 Gattungen, in der Schweiz kommen Arten aus 5 Familien vor.

Die Daten aus den molekularphylogenetischen Untersuchungen haben die Ansichten zur Klassifikation dieser Verwandtschaftsgruppe umfassend revidiert (Abb. 95). Es hat sich gezeigt, dass nicht primär zwischen verholzten (frühere Familie der *Caprifoliaceae*) und krautigen Vertretern (Familien *Adoxaceae*, *Dipsacaceae*, *Valerianaceae* etc.) unterschieden werden kann. Eine basale Dichotomie im Stammbaum der *Dipsacales* besteht aus einer Evolutionslinie mit den verholzten *Sambucus* und *Viburnum* zusammen mit *Adoxa*. Die andere Linie umfasst *Lonicera* und Verwandte (z.B. *Symphoricarpos*) als holzige Vertreter wie auch die krautigen *Dipsacaceae* und *Valerianaceae* (und andere krautige Familien wie z.B. *Linnaeaceae*). Gemäss der neusten Ausgabe von APG III (2009) werden neu nur noch 2 Familien für diese Ordnung unterschieden: *Adoxaceae* (einschliesslich *Sambucus* und *Viburnum*) sowie *Caprifoliaceae* (darin eingeschlossen die krautigen *Dipsacaceae*, *Linnaeaceae*, *Valerianaceae*). Wir bevorzugen die ebenfalls nur monophyletische Gruppen umfassende Unterteilung mit der traditionellen Umschreibung der bekannten Familien *Dipsacaceae* und *Valerianaceae*.

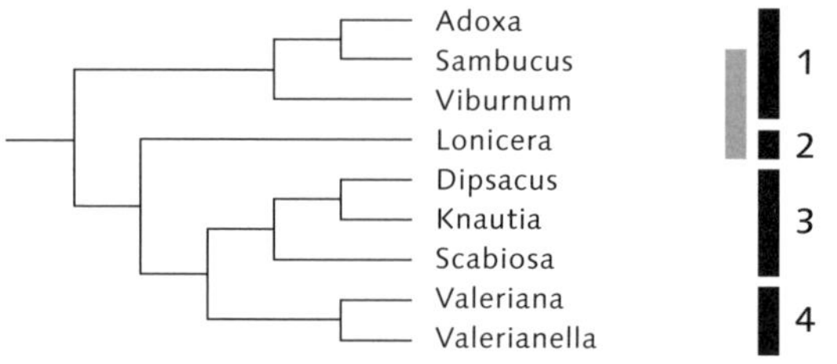

Abb. 95:
Stammbaum der *Dipsacales*. Familien (schwarze Balken):
1: *Adoxaceae*,
2: *Caprifoliaceae*,
3: *Dipsacaceae*,
4: *Valerianaceae*.
Die auf 2 Familien verteilten, mit grauem Balken markierten Gattungen gehörten zur früheren Familie der *Caprifoliaceae*. Die für die Familien namengebenden Gattungen *Adoxa* resp. *Dipsacus* werden im Buch nicht behandelt.

Familie *Adoxaceae*

Pflanzen krautig oder verholzt; die aktinomorphen, meist kleinen Blüten bilden Steinfrüchte.
5 Gattungen, 200 Arten, Verbreitung v.a. nordhemisphärisch im temperaten Klima; CH: 3 Gattungen, 6 Arten.

Sambucus

(Holunder)
Meist Sträucher oder Bäume; Blätter unpaarig gefiedert.

- *Sambucus nigra*
(Schwarzer Holunder; FH **1919**, 1969)
Bis 7 m hoher Strauch oder Baum; Mark der Zweige weiss; Blätter meist mit 5 Teilblättern; Blüten weiss, in Schirmrispen; Früchte schwarz; Wäl-

der, Waldränder, kollin und montan; wegen der essbaren Früchte und zum Schutz vor bösen Geistern auch häufig in Gärten und Hecken gepflanzt.

Sambucus nigra ist offizinell (Droge *Sambuci flos*; Ph.Eur.). Die Blüten enthalten Flavonoide, Phenolcarbonsäuren, Schleimstoffe, Gerbstoffe und Triterpensäuren. Extrakte (Dragées) und Tee wirken schweisstreibend und werden bei Erkältungskrankheiten eingesetzt, die wirksamen Stoffe sind allerdings nicht bekannt.

Sambucus nigra wird auch in der Alternativmedizin verwendet.

■ *Sambucus racemosa*
(Roter oder Trauben-Holunder; FH **1920**, 1971)
Bis 4 m hoher Strauch; Mark der Zweige bräunlich; Blätter meist mit 5 Teilblättern; Blüten gelblich, in kegelförmigen Rispen; Früchte rot; Wälder, Waldränder, Gebüsche, Blockschutt, montan und subalpin.

Viburnum
(Schneeball)
Sträucher oder Bäume; Blätter ungeteilt oder wenig tief radiär geteilt; Blüten in Schirmrispen.

■ *Viburnum lantana*
(Wolliger Schneeball; FH **1921**, 1973)
Bis 5 m hoher Strauch; Blätter ungeteilt, gezähnt, unterseits dicht filzig behaart; keine vergrösserten, sterilen Randblüten; Früchte schwarz; Wälder, Waldränder, Hecken, kollin und montan.

■ *Viburnum opulus*
(Gemeiner Schneeball; Abb. 96B; FH **1922**, 1974)
Bis 4 m hoher Strauch; Blätter wenig tief 3teilig, ohne filzige Behaarung; Randblüten auffallend vergrössert, steril; Früchte rot; Wälder, Waldränder, Hecken, Gebüsche, kollin und montan.

Familie *Caprifoliaceae*

Verholzt (Sträucher oder Lianen); die meist zygomorphen und relativ grossen Blüten bilden Beeren- oder Steinfrüchte.
5 Gattungen, 220 Arten, Verbreitung nordhemisphärisch im temperaten Klima; CH: 2 Gattungen, 9 Arten.

Lonicera
(Geissblatt, Heckenkirsche)
Blätter ungeteilt, ganzrandig; meist 2 Blüten auf gemeinsamem Stiel, wobei die Fruchtknoten mehr oder weniger stark miteinander verwachsen sind; daraus entstehen mehr oder weniger verwachsene Beerenfrüchte.

Kopfig angeordnete Blüten haben die lianenartig wachsenden Vertreter.

Früchtepaar vollständig verwachsen

■ *Lonicera alpigena*
(Alpen-Heckenkirsche; FH **1933**, 1983)
Bis 2 m hoher Strauch; Blätter gross (meist über 6 cm lang, bei den ande-

ren Arten kleiner), unterseits glänzend; Blütenstiel 2–3mal so lang wie die Krone; Krone rotbraun; Früchtepaar rot; Wälder, Gebüsche, montan und subalpin.

■ *Lonicera caerulea*
(Blaue Heckenkirsche; FH **1934**, 1984)
Bis 1.5 m hoher Strauch; Blütenstiel weniger als halb so lang wie die Krone; Früchtepaar blau; Wälder (v.a. Fichtenwälder, Lärchen-Arvenwälder), Gebüsche, subalpin.

Früchtepaar wenig verwachsen

■ *Lonicera nigra*
(Schwarze Heckenkirsche; FH **1932**, 1982)
Bis 1.5 m hoher Strauch; Blütenstiel 3–4mal so lang wie die Krone; Früchtepaar schwarz; Nadelwälder, montan und subalpin.

■ *Lonicera xylosteum*
(Rote Heckenkirsche; Abb. 96A; FH **1931**, 1981)
Bis 2 m hoher Strauch; Blütenstiel 1–2mal so lang wie die Krone; Früchtepaar rot; Wälder, Waldränder, Hecken, Gebüsche, kollin und montan.

Familie *Dipsacaceae*

Pflanzen krautig; Blüten in dichten, kopfigen, von Hüllblättern umgebenen Blütenständen (Pseudanthien, ähnlich den Körbchen der *Asteraceae*). Blüten zygomorph, Randblüten oft vergrössert; zu jeder Blüte gehört ein aus Hochblättern gebildeter «Aussenkelch», der den unterständigen Fruchtknoten umhüllt. Bei gewissen Taxa ist der obere Rand des Aussenkelchs kragenartig vergrössert und dient als Flugorgan bei der Fruchtausbreitung. Der oft kleine und mit Borsten besetzte Kelch sitzt auf dem Fruchtknoten (Abb. 96D). Der Fruchtknoten besteht aus 2 Fruchtblättern, er enthält aber nur 1 Samenanlage und wird zur Nussfrucht.

Die *Dipsacaceae* sehen wegen ihrer kopfigen Blütenstände ähnlich aus wie *Asteraceae*, unterscheiden sich von diesen aber durch die immer gegenständigen Blätter, die freien Staubbeutel sowie den krautigen, grünen Kelch.

11 Gattungen, 290 Arten, Verbreitung Eurasien und Afrika; CH: 6 Gattungen, 17 Arten.

Knautia

(Witwenblume)
Blütenboden behaart, ohne Spreublätter; Kelch meist mit zahlreichen (8–16) Borsten; Kronzipfel 4.

■ *Knautia arvensis*
(Feld-Witwenblume; Abb. 96C; FH **1965**, 1993)
Bis 1 m hoch; Blätter fiederteilig; Blüten blau bis violett; Wiesen, kollin und montan.

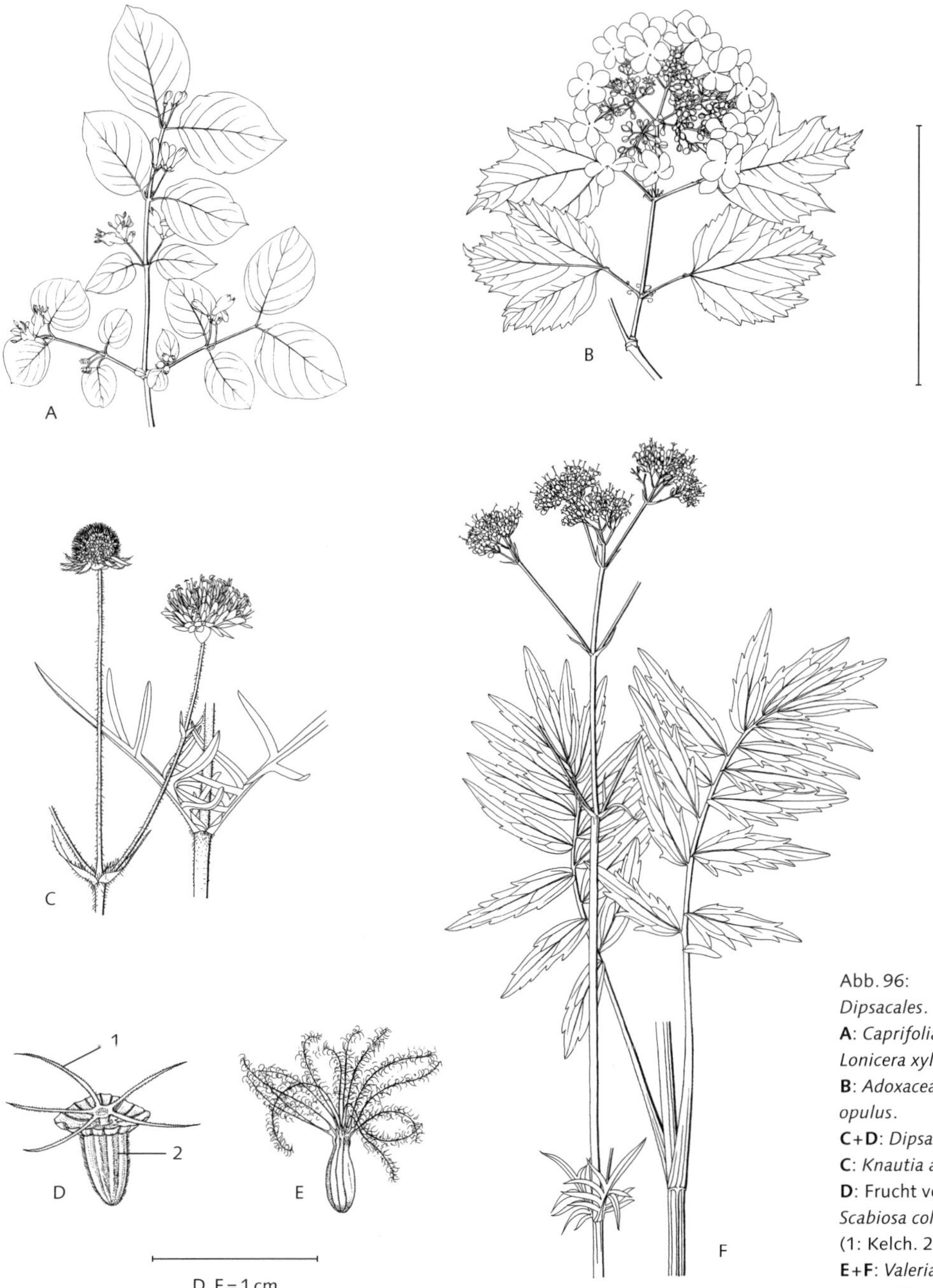

Abb. 96:
Dipsacales.
A: *Caprifoliaceae*, *Lonicera xylosteum*.
B: *Adoxaceae*, *Viburnum opulus*.
C+D: *Dipsacaceae*.
C: *Knautia arvensis*.
D: Frucht von *Scabiosa columbaria* (1: Kelch. 2: Aussenkelch).
E+F: *Valerianaceae*:
E: Frucht von *Valeriana tripteris* mit Pappus.
F: *Valeriana officinalis*.

(A, B, F aus Hess & al. 1976–1980, C aus Hess 1976, D+E aus Strasburger & al. 2008)

Scabiosa
(Skabiose)
Blütenboden mit kleinen, schmallanzettlichen Spreublättern; Kelch meist mit 5 Borsten; Kronzipfel 5.

■ *Scabiosa columbaria*
(Gemeine oder Tauben-Skabiose; FH **1973**, 2001)
Bis 80 cm hoch; Blätter fiederteilig bis gefiedert (Abschnitte schmaler als bei *Knautia arvensis*); Blüten violett; Magerwiesen, kollin und montan.

Familie *Valerianaceae*
Pflanzen krautig; Blüten meist in Schirmrispen. Blüten meist leicht zygomorph, z.T. mit Sporn. Staubblätter 1–4. Der Fruchtknoten besteht meist aus 3 Fruchtblättern, enthält aber nur 1 Samenanlage (im einzigen fertilen Fruchtblatt), daraus entsteht eine Nussfrucht.
17 Gattungen, 315 Arten, Verbreitung v.a. nordhemisphärisch und Südamerika; CH: 3 Gattungen, 20 Arten.

Valeriana
(Baldrian)
Ausdauernd; Kelch aus Borsten bestehend, zur Blütezeit eingerollt (deshalb kaum zu sehen); zur Fruchtzeit dienen die entfalteten, federig behaarten Borsten als Flugorgan (Pappus, Abb. 96E; siehe auch *Asteraceae*).

■ *Valeriana montana*
(Berg-Baldrian; FH **1951**, 2011)
Bis 40 cm hoch; alle Blätter ungeteilt; felsige Hänge, Gebüsche, Felsschutt, subalpin; Basenzeiger (Reaktionszahl 5).

■ *Valeriana officinalis* agg.
(Echter, Gebräulicher oder Arznei-Baldrian; Abb. 96F; FH **1945**, 2013)
Bis 1.5 m hoch; alle Blätter unpaarig gefiedert; feuchte Wälder und Gebüsche, Ufer, Hochstaudenfluren, kollin bis subalpin.

In der Schweiz werden bis zu 5 schwer unterscheidbare Arten angegeben.

Valeriana officinalis ist offizinell (Drogen *Valerianae radix*, *Valerianae radix minutata*, *Valerianae tinctura*; Ph.Eur., Ph.Helv.). Die Drogen enthalten Iridoide, ätherische Öle, Sesquiterpencarbonsäuren, Flavonoide und Phenolcarbonsäuren. Verwendet werden Wurzeln, Rhizome und Ausläufer, die zu verschiedenen Medikamenten verarbeitet werden (z.B. Tropfen, Kapseln, Zäpfchen) oder als Tee oder Badezusatz angewendet werden. *Valeriana officinalis* ist ein Beruhigungsmittel, das bei Unruhezuständen und nervös bedingten Einschlafstörungen Linderung bringt.

In der Alternativmedizin wird *Valeriana officinalis* ebenfalls eingesetzt.

■ *Valeriana tripteris*
(Dreiblatt-Baldrian; FH **1952**, 2012)
Bis 40 cm hoch; grundständige und untere Stengelblätter ungeteilt, obere Stengelblätter bis zum Grunde 3teilig; felsige Hänge, Gebüsche, Felsschutt, montan und subalpin.

Valerianella
(Ackersalat)
1jährig; Blüten sehr klein, unter 3 mm lang und 2 mm im Durchmesser; Kelch nicht borstenförmig (kein Pappus).

■ *Valerianella locusta*
(Echter Ackersalat, Nüsslisalat; FH **1939**, 2005)
Kelch aus undeutlichen Zipfeln bestehend; Äcker, Weinberge, Ruderalstellen, kollin und montan.

Beim ursprünglich 1jährigen Nüsslisalat werden winterannuelle Sippen als Salat genutzt. Die im Herbst keimenden Samen entwickeln sich zu überwinternden Rosetten, die ohne Nutzung als Salat im nächsten Frühling blühende Sprosse treiben und dann nach der Samenbildung absterben.

Ökologie und Pflanzengesellschaften

1. Eigenschaften eines Standortes

Nicht nur die beweglichen Tiere, sondern auch Pflanzenarten können sich ausbreiten und neue Standorte oder entfernte Regionen besiedeln. Pflanzen sind in der Form von Diasporen (Ausbreitungseinheiten wie Früchte, Samen usw.) mobil und können mit diesen Dauerformen sehr grosse Distanzen überwinden. Einzelne Individuen von Pflanzen sind aber nicht mobil, sie sind und bleiben an ihrem Standort verwurzelt und können dort nur leben, wenn sie mit den an diesem Standort herrschenden Bedingungen auskommen. Sie stehen in direkter Abhängigkeit zu den Standortfaktoren ihrer Umwelt. Dabei wirken aber nicht nur die Standortfaktoren auf die Pflanzen, sondern umgekehrt haben Pflanzen auch Einfluss auf ihren Standort. Zusätzlich beeinflussen sich Pflanzen auch gegenseitig (positiv wie auch negativ). Diese wechselseitigen Beziehungen sind Thema der Pflanzenökologie. Das Verständnis von Standorteigenschaften und ihrer Wirkung auf die Pflanzen sowie die gegenseitige Beeinflussung verschiedener Pflanzenindividuen und Pflanzenarten ist dabei von zentraler Bedeutung.
Über das Vorkommen von Pflanzenarten an einem Standort entscheiden v.a. drei Dinge: ihre physiologischen Möglichkeiten, die Konkurrenz anderer Pflanzen sowie die Verfügbarkeit einer Art in der Region. Pflanzen kommen nicht überall auf der Erde vor und sind somit auch nicht überall verfügbar. Sie können aus historischen Gründen in einem bestimmten Gebiet fehlen – bis eventuell der Mensch sie dorthin verfrachtet (siehe Kapitel «Neophyten und invasive Arten»). Unter ähnlichen Standortbedingungen finden wir ähnliche Kombinationen von Pflanzenarten. Die vielfältigen Kombinationen von verschiedenen Standorteigenschaften bewirken eine Fülle unterschiedlicher Vegetationstypen. Die Eigenschaften eines Standortes werden entscheidend von den Faktoren Klima, Boden, Relief und Lebewesen beeinflusst. Diese vier Faktoren werden deshalb im folgenden einzeln besprochen. Dabei wird auch aufgezeigt, welche Auswirkungen sie auf die Vegetation haben.

1.1. Klima

Die mittlere Jahrestemperatur in der Schweiz beträgt auf 500 m ü.M. rund 8.5° C. Pro 100 m Höhenzunahme nimmt sie durchschnittlich um 0.5° C ab. Der mittlere Jahresniederschlag der Schweiz beträgt 1470 mm. Diese Angaben sind Jahresmittelwerte der Gesamtschweiz. Niederschläge gibt es während des ganzen Jahres, die meisten Niederschläge fallen aber in der Vegetationsperiode (also Frühling bis Herbst). Das Klima ist aber nicht in der ganzen Schweiz gleich. Unterhalb der Waldgrenze können wir für die Schweiz 3 Hauptklimatypen unterscheiden:

— **Atlantisches Klima** (auch ozeanisches Klima genannt): Dieses Klima ist besonders typisch entlang der europäischen Westküste und wird stark

vom atlantischen Ozean beeinflusst. Die häufigen Meerwinde bringen viel Luftfeuchtigkeit und somit potentiellen Niederschlag. In Regionen mit atlantischem Klima gibt es relativ viele Niederschläge und hohe Luftfeuchtigkeit sowie einen mehr oder weniger ausgeglichenen Temperaturverlauf. In Nord- und Westeuropa kann der feuchte Meerwind wegen der relativ flachen Landschaft ohne hohe Gebirge ziemlich weit in den Kontinent vordringen und das Klima prägen. Bei uns in der Schweiz wird die aus West bis Nord kommende feuchte Luft an den Alpen gestaut und regnet dort häufig aus. Wind aus Ost bis Nord (Bise) hingegen bringt meist kalte und trockene Luft zu uns. Ein relativ atlantisches Klima haben wir in der Schweiz im Jura, im Mittelland und in den Nordalpen.
- **Kontinentales Klima**: Dieser Klimatyp ist charakteristisch für grosse Teile, insbesondere das Innere, des eurasiatischen Kontinentes. Das Klima zeichnet sich aus durch geringe Niederschläge, hohe tägliche und jahreszeitliche Temperaturgegensätze und intensive Sonneneinstrahlung. Im inneren Bereich der Alpen mit ihren weitgehend Ost-West-ausgerichteten Gebirgsketten verlaufen nur einige wenige Täler ebenfalls in Ost-West-Richtung. Diese Täler der Zentralalpen sind gegen aussen mehr oder weniger abgeschlossen und weisen deshalb ein relativ kontinentales Klima auf. In der Schweiz sind dies v.a. das Wallis und das Unterengadin, ausserhalb der Schweiz die Tarentaise/Briançonnais in den Westalpen und das Vintschgau südöstlich des Unterengadins. Diese Regionen werden auch als inneralpine Trockentäler bezeichnet.
- **Insubrisches Klima**: Dieser Klimatyp ist typisch für die Region der Südalpen mit den grossen Seen (Lago Maggiore, Lago di Lugano, Lago di Como, Lago d'Iseo, Lago di Garda). Insubrien war eine historische Landschaft in der Lombardei und wurde nach dem dort im 4. Jahrhundert v. Chr. eingewanderten keltischen Stamm der Insubrer benannt, worauf sich nun auch der Name für das hier spezielle Klima begründet. Im insubrischen Klima gibt es sehr viele Niederschläge, besonders ergiebig sind sie v.a. im Sommer. Aber es gibt auch sehr viele Sonnentage und gelegentlich längere Trockenperioden. Die Temperatur ist relativ hoch und ausgeglichen. In der Schweiz haben wir dieses Klima im Südtessin. Es ist interessant, dass das insubrische Klima sowohl die meisten Sonnenstunden wie auch die grösste Niederschlagsmenge aufweist. Dies ist nur möglich, weil die Niederschläge im Bereich des insubrischen Klimas sehr intensiv sind und in kurzer Zeit sehr viel Regen fällt.

Im Tiefland sind diese unterschiedlichen Klimata relativ ausgeprägt. Mit zunehmender Höhe über Meer werden die regionalen Unterschiede kleiner, in der alpinen Stufe (oberhalb von 2000 m ü.M.) sind die klimatischen Verhältnisse überall ähnlich. Das Klima dort wird **Gebirgsklima** genannt. Das Gebirgsklima zeichnet sich aus durch eine tiefe Mitteltemperatur, durch eine hohe Niederschlagsmenge, aber (wegen der tiefen Temperaturen) durch eine

tiefe Luftfeuchtigkeit, durch einen hohen Anteil an Niederschlag in Form von Schnee und durch jederzeit mögliche (im Sommer v.a. nächtliche) Fröste.
Zwei Aspekte des Klimas an einem Standort haben direkte Auswirkungen auf die Vegetation: Temperatur (Wärmemenge und deren Verteilung [tages- wie jahreszeitlich]) und Niederschlag (Menge und jahreszeitliche Verteilung). Dies sei an zwei Beispielen erläutert:
Torfmoose (Arten der Gattung *Sphagnum*) sind jene Pflanzen, die ein Hochmoor bilden. Damit sie wachsen können, braucht es genügend Niederschläge und nicht zu tiefe Temperaturen. Deshalb gibt es im Wallis (kontinentales Klima mit wenig Niederschlag) kaum und in der alpinen Stufe (tiefe Jahresmitteltemperaturen) keine gut ausgebildeten Hochmoore.
Die Rotbuche (*Fagus sylvatica*) ist der wichtigste Laubbaum in der Schweiz. Sie ist nördlich und südlich der Alpen (atlantisches resp. insubrisches Klima) häufig. Im kontinentalen Klima (Wallis, Unterengadin) ist die Sonneneinstrahlung grösser und somit der Wärmeeintrag am Tag höher. Die Buche würde in diesen Gegenden früher austreiben als nördlich und südlich der Alpen. Im kontinentalen Klima sind aber die Nächte kalt und Fröste können auch im Tiefland bis in den Frühsommer auftreten. Die neu ausgetriebenen Blätter würden deshalb in der Nacht jeweils Frostschäden erleiden. Dies und die geringen Niederschlagsmengen erträgt die Rotbuche nicht. Deshalb kommt sie in den Zentralalpen nicht (oder zumindest nicht waldbildend) vor.

1.2. Boden

Der Boden ist das Produkt folgender Prozesse:

- Verwitterung des Ausgangsgesteins (= Muttergestein)
- Humusbildung aus organischen Bestandteilen
- Verlagerung und Gefügebildung

Die Bodenbildung hängt von verschiedenen Faktoren ab: vom Gestein, vom Klima, vom Relief, von den Lebewesen und von der zur Verfügung stehenden Zeit für die Bodenbildung. In einem Boden können mehr oder weniger deutlich verschiedene Schichten unterschieden werden. Eine solche Schicht wird **Horizont** genannt. Die Schichten sind das Produkt der Bodenbildungsprozesse und weisen meist unterschiedliche Eigenschaften auf. Um diese Horizonte zu sehen, muss man den Boden bis zum Ausgangsgestein öffnen, es muss ein sogenanntes **Bodenprofil** gegraben werden. Ein tiefer Boden wird tiefgründig genannt, einen wenig tiefen Boden nennt man flachgründig. Je tiefgründiger ein Boden ist, desto mehr Raum bietet er für die Wurzeln und desto grösser ist das potentielle Speichervolumen für Wasser und Nährstoffe. Ein solcher Schnitt durch einen Boden kann schematisch dargestellt werden (Abb. 97 rechts). An einem Bodenprofil können die für die Pflanzen wichtigen Eigenschaften beurteilt werden: Nährstoff- und Wassergehalt, Luft- und Wärmehaushalt, Anteil an steinigem Material («Skelett»), pH-Wert (meistens auf kalkreicher Unterlage basisch, auf Silikatgestein sauer).

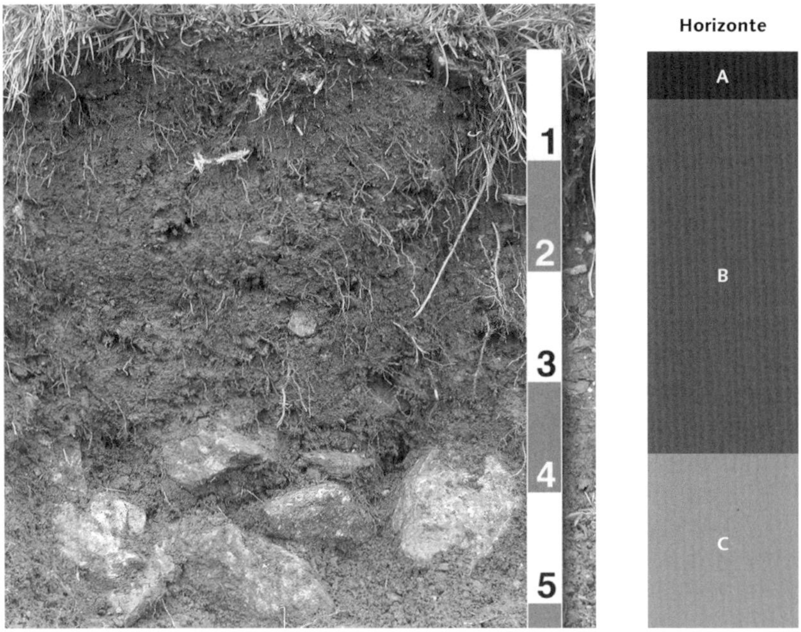

Abb. 97:
Beispiel eines Bodenprofils. Dies ist das Profil einer alpinen Braunerde. Sie ist wie viele alpine Böden flachgründig. **Horizont C** bezeichnet das Ausgangsgestein (= Muttergestein), dies befindet sich hier nur 40 cm unterhalb der Bodenoberfläche. Die Mineralerde, das verwitterte Ausgangsmaterial, wird **Horizont B** genannt. Zuoberst liegt ein Horizont mit organischem Material (also verwittertem Pflanzenmaterial), dies ist der **Horizont A**.
(Koni Osterwalder)

Die Böden werden nach ihrem Aufbau und ihren Eigenschaften in verschiedene Typen klassifiziert, wobei in der Natur die verschiedensten Entwicklungsstadien und viele Übergänge angetroffen werden. Die folgenden Bodentypen sind in der Schweiz verbreitet:

Braunerde, Parabraunerde

Braunerden sind tiefgründige Böden mit guter Speicherkapazität für Wasser. Ihre braune Farbe verdanken diese Böden der Vermischung von rostbildenden Verwitterungsprodukten und Humus. Die verschiedenen Horizonte zeigen nur unscharfe Grenzen. Obwohl beträchtliche Wassermengen gespeichert werden können, sind die Böden stets gut durchlüftet. Nährstoffgehalt und pH-Wert der Böden sind stark vom Ausgangsgestein abhängig. Braunerden entwickeln sich entweder über silikatischem Ausgangsmaterial oder aus Pararendzinen, deren Kalk ausgewaschen worden ist. Parabraunerden zeichnen sich im Unterschied zu Braunerden durch die Verlagerung von Ton in den Unterboden aus. Als hauptsächlicher Bodentyp unter Acker-, Weide- oder Wiesland werden Braun- und Parabraunerden intensiv landwirtschaftlich genutzt. Braun- und Parabraunerden findet man aber auch unter vielen Wäldern des Tieflandes.

Pararendzina

Pararendzinen entstehen über kalkhaltigem Feinsediment. Bei geringem Skelettanteil ist die Wasserspeicherfähigkeit (im Gegensatz zur Rendzina) gut. Gleichzeitig wird dank hohem pH-Wert die Streu schnell abgebaut. So entstehen günstige, nährstoffreiche Böden, die oft üppige Buchenwälder tragen. Weil der Kalk rasch ausgewaschen wird, sind solche Böden nur an Hanglagen anzutreffen, wo durch Erosion von oben stets neues, kalkhaltiges Material nachkommt oder kalkreiches Wasser einfliesst. Entfällt der Eintrag an Kalk, entwickeln sich solche Böden zu Braunerden resp. Parabraunerden.

Rendzina

Auf kalkreichen Gesteinen des Juras und der Nordalpen entwickeln sich Böden mit einem ausgeprägten Mullhorizont (organisches und mineralisches Material durchmischt), der allmählich ins Ausgangsgestein übergeht. Ein B-Horizont fehlt meist. In der Regel ist in der Feinerde reichlich Kalk enthalten, die Böden sind neutral oder schwach basisch. Weil Kalk wasserlöslich ist, wird er aufgelöst und weggeschwemmt. Da Kalksteine meist wenig Fremdmaterial enthalten, wird vom Ausgangsgestein nur ein kleiner Teil zu Bodenmaterial umgewandelt. Deshalb entstehen aus Kalkgestein meist flachgründige Böden, die zur Austrocknung neigen. Kalksteinrendzinen sind z.B. von Flaumeichen- und in höheren Lagen von Bergföhrenwäldern bestockt, in der alpinen Stufe wachsen Blaugras-Rasen.

Podsol (Bleicherde)

In höheren Lagen wird das Klima zunehmend humid (steigende Niederschläge, abnehmende Temperaturen). Dadurch wird die Auswaschung intensiver, die Böden werden saurer. Wegen der tieferen Temperaturen ist der Abbau von organischem Material gehemmt, auf der Oberfläche des Bodens wird allmählich Rohhumus angehäuft. Der darunterliegende mineralische Oberboden wird durch Auswaschung gebleicht. Im Unterboden werden die verlagerten Stoffe ausgefällt und angereichert; sie verleihen dem Horizont eine rote bis schwarze Farbe. Podsole haben oft scharfe Horizontgrenzen. Sie entwickeln sich meist auf nährstoffarmen, silikatischen Ausgangsgesteinen. Sie kommen vorwiegend in der subalpinen Stufe der Zentralalpen unter Fichten- und Lärchen-Arvenwäldern, aber auch in der alpinen Stufe unter Zwergstrauchgesellschaften vor.

Rohboden

Rohböden sind in der alpinen Stufe auf jeder Unterlage verbreitet. Hier hat noch keine oder kaum Bodenbildung stattgefunden. Rohböden enthalten nur im Bereich der Pflanzenwurzeln etwas Feinerde, sonst bestehen sie aus rohem oder nur wenig verwittertem Gesteinsschutt (Kalk oder Silikat, je nach Ausgangsgestein). Je nach Gesteinsart, Korngrösse und Neigung wachsen hier verschiedene Schuttgesellschaften, z.B. die Alpenmannsschild- oder Täschelkraut-Schuttflur.

Gley

Gleyböden sind nährstoffreiche Mineralböden, die im Unterboden dauernd durch Grund- oder Hangwasser vernässt sind. Der Oberboden ist mindestens zeitweise vernässt, in der übrigen Zeit aber feucht. Dank ihrem steten Kontakt zum Grundwasser, das häufig kalkhaltig ist, sind diese Böden i.d.R. nicht versauert. In der kollinen und unteren montanen Stufe sind Gleyböden mit Eschenwäldern bestockt, in höheren Lagen kommen Tannen- und Fichtenwälder vor.

Pseudogley
Pseudogleye verdanken ihre Vernässung nicht Grund- oder Hangwasser, sondern Niederschlagswasser, das wegen der geringen Durchlässigkeit des Bodens nicht rasch genug versickern kann. Pseudogleye werden (wenn auch langsam) ausgewaschen und mit der Zeit nährstoffarm und sehr sauer. In niederschlagsfreien Perioden kann der Boden komplett austrocknen. Die Wechsel zwischen nass und trocken sind typisch für den Pseudogley, es ist ein sogenannt wechselfeuchter Boden. Pseudovergleyte Böden tragen in der kollinen und montanen Stufe Tannenwälder oder Feuchtwiesen.

Organischer Boden (Moorboden)
Organische Böden bilden sich über undurchlässigem Untergrund. Sauerstoffmangel in diesen meist wassergesättigten Böden hemmt den Abbau des organischen Materials, das als Torf konserviert wird. Moore, die unter dem Einfluss des meist nährstoffreichen und z.T. kalkhaltigen Grund- oder Quellwassers stehen, nennt man Flachmoore (Niedermoore). Hochmoore hingegen sind nur durch Regenwasser beeinflusst; wegen der Auswaschung sind sie extrem sauer und nährstoffarm. Der Torf besteht hier vorwiegend aus wenig zersetzten Torfmoosen (*Sphagnum*). In Mooren erhalten sich Pollenkörner als Mikrofossilien sehr gut (siehe Kapitel «Pollen – Palynologie»).

Auenboden
Auenböden werden periodisch vom Flusswasser überschwemmt. Dabei wird Bodenmaterial oberflächlich erodiert und wieder überschüttet, was mit der Zeit zu charakteristischen Schichtungen führt. Auenböden sind im allgemeinen nährstoffreich, da bei Überschwemmungen durch das Wasser Schlammfrachten und somit Nährstoffe eingebracht werden. Die Vegetation muss aber Überschwemmungen ertragen können wie z.B. der Silberweidenwald.

Der Boden ist ein komplexes System. Bodenkunde (inkl. Bodenchemie, Bodenphysik, Bodenbiologie) ist deshalb auch eine separate Wissenschaft. Um den Boden in vegetationskundliche Überlegungen miteinzubeziehen, muss man ihn nicht vollständig verstehen. Bereits einige Grundkenntnisse lassen wichtige Schlussfolgerungen für den Standort zu. Die folgenden fünf zentralen Themen sind zu klären:

a) Wie gut wird Wasser gespeichert und wie gross ist deshalb die Verfügbarkeit von gespeichertem Wasser während niederschlagslosen Zeiten?
b) Wie gut ist die Durchlüftung und damit die Möglichkeit für die Wurzeln zu atmen?

c) Wie gut wird die Streu abgebaut? Wie rasch und wie vollständig stehen deshalb die darin gespeicherten Nährstoffe zur Verfügung?
d) Wie steht es mit dem Nachschub an Nährstoffen aus dem verwitternden Gestein?
e) Wie sind die pH-Werte in den verschiedenen Bodenhorizonten? Was bedeutet dies für die Löslichkeit der Nährstoffionen?

1.3. Relief

Als Relief bezeichnet man die Lage im Gelände und die Form des Geländes. Neigung und Exposition können einen grossen Einfluss auf die Vegetation haben. So sind z.B. steile, südexponierte Hänge einer extremen Sonneneinstrahlung ausgesetzt, Nordhänge hingegen sind schattig und feucht (Abb. 98). In der alpinen Stufe mit ihren extremen klimatischen Bedingungen ist der Einfluss des Reliefs auch kleinräumig oft sehr auffallend. In Mulden wird der Schnee wegen der Windverfrachtungen angehäuft und bleibt deshalb mehrere Wochen länger liegen (Schneetälchen) als in unmittelbar angrenzenden Flächen, von denen der Schnee durch den Wind verblasen wurde. Der Schnee ist ein guter Wärmeisolator, der im kalten Winter die Pflanzen in den Mulden schützt; hier können deshalb auch frostempfindliche Pflanzen wachsen. Allerdings bleibt der Schnee wegen der dickeren Schicht hier auch viel länger liegen, was die Vegetationszeit verkürzt. Alpenrosen (einheimische Arten der Gattung *Rhododendron*) müssen im Winter schneebedeckt sein, damit sie die kalte Jahreszeit überleben, sie kommen deshalb nicht auf windgefegten Kuppen vor, wo der Schnee häufig verblasen wird. Die hier lebenden Pflanzen haben auch im Winter oft keine schützende Isolationsschicht des Schnees; deshalb wachsen auf Kuppen frostharte Pflanzen (z.B. Alpenazalee, *Loiseleuria procumbens*).

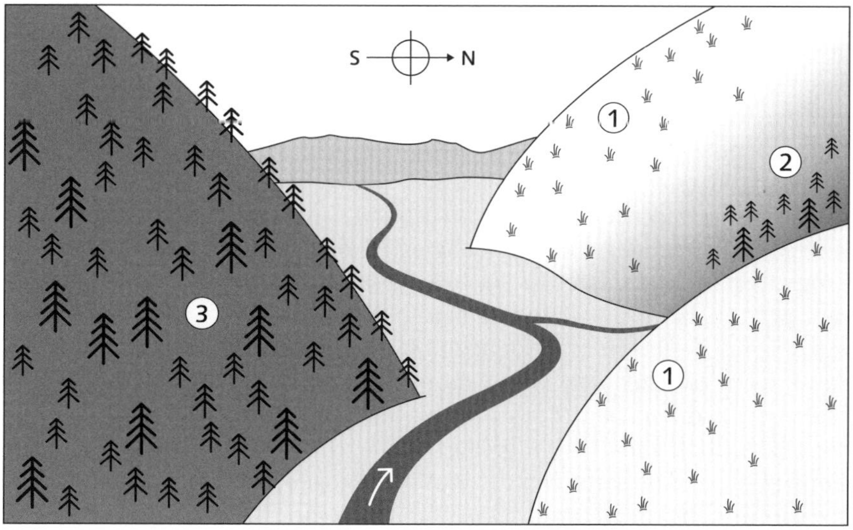

Abb. 98: Schematisierter Querschnitt durch das Unterwallis mit der Rhone. Hier ist der Einfluss des Reliefs auf die Vegetation eindrücklich sichtbar:
1: Am südexponierten Hang auf der rechten Talseite ist es sehr trocken, es wächst die Felsensteppe.
2: In den engen Seitentälern, in denen meist ein Bach fliesst und deshalb sowie wegen des geringen Windes die Luftfeuchtigkeit höher ist, findet man oft feuchte Schluchtwälder.
3: Am Nordhang auf der linken Talseite wächst Wald.

Andere topographische Situationen (wie die Lage zu stehendem oder fliessendem Wasser) können ebenfalls einen grossen Einfluss auf die betroffenen Standorte und somit auf die Vegetation haben. So hat z.B. das Relief einen grossen Einfluss auf die Hochwasserdynamik eines Flusses und damit auch auf die Auenlandschaft; dies äussert sich schlussendlich auch in der Vegetationszonierung der Auenlandschaft. An Seen beeinflusst das Relief die Wassertiefe, was direkten Einfluss auf die Vegetationen in den Verlandungsgebieten hat.

1.4. Lebewesen

Einfluss von Tieren, Mikroorganismen und Pflanzen

Beweidung (Verbiss, Tritt) durch Herbivoren fördert Arten, die vorwiegend bodennahe Blätter besitzen und sich durch eine hohe Regenerationsfähigkeit, Unempfindlichkeit gegen Tritt (wie *Lolium perenne, Plantago major, Poa annua*) oder durch spezielle Schutzvorrichtungen (z.B. Dornen, Brennhaare, Giftstoffe) auszeichnen. Daneben haben Tiere eine grosse Bedeutung als Bestäuber (v.a. Insekten) und als Ausbreiter von Samen oder Früchten. Mikroorganismen spielen als Destruenten, Parasiten und Symbionten eine grosse Rolle. Unter den Symbionten sind die Mykorrhizapilze (ektotrophe und endotrophe Mykorrhiza) in den Wurzeln der meisten Landpflanzen besonders wichtig. Waldbäume haben meist Saugwurzeln, die von einem dichten Geflecht von Pilzmycel umwoben sind (Ektomykorrhiza). Dieses nimmt anstelle der Wurzelhaare Mineralstoffe und Wasser aus dem Boden auf und liefert dem Baum zusätzlich Wuchsstoffe und antibiotische Substanzen. Umgekehrt bezieht der Pilz vom Baum Kohlenhydrate und Wuchsstoffe. Bei gewissen Pflanzen wie *Fabaceae* und *Alnus* kann mit Hilfe symbiontischer Bakterien in Wurzelknöllchen Luftstickstoff fixiert werden.

Schliesslich wirken die Samenpflanzen selbst beträchtlich aufeinander (auch Individuen derselben Art!). Sie konkurrenzieren um Raum, Licht, Wasser und Nährstoffe. In der gegenseitigen Konkurrenz können sich zwei Arten ausschliessen, sie können miteinander in ein bestimmtes Gleichgewicht kommen, oder sie können sich gegenseitig ergänzen und fördern. Das natürliche Vorkommen der Waldbäume im Mittelland richtet sich weitgehend nach der Konkurrenzfähigkeit (insbesondere der Fähigkeit der Verjüngung) und nicht nach dem physiologisch möglichen oder optimalen Wachstum. Dies sieht man eindrücklich an den Vorkommen der Wald-Föhre (*Pinus sylvestris*). Sie dominiert nur unter Extremverhältnissen (sehr trocken oder sehr feucht und sauer). Unter günstigeren Bedingungen würde sie besser wachsen, aber dort wird sie durch die Konkurrenz der Laubbäume verdrängt. Einzelne Pflanzenarten können zusätzlich durch chemische Stoffausscheidungen (Allelopathie) die Konkurrenzkraft anderer Arten schwächen und so im Extremfall in Monokulturen auftreten. So ist z.B. *Allium ursinum* im Unterwuchs von feuchten Laubmischwäldern konkurrenzkräftig und kann in sehr grosser Zahl und in dichten Beständen auftreten. Ein durch das Absterben der Blätter freigegebener Hemmstoff begünstigt dies, da er andere Pflanzen am Aufkommen hindert.

Einwirkungen des Menschen

Mit seinen radikalen Eingriffen ist der Mensch einer der wichtigsten, die Landschaft prägenden Standortfaktoren. Insbesondere im Tiefland, aber auch in Bergregionen bewirtschaftet er seit langer Zeit einen grossen Teil der Landfläche. Dadurch hat er völlig neue Standorte und damit auch Vegetationen geschaffen, die ohne das Zutun des Menschen gar nicht oder zumindest nicht in der Schweiz auftreten würden. Die wichtigsten, durch den Menschen verursachten (=anthropogenen) Veränderungen sind die folgenden:

- Der Mensch nutzte und nutzt weiterhin die Wälder zur Gewinnung von Holz. Je nach Verwendungszweck fördert oder eliminiert er Arten oder pflanzt standortfremde Arten an. Im Mittelland entstanden dadurch spezielle Waldgesellschaften (z.B. der Eichen-Hagebuchenwald) oder Monokulturen (insbesondere von *Picea abies*).
- Um Kulturflächen für Ackerbau und Viehwirtschaft zu gewinnen, hat der Mensch riesige Waldflächen gerodet. Auf all diesen ursprünglich bewaldeten Flächen gibt es nun Kulturland mit seinen spezifischen Bewirtschaftungsformen und somit auch speziellen Standortbedingungen: Äcker, Weinberge, Gärten, Wiesen, Weiden. Viele der dort bewusst geförderten oder auch als Begleitflora auftretenden Arten könnten ohne den Menschen hier nicht gedeihen.
- Um den Ertrag zu erhöhen, werden viele Kulturflächen gedüngt und bewässert. Dies fördert schnellwüchsige und konkurrenzstarke Arten. Die intensive Nutzung (insbesondere Schnitt) eliminiert zusätzlich jene Arten, die diese Behandlung nicht ertragen. Deshalb sind intensiv genutzte Kulturen relativ artenarm. Zu den am intensivsten behandelten Vegetationen gehören die Zierrasen, die wöchentlich geschnitten und häufig gedüngt und gewässert werden; hier gedeihen nur wenige Arten (z.B. *Bellis perennis*, *Veronica filiformis*). Magerwiesen und andere Vegetationen nährstoffarmer Standorte sind artenreich, werden aber immer seltener.
- Durch bewusste oder zufällige Einfuhr fremder Arten (sog. Neophyten; siehe auch Kapitel «Neophyten und invasive Arten») kann die einheimische Flora bereichert werden. Da aber einige der eingeführten Fremdlinge sich auf Kosten einheimischer Arten ausbreiten und diese z.T. verdrängen oder sogar ganze Vegetationen verändern, können sie auch zu einem naturschützerischen Problem werden.
- Die Drainierung (Trockenlegung) von Feuchtgebieten ermöglicht eine intensivere Nutzung des Landes, hat aber auch zu einem drastischen Rückgang der ursprünglich weitverbreiteten Feuchtwiesen geführt. Sie sind heute stark gefährdet.
- Durch Überbauungen (Strassen, Siedlungen, Industrieanlagen) wurden grosse Flächen versiegelt (d.h., die Oberfläche ist kaum wasserdurchlässig). Dabei wurden aber auch neue Standorte geschaffen (Mauern, Ruderalstellen, Industriebrachen), in denen spezialisierte Pflanzengesellschaften gedeihen.

Wir können unterscheiden zwischen natürlichen Vegetationen und solchen, die durch den Menschen geschaffen wurden. Da der Einfluss des Menschen besonders im Tiefland derart umfassend ist, werden diese anthropogen bedingten Vegetationen separat behandelt. In den Alpen ist der Einfluss ebenfalls beachtlich, aber doch nicht von derselben Tragweite wie im Tiefland. An allen vom Menschen veränderten Standorten würde ohne menschliche Beeinflussung eine natürliche Vegetation wachsen, die deshalb die **potentielle, natürliche Vegetation** genannt wird (siehe Kapitel «Vegetationsdynamik und Sukzession»). Die Frage nach der potentiellen, natürlichen Vegetation steht an den vom Menschen veränderten Standorten oft im Zentrum von ökologischen und naturschützerischen Überlegungen.

2. Beschreibung von Standorteigenschaften

2.1. Zeigerwerte und Zeigerpflanzen

Viele Pflanzenarten können (aus physiologischen Gründen oder wegen der Konkurrenz) nur an speziellen Standorten wachsen. Diese Standortvorlieben lassen sich für jede Art wiedergeben mit ihren ökologischen Zeigerwerten (Landolt & al. 2010), die sich auf einer Skala zwischen 1 und 5 bewegen (diese Skala wird auch im Ökogramm verwendet, siehe unten). Die **Zeigerwerte** haben den Vorteil, einen klaren numerischen Vergleich zu ermöglichen. Da sie aber lediglich das Schwergewicht des ökologischen Vorkommens einer Art bezeichnen, wird in gewissen Fällen eine nicht vorhandene Genauigkeit vorgetäuscht. Zudem stellen die Werte den Mittelwert dar und geben keine Auskunft über die Streuung. Arten können auf einen sehr engen Bereich eines Faktors beschränkt und damit verlässliche Indikatoren für den jeweiligen Wert sein. Sie können aber auch einen grossen Bereich eines Faktors tolerieren und zeigen damit eine grosse Streuung, die Aussagekraft ihres Mittelwertes ist deshalb eingeschränkt. Die ökologischen Zeigerwerte werden v.a. in der Pflanzensoziologie angewendet.
Zeigerwerte sind mittlerweile für viele verschiedene Standortfaktoren aller in der Schweiz vorkommenden Arten verfügbar (Landolt & al. 2010), in vereinfachter und konzentrierter Form sind sie auch in die «Flora Helvetica» (Lauber & al. 2012) übernommen worden. Ein Zeigerwert umschreibt jeweils die Menge des im Namen genannten «Parameters»; auf der 5er-Skala bedeutet dies, dass bei einer 1 wenig, bei einer 5 hingegen viel vom entsprechenden «Stoff» vorhanden ist. Die Feuchtezahl F bezeichnet so z.B. die Menge des Wassers, die Nährstoffzahl N die Menge an Nährstoffen (insbesondere Stickstoff) und die Reaktionszahl R (auch Basenzahl genannt) die Menge an Basen (also den pH-Wert des Bodens; in Werten ausgedrückt entspricht die 1 einem pH-Bereich von 2.5–3.5, eine 5 dem Bereich von 6.5–8).
Da einige Arten nur an Extremausprägungen von bestimmten Standortfaktoren wachsen und somit eine geringe Streuung bezüglich einzelner Standortfaktoren aufweisen, können sie als **Zeigerpflanzen** (Bioindikatoren) für eben diese Faktoren gelten. Besonders gute Zeigerarten sind jene mit den Extremwerten 1 oder 5. Aber auch Arten mit Zeigerwerten 2 oder 4 können gute Zeigerarten sein, wenn sie eine enge Streuung aufweisen. Bei der Besprechung der Arten im Systematikteil wird angegeben, wenn es sich um eine Zeigerart zu den Faktoren pH-Wert des Bodens (Reaktionszahl 1 = Säure-, 2 = mässiger Säure-, 4 = mässiger Basen-, 5 = Basenzeiger) und Nährstoffe (Nährstoffzahl 1 = Magerkeits-, 2 = mässiger Magerkeits-, 4 = mässiger Nährstoff-, 5 = Nährstoffzeiger) handelt. Die entsprechenden Zeigerwerte werden jeweils in Klammern angegeben. Dabei werden alle Arten mit den Zeigerwerten 1 resp. 5 als Zeigerarten angegeben, von den mässigen Zeigerarten (mit den Werten 2 resp. 4) führen wir die Zeigereigenschaften nur auf, wenn diese eine relativ gute ökologische Aussage machen. Mit der Kenntnis von

Zeigerarten ist eine einfache Beurteilung von Standorten möglich, ohne dass z.T. aufwendige oder langwierige Messungen vorgenommen werden müssen. So zeigt zum Beispiel das Vorkommen von *Carex firma* einen sehr basenreichen und nährstoffarmen Standort an, die Reaktionszahl von *Carex firma* ist dementsprechend 5 und die Nährstoffzahl 1; *Urtica dioica* hingegen zeigt eine grosse Streuung betreffend des pH-Wertes des Bodens, kommt aber nur an nährstoffreichen Standorten vor, die Reaktionszahl von *Urtica dioica* ist 3, die Nährstoffzahl aber 5.

2.2. Vikarianten

Als **Vikarianten** (= ökologische Stellvertreter) bezeichnet man nahe verwandte Arten, die relativ enge ökologische Ansprüche zeigen, sich aber in diesen unterscheiden und darum unterschiedliche Standorte besiedeln. Durch die Bezeichnung als Vikarianten wird eine Beziehung zwischen diesen Arten hergestellt. Solche Beziehungen strukturieren die Information zu den betreffenden Arten und können dadurch das Lernen erleichtern. Deshalb verwenden wir den Begriff «Vikarianten» und geben ihn bei entsprechenden Paaren oder Gruppen von Arten als Lernhilfe an.
Die 5 in diesem Buch besprochenen *Plantago*-Arten besiedeln verschiedene Standorte. Man kann sie deshalb als mehrschichtiges Beispiel unter Beteiligung mehrerer unterschiedlicher ökologischer Faktoren nehmen:

- Faktor **Höhenverbreitung**: *Plantago alpina* und *Plantago atrata* vertreten die Gattung in der subalpinen und alpinen Stufe, die anderen drei Arten sind Tieflandarten.
- Aufgrund der **Nährstoff**- und **Wasserverhältnisse** stellen die zwei Tieflandarten *Plantago lanceolata* und *Plantago media* Vikarianten für verschiedene Standorte dar: *Plantago lanceolata* wächst in feuchten, eher nährstoffreichen Wiesen (Fettwiesen), *Plantago media* hingegen in trockeneren und nährstoffärmeren Wiesen (Trockenwiesen).
- **Physikalische Faktoren** in Trittgesellschaften (mechanische Belastung, Bodenverdichtung) lassen hier *Plantago major* wachsen, während *Plantago lanceolata* und *Plantago media* lockerere Böden bevorzugen und intensiven Tritt nicht aushalten.
- Die beiden alpinen Arten besiedeln Böden mit unterschiedlichem **pH-Wert**: *Plantago alpina* wächst meist auf sauren Böden, *Plantago atrata* hingegen kommt meist auf basischen Böden vor.

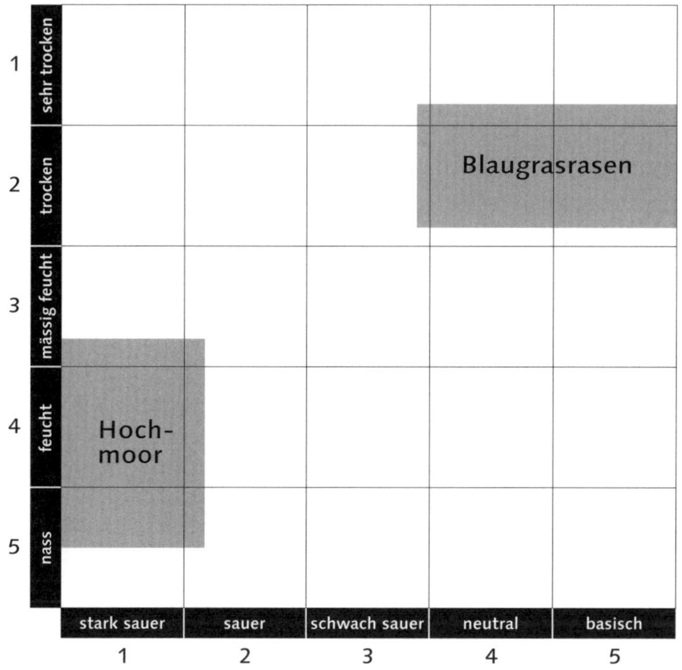

Abb. 99:
Aufbau eines Ökogramms. Schematische Darstellung der Standortfaktoren «Wasser» und «pH-Wert des Bodens», jeweils mit einer 5wertigen Skala. In einem Ökogramm lassen sich die Standortbereiche einer Vegetation visualisieren. Beispiele:
Hochmoore kommen nur im nassen und stark sauren Bereich vor;
Der **Blaugrasrasen** wächst an trockenen und basischen Standorten.

2.3. Ökogramme

Standortfaktoren stehen in vielfältigen, sich gegenseitig beeinflussenden Beziehungen. Um diese Komplexität übersichtlich darzustellen, können Ökogramme verwendet werden. Dabei werden in einem zweidimensionalen Diagramm zwei Standortfaktoren miteinander in Beziehung gebracht. Im Prinzip ist dies mit jeder Kombination von Faktoren machbar. Es hat sich aber eingebürgert, dass Ökogramme die beiden Faktoren Wasser und pH-Wert des Bodens enthalten (Abb. 99; siehe auch z.B. Delarze & Gonseth 2008). Sie haben sich als die beiden wichtigsten Faktoren herausgestellt. Die Bedeutung des Faktors Wasser ist intuitiv verständlich. Der pH-Wert des Bodens steht in komplexer Beziehung zu verschiedenen weiteren Faktoren (z.B. Kalkgehalt, Streuabbau, Nährstoffverfügbarkeit).
In einem Ökogramm lassen sich Pflanzengesellschaften eintragen, aber auch die ökologischen Möglichkeiten einer Art lassen sich mittels eines Ökogrammes darstellen. Um ein Ökogramm für eine Pflanzengesellschaft zu erstellen, können die Zeigerwerte der für die Gesellschaft wichtigen Arten in einem Ökogramm eingetragen werden. Aus diesen Punkten kann der für diese Pflanzengesellschaft charakteristische Bereich definiert werden. Die Bereiche sind in der Natur nie scharf abgegrenzt, obwohl ein Ökogramm dies so erscheinen lässt. Dieser Umstand wurde bei der Darstellung der Ökogramme bei Delarze & Gonseth (2008) berücksichtigt, die Grenzen der ökologischen Bereiche sind dort auslaufend visualisiert. Die Darstellung einer Pflanzen-

gesellschaft in einem Ökogramm sei hier an drei Beispielen demonstriert (Abb. 100). Für die Ökogramme wurden dabei nur die Zeigerwerte (gemäss Landolt & al. 2010 resp. Lauber & al. 2012) jener Arten verwendet, die bei den einzelnen Pflanzengesellschaften aufgeführt sind:

Hochmoor

Zeigerwerte: *Andromeda polifolia* (F4.5, R1), *Calluna vulgaris* (F3, R1), *Drosera rotundifolia* (F4, R1), *Eriophorum vaginatum* (F4.5, R1), *Vaccinium myrtillus* (F3, R1), *Vaccinium oxycoccos* (F4, R1), *Vaccinium uliginosum* (F4, R1); Streuung: F3–4.5, R1; Durchschnitt: F3.9, R1.

Kommentar: Der Standort Hochmoor fällt v.a. auf wegen des extrem tiefen pH-Wertes, was alle typischen Arten eindrücklich bestätigen. Dass die Feuchtezahl mehr streut, ist nicht erstaunlich, denn im Hochmoor gibt es nicht nur die fast immer nassen Stellen (Schlenken), sondern auch die zeitweise austrocknenden Hügelkuppen (Bülten). Die Wasserzufuhr im Hochmoor erfolgt ausschliesslich über den Niederschlag, deshalb werden alle Nährstoffe ausgewaschen und der Standort ist extrem nährstoffarm. Dies wird durch die Nährstoffzahlen der typischen Arten bestätigt: alle ausschliesslich im Hochmoor vorkommenden Arten haben die Nährstoffzahl 1, nur die 3 auch ausserhalb von Hochmooren vorkommenden Arten (*Calluna vulgaris*, *Vaccinium myrtillus*, *Vaccinium uliginosum*) haben eine 2, trotzdem ist der Durchschnitt der Nährstoffzahlen mit 1.4 sehr tief.

Felsensteppe der Zentralalpen

Zeigerwerte: *Achillea tomentosa* (F1, R2), *Artemisia absinthium* (F2, R4), *Artemisia vallesiaca* (F1, R5), *Astragalus exscapus* (F1, R5), *Astragalus onobrychis* (F1, R5), *Brachypodium pinnatum* (F2, R4), *Bromus erectus* (F2, R4), *Bromus tectorum* (F1, R3), *Centaurea vallesiaca* (F1, R4), *Ephedra helvetica* (F1, R5), *Euphorbia seguieriana* (F1, R4), *Festuca valesiaca* (F1, R4), *Juniperus sabina* (F1.5, R3), *Onosma helvetica* (F1, R4), *Oxytropis pilosa* (F1, R4), *Sedum acre* (F1, R3), *Sedum album* (F1, R4), *Sempervivum arachnoideum* (F1, R2), *Trifolium montanum* (F2, R4), *Stipa pennata* (F1, R4); Streuung: F1–2, R2–5; Durchschnitt: F1.2, R3.9.

Kommentar: Der auffallende Zeigerwert in dieser Pflanzengesellschaft ist die sehr tiefe Feuchtezahl. Die Wasserknappheit ist denn auch der entscheidende Standortfaktor. Die für diese Gesellschaft charakteristischen Arten zeigen auch meist eine oder sogar mehrere der möglichen Anpassungsstrategien (siehe auch Kapitel «Anpassungen von Pflanzen»). Der pH-Wert ist für die Pflanzen an diesem Standort offensichtlich nicht sehr wichtig, die Streuung ist entsprechend hoch.

Nacktried-Rasen

Zeigerwerte: *Antennaria carpatica* (F2.5, R3), *Aster alpinus* (F2, R3), *Carex atrata* (F3.5, R3), *Dianthus glacialis* (F2, R3), *Elyna myosuroides* (F2, R3), *Erigeron uniflorus* (F2.5, R3), *Leontopodium alpinum* (F2, R4),

Lloydia serotina (F2.5, R2), *Oxytropis campestris* (F2, R4); Streuung: F2–3.5, R2–4; Durchschnitt: F2.3, R3.1.
Kommentar: Der pH-Wert dieser Pflanzengesellschaft bewegt sich im mittleren Bereich. Der Standort ist zwar eher trocken, aber nicht so extrem trocken wie die Felsensteppe.

Zusätzlich zum Ökogramm sind die Höhenverbreitung und allfällige Bindung an einen Klimatyp interessante Aspekte einer Pflanzengesellschaft. Die Höhenstufe kann als Mass für die Temperatur benutzt werden, da die Jahresmitteltemperatur mit zunehmender Höhe abnimmt. Die Klimazone sagt etwas über die Niederschlagsmenge und die Temperaturgegensätze aus (siehe Kapitel «Klima»). Diese Informationen (Ökogramm, Höhenstufen, Klimazonen) können zu jeder der besprochenen Gesellschaften erstellt werden (z.B. Abb. 100). Dies kann mit Hilfe der leeren Druckvorlage (Abb. 101) von allen LeserInnen dieses Buches selbständig für interessierende Pflanzengesellschaften erarbeitet und dargestellt werden.

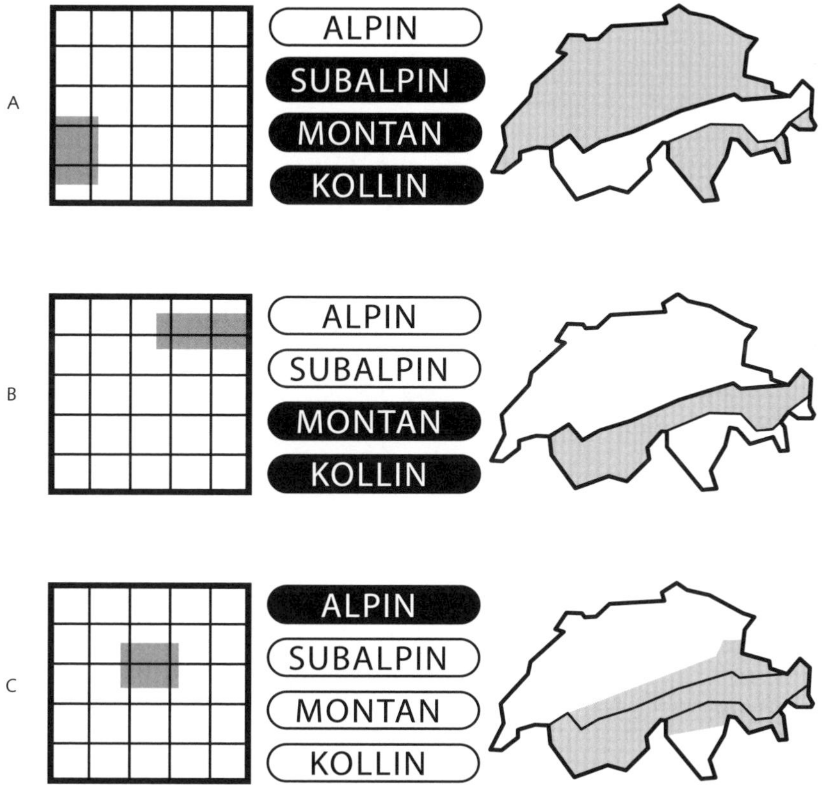

Abb. 100:
Ökogramme, Höhenstufen und Klimazonen von drei ausgewählten Vegetationstypen:
A: Hochmoor.
B: Felsensteppe der Zentralalpen.
C: Nacktried-Rasen.

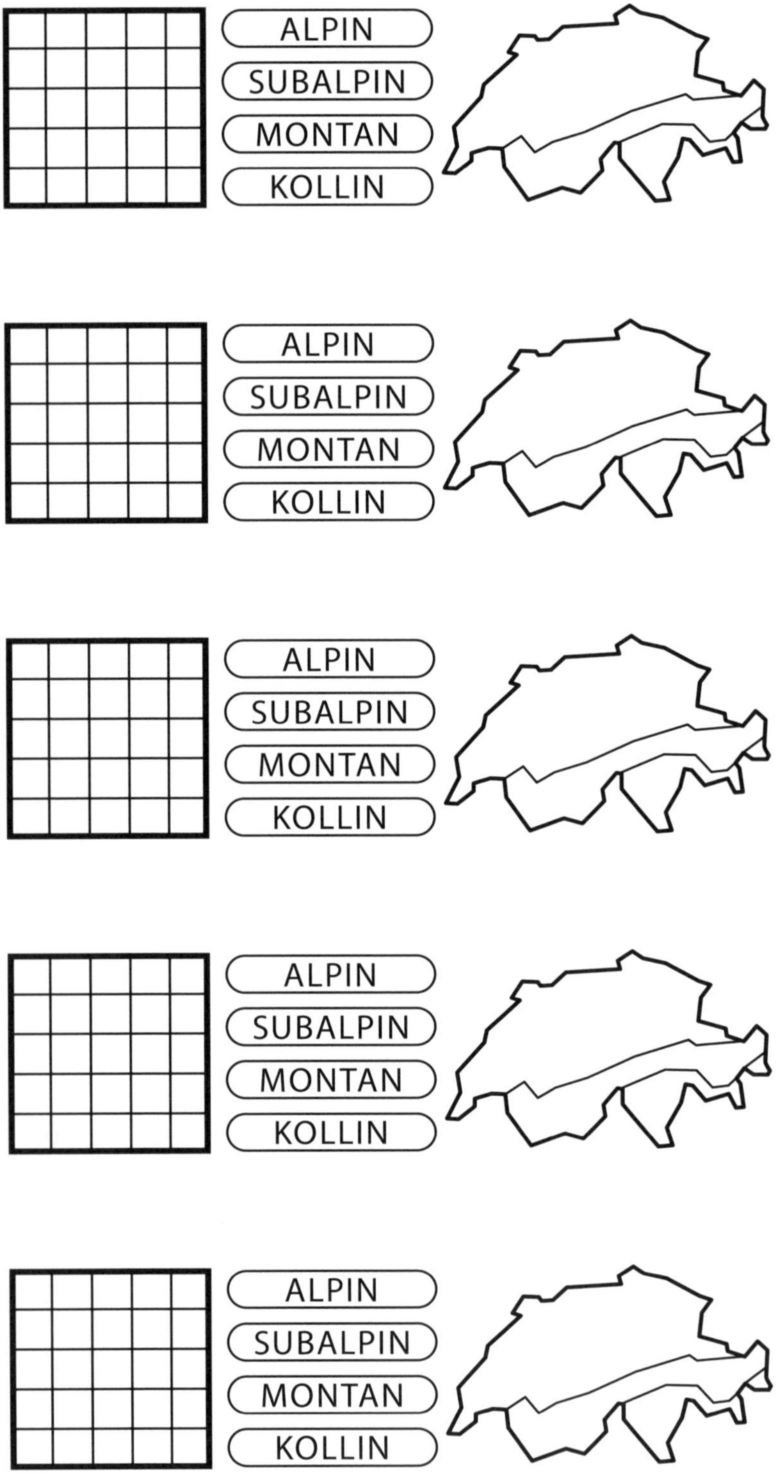

Abb. 101:
Kopiervorlage zum Selberausfüllen: Links Ökogramm, Mitte Höhenstufen, rechts Landesregionen entsprechend des Klimas im Tiefland.

3. Höhenstufen

Die Temperatur nimmt mit der Höhe über dem Meer ab. Pflanzen wachsen dort, wo sie von ihren physiologischen Möglichkeiten her wachsen können und von der Konkurrenz anderer Pflanzen nicht verdrängt werden. Deshalb wachsen viele Arten nur in bestimmten Höhenbereichen. Dies führt zu einer offensichtlichen Gliederung der Vegetation im Höhengradienten. Besonders auffallend ist der Wechsel der Wuchsform an der Baumgrenze, wo das Vorkommen der Bäume endet und darüber nur noch niedrigwüchsige Pflanzen vorkommen (krautige Pflanzen und Zwergsträucher). Die durch das regelmässige Vorkommen charakteristischer Pflanzenarten gekennzeichneten Höhenabschnitte werden **Höhenstufen** genannt (Abb. 102). Die Grenzen zwischen den verschiedenen Höhenstufen sind häufig nicht scharf, sondern sie gehen meistens in einem mehr oder weniger breiten Bereich ineinander über. Zudem kann der Mensch durch Eingriffe in die Vegetation die natürlichen Grenzen nachhaltig verändern. So wurde z.B. die Baumgrenze durch den Menschen an vielen Orten nach unten verschoben (z.B. Abholzung und Beweidung).

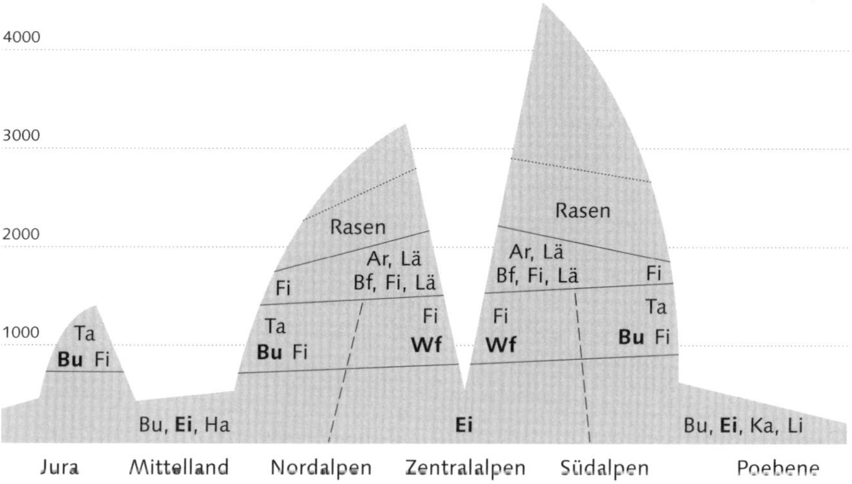

Abb. 102: Höhenstufen auf einem schematischen Querschnitt vom Jura bis in die Poebene, mit Angabe der jeweils wichtigsten Baumgattungen resp. Baumarten (die Definitionstaxa sind **fett** eingetragen). Ar = Arve, Bf = Bergföhre, Bu = Buche, Ei = Eiche, Fi = Fichte, Ha = Hagebuche, Ka = Kastanie, Lä = Lärche, Li = Linde, Ta = Tanne, Wf = Waldföhre, gepunktete Linie = Vegetationsgrenze.

Wir unterscheiden für die Schweiz 4 Hauptstufen, die auch noch feiner unterteilt werden können. In Europa werden die Höhenstufen (ausser alpine Stufe) meist nach der oberen Grenze wichtiger Waldbäume definiert (siehe z.B. Landolt 2003, Ozenda 1988):

- **Kolline Stufe** (Hügelstufe): *Quercus*
  Die kolline Stufe wird dominiert durch sommergrüne Laubwälder. Neben den mit ihren oberen Vorkommen die Grenze markierenden Arten der Gattung *Quercus* ist nördlich der Alpen v.a. *Fagus sylvatica* häufig und oft dominierend. In den Zentralalpen ist v.a. *Quercus pubescens* waldbildend,

allerdings sind diese Wälder durch den Menschen stark dezimiert. Südlich der Alpen gibt es artenreiche Laubmischwälder. Ähnlich hoch wie die Arten der Gattung *Quercus* steigen bei uns die Kulturpflanzen *Juglans regia*, *Vitis vinifera* (*Vitaceae*, Weinrebe) und *Zea mays*. Getreide und Obst wird in den Nord- und Südalpen meist auch nur bis zu dieser Grenze angebaut.

- **Montane Stufe** (Bergstufe): je nach Klimaregion *Fagus sylvatica* (atlantisch und insubrisch) oder *Pinus sylvestris* (kontinental).
  Die natürliche Vegetation in der montanen Stufe besteht nördlich und südlich der Alpen aus Wäldern, in denen *Fagus sylvatica* häufig und oft dominierend ist. Daneben sind *Abies alba* und (v.a. in der oberen montanan Stufe) auch *Picea abies* häufig. In den Zentralalpen kommt *Fagus sylvatica* nicht vor, hier bildet *Pinus sylvestris* ausgedehnte Wälder, in die von oben *Picea abies* eindringt.

- **Subalpine Stufe** (Gebirgsstufe): bis zur Baumgrenze; diese wird je nach Region und Untergrund v.a. von *Picea abies*, *Pinus mugo*, *Pinus uncinata* oder *Larix decidua*/*Pinus cembra* gebildet.
  Die natürliche Vegetation der subalpinen Stufe besteht aus Nadelwäldern, in denen *Picea abies* meist die dominierende Art ist. In den Zentralalpen ist häufig *Larix decidua* und in höheren Lagen *Pinus cembra* beigemischt. Auf wenig tiefgründigen und somit trockenen Standorten (z.B. auf Dolomit oder Serpentinit) bildet *Pinus uncinata* ausgedehnte Bestände, in zusätzlich mechanisch belasteten Standorten (Erdrutsche, Lawinen) wächst *Pinus mugo*. In nordexponierten, feuchten Lagen kann *Alnus viridis* in dichten, grossen Beständen vorkommen.

- **Alpine Stufe** (Hochgebirgsstufe, Rasenstufe): bis zur Vegetationsgrenze. Sofern die Bodenverhältnisse stabil sind, wachsen in der alpinen Stufe geschlossene Rasen (niederwüchsige Wiesen).

Als weitere Stufe wird die planare Stufe noch unterhalb der kollinen Stufe unterschieden, sie tritt in der Schweiz aber nicht auf. Die planare Stufe wird einerseits über die Höhenlage (unter 200 m ü.M.) und andererseits über die Geländeform (ausgedehnte Ebenen ohne oder nur mit wenig ausgeprägten Erhebungen) charakterisiert (Wendelberger 1998). Sie ist in Mittel-, Nord- und Osteuropa sehr grossflächig vertreten (mittel- und nordeuropäisches Tiefland von der flandrischen Küste bis weit nach Osteuropa sowie die grossflächigen Niederungen des Donaulaufes in Mittel- und Osteuropa). Die Vegetationen umfassen Laubwälder (v.a. Eichenwälder in verschiedenen Ausprägungen), Föhrenwälder (v.a. auf sandigen und schotterreichen Böden), Auenwälder (entlang der grossen Flüsse) sowie verschiedene Steppen (v.a. in Osteuropa).

Oberhalb der alpinen Stufe kann noch die nivale Stufe unterschieden werden. Dort gibt es keine geschlossene Vegetation mehr. Im unteren Teil dieser Stufe treten noch regelmässig, aber sehr zerstreut Blütenpflanzen auf (v.a. Schuttpflanzen). Im oberen Teil hingegen kommen ausser in relativ warmen Felsnischen keine Blütenpflanzen mehr vor. Hier wachsen wenige Moose, einige Algen und viele Flechten.

4. Biogeographische Regionen und Lebensräume

Die Schweiz kann in 6 **biogeographische Regionen** eingeteilt werden (Abb. 103). Die Regionen unterscheiden sich in ihrem Klima, ihrer Topographie und/oder ihrer Geologie. In tieferen Lagen haben wir in der Schweiz drei unterschiedliche Klimatypen: atlantisches Klima in Jura, Mittelland und Nordalpen, kontinentales Klima in den beiden zentralalpinen Regionen, insubrisches Klima in den Südalpen. Je höher wir kommen, desto ausgeprägter wird das Gebirgsklima, das in der alpinen Stufe kaum mehr regionale Unterschiede aufweist.

1 Das **Mittelland** ist über weite Strecken mehr oder weniger tief gelegen und flach bis leicht hügelig. Es besteht aus Erosionsmaterial der Gebirge und aus Moränenmaterial, das von Gletschern beim Rückzug nach den Eiszeiten zurückgelassen wurde. Hier ist das Klima atlantisch.

2 Der **Jura** umfasst mittelhohe Regionen und besteht fast ausschliesslich aus Kalkgesteinen. Das Klima ist atlantisch geprägt.

3 Die **Nordalpen** umfassen ebenfalls mittelhohe Regionen. Hier hat es viele Kalkberge, aber auch Berge aus silikathaltigen Gesteinen. Das Klima ist atlantisch beeinflusst.

4+5 In den **Westlichen** resp. den **Östlichen Zentralalpen** liegen die höchsten Berge der Schweiz und die Unterlage ist vielfältig (Kalke und Silikate). In tiefen Lagen der grossen Täler (Wallis und Unterengadin) herrscht ein kontinental geprägtes Klima, in höheren Lagen ist das Gebirgsklima vorherrschend.

6 Der nördliche Teil der **Südalpen** besteht v.a. aus silikatischen Bergen von recht ansehnlicher Höhe, hier ist das Gebirgsklima ausgeprägt. Im südlichen Teil hat es einige Kalkberge und tiefe Täler mit grossen Seen. In tiefen Lagen ist das Klima insubrisch.

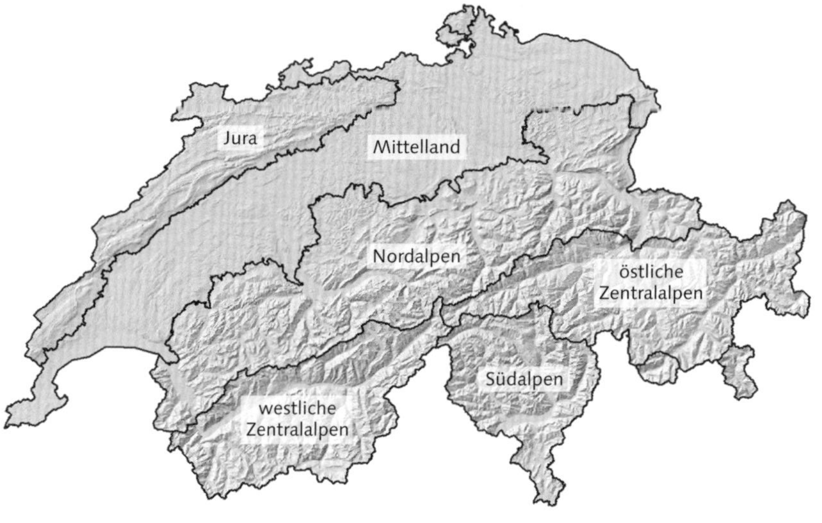

Abb. 103: Biogeographische Regionen der Schweiz.
(Stefan Eggenberg, Info Flora, BAFU)

Landschaften sind gegliedert in unterschiedliche, strukturell charakterisierbare Regionen, in denen typische und z.T. ausschliesslich dort vorkommende Organismen leben. Diese sogenannten **Lebensräume** können physiognomisch beschrieben (Gesamtbild, Vegetationsstruktur, Farben etc.) und durch ökologische Angaben (wichtige Standortbedingungen wie Bodentyp, Dynamik, Mikroklima etc.) charakterisiert werden. Die Angabe von Charakter- und Kennarten (dominante und/oder für diesen Lebensraum charakteristische, d.h. hauptsächlich oder ausschliesslich hier vorkommende Arten) erlaubt einen Vergleich mit den Pflanzengesellschaften der Pflanzensoziologie.

Strukturell verwandte Lebensräume (sog. Lebensraumtypen) werden in einer Lebensraumkategorie (auch Lebensraumgruppe genannt), ähnliche Lebensraumkategorien in einen Lebensraumbereich zusammengefasst. Für die Schweiz werden 9 Lebensraumbereiche unterschieden (Delarze & Gonseth 2008):

1. Gewässer;
2. Ufer und Feuchtgebiete;
3. Gletscher, Fels, Schutt und Geröll;
4. Grünland (Naturrasen, Wiesen und Weiden);
5. Krautsäume, Hochstaudenfluren und Gebüsche;
6. Wälder;
7. Pioniervegetation gestörter Plätze (Ruderalstandorte);
8. Pflanzungen, Äcker und Kulturen;
9. Bauten und Anlagen (ohne Vegetation).

Alle Einheiten werden mit einem hierarchischen Dezimalsystem kodiert, wobei die Bereiche mit 1, die Kategorien mit 2 und die Typen mit 3 oder 4 Ziffern charakterisiert werden. Beispiel: Der Lebensraumbereich «Wälder» hat die Ziffer 6, mit der Ziffer 6.2 werden «Buchenwälder» kodiert, und der «Waldmeister-Buchenwald» trägt die Ziffer 6.2.3; mittels einer vierten Ziffer kann bei Bedarf noch weiter unterteilt werden.

5. Pflanzengesellschaften

Die Behandlung der Pflanzengesellschaften ist in diesem Buch nach Höhenregionen gegliedert. Bei deren Bezeichnung verzichten wir bewusst auf die pflanzensoziologischen Namen. Die deutschen Namen sind klar genug, deshalb ist es nicht notwendig, neben der systematischen auch noch eine pflanzensoziologische Nomenklatur zu verwenden.

Nach der Besprechung einer Pflanzengesellschaft mit ihren speziellen Eigenschaften folgt unter **TA** eine Liste **T**ypischer **A**rten. Die namengebende(n) Art (en) und die wichtigsten Arten sind **fett** gedruckt. Die Angaben basieren auf der «Flora der Schweiz» (Hess & al. 1976–1980) und dem Buch «Lebensräume der Schweiz» (Delarze & Gonseth 2008). Meistens beschränken wir uns dabei auf die in unserem Buch besprochenen Arten; in einigen Gesellschaften sind aber Arten wichtig oder auffallend, die nicht in unserem Buch behandelt werden, sie sind (in Klammern) angegeben. Wenn eine Art in einer Gesellschaft als typisch angegeben wird, heisst dies nicht, dass sie in dieser Gesellschaft immer vorkommt oder dass sie nur in dieser Gesellschaft wächst.

5.1. Tiefland (kolline und montane Stufe)

Die Vegetation im Tiefland lässt sich grob in zwei grosse Gruppen unterteilen, in die natürliche Vegetation und jene, die vom Menschen geschaffen (oder zumindest erhalten) wird.

5.1.1. Natürliche Vegetation

5.1.1.1. Wälder

Die kolline und die montane Stufe sind sich in vielen Bereichen ähnlich, deswegen werden sie hier gemeinsam behandelt. Die potentielle, natürliche Vegetation ist in beiden Höhenstufen meist ein sommergrüner Laubmischwald. Oberhalb dieser beiden Stufen kommt sommergrüner Laubmischwald nicht grossflächig vor.

Laubwälder der kollinen Stufe nördlich der Alpen

Die kolline Stufe wird durch das Vorkommen von *Quercus*-Arten definiert. Dies gilt (z.T. mit unterschiedlichen *Quercus*-Arten) für die ganze Schweiz. Nördlich der Alpen ist aber dennoch *Fagus sylvatica* vorherrschend, oft sind aber noch andere Laubbäume beigemischt. *Quercus robur* kann auf feuchteren Standorten (z.B. in Hartholzauenwäldern) wachsen als *Fagus sylvatica*. Durch die forstliche Nutzung im Mittelalter sind aus vielen Buchenwäldern Eichen-Hagebuchenwälder hervorgegangen. Die Eichen wurden als Bau- und Möbelholz sowie wegen der Eichelmast der Schweine gefördert. Um Platz zu schaffen für die Eichen und zur Gewinnung von Holz wurden die Buchen und Hagebuchen ausgeforstet, aber nur die Hagebuche verjüngt sehr schnell aus den verbleibenden Baumstrünken und kann sich somit in diesen Wäldern gut halten. In den letzten Jahrzehnten wurden vielerorts Fichtenkulturen (*Picea abies*) oder andere standortfremde (z.T. auch nicht einheimische) Baumarten angepflanzt, z.B. *Pinus nigra* (Schwarz-Föhre), *Pseudotsuga menziesii* (Douglasfichte, *Pinaceae*), *Quercus rubra* (Rot-Eiche). Natürliche

Nadelwälder sind in der kollinen Stufe nur an Spezialstandorten anzutreffen, oder sie sind angepflanzt. *Abies alba* und v.a. *Picea abies* kommen natürlicherweise in der kollinen Stufe praktisch nicht vor. Die obere Grenze der kollinen Stufe liegt nördlich der Alpen zwischen 600 und 800 m ü.M.

TA *Acer campestre*, *Acer platanoides*, ***Allium ursinum***, ***Anemone nemorosa***, ***Arum maculatum***, *Carex digitata*, *Carex sylvatica*, *Carpinus betulus*, ***Circaea lutetiana***, *Dryopteris filix-femina*, ***Fagus sylvatica***, *Fraxinus excelsior*, ***Galium odoratum***, *Hedera helix*, *Hieracium murorum*, *Ilex aquifolium*, *Lamium montanum*, *Lathyrus vernus*, *Lonicera xylosteum*, *Luzula pilosa*, ***Luzula sylvatica***, *Melampyrum pratense*, ***Mercurialis perennis***, *Paris quadrifolia*, *Polygonatum multiflorum*, *Prenanthes purpurea*, *Prunus avium*, *Prunus padus*, *Pulmonaria obscura*, ***Quercus petraea***, ***Quercus robur***, *Sanicula europaea*, *Viola reichenbachiana*

Laubwälder der kollinen Stufe in den Zentralalpen

Die kolline Stufe der Zentralalpen wird geprägt durch die Flaumeiche *(Quercus pubescens)*. Wegen der geringen Niederschläge ist die Vegetation in diesen Wäldern locker und die Bäume werden nicht gross. Diese Wälder werden deshalb forstlich kaum genutzt, liefern sie doch v.a. Brennholz. Hingegen ist der Flaumeichenwald die artenreichste Waldgesellschaft der Schweiz und somit vom Standpunkt der Biodiversität aus sehr wertvoll. Hier kommen viele wärmeliebende und lichtbedürftige sowie trockenheitstolerante Arten vor (z.B. Pflanzen aus Trocken- und Halbtrockenwiesen, Felsensteppe, Felspflanzen). Durch die intensive landwirtschaftliche Nutzung wurden allerdings solche Wälder bei uns zum grössten Teil zerstört. *Fagus sylvatica* kommt im kontinentalen Klima wegen der Fröste und der Trockenheit kaum vor. Die kolline Stufe hat in den Zentralalpen, je nach Exposition und Besonnung, ihre obere Grenze zwischen 600 und 1000 m ü.M.

TA ***Acer opalus***, *Brachypodium pinnatum*, ***Cornus mas***, *Fraxinus excelsior*, *Juniperus communis*, *Laburnum anagyroides*, *Melittis melissophyllum*, *Orchis mascula*, *Prunus mahaleb*, ***Quercus petraea***, ***Quercus pubescens***, *Rhamnus cathartica*, *Sesleria caerulea*, *Sorbus aria*, *Sorbus domestica*, *Sorbus torminalis*, *Teucrium chamaedrys*

Laubwälder der kollinen Stufe südlich der Alpen

Mischwälder mit *Quercus pubescens* sind in der Hügelstufe der Südalpen verbreitet, und auch andere Eichen (*Quercus cerris* [Cerr-Eiche], *Quercus petraea*, *Quercus robur*) kommen dort in praktisch allen Waldgesellschaften vor: Lindenmischwälder, Kastanienwälder, Buchenmischwälder und Birkenwälder. Die kolline Stufe der Südalpen ist gekennzeichnet durch einen grossen Artenreichtum an verschiedenen Laubbäumen; Besonderheiten sind *Fraxinus ornus* und *Ostrya carpinifolia*. Die obere Grenze der kollinen Stufe liegt hier zwischen 800 und 1000 m ü.M.

TA *Acer platanoides, Betula pendula, Betula pubescens, Carpinus betulus, Castanea sativa,* ***Cornus mas****, Fagus sylvatica, Fraxinus excelsior,* ***Fraxinus ornus****, Juniperus communis, Laburnum anagyroides,* ***Ostrya carpinifolia****, Prunus avium, Prunus padus, (Quercus cerris), Quercus petraea,* ***Quercus pubescens****, Quercus robur,* ***Teucrium chamaedrys****, Tilia cordata, Tilia platyphyllos*

Oberhalb der Wälder mit Eichen schliesst die montane Stufe an. Sie ist in der Schweiz in 2 verschiedenen Ausbildungen vorhanden: Im Jura, im Mittelland, in den Nord- und Südalpen wird sie oben durch die Obergrenze des Vorkommens von *Fagus sylvatica* begrenzt. In den zentralalpinen Tälern, wo *Fagus sylvatica* nicht bestandesbildend vorkommt, wird die Bergstufe durch grossflächiges Vorkommen von *Pinus sylvestris* geprägt und oft auch als eigene Stufe (Kontinentale Bergstufe) bezeichnet. In beiden Ausbildungen der montanen Stufe (und auch in der kollinen Stufe) ist *Corylus avellana* ein regelmässig auftretender Strauch; damit kann diese Art als ein verbindendes Element der beiden unterschiedlichen Ausbildungen der montanen Stufe angesehen werden.

Wälder der montanen Stufe nördlich und südlich der Alpen

Die natürliche Vegetation der montanen Stufe in Jura, Mittelland, Nord- und Südalpen besteht aus Buchenwäldern und Buchen-Nadelmischwäldern. *Abies alba* kommt v.a. in der montanen Stufe waldbildend vor. *Picea abies* ist in der oberen Bergstufe bereits sehr konkurrenzkräftig. Charakteristisch für die montane Stufe (wenn auch nicht nur hier vorkommend) sind im eher feuchten Bereich *Acer pseudoplatanus* und *Ulmus glabra* sowie im trockenen Bereich *Sorbus aria*. Die obere Grenze der montanen Stufe liegt im Jura zwischen 1300 und 1500m ü. m., in den Nordalpen zwischen 1100 und 1500 m ü.M. und in den Südalpen bei etwa 1700 m ü.M.

TA ***Abies alba****, Acer pseudoplatanus, Aconitum vulparia, Adenostyles alliariae, Adenostyles glabra, Athyrium filix-femina, Carex sylvatica, Corylus avellana, Daphne mezereum, Dryopteris filix-femina, Euphorbia amygdaloides,* ***Fagus sylvatica, Galium odoratum, Lamium montanum****, Lathyrus vernus, Lilium martagon, Lonicera alpigena, Lonicera nigra,* ***Mercurialis perennis****, Milium effusum, Oxalis acetosella, Phyteuma spicatum, Picea abies, Polygonatum verticillatum, Prenanthes purpurea, Sorbus aria, Ulmus glabra, Veronica urticifolia, Viola reichenbachiana*

Wälder der montanen Stufe in den Zentralalpen

Fagus sylvatica fehlt aus klimatischen Gründen weitgehend in den zentralalpinen Tälern. Hier bildet *Pinus sylvestris* in der montanen Stufe ausgedehnte Föhrenwälder, während sie anderswo in der kollinen und montanen Stufe auf Spezialstandorte beschränkt ist, auf denen keine anderen Bäume wachsen können. An etwas feuchteren, kühleren Orten mit tiefgründigen Böden kann *Picea abies* kleinflächig waldbildend sein. Je nach Standortverhältnissen (Exposition, geologische Unterlage) verläuft die obere Grenze der Bergstufe in den zentralalpinen Tälern zwischen 1000 und 1800 m ü. M.

TA *Antennaria dioica*, ***Arctostaphylos uva-ursi***, *Cerastium strictum*, *Corylus avellana*, ***Erica carnea***, *Hippocrepis comosa*, *Juniperus communis*, *Picea abies*, ***Pinus sylvestris***, *Polygala chamaebuxus*, *Saponaria ocymoides*, *Silene nutans*, *Teucrium chamaedrys*, *Vaccinium vitis-idaea*

Föhrenwälder nördlich und südlich der Alpen

Pinus sylvestris kommt nördlich und südlich der Alpen in der kollinen und montanen Stufe nur an Extremstandorten vor, die entweder sehr trocken oder sehr feucht und sauer sind. Unter diesen Bedingungen können Laubbäume nicht mehr wachsen. An mittleren Standorten könnte die Föhre aus physiologischen Gründen auch vorkommen, wird aber durch die konkurrenzstärkeren Laubbäume verdrängt.

TA *Aster bellidiastrum*, *Brachypodium pinnatum*, ***Calamagrostis varia***, *Cypripedium calceolus*, *Ligustrum vulgare*, *Lonicera alpigena*, ***Molinia caerulea***, *Ophrys insectifera*, ***Pinus sylvestris***, *Viburnum lantana*

5.1.1.2. Verlandung von Seen

Die Ufervegetation von Seen und Weihern wird direkt oder indirekt durch den Einfluss des See- beziehungsweise Grundwassers geprägt. Dabei spielen die jeweilige Wassertiefe sowie der Nährstoffgehalt des Wassers eine entscheidende Rolle. In einem bestimmten Distanzbereich unter oder über dem Seewasserspiegel ist die Artenzusammensetzung praktisch konstant, so dass sich mehr oder weniger klar abgegrenzte, konzentrische Vegetationsgürtel um das Gewässer herum ausbilden. Räumlich betrachtet spricht man von der Zonierung der Ufervegetation. Berücksichtigt man jedoch die zeitliche Abfolge der Vegetationsentwicklung an einem bestimmten Punkt, handelt es sich um eine Sukzession: Die Pflanzen produzieren organisches Material, das am Grund abgelagert wird und somit die Wassertiefe verringert. Da die einzelnen Gürtel an bestimmte Wassertiefen gebunden sind, wandern sie Richtung offenes Wasser. Nach einem mehr oder weniger langen Zeitraum ist der See vollständig zugewachsen und zu Festland geworden. In Verlandungsgebieten kann man vereinfacht die folgenden Zonen unterscheiden (Abb. 104):

1 Algen

2 Submerse Vegetation mit Gefässpflanzen

In Wassertiefen von etwa 3–6 m wachsen untergetaucht lebende Gefässpflanzen. Ein wichtiger Faktor ist das Licht, weshalb die Pflanzen nicht in tieferes Wasser vorstossen. Diese untergetaucht lebenden Pflanzen sind oft nicht stabil gebaut; dies haben sie auch nicht nötig, da sie vom Auftrieb des Wasser getragen werden.

TA (*Elodea canadensis*, *Hydrocharitaceae*), (Arten von *Potamogeton*, *Potamogetonaceae*)

3 Schwimmblattgesellschaften

In Wassertiefen von etwa 1.5–3 m kommen Schwimmblattgesellschaften vor. Diese werden von Pflanzen gebildet, die im Seegrund wurzeln, deren Blätter aber als Schwimmblätter auf der Wasseroberfläche liegen. Dazwischen kommen frei schwimmend Arten vor (z.B. Arten aus der Familie der *Araceae* [v.a. Unterfamilie *Lemnoideae*] oder Arten der Gattung *Utricularia*, Wasserschlauch).

TA *Lemna minor*, ***Nymphaea alba***, ***Nuphar lutea***, (*Potamogeton natans*), (*Ranunculus aquatilis*), (Arten von *Utricularia*, *Lentibulariaceae*)

4 Röhrichte

Röhrichte bestehen aus im Wasser stehenden Pflanzen, die bis in etwa 1.5 m Wassertiefe vorkommen. Es sind weit aus dem Wasser ragende, meist grasartige Pflanzen, die grosse und dichte Bestände bilden. Darin können auch ein paar auffallende Begleitarten wachsen (z.B. *Iris pseudacorus*).

TA (*Cladium mariscus*, *Cyperaceae*), *Iris pseudacorus*, ***Phragmites australis***, (Arten von *Schoenoplectus*, *Cyperaceae*), ***Typha latifolia***

5 Grosseggenried

Grosseggenriede können zu den Röhrichten gezählt werden, denn die Pflanzen stehen meist auch im Wasser und ragen weit über die Wasseroberfläche hinaus. Hier wachsen wie im Röhricht v.a. grosse Pflanzen, wobei insbesondere *Carex elata* (Hohe Segge) eindrückliche, riesige Horste bilden kann (Durchmesser bis 1 m!). Ohne menschlichen Einfluss wird das Grosseggenried verbuschen und in einen Moorwald übergehen. Bei genügend fortgeschrittener Verlandung wandelt sich dieser dann in einen Laubmischwald (siehe oben).

TA mehrere meist grosswüchsige *Carex*-Arten, z.B. ***Carex elata***, (*Carex paniculata*), (*Carex rostrata*)

6 Kleinseggenried

Ein an das Grosseggenried anschliessendes Kleinseggenried (Flachmoor) entsteht natürlicherweise nur unter stark sauren Verhältnissen. Dies ist in unseren Seen mit der starken ökologischen Belastung selten der Fall. Kleinseggenriede ausserhalb dieser stark sauren Bereiche werden durch die Bewirtschaftung des Menschen (Nutzung als Streuwiesen) geschaffen und erhalten. Die Flachmoore enthalten eher kleinwüchsige Arten, die hier in wechselnder Zusammensetzung (z.B. je nach pH-Wert des Bodens) vorkommen. Die Flachmoore mit tiefem pH-Wert (=im sauren Bereich) sind eher artenarm, jene im basischen Bereich hingegen sind artenreich.

TA *Allium schoenoprasum*, ***Carex davalliana***, *Carex echinata*, *Carex flava*, ***Carex nigra***, *Carex panicea*, *Eriophorum angustifolium*, *Eriophorum latifolium*, *Juncus alpinoarticulatus*, *Juncus effusus*, *Juncus inflexus*, *Parnassia palustris*, *Pinguicula vulgaris*, *Potentilla erecta*,

Primula farinosa, Rhinanthus minor, (Schoenus ferrugineus), Schoenus nigricans, Tofieldia calyculata, ***Trichophorum caespitosum***

7 Verbuschung

Das Grosseggenried oder nicht mehr bewirtschaftete Flachmoore verbuschen. Diese Gebüsche können grosse Flächen bedecken und dann sehr auffallend sein. Wenn der Boden noch stark vernässt ist, kann sich ein Moorwald entwickeln, unter trockeneren Verhältnissen kommt ein sommergrüner Laubwald auf (i.d.R. mit viel *Fagus sylvatica*).

TA *Betula pendula, Betula pubescens, Frangula alnus, Rhamnus cathartica, (Salix cinerea)*

8 Moorwald

Im seenahen Bereich, wo der Boden noch dauernd vernässt ist und zeitweise sogar unter Wasser steht, stocken Moorwälder (auch Bruchwälder genannt). Wenn die Verhältnisse trockener werden, gehen sie schliesslich in den «normalen» Wald über (sommergrüner Laubmischwald).

TA ***Alnus glutinosa***, *Betula pubescens, Carex elata, Iris pseudacorus, (Salix cinerea)*

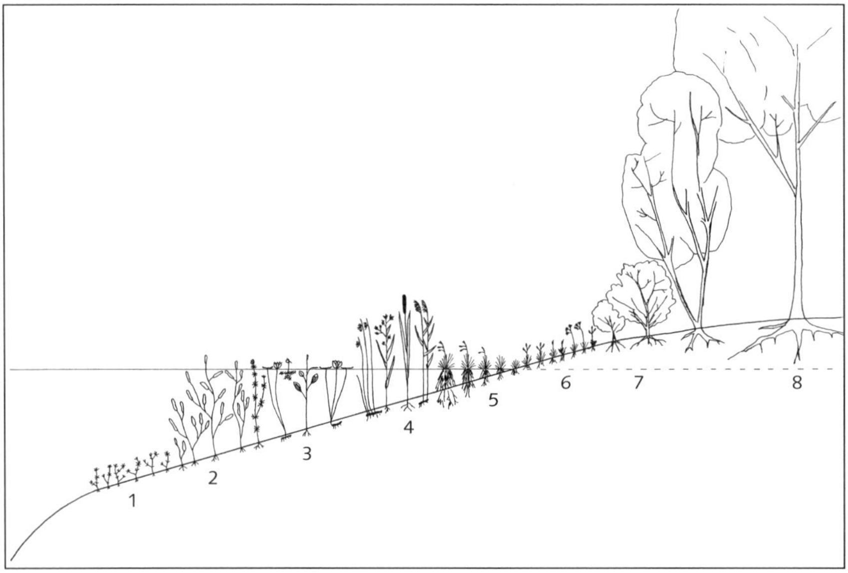

Abb. 104: Verlandungszonen (schematisch). **1**: Algen. **2**: Submerse Vegetation. **3**: Schwimmblattgesellschaft. **4**: Röhricht. **5**: Grosseggenried. **6**: Kleinseggenried. **7**: Verbuschung und Moorwald. **8**: Wald.

5.1.1.3. Hochmoore

In Gegenden mit hohen Niederschlägen und nicht zu tiefen Temperaturen (v.a. in der montanen und subalpinen Stufe ausserhalb des kontinentalen Klimas) können sich im Laufe der Zeit aus Flachmooren Hochmoore entwickeln. Durch das schnelle Mooswachstum (insbesondere von *Sphagnum*-Arten, Torfmoos) wölbt sich das Moor auf, und mit der Zeit ist die Oberfläche nicht mehr im Bereich des Grund- oder Seewassers. Die oberen Schichten (bis mehrere Meter Dicke) werden dann nur noch von Regenwasser gespiesen und sind aufgrund der Auswaschung extrem nährstoffarm und sauer. Auf dem Hochmoor entstehen erhöhte Vegetationspolster (Bülten) und regenwassergefüllte Vertiefungen (Schlenken). Bäume sind höchstens vereinzelt vorhanden (*Betula pubescens*, *Pinus uncinata*). Die Übergangszone zwischen Flachmoor und Hochmoor wird von sogenannten Zwischenmooren (Übergangsmooren) gebildet. Grosse Teile vieler Hochmoore sind in den letzten 200 Jahren zur Brennstoffgewinnung abgetorft worden. Auf den abgetorften Flächen stellt sich mit der Zeit eine Zwischenmoorvegetation ein, die ohne menschlichen Eingriff verbuscht.

TA (*Andromeda polifolia*, *Ericaceae*), *Calluna vulgaris*, *Drosera rotundifolia*, ***Eriophorum vaginatum***, ***Vaccinium myrtillus***, (*Vaccinium oxycoccos* = *Oxycoccus quadripetalus*), ***Vaccinium uliginosum***, ***Sphagnum***-Arten (Torfmoose)

5.1.1.4. Flussauen

Auen sind jene Bereiche entlang von Fliessgewässern, die periodisch oder in unregelmässigen Zeitabständen von Wasser überflutet werden. Die Dynamik des Wassers prägt die Auen in allen Belangen und bewirkt eine charakteristische und äusserst vielfältige Vegetation. Hochwasser erodieren Uferzonen und schaffen während der Überflutung für die Pflanzenwurzeln sauerstoffarme Verhältnisse; andererseits sorgen sie durch Geschiebe und Schlammfrachten für eine reiche Nährstoffversorgung. Sie hinterlassen neue Lebensräume durch Auflandung von Kiesinseln oder durch die Verlagerung des Flussbettes (Abtrennung von Altläufen). Die Aue der kollinen und montanen Stufe kann vereinfacht in die folgenden Zonen (vom Fluss her landeinwärts) gegliedert werden (Abb. 105), wobei die einzelnen Zonen wegen der Dynamik des Fliessgewässers sehr veränderlich und eng ineinander verflochten sind:

1 Vegetationsfreie Aue

Die vegetationsfreie Aue schliesst an die offene Wasserfläche an und umfasst nackte Geröll-, Kies- und Sandbänke, die nur bei niedrigstem Pegelstand nicht überflutet sind. Beim Andauern der überschwemmungsfreien Zeit stellt sich eine Pioniervegetation ein.

TA keine höheren Pflanzen

2 Gehölzfreie Aue

Oberhalb des mittleren Flusswasserstandes befindet sich die gehölzfreie Aue. Sie umfasst alle Pflanzengesellschaften, die mehr oder weniger dicht von Gräsern und Krautpflanzen bewachsen sind, aber noch keine Büsche enthalten. Dazu gehören Einjährigenfluren, Kriechrasen, Flussröhricht und Uferstauden. Paradoxerweise ist an solchen Standorten häufig die Wasserversorgung kritisch. Das offene Habitat ist sonnenexponiert und erwärmt sich stark. Zudem ist der Boden grobporig, so dass kaum Wasser im Oberboden zurückbehalten wird. Erfolgreich sind deshalb an solchen Stellen Arten, die entweder sehr schnell wachsen oder die rasch tief wurzeln können. Da in der gehölzfreien Aue auch sehr schnell Büsche (also Holzpflanzen) aufkommen, ist dieser Bereich oft nur kurzlebig.

TA *Agrostis stolonifera, Elymus repens, Polygonum persicaria*

Die beiden nächsten Zonen sind generell feucht, schattig und nährstoffreich, was sich auch daran zeigt, dass einige Nährstoffzeiger hier vorkommen. Die Bedingungen erlauben in beiden Zonen einen üppigen und dichten Pflanzenbestand mit ziemlich vielen Arten. Auffällig ist eine üppige und artenreiche Krautschicht, in der auch eingeschleppte Arten gut wachsen (z.B. *Impatiens glandulifera, Reynoutria japonica, Solidago canadensis* oder *Solidago gigantea*). Der differenzierende Faktor zwischen den beiden Zonen ist der Abstand zum Gewässer und die Häufigkeit der Überflutungsereignisse. Da die beiden Zonen nicht scharf getrennt sind und ähnliche Bedingungen aufweisen, kommen viele Arten in beiden Zonen vor. Neben typischen Arten der Auenwälder kommen zahlreiche Arten vor, die in feuchten Buchenwäldern ebenfalls gut gedeihen.

3 Weichholzaue

Im Bereich des mittleren Hochwasserstandes gedeihen überschwemmungstolerante Weichhölzer wie *Alnus glutinosa* (v.a. kollin), *Alnus incana* (v.a. montan), *Populus alba, Populus nigra* sowie mehrere busch- und baumförmige *Salix*-Arten. Der Silberweidenwald (*Salix alba*) ist für die kolline Stufe charakteristisch. Die Silberweide ist der am besten an die Dynamik der Auen angepasste Baum. Selbst bei vollständiger Überschwemmung des Auengebietes ragen die Silberweiden standhaft aus dem z.T. reissenden Fluss.

TA *Aegopodium podagraria,* ***Alnus glutinosa, Alnus incana,*** *Caltha palustris, Calystegia sepium, Chrysosplenium alternifolium, Cirsium oleraceum,* ***Equisetum hyemale,*** *Fraxinus excelsior, Hippophaë rhamnoides, Humulus lupulus, Impatiens glandulifera, Populus alba, Populus nigra, Prunus padus, Reynoutria japonica,* ***Salix alba,*** *Salix caprea, Salix purpurea, Solanum dulcamara, Solidago canadensis, Solidago gigantea, Stellaria nemorum, Ulmus glabra, Ulmus minor, Urtica dioica, Viola biflora*

4 Hartholzaue

Höher gelegene und daher nur selten überschwemmte Standorte werden von überschwemmungssensibleren Harthölzern besiedelt, die aber immer noch ein gelegentliches Überschwemmen ertragen. Hier kommen auch einige der Weichholzarten vor. Aus der Hartholzaue werden jene Arten ausgeschlossen, die den während der Überschwemmung herrschenden Sauerstoffmangel im Wurzelbereich nicht tolerieren (dies trifft insbesondere für *Fagus sylvatica* zu). Die wichtigsten Baumarten im

Hartholzauenbereich sind *Acer platanoides* (v.a. kollin), *Acer pseudoplatanus* (kollin und montan), *Fraxinus excelsior* (v.a. kollin), *Quercus robur* (kollin), *Ulmus glabra* (kollin und montan) und *Ulmus minor* (v.a. kollin). Wenn Hartholzauen wie Eschen-Ulmenwälder oder Ulmen-Eichenwälder aufgrund der heutzutage oft stark verminderten Flussdynamik nicht mehr überflutet werden, dringen auenfremde Baumarten ein (z.B. *Fagus sylvatica*). Auf ehemaligen Schotterablagerungen der Flussterrassen, die natürlicherweise über der Überschwemmungszone liegen, gedeihen Föhrenwälder. Obwohl die Föhre (*Pinus sylvestris*) ein weiches Holz besitzt, werden diese Auentrockenwälder aus ökologischen Gründen zu den Hartholzauen gezählt.

TA *Acer platanoides, Acer pseudoplatanus, Aegopodium podagraria, Alnus glutinosa, Alnus incana, Calystegia sepium, Carex pendula, Chrysosplenium alternifolium, Cirsium oleraceum, Equisetum hyemale, Ficaria verna,* ***Fraxinus excelsior****, Galium aparine, Impatiens glandulifera, Lysimachia nemorum, Pinus sylvestris, Populus alba, Prunus padus,* ***Quercus robur****, Reynoutria japonica, Solanum dulcamara, Solidago canadensis, Solidago gigantea, Stellaria nemorum, Ulmus glabra, Ulmus minor, Urtica dioica, Veronica hederifolia*

5 Wald

Ausserhalb des Auenbereiches stellt sich ein Laubmischwald ein mit *Fagus sylvatica* als Hauptbaumart.

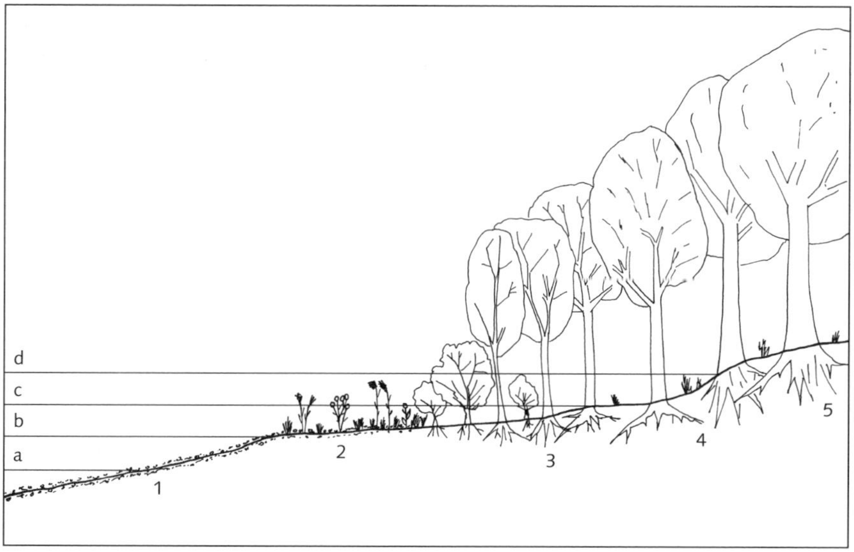

Abb. 105: Querschnitt durch die verschiedenen Zonen einer Auenvegetation (schematisch).
1: Vegetationsfreie Aue.
2: Gehölzfreie Aue.
3: Weichholzaue.
4: Hartholzaue.
5: Wald.
Wasserstand:
a: Niederwasser.
b: Mittleres Wasser.
c: Hochwasser.
d: Spitzenhochwasser.

5.1.1.5. Trockenwiesen

Trockenwiesen der Schweiz

An südexponierten Hängen und meist über Kalk (z.B. am Südfuss des Jura) befinden sich Trockenstandorte, die nicht waldfähig sind. Die potentielle, natürliche Vegetation ist hier eine Trockenwiese. Diese Trockenstandorte zeichnen sich aus durch lückigen Pflanzenbestand mit offenen Flächen, bedingt durch Wasserknappheit, Steine und Felsen. Solche Wiesen sind wenig produktiv, deshalb werden sie häufig durch Düngung und Bewässerung intensiviert und dann auch entsprechend genutzt. Viele Arten der Trockenwiesen sind in intensiv genutzten Wiesen nicht konkurrenzfähig, weshalb sie nach einer Intensivierung verschwinden. Trockenwiesen sind selten, deshalb sind auch einige typische Trockenwiesenarten selten geworden.

TA ***Anthericum liliago***, ***Artemisia campestris***, *Asperula cynanchica*, ***Bromus erectus***, *Centaurea scabiosa*, *Dianthus sylvestris*, *Helianthemum nummularium*, ***Hippocrepis comosa***, *Orobanche alba*, *Salvia pratensis*, *Sanguisorba minor*, ***Stachys recta***, ***Teucrium chamaedrys***, *Teucrium montanum*, *Thymus serpyllum*, *Trifolium montanum*

Felsensteppen der Zentralalpen

Einen Extremfall innerhalb der Trockenwiesen stellen die sogenannten **Felsensteppen** dar. Die Pflanzen an diesen Standorten stehen fast ständig unter **Wasserstress**, deshalb wächst hier nur eine **lückige und meist baumlose Vegetation**. In der Schweiz sind so extrem trockene Standorte nur unter ganz bestimmten Voraussetzungen anzutreffen, im kontinentalen Klima (wenig Niederschläge, hohe Sonneneinstrahlung) und in speziellen Lagen im Relief (Hanglage, Südexposition, felsiger Untergrund). Die Kumulation dieser Bedingungen ist bei uns nur im Wallis und im unteren Unterengadin erfüllt. Wegen der oft strukturbestimmenden Felsen sind hier auch viele Fels- und Schuttpflanzen anzutreffen.

TA (*Achillea tomentosa*), *Artemisia absinthium*, (*Artemisia vallesiaca*), (*Astragalus exscapus*, *Astragalus onobrychis*), *Brachypodium pinnatum*, ***Bromus erectus***, *Bromus tectorum*, (*Centaurea vallesiaca*), (*Ephedra helvetica*, *Ephedraceae*, *Gymnospermae*), (*Euphorbia seguieriana*), ***Festuca valesiaca***, *Juniperus sabina*, (*Onosma helvetica*, *Boraginaceae*), (*Oxytropis pilosa*), *Sedum acre*, *Sedum album*, *Sempervivum arachnoideum*, ***Stipa pennata***, *Trifolium montanum*

5.1.2. Vom Menschen geprägte Vegetation

Im Tiefland ist der Einfluss des Menschen sehr auffällig und landschaftsprägend. Der grösste Teil der ursprünglichen, natürlichen Vegetationen wurde durch den Menschen nachhaltig und drastisch verändert und zu Kulturland umgewandelt. Durch die menschliche Nutzung werden die neu geschaffenen Vegetationen permanent erhalten. Deshalb ist diesen anthropogenen Vegetationen hier ein eigenes Kapitel gewidmet.

5.1.2.1. Waldränder und Hecken

Am Übergang von waldfreier Vegetation (z.B. Wiesen, Äcker) zu geschlossenem Wald können buschreiche Waldränder wachsen. Diese Biotope bieten vielen Tieren (z.B. Vögeln, Kleinsäugern, Insekten) Versteck- und Nistmöglichkeiten sowie Nahrung (Blüten resp. Früchte) und tragen deshalb viel zum Artenreichtum in der Kulturlandschaft bei. Darüber hinaus geben gut ausgebildete Waldränder dem Wald physikalischen Schutz vor Wind. Da Winde von den Büschen über die Bäume abgeleitet werden, vermindert der Waldrand Sturmschäden. Wind hat eine austrocknende und kühlende Wirkung (Verdunstungskälte). Da buschreiche Waldränder den Windeintritt in den Wald behindern, wird das Klima im Wald dadurch ausgeglichener. Die Vegetation wird von Sträuchern geprägt, unter und zwischen denen Krautpflanzen wachsen. Je nach Ausprägung findet man eher trockenheitsliebende (z.B. *Amelanchier ovalis*, *Berberis vulgaris*, *Prunus mahaleb*) oder nährstoffzeigende Arten (z.B. *Galium aparine*, *Urtica dioica*). Neben den einheimischen Arten treten auch Neophyten auf, die stark dominieren können (z.B. *Impatiens glandulifera*, *Reynoutria japonica*, *Solidago canadensis*, *Solidago gigantea*).
Hecken und Gebüsche haben die gleiche biologische Bedeutung. Hecken sind eigentlich Waldränder ohne Wald. Sie können als Windschutz in grossflächigen Kulturlandschaften eine wichtige ökologische Funktion ausüben. Zudem vernetzen sie fragmentierte Waldareale.

TA **Sträucher**: *Acer campestre*, *Amelanchier ovalis*, *Berberis vulgaris*, *Buddleja davidii*, *Cornus sanguinea*, *Corylus avellana*, *Crataegus laevigata*, *Crataegus monogyna*, *Euonymus europaea*, *Frangula alnus*, *Ligustrum vulgare*, *Lonicera xylosteum*, *Prunus mahaleb*, *Prunus spinosa*, *Rhamnus cathartica*, *Rubus fruticosus*, *Salix caprea*, *Sambucus nigra*, *Sambucus racemosa*, *Viburnum lantana*, *Viburnum opulus*
Krautige Pflanzen: *Fragaria vesca*, *Galium aparine*, *Impatiens glandulifera*, *Potentilla sterilis*, *Reynoutria japonica*, *Solidago canadensis*, *Solidago gigantea*, *Urtica dioica*

5.1.2.2. Wiesland

Wiesland kommt meist auf waldfähigen Böden vor, wo früher natürlicherweise auch Wald wuchs. Der Wald wurde meist schon vor langer Zeit abgeholzt, um die darunter befindlichen Böden zu nutzen, denn diese sind gut entwickelt und tiefgründig. Tiefgründige Böden sind grundsätzlich günstig bezüglich Wasser- und Nährstoffspeicherung, was eine Voraussetzung für eine intensive Nutzung ist. Je nach Standort und Nutzung unterscheidet man verschiedene Wieslandtypen.

Fettwiesen

Fettwiesen sind Wiesen, die intensiv genutzt werden. Um die Produktion von pflanzlicher Biomasse ökonomisch interessant zu halten, müssen sie bei Bedarf gedüngt und bewässert werden. Fettwiesen werden je nach Intensität der Nutzung unterschiedlich oft geschnitten. Allgemein kann festgestellt werden: je häufiger eine Wiese geschnitten wird, desto weniger Arten kommen in ihr vor, da häufiger Schnitt wenige schnellwüchsige Arten überproportional begünstigt und diese deshalb dominieren können. Wir unterscheiden hier 3 verschiedene Stufen innerhalb eines Kontinuums von Fettwiesen, das alle Übergänge zulässt.

Sehr intensiv genutzte Fettwiesen

In sehr intensiv genutzten und deshalb artenarmen Wiesen (10–20 Arten) werden häufig zur Ertragssteigerung einzelne Arten eingesät, je nach Standort und Nutzung sind dies z.B. *Lolium multiflorum*, *Lolium perenne* oder *Trifolium repens*. Solche intensiv genutzten Wiesen kommen v.a. im Tiefland vor und werden bis 6mal pro Jahr gemäht. Da sie meist vor der Blüte geschnitten werden, ist eine erste Nutzung schon sehr früh im Jahr möglich. Eine solch intensive Nutzung kann nur mit dem Einsatz von regelmässiger und starker Düngung und wo nötig mit Bewässerung erreicht werden.

TA *Alopecurus pratensis*, ***Lolium multiflorum***, ***Lolium perenne***, *Poa pratensis*, *Poa trivialis*, *Ranunculus repens*, ***Taraxacum officinale***, *Trifolium repens*

Mittel intensiv genutzte Fettwiesen

Mittel intensiv genutzte Fettwiesen werden Knaulgraswiesen genannt, denn *Dactylis glomerata* (Knaulgras) ist hier eine wichtige und immer vorhandene Art. Diese Wiesen werden in tiefen Lagen 3–4mal, in höheren Lagen 2–3mal pro Jahr geschnitten, was eine regelmässige Düngung und, wo nötig, auch Bewässerung verlangt. Die Arten der sehr intensiv genutzten Fettwiesen kommen hier meistens auch vor, aber je nach Standort (insbesondere auch Höhe über Meer) und Intensität der Nutzung enthalten sie einige weitere Arten.

TA *Alopecurus pratensis*, *Anthriscus sylvestris*, ***Dactylis glomerata***, *Heracleum sphondylium*, *Ranunculus friesianus*, *Taraxacum officinale*, *Trifolium pratense*, *Trisetum flavescens*; in höheren Lagen auch *Chaerophyllum hirsutum* und *Geranium sylvaticum*

Wenig intensiv genutzte Fettwiesen

Wenig intensiv genutzte Fettwiesen werden zurückhaltend gedüngt (oft mit Hofdünger) und relativ spät im Jahr geschnitten. In tiefen Lagen werden sie 2–3mal, in höheren Lagen 1–2mal pro Jahr geschnitten. Je nach Standort (insbesondere auch Höhe über Meer) und Intensität der Nutzung enthalten sie 25–35 Arten und sind somit bunter als die intensiver genutzten Fettwiesen. Im Tiefland verbreitet sind Fromental-Wiesen, weiter oben gehen sie in Goldhafer-Wiesen über.

Fromental-Fettwiesen

TA *Achillea millefolium*, *Alopecurus pratensis*, ***Anthriscus sylvestris***, ***Arrhenatherum elatius***, *Bellis perennis*, ***Bromus hordeaceus***, *Cardamine pratensis*, *Centaurea jacea*, *Cerastium holosteoides*, *Chaerophyllum hirsutum*, *Crepis biennis*, *Dactylis glomerata*, ***Festuca pratensis***, *Festuca rubra*, *Galium album*, *Helictotrichon pubescens*, *Heracleum sphondylium*, ***Holcus lanatus***, *Knautia arvensis*, *Leucanthemum vulgare*, *Lolium multiflorum*, *Lolium perenne*, *Phleum pratense*, *Plantago lanceolata*, *Poa pratensis*, *Poa trivialis*, *Ranunculus friesianus*, ***Rumex acetosa***, *Taraxacum officinale*, *Tragopogon orientalis*, *Trifolium pratense*, *Trisetum flavescens*

Goldhafer-Wiesen

Goldhafer-Wiesen entsprechen betreffend Nutzung den Fromental-Wiesen, kommen aber in höheren Lagen vor. Die Artenzusammensetzung in den Fettwiesen wandelt sich mit zunehmender Höhe über Meer: *Arrhenatherum elatius*, *Holcus lanatus* und *Lolium perenne* werden seltener, *Lolium multiflorum* verschwindet ganz. Dafür beginnen *Trisetum flavescens* und *Festuca rubra* zu dominieren. Einige weitere typische Fettwiesenpflanzen der montanen (und auch der subalpinen) Stufe kommen dazu, die in der kollinen Stufe weniger oft oder nicht anzutreffen sind.

TA *Campanula rhomboidalis*, *Carum carvi*, *Chaerophyllum villarsii*, *Festuca pratensis*, *Festuca rubra*, ***Geranium sylvaticum***, *Leontodon hispidus*, *Leucanthemum vulgare*, ***Polygonum bistorta***, *Trifolium pratense*, ***Trisetum flavescens***, ***Trollius europaeus***

Weiden

Neben der Düngung ist die Beweidung der wichtigste Umweltfaktor intensiv genutzter Weiden. Frass und Tritt bedingen, dass keine hochwüchsigen Arten aufkommen, darum findet man in Weiden kaum *Anthriscus sylvestris* oder *Heracleum sphondylium*. Arten mit vorwiegend bodennahen Blättern resp. mit hoher Regenerationsfähigkeit oder Unempfindlichkeit gegenüber Tritt haben hier einen Vorteil. Das Vieh frisst Pflanzen mit Dornen oder Brennhaaren sowie Giftpflanzen weniger oder gar nicht. Deshalb können sich Arten mit solchen Eigenschaften in Weiden ausbreiten.

TA ***Bellis perennis***, *Carum carvi*, *Cirsium arvense*, ***Cynosurus cristatus***, *Festuca rubra*, ***Lolium perenne***, *Phleum pratense*, *Plantago major*, *Poa annua*, *Poa pratensis*, *Poa trivialis*, ***Prunella vulgaris***, *Ranunculus repens*, *Taraxacum officinale*, *Trifolium repens*, *Veronica filiformis*

Halbtrockenwiesen

Diese Wiesentypen kommen auf eher nährstoffarmen, trockenen Böden vor und werden meist nur 1mal und meist spät im Jahr gemäht. Mit 50–70 Arten können sie sehr artenreich sein. Ursprünglich waren sie an kalkhaltigen Hängen verbreitet. Durch Intensivierung der Landwirtschaft (Düngung und Bewässerung) sind sie aber selten geworden. Die Charakterart dieser Trockenwiesen ist *Bromus erectus*. Zahlreiche weitere Arten sind ebenfalls typisch für Trockenwiesen, sie sind aber z.T. nicht häufig. Auch in den Trockenwiesen ändert sich die Artenzusammensetzung je nach lokaler Verfügbarkeit von Wasser und mit zunehmender Höhe über Meer. So kann in trockenen Varianten über Kalk in der oberen montanen Stufe *Sesleria caerulea* (ein in der alpinen Stufe häufiges Gras auf kalkhaltigen Böden) bereits häufig sein.

TA *Anthyllis vulneraria, Asperula cynanchica, Brachypodium pinnatum, Briza media,* ***Bromus erectus****, Carex caryophyllea, Centaurea scabiosa, Dianthus carthusianorum, Euphorbia cyparissias, Galium verum, Gymnadenia conopsea, Helianthemum nummularium, Hieracium pilosella, Hippocrepis comosa,* ***Onobrychis viciifolia****, Origanum vulgare, Plantago media, Ranunculus bulbosus, Salvia pratensis,* ***Sanguisorba minor****, Scabiosa columbaria, Silene nutans, Stachys recta, Trifolium montanum*

Feuchtwiesen im Verlandungsgebiet

Streuwiesen sind auf zumindest zeitweise vernässte Böden beschränkt. Sie sind im Flachmoorbereich (Kleinseggenriede) von Verlandungszonen anzutreffen. Etwas weniger feucht sind **Pfeifengraswiesen** (*Molinia caerulea*), die ausgedehnte Flächen bedecken können; hier kann *Iris sibirica* in z.T. grossen Beständen vorkommen. Streu- und Pfeifengraswiesen werden wie die Trockenwiesen meist nur 1mal pro Jahr im Herbst geschnitten, das Mähgut wird als Streue verwendet. Wenn die Bewirtschaftung von solchen Feuchtwiesen intensiviert wird (Düngung und 2malige Mahd), entstehen **Sumpfdotterblumenwiesen** mit *Caltha palustris, Cirsium oleraceum* und *Polygonum bistorta*. Alle diese Wiesen haben nur dank der menschlichen Bewirtschaftung Bestand; wenn diese nicht mehr weitergeführt wird, setzt bald die Verbuschung ein.

TA ***Caltha palustris****, Carex echinata, Carex flava, Carex nigra, Carex panicea, Cirsium oleraceum, Dactylorhiza maculata, Eriophorum angustifolium, Eriophorum latifolium, Geum rivale, Iris sibirica, Juncus effusus, Juncus inflexus, Linum catharticum,* ***Molinia caerulea****,* ***Polygonum bistorta****, Potentilla erecta, Ranunculus aconitifolius, Rhinanthus minor, (Schoenus ferrugineus), Schoenus nigricans, Scirpus sylvaticus, Silene flos-cuculi, Trichophorum caespitosum, Trollius europaeus*

5.1.2.3. Ackerland

Ackerland befindet sich wie Wiesland auf waldfähigen Böden. Deshalb können Äcker durch Einsaat von Wieslandarten in Fettwiesen umgewandelt werden. Umgekehrt kann eine Fettwiese durch Pflügen als Acker genutzt werden. In den Äckern des Tieflandes werden verschiedene Getreidearten (Weizen, Gerste, Roggen, Hafer) angepflanzt. Daneben wird Mais als Futtergetreide und Raps zur Ölgewinnung kultiviert. Hackfrüchte (verschiedene Gemüse, insbesondere aber Kartoffeln und Zuckerrüben) sind von regionaler Bedeutung. In Regionen mit entsprechendem Klima werden Weinberge gepflegt. Neben den Kulturpflanzen gibt es offene Stellen, die von Unkräutern besiedelt werden. Diese Unkräuter sind oft Pionierarten (siehe «Pioniervegetationen»).

TA Kulturpflanzen: *Avena sativa*, (*Beta vulgaris*, Runkelrübe, *Amaranthaceae*), *Brassica napus*, *Hordeum vulgare*, *Secale cereale*, (*Solanum tuberosum*, Kartoffel, *Solanaceae*), *Triticum aestivum*, (*Vitis vinifera*, Weintraube, *Vitaceae*), *Zea mays*

5.1.2.4. Pioniervegetationen

Pionierstandorte sind Stellen, an denen (noch) keine Vegetation wächst, diese muss sich zuerst einstellen. Solche Standorte sind im Tiefland natürlicherweise selten. Sie entstehen durch Waldbrände, Erdrutsche oder im Auengebiet nach Hochwassern. Nach der Erstbesiedelung durch Pionierarten werden sie im Tiefland durch die Sukzession rasch verändert. Dadurch verschwinden auch die Pionierarten rasch wieder. Durch die Tätigkeiten des Menschen werden solche Pionierstandorte immer wieder neu geschaffen (z.B. Schuttplätze, Industriebrachen) oder sogar permanent erhalten (Ackerland, Weinberge, Gärten). An diesen Standorten können sich Pionierpflanzen längerfristiger halten als unter natürlichen Bedingungen.

Ackerbegleitflora

In Äckern und Weinbergen gibt es gute Bodenverhältnisse. Da die Kulturpflanzen in regelmässigen Abständen stehen, hat es dazwischen viele offene Stellen, die eigentliche Pionierstandorte sind. Hier gibt es viele 1jährige Arten. Sie können hier wegen der geringen oder sogar fehlenden Konkurrenz aufkommen und wachsen, zudem überleben sie das Pflügen als Samen. Wichtige Umweltfaktoren an diesen Standorten sind die mechanische (Pflügen) und chemische (Dünger, Herbizide, Insektizide) Belastung, die starke Sonneneinstrahlung, die oft extremen Wasser- und Nährstoffverhältnisse sowie die Bewirtschaftung (Frühjahrs- resp. Herbstkeimer). Je nach lokalen Bedingungen (Bewirtschaftung, Standort) wachsen verschiedene Kombinationen von Begleitarten.

TA *Anagallis arvensis*, ***Arabidopsis thaliana***, *Capsella bursa-pastoris*, *Cardamine hirsuta*, *Centaurea cyanus*, *Chenopodium album*, *Consolida regalis*, *Convolvulus arvensis*, *Euphorbia helioscopia*, ***Lamium purpureum***,

Matricaria chamomilla, *Myosotis arvensis*, ***Papaver rhoeas***, *Poa annua*, ***Polygonum persicaria***, ***Ranunculus repens***, *Senecio vulgaris*, *Sinapis arvensis*, *Sonchus oleraceus*, *Stellaria media*, *Thlaspi arvense*, *Valerianella locusta*, *Veronica arvensis*, *Veronica hederifolia*, *Veronica persica*, ***Viola arvensis***

Ruderalflora

Schuttstellen und Industriebrachen nennt man Ruderalstellen. Sie sind geprägt durch offene Stellen ohne gewachsenen Boden. Die hier auftretenden Pionierarten müssen auf steinigem Untergrund wachsen können. Deshalb können hier Arten der gehölzfreien Aue oder von Äckern ebenfalls vorkommen. Je nach Nährstoffgehalt und Anteil an Steinen treten Nährstoffzeiger oder Magerkeitszeiger auf. Zierpflanzen finden hier oft eine Möglichkeit zu verwildern, so z.B. *Buddleja davidii*, *Erigeron annuus*, *Robinia pseudoacacia* oder *Solidago gigantea*.

TA *Agrostis stolonifera*, *Artemisia vulgaris*, ***Bromus sterilis***, *Buddleja davidii*, *Cannabis sativa*, *Chelidonium majus*, *Chenopodium album*, *Cichorium intybus*, ***Cirsium arvense***, ***Daucus carota***, *Elymus repens*, *Equisetum arvense*, ***Erigeron annuus***, *Geranium robertianum*, *Geum urbanum*, ***Hordeum murinum***, ***Malva neglecta***, *Melilotus albus*, *Melilotus officinalis*, ***Oenothera biennis***, *Polygonum persicaria*, *Robinia pseudoacacia*, *Rubus fruticosus*, *Rumex obtusifolius*, *Silene latifolia*, *Solidago gigantea*, *Sonchus oleraceus*, *Verbena officinalis*

Trittgesellschaften

Auf Feldwegen, an Strassenrändern und auf Parkplätzen kommen Trittgesellschaften vor. Die hier wachsenden Arten müssen mechanische Belastungen (z.B. durch Tritt oder Überfahren) aushalten können. Zudem sind die Böden meist verdichtet, was problematisch für die Durchwurzelung und die Wasserspeicherung sein kann. Wenn die mechanische Belastung nicht zu intensiv ist, können auch Arten aus Ruderalstandorten hier vorkommen.

TA *Carex hirta*, ***Matricaria discoidea***, ***Plantago major***, ***Poa annua***, *Polygonum aviculare*, *Potentilla anserina*, ***Potentilla reptans***, ***Ranunculus repens***, *Spergularia rubra*

5.1.2.5. Mauern

Im Gegensatz zum Berggebiet sind im Tiefland anstehende Felsen und Felswände relativ selten. Pflanzen, die natürlicherweise in Felsspalten wachsen, haben im Tiefland in Mauerspalten ein Ersatzbiotop, das ökologisch den Felsspalten entspricht. Solche Spalten bieten den Pflanzen zwar gute Möglichkeiten der Verankerung, der Wurzelraum ist aber meist klein und die Wasser- und Nährstoffversorgung gering. Ein Beispiel von besonderer Anpassung an diesen Standort bietet *Cymbalaria muralis* (= *Linaria cymbalaria*, Zimbelkraut, *Plantaginaceae*): Nach der Blüte wachsen die Fruchtstiele weiter und suchen durch aktive Bewegungen eine benachbarte Spalte, um dort die Frucht reifen zu lassen; so kann das Zimbelkraut mit der Zeit jede Spalte einer Mauer besiedeln.

TA *Asplenium ruta-muraria*, *Asplenium trichomanes*, (*Cymbalaria muralis*), *Hedera helix*, Arten der Gattungen *Sedum* und *Sempervivum*

5.1.2.6. Kulturgesellschaften

Im Gegensatz zu den bis jetzt behandelten Gesellschaften, die von Pflanzen dominiert werden, sind die Kulturgesellschaften vom Menschen (*Homo sapiens*) geprägt. Pflanzen spielen eine untergeordnete Rolle, z.B. als Zierde in Räumen oder als Nutzpflanzen (Ernährung, Medizin, Genussmittel etc.). Die Vielfalt an Gesellschaften ist sehr gross und stetem, unvorhersehbarem Wandel unterworfen.

Hochschuldickicht

Das Hochschuldickicht ist ein stark anthropogen geprägtes Biotop. In der Schweiz gibt es viele Lokalformen, alle im städtischen Bereich. Die Begehung kann sehr mühsam sein, da immer wieder Hindernisse auftauchen (Gespräche mit Dozierenden, Leistungsnachweise, Prüfungen). Allerdings gibt es auch immer wieder erholsame Bereiche mit grossen Freiheiten. Im Hochschuldickicht wachsen viele Arten, darunter auch schützenswerte Taxa (z.B. die leicht zu verletzenden und oft etwas überheblichen Arten der Gattung *Professor* oder die liebenswerte *Studiosa amabilis*).

TA ***Administrator complicatus*** sowie die beiden Vikarianten *Administrator competentus* und *Administrator incompetentus*, *Assistentus communis*, *Collega adjutans*, *Professor extraordinarius*, *Professor ordinarius*, *Secretaria pulchra*, ***Studiosa amabilis***, ***Studiosus frenus***, *Tutoria strenua*

5.2. **Berggebiet** (subalpine und alpine Stufe)

5.2.1. **Bewaldete Region** (subalpine Stufe)

5.2.1.1. Wälder

Die subalpine Stufe reicht von der oberen Grenze der montanen Stufe bis zur Baumgrenze (Grenze des Baumwachstums). Die natürliche Vegetation dieser Stufe besteht aus Nadelwäldern.

Wälder nördlich und südlich der Alpen

Im Jura und in den Nord- und Südalpen ist die Fichte (*Picea abies*) vorherrschend. In feuchteren Gebieten der unteren subalpinen Stufe kann die Tanne (*Abies alba*) beigemischt sein. Neben den Nadelbäumen können in der subalpinen Stufe auch noch Laubbäume vorkommen, sie sind aber nicht mehr aspektbestimmend; von diesen kann einzig *Sorbus aucuparia* auch im Bereich der Waldgrenze noch kleine Bäume bilden, die anderen Laubhölzer sind dort nur als Jungpflanzen oder Sträucher anzutreffen. An Stellen mit wenig Baumkonkurrenz (verursacht z.B. durch Blitzschlag, Erdrutsch oder Absterben von Nadelbäumen) können Laubbäume mit Pioniercharakter aufkommen (*Betula pendula*, *Betula pubescens*, *Populus tremula*), die aber durch den sich wieder einstellenden Nadelwald langsam verdrängt werden. Wegen des hohen Nadelbaumanteils häuft sich in diesen Wäldern eine z.T. mächtige Rohhumusschicht aus schwer abbaubaren Nadeln an. Wegen der durch den Nadelabbau freigesetzten schwachen Säuren und der Auswaschung versauern die darunterliegenden Böden selbst über kalkhaltigem Ausgangsgestein; es bilden sich die für Nadelwälder der subalpinen Stufe typischen Podsole. Diese Wälder können einen artenreichen Unterwuchs aufweisen, in dem je nach Bedingungen (Nährstoff, Wasser, pH-Wert des Bodens) unterschiedliche Krautpflanzen und Zwergsträucher wachsen. In den äusseren Alpenketten liegt die Baumgrenze zwischen 1800 und 2100 m ü.M. Den Übergang zur alpinen Stufe bilden oft Zwergstrauchgesellschaften mit vielen *Ericaceae*.

TA ***Abies alba***, *Acer pseudoplatanus*, *Adenostyles alliariae*, *Athyrium filix-femina*, *Betula pendula*, *Betula pubescens*, *Blechnum spicant*, *Calamagrostis varia*, *Dryopteris filix-mas*, *Equisetum sylvaticum*, *Homogyne alpina*, *Lamium montanum*, *Lonicera alpigena*, *Lonicera nigra*, *Luzula sylvatica*, *Lycopodium annotinum*, *Lysimachia nemorum*, *Maianthemum bifolium*, *Melampyrum pratense*, *Melampyrum sylvaticum*, *Oxalis acetosella*, ***Picea abies***, *Populus tremula*, *Rhododendron ferrugineum*, *Sorbus aria*, *Sorbus aucuparia*, ***Vaccinium myrtillus***, *Vaccinium vitis-idaea*, *Veronica urticifolia*

Wälder der Zentralalpen

Auch in den kontinentalen Gebieten (zentralalpine Täler) ist *Picea abies* an den meisten Orten die Hauptbaumart. Die oben gemachten Ausführungen betreffend begleitende Laubbäume, Unterwuchs und Boden gelten auch für die Zentralalpen.

Fichtenwälder

Die Fichtenwälder der subalpinen Stufe in den Zentralalpen sind ähnlich wie jene der Nord- und Südalpen. Speziell ist, dass die Lärche (*Larix decidua*) als Begleitbaumart regelmässig beigemischt ist. Sie kommt ausserhalb des kontinentalen Gebietes nicht waldbildend vor. Man vermutet, dass die erhöhte Lufttrockenheit im kontinentalen Bereich Pathogene der Lärche eindämmt. *Abies alba* kommt in den Zentralalpen v.a. in den etwas feuchteren Seitentälern vor.

TA ***Abies alba***, ***Larix decidua***, ***Picea abies***

Bergföhrenwälder

Auf Kalk (v.a über dem sehr harten Dolomit) und Serpentinit entstehen Extremstandorte, die meist sehr trocken sind. Hier wachsen in der subalpinen Stufe der Zentralalpen Wälder mit *Pinus mugo* (Legföhre, auf Lawinen- und Rutschhängen) und *Pinus uncinata* (Aufrechte Bergföhre). Diese Standorte sind für *Picea abies* zu trocken. Wegen der Trockenheit wachsen auch die Bergföhren nicht dicht, was zu lockeren Wäldern führt. Ausgedehnte Bestände solcher Wälder stehen z.B. im Gebiet des Ofenpasses (Nationalpark). Da der Boden meist basisch ist, finden wir hier im Unterwuchs auch häufig basenzeigende Zwergsträucher.

TA *Arctostaphylos uva-ursi*, *Daphne striata*, ***Erica carnea***, ***Pinus mugo***, ***Pinus uncinata***, *Polygala chamaebuxus*, ***Rhododendron hirsutum***

Lärchen-Arvenwälder

Oberhalb der Fichtenwälder finden wir in den Zentralalpen Arven- (*Pinus cembra*), Lärchen- (*Larix decidua*) oder Lärchen-Arvenwälder. Diese Wälder, die 100–400 m höher steigen als die Fichte, bilden hier die Baumgrenze und werden oft auch als eigene Höhenstufe (suprasubalpine Stufe) betrachtet. Auf einem Pionierstandort beginnt die Sukzession mit der Lärche. Als Lichtbaumart braucht sie zum Keimen und Aufwachsen genügend Licht und erträgt als Jungpflanze nur wenig Konkurrenz. Mit ihren sommergrünen Nadeln trägt sie zur Bodenbildung bei. Später kann die Arve an diesem Standort aufkommen; sie braucht entwickelten Boden. Beschattung macht ihr nichts aus. Mit der Zeit wird der Wald so dicht, dass die Lärche nicht mehr verjüngen kann und langsam verschwindet. Es entsteht die potentielle, natürliche Vegetation, ein reiner Arvenwald. Im Unterwuchs findet man hier auch Sträucher, z.B. *Lonicera caerulea*. Die Lärche kann nur an offenen Stellen (Lawinenzüge, Bergrutsche, Lücken durch abgestorbene Arven) wieder in diesen Wald eindringen. Der Mensch nutzt die Arve (z.B. als Bauholz) und lichtet so diese Wälder, dadurch fördert er die Lärche. In den Zentralalpen liegt die Baumgrenze zwischen 2000 und 2500 m ü.M. Den Übergang zur alpinen Stufe bilden auch hier oft Zwergstrauchgesellschaften mit vielen *Ericaceae*.

TA *Avenella flexuosa*, *Homogyne alpina*, *Juniperus nana*, ***Larix decidua***, *Lonicera caerulea*, *Luzula sylvatica*, *Lycopodium annotinum*, *Melam-*

pyrum sylvaticum, ***Pinus cembra***, *Pulsatilla apiifolia*, ***Rhododendron ferrugineum***, *Sorbus aucuparia*, ***Vaccinium myrtillus***, ***Vaccinium uliginosum***, ***Vaccinium vitis-idaea***

5.2.1.2. Kulturland

Auch in der subalpinen Stufe hat der Mensch Wald gerodet, um Kulturland zu gewinnen. Ackerbau wird hier kaum mehr betrieben, hingegen werden Wiesen und Weiden genutzt, und nur durch die Bewirtschaftung werden diese waldfrei gehalten.

Fettwiesen

Fettwiesen werden gedüngt und nach Bedarf bewässert. Wegen der tieferen Temperaturen wachsen die Pflanzen langsamer. Fettwiesen höherer Lagen werden deshalb nur 1–2mal pro Jahr gemäht. Sie sind den Goldhafer-Wiesen der oberen montanen Stufe ähnlich, je höher sie aber gelegen sind, desto langsamer wachsen die Pflanzen und desto artenreicher (und blumiger) sind sie.

Weiden

In der oberen subalpinen Stufe kommen Milchkraut-Weiden vor. Diese für die Viehwirtschaft wertvolle Pflanzengesellschaft hat ihren Namen von einigen gelbblühenden *Cichorioideae*, die Milchsaft enthalten (deshalb Milchkräuter, z.B. *Crepis aurea* und *Leontodon hispidus*).

TA *Alchemilla vulgaris*, *Carum carvi*, *Crepis aurea*, *Leontodon hispidus*, *Ligusticum mutellina*, *Plantago alpina*, *Plantago atrata*, ***Phleum alpinum***, ***Poa alpina***, *Prunella vulgaris*, *Ranunculus montanus*, ***Trifolium badium***, *Viola calcarata*

Lägerstellen

Lägerstellen haben einen engen Zusammenhang mit Weiden. Es sind Orte, an denen sich das Vieh häufig aufhält, z.B. um Alphütten oder bei Tränken, und dort durch seine Exkremente grosse Mengen an Stickstoff in den Boden bringt. Da dort nährstoffzeigende Arten i.d.R. konkurrenzstark sind und wegen der vielen Nährstoffe sehr schnell und üppig wachsen, können sich artenarme, dichte Bestände von oft grosswüchsigen Arten bilden.

TA ***Aconitum napellus***, ***Chenopodium bonus-henricus***, *Cirsium spinosissimum*, ***Rumex alpinus***, ***Senecio alpinus***, *Urtica dioica*

5.2.1.3. Verlandung von Seen

Seen mit Verlandungszonen gibt es auch in der subalpinen Stufe. Allerdings sind hier weniger und andere Vegetationstypen an der Verlandung der Seen beteiligt.

Schwimmblattgesellschaften

Die Schwimmblattgesellschaften werden nicht mehr von *Nymphaeaceae* gebildet. Stattdessen können Arten der Gattung *Sparganium* mit ihren flutenden, grasartigen Blättern die Wasseroberfläche z.T. vollständig bedecken.
TA (Arten von *Sparganium*, *Typhaceae*)

Schnabelseggen-Ried

(Schilf-)Röhricht und Grosseggenried kommen in der subalpinen (und auch in der alpinen) Stufe nicht vor. Hier bildet *Carex rostrata* (Schnabel-Segge) das nach dieser Art benannte Schnabelseggen-Ried. Diese macht keine grossen Horste, so dass die Vegetation eher einem Röhricht gleicht.
TA (***Carex rostrata***)

Kleinseggenriede

Die an das Schnabelseggen-Ried anschliessenden Flachmoore sind in der subalpinen Stufe natürlicherweise waldfrei. Unter basischen Verhältnissen dominiert *Carex davalliana*, unter sauren Bedingungen *Carex nigra*, beide jeweils mit zahlreichen weiteren Arten der entsprechenden Feuchtstandorte im Tiefland.
TA ***Carex davalliana***, ***Carex nigra***

5.2.1.4. Gebirgsauen

Auen an Gebirgsflüssen sind durch die höhere Wassergeschwindigkeit und die grossen Schwankungen der Wassermenge einer grösseren Dynamik ausgesetzt als Auen im Tiefland. Deshalb sind die Auenzonen hier weniger ausgeprägt. Die Hartholzaue fehlt meist, hingegen ist die Weichholzaue mit ihrer grösseren Verträglichkeit bezüglich Wasserdynamik häufig deutlich zu sehen. Diese Weichholzaue ist an ruhigeren Gebirgsflüssen waldartig ausgebildet (v.a. in der unteren subalpinen Stufe mit *Alnus incana*). An wilden Gebirgsflüssen hingegen besteht sie z.T. nur aus einzelnen Büschen (meist *Salix*-Arten), da die Dynamik keine geschlossene Vegetation zulässt. Erst wenn diese Zone längere Zeit nicht gestört wird, beginnt diese Gebirgsweidenaue zu einer Vegetation zusammenzuwachsen. Vegetationsfreie und selbst Gehölz-Auen sind meist nur kurzlebig, da sie vom Wasser stark beeinflusst und oft überschwemmt werden. Im Bachschutt kann man häufig alpine Arten finden, die vom Wasser herabgeschwemmt wurden (z.B. *Arabis alpina*, *Biscutella laevigata*, *Campanula cochleariifolia*, *Gypsophila repens*, *Kernera saxatilis*, *Linaria alpina*, *Saxifraga aizoides*).
TA *Alnus incana*, ***Salix elaeagnos***, ***Salix purpurea***

5.2.1.5. Zwergstrauchgesellschaften

In der subalpinen Stufe sind Zwergstrauchgesellschaften als Unterwuchs in Wäldern häufig und ausserhalb der Wälder als flächendeckende Vegetation verbreitet. An vielen Orten bilden sie den Übergang zur alpinen Stufe. Zwergstrauchgesellschaften werden v.a. durch *Ericaceae* gebildet. Auf sauren Böden finden wir *Calluna vulgaris*, *Rhododendron ferrugineum*, *Vaccinium myrtillus*, *Vaccinium uliginosum* und *Vaccinium vitis-idaea*, auf basischen Böden wachsen *Erica carnea* und *Rhododendron hirsutum*; *Arctostaphylos uva-ursi* kann an beiden Standorten vorkommen. Ebenfalls häufige und verbreitete, aber nicht zu den *Ericaceae* gehörende Zwergsträucher sind *Juniperus nana* und *Polygala chamaebuxus*.

In der oberen subalpinen und v.a. in der unteren alpinen Stufe wachsen je nach Exposition verschiedene Zwergstrauchgesellschaften. Die Exposition hat direkten Einfluss auf die Dicke der Schneedecke (Verfrachtung durch den Wind) und auf die Zeit, während der die Pflanzen vom Schnee bedeckt sind (starke Sonneneinstrahlung an Südexposition). Da der Schnee im Winter eine isolierende Wirkung hat, schützt er die Pflanzen vor dem Erfrieren. Deswegen ist es nicht erstaunlich, dass die Höhe der Zwergstrauchgesellschaften oft mit der Dicke der Schneedecke einhergeht. Viel Schnee brauchen die relativ grossen Alpenrosen (*Rhododendron ferrugineum*, *Rhododendron hirstum*), weniger Schnee benötigen die Arten der Gattung *Vaccinium*, und mit bereits sehr wenig Schnee kommt die Krähenbeere (*Empetrum hermaphroditum*) aus. Die Alpenazalee (*Loiseleuria procumbens*) kann sogar regelmässig ohne Schneedecke den Winter überdauern.

Die Waldgrenze (Grenze des geschlossenen Baumbestandes) liegt meist 50–300 m tiefer als die Baumgrenze. Die Zone zwischen Wald- und Baumgrenze wurde oft als «Kampfzone des Waldes» bezeichnet. Diese Zone ist aber nicht natürlich, sondern auf den Einfluss des Menschen zurückzuführen (Abholzen, Waldweide). Dieser Bereich ist oft bedeckt mit vielen Zwergsträuchern.

TA *Arctostaphylos uva-ursi*, *Calluna vulgaris*, *Empetrum hermaphroditum*, *Erica carnea*, *Huperzia selago*, *Juniperus nana*, *Loiseleuria procumbens*, *Lycopodium annotinum*, *Polygala chamaebuxus*, *Rhododendron ferrugineum*, *Rhododendron hirsutum*, *Vaccinium myrtillus*, *Vaccinium uliginosum*, *Vaccinium vitis-idaea*

5.2.1.6. Hochstaudenfluren

An nährstoffreichen, feuchten bis nassen, meist schattigen Standorten gedeihen Hochstaudenfluren. In der subalpinen Stufe bilden sie häufig den Unterwuchs in lichten Wäldern (v.a. in Fichtenwäldern). Da immer genügend Nährstoffe und Wasser zur Verfügung stehen, werden die Pflanzen gross (deswegen auch Hochstauden!). Sie wachsen im Schatten, deshalb bilden Hochstaudenarten meist grossflächige Blätter aus, um das wenige

Licht auszunutzen. Verwandte, aber nicht in Hochstauden wachsende Arten zeigen häufig kleinere Blattflächen (kleinere und/oder feiner geteilte Blätter): *Achillea macrophylla* wächst in Hochstauden und hat Blätter mit grösserer Fläche als die anderen *Achillea*-Arten von besonnten Standorten; dasselbe gilt z.B. auch für *Geranium sylvaticum* und *Saxifraga rotundifolia* mit relativ grossen Blättern resp. *Geranium sanguineum* und andere Arten der Gattung *Saxifraga* mit kleinen und (bei *Geranium sanguineum*) auch mit tiefgeteilten Blättern. In Lawinenrunsen der oberen montanen und subalpinen Stufe und in besonders feuchten Hängen (oft in Nordexposition) kann *Picea abies* keinen Wald bilden. Hier tritt *Alnus viridis* (Grünerle, Alpenerle) an ihre Stelle, da sie mit ihrer Elastizität und Wuchsform auch Lawinen überleben kann und zeitweise vernässte Böden erträgt. In Hochstaudenfluren kommen neben den grossblättrigen und hochwüchsigen Pflanzen auch einige kleine Pflanzen vor, die unter den grossblättrigen eigentlichen Hochstaudenarten wachsen und besonders viel Schatten ertragen können, z.B. *Alchemilla vulgaris*, *Chrysosplenium alternifolium*, *Stellaria nemorum* und *Viola biflora*.

TA *Achillea macrophylla*, *Aconitum napellus*, *Aconitum vulparia*, ***Adenostyles alliariae***, *Alchemilla vulgaris*, *Astrantia major*, *Athyrium filix-femina*, ***Chaerophyllum hirsutum***, *Chrysosplenium alternifolium*, ***Cicerbita alpina***, *Dryopteris filix-mas*, *Equisetum sylvaticum*, ***Geranium sylvaticum***, *Heracleum sphondylium*, *Milium effusum*, ***Peucedanum ostruthium***, ***Ranunculus platanifolius***, *Saxifraga rotundifolia*, *Stellaria nemorum*, *Thalictrum aquilegiifolium*, *Valeriana officinalis*, *Veratrum album*, *Viola biflora*

5.2.2. Natürlicherweise waldfreies Berggebiet (alpine Stufe)

Die alpine Stufe ist natürlicherweise waldfrei, sie reicht von der Baumgrenze bis zur Zone, in der noch regelmässig, wenn auch zerstreut, Samenpflanzen auftreten. Im untersten Bereich sind Zwergstrauchgesellschaften häufig, darüber schliessen Rasen (=niedrigwüchsige Wiesen) an, die sich nach oben langsam in einzelne Vegetationsflecken auflösen.

5.2.2.1. Rasen

In der alpinen Stufe dominieren Rasengesellschaften, die grossflächig auftreten können. Die verschiedenen Gesellschaften sind weitgehend von der Feuchtigkeit und vom Basengehalt (pH-Wert) des Bodens abhängig. Entsprechend der kontinuierlichen Veränderung der Standortparameter (Wasser, pH-Wert des Bodens) findet man auch Bereiche, in denen die Pflanzengesellschaften ineinander übergehen. In diesen mehr oder weniger breiten (manchmal auch ganz schmalen) Bereichen kann man dann Arten nebeneinander finden, die eigentlich zu unterschiedlichen Pflanzengesellschaften gehören.

Violettschwingel-Rasen

Der Violettschwingel-Rasen (benannt nach *Festuca violacea*) steht im Ökogramm an zentraler Stelle. Dies ist Ausdruck der guten Wuchsbedingungen, denn hier ist es nicht zu nass, aber auch nicht trocken, und auch der pH-Bereich ist günstig für das Pflanzenwachstum. Der Violettschwingel-Rasen bildet eine für alpine Verhältnisse dichte und üppige Pflanzendecke. Die Artenzusammensetzung ist ähnlich wie jene der Milchkraut-Weide (siehe «Weiden» im Abschnitt «5.2.1.2 Kulturland»). Wird der Violettschwingel-Rasen oft beweidet, dann wird die Vegetation weniger hochwüchsig.

TA *Astragalus alpinus, Campanula barbata, Campanula scheuchzeri, Crepis aurea,* ***Festuca rubra****, (****Festuca violacea****), Geum montanum, Leontodon hispidus, Ligusticum mutellina, Luzula lutea,* ***Phleum alpinum****, Plantago atrata,* ***Poa alpina****, Potentilla aurea, Ranunculus montanus, Trifolium badium*

Krummseggen-Rasen

Krummseggen-Rasen sind auf trockenen Böden über saurem Untergrund vorherrschend. *Carex curvula* (Krumm-Segge) bildet dichte Horste und dominiert den Rasen. Diese Rasen haben eine gelblichbraune Farbe, die durch die abgestorbenen Spitzen der zurückgekrümmten Blätter von *Carex curvula* bewirkt wird.

TA *Androsace obtusifolius,* ***Carex curvula****, Euphrasia minima,* ***Juncus trifidus****, Leontodon helveticus, Leucanthemopsis alpina, Luzula lutea, Minuartia sedoides, (Oreochloa disticha, =Sesleria disticha, Poaceae), Phyteuma hemisphaericum, Polygonum viviparum, Potentilla aurea, Pulsatilla vernalis, Ranunculus kuepferi,* ***Senecio incanus****, Trifolium alpinum, Veronica bellidioides*

Blaugras-Rasen

Blaugras-Rasen finden wir an sonnigen Hängen mit trockenen, kalkreichen Böden, meist in Südexposition. Oft ist die Vegetation wegen ungenügender Wasserversorgung nicht geschlossen. Dies erlaubt vielen Arten, sich zu etablieren. Blaugras-Rasen sind die artenreichsten Rasen der alpinen Stufe. Die beiden wichtigsten und hier oft dominierenden Arten sind *Sesleria caerulea* (Blaugras) und *Carex sempervirens*.

TA *Acinos alpinus, Androsace chamaejasme, Aster alpinus, Biscutella laevigata, Campanula scheuchzeri,* ***Carex sempervirens****, Daphne striata, Erica carnea, Gentiana clusii, Globularia nudicaulis, Helianthemum alpestre, Hieracium villosum, Leontopodium alpinum, Minuartia verna, Oxytropis jacquinii, Phyteuma orbiculare, Potentilla crantzii,* ***Sesleria caerulea****, Senecio doronicum*

Borstgras-Rasen

Diese Rasen wachsen auf sauren, mässig feuchten Böden. Namengebend ist *Nardus stricta* (Borstgras), das zähe, borstenförmige Blätter hat und sehr dichte, harte Horste bildet. Das Borstgras wird von den Kühen nicht oder nur in ganz jungem Zustand gefressen. Das Borstgras kann sich deshalb bei intensiver Beweidung auf Kosten der von den Kühen gefressenen Pflanzen ausbreiten, zudem nimmt dann auch der Anteil an Zwergsträuchern zu (*Calluna vulgaris, Vaccinium myrtillus, Vaccinium vitis-idaea*). Beide Folgen vermindern den landwirtschaftlichen Wert eines Standortes.

TA *Ajuga pyramidalis,* ***Antennaria dioica****,* ***Arnica montana****, Campanula barbata, Gentiana acaulis, Gentiana punctata,* ***Geum montanum****,* ***Leontodon helveticus****,* ***Nardus stricta****, Nigritella nigra, Phyteuma hemisphaericum, Plantago alpina, Potentilla aurea, Pulsatilla apiifolia, Pulsatilla vernalis, Ranunculus kuepferi, Trifolium alpinum*

Rostseggen-Rasen

Der Rostseggen-Rasen, benannt nach *Carex ferruginea* (Rost-Segge), gedeiht auf kalkreichen, feuchten Böden. Die Pflanzen haben genügend Wasser und Nährstoffe zur Verfügung. Diese Kombination von Standortfaktoren ist in der alpinen Stufe nicht häufig, deshalb ist der Rostseggen-Rasen auch relativ selten und meist kleinflächig. Die Vegetation ist dicht und hochwüchsig. Sie wird durch die relativ grosse *Carex ferruginea* dominiert. Früher wurden Rostseggen-Rasen in unteren Lagen als Wildheu-Mähder genutzt.

TA *(Anemone narcissiflora), Aster bellidiastrum, Astragalus alpinus, Astragalus frigidus,* ***Calamagrostis varia****, (Campanula thyrsoides),* ***Carex ferruginea****, Centaurea montana, Dianthus superbus, Globularia nudicaulis, Hedysarum hedysaroides,* ***Laserpitium latifolium****, Onobrychis montana, Pedicularis foliosa, Pulsatilla alpina, Traunsteinera globosa*

5.2.2.2. Feuchtgebiete

Braunseggen-Riede

Braunseggen-Riede sind Flachmoore. Sie kommen in Verlandungszonen und an nassen Stellen an basenarmen Standorten vor. Bestandesbildend sind hier v.a. *Carex nigra* (Braune Segge) sowie *Trichophorum caespitosum*. *Carex nigra* bildet dichte Rasen, die durch die Ausläufer dieser Art sehr stabil sind und zur Verlandung beitragen.

TA *Carex echinata*, ***Carex nigra***, *Eriophorum angustifolium*, ***Eriophorum scheuchzeri***, ***Trichophorum caespitosum***

Davallseggen-Riede

Namengebend für diese Riede ist die 2häusige Davalls Segge (*Carex davalliana*). Es sind basenreiche Flachmoore, die im Gegensatz zu den Braunseggen-Rieden, die häufig in ebenen Flächen auftreten, meist in Hanglagen unter dem Einfluss von kalkreichem Wasser wachsen. Dies kann im Extremfall auch inmitten saurer Verhältnisse vorkommen.

TA *Aster bellidiastrum*, *Bartsia alpina*, ***Carex davalliana***, *Eriophorum latifolium*, *Parnassia palustris*, *Pinguicula alpina*, *Primula farinosa*, *Tofieldia calyculata*

Quellfluren

Im Einflussbereich des Wassers von Gebirgsbächen können moosreiche Quellfluren entstehen. Sie vertreten die Auen in der alpinen Stufe. Auffallend ist ihre z.T. dunkelgrüne, leuchtende Farbe. Damit sich solche Quellfluren bilden können, muss eine regelmässige Wasserversorgung gewährleistet sein. Gleichzeitig muss der Hang stabil sein, damit die wassergesättigte Vegetation nicht abrutscht.

TA (*Arabis subcoriacea*), *Aster bellidiastrum*, (*Cardamine amara*), *Pinguicula alpina*, ***Saxifraga aizoides***, ***Saxifraga stellaris***

Unter den extremen klimatischen Bedingungen in der alpinen Stufe beeinflussen neben Wasser und pH-Wert auch Relief und Bodenstruktur die Vegetation entscheidend. Dabei lässt sich der Einfluss der Standortfaktoren v.a. an Extremstandorten eindrücklich beobachten. Die folgenden Pflanzengesellschaften sind in der alpinen Stufe weitverbreitet und häufig, manchmal sind sie aber auch nur ganz kleinräumig anzutreffen.

5.2.2.3. Kuppen und Grate

Auf windgefegten Kuppen und Graten herrschen sehr extreme Bedingungen. Der Boden ist flachgründig, es können nur wenig Wasser und Nährstoffe gespeichert werden. Wasser und darin gelöst auch Kalk und Nährstoffe fliessen aus den Kuppen weg. Durch den starken Windeinfluss sind diese Standorte besonders trocken (erhöhte Verdunstung) und kalt (kalte Luft, Verdunstungskälte). Da der Wind zudem den Schnee verbläst, ist die Schneebedeckung kurz und die isolierende Wirkung des Schnees im Winter oft nicht vorhanden. Kuppenlagen sind deshalb trockener, saurer und nährstoffärmer als tieferliegende, benachbarte Flächen.

Alpenazaleen-Bestände
Auf sauren Böden wächst *Loiseleuria procumbens* (Alpenazalee) oft in Reinbeständen. In diesen Teppichen von *Loiseleuria procumbens* kommen meist zahlreiche Flechten vor (z.B. *Cetraria islandica* [Isländisch Moos] und *Cladonia rangiferina* [Rentierflechte]). *Loiseleuria procumbens* wie auch *Cladonia rangiferina* sind mässige Säurezeiger mit der Reaktionszahl 2. Die Alpenazalee liegt als Spalierstrauch der Bodenoberfläche an und bildet einen dichten Teppich. Ihre Blätter sind immergrün und lederig und haben einen nach unten umgebogenen Blattrand. Mit diesen Merkmalen ist sie besonders gut angepasst an die extremen Bedingungen ihres Standortes. Die Alpenazaleen-Bestände kommen nur in der unteren alpinen Stufe vor, weiter oben wachsen an diesem Standort Krummseggen-Rasen.

TA (*Cetraria islandica*), (*Cladonia rangiferina*), *Empetrum hermaphroditum*, ***Loiseleuria procumbens***, *Vaccinium uliginosum*

Polsterseggen-Rasen
Auf hartem Kalkstein gibt es in Kuppenlagen oft nur sehr wenig Boden, so dass die Pflanzen besonders extreme Bedingungen vorfinden. Es hat permanent sehr wenig Wasser und Nährstoffe. Hier finden wir den Polsterseggen-Rasen mit *Carex firma* (Polstersegge). Die Vegetation besteht aus einzelnen, nicht zusammenhängenden Flecken, dazwischen liegt der blanke Kalkschutt.

TA *Androsace chamaejasme*, ***Carex firma***, ***Dryas octopetala***, *Gentiana clusii*, *Helianthemum alpestre*, *Ranunculus alpestris*, *Saxifraga paniculata*, *Saxifraga caesia*

Nacktried-Rasen
Auf Kuppen mit mittleren, feinerdereichen Böden wächst der Nacktried-Rasen mit *Elyna myosuroides* (Nacktried). Die Horste von *Elyna myosuroides* bilden eine gegen Austrocknung widerstandsfähige, dichte Vegetation.

TA (*Antennaria carpatica*), *Aster alpinus*, *Carex atrata*, (*Dianthus glacialis*), ***Elyna myosuroides***, *Erigeron uniflorus*, *Leontopodium alpinum*, *Lloydia serotina*, *Oxytropis campestris*

5.2.2.4. Schneetälchenfluren

Wie auf Kuppen und Graten herrschen auch in Muldenlagen extreme, aber ganz andere, ebenfalls durch das Relief stark beeinflusste Bedingungen. Wegen der Lage im Gelände sind Mulden eher windgeschützt und feucht, durch den Eintrag mit dem Wasser sind sie meist nährstoffreicher und basischer als benachbarte, höher liegende Flächen. Der von anderen Stellen (z.B. Kuppen) verblasene Schnee wird in Mulden abgelagert, dadurch ist die Schneedecke hier oft sehr dick und bleibt lange liegen. Die Pflanzengesellschaften in Mulden werden deshalb auch Schneetälchenfluren genannt. Wegen der langen Schneebedeckung ist die Vegetationszeit kurz, dies ist ein sehr wichtiger, limitierender Faktor in Mulden. Eine besonders spektakuläre Anpassung an diese speziellen Verhältnisse zeigen die *Soldanella*-Arten: Sie beginnen im Bergfrühling mit ihren immergrünen Blättern bereits unter der Schneedecke mit der Assimilation. Oft durchdringen sie mit dem Stengel die dünne Schneedecke und können so bereits vor dem Ausapern blühen.

Basenarme Schneetälchen

TA (*Alchemilla pentaphyllea*), *Arenaria biflora*, (*Cardamine alpina*), *Gnaphalium supinum*, ***Salix herbacea***, ***Sibbaldia procumbens***, *Soldanella pusilla*

Basenreiche Schneetälchen

TA (***Arabis caerulea***), *Carex parviflora*, *Ranunculus alpestris*, ***Salix reticulata***, ***Salix retusa***, *Saxifraga androsacea*, *Soldanella alpina*, (*Veronica aphylla*)

5.2.2.5. Schuttfluren

Schutthalden bestehen oft nur aus Steinen, die ziemlich klein (weit unter 1 cm; Feinschutt) oder auch sehr gross (Blockschutt mit bis zu hausgrossen Felsbrocken) sein können. Wegen der Bodenstruktur mit den vielen Ritzen und Poren sind die Bedingungen für die Pflanzen meist schwierig, denn das Wasser und mit ihm die darin gelösten Stoffe fliessen weg und Feinpartikel werden ausgeschwemmt oder zumindest in die Tiefe verlagert. In Senken und zwischen grösseren Felsen kann sich Feinerde ansammeln, so dass es dort lokal viel günstiger wird für die Pflanzen. Auf Schutthalden gedeihen je nach Gesteinsart, Korngrösse und Neigung (diese hat Einfluss auf die Beweglichkeit einer Schutthalde) verschiedene Gemeinschaften. Diese gehen oft ineinander über, deshalb unterscheiden wir die z.T. auch wenig unterschiedlichen Gesellschaften nicht, sondern fassen sie zusammen (für saure und basische Verhältnisse getrennt).

Schuttflur auf saurem Gestein

Auf saurem Schutt finden wir v.a. die Alpenmannsschild-Schuttflur mit *Androsace alpina* (Alpen-Mannsschild).

TA *Achillea moschata*, ***Androsace alpina***, *Cardamine resedifolia*, *Cerastium uniflorum*, *Doronicum clusii*, (*Eritrichium nanum*, *Boraginaceae*), (***Geum reptans***), *Minuartia sedoides*, ***Oxyria digyna***, ***Ranunculus glacialis***, *Saxifraga bryoides*, *Thlaspi corymbosum*

Schuttflur auf basischem Gestein (Kalk)

Auf neutralem oder basischem Schutt werden mehrere Gesellschaften unterschieden, die oft nach jeweiligen Charakterarten benannt werden, z.B. die Täschelkraut-Schuttflur mit *Thlaspi rotundifolium*, die Alpine Kalkschieferflur mit *Draba hoppeana* oder (eher in etwas tieferen Lagen) die Feinerdereiche Kalkschuttflur mit *Petasites paradoxus*.

TA *Achillea atrata, (Achillea nana), Adenostyles glabra, Arabis alpina, Athamanta cretensis, Biscutella laevigata, Campanula cochleariifolia,* ***Cerastium latifolium****, Draba aizoides, (****Draba hoppeana****), Doronicum grandiflorum, Gypsophila repens, (****Petasites paradoxus****), Pritzelago alpina, (****Leontodon montanus****),* ***Linaria alpina****, (Papaver aurantiacum), (Ranunculus parnassifolius), Rumex scutatus,* ***Saxifraga oppositifolia****, Senecio doronicum,* ***Thlaspi rotundifolium****, Tussilago farfara, Valeriana montana*

5.2.2.6. Felsvegetationen

In Felsspalten wachsen, wiederum in Abhängigkeit vom Gestein, verschiedene Felsgesellschaften. Felsspalten bieten den Pflanzen zwar gute Möglichkeiten der Verankerung, der Wurzelraum ist aber meist klein, und auch die Wasser- und Nährstoffversorgung ist gering. Im Vergleich zum Tiefland müssen Arten alpiner Felsen zusätzlich mit Extremtemperaturen (Höchsttemperatur im Sommer in Südexposition über 50° C, Tiefsttemperatur im Winter unter −40° C) und somit mit sehr grossen Temperaturdifferenzen (gegen 100° C!) zurechtkommen.

Felsflur an Silikatfelsen

TA *Androsace alpina,* ***Androsace vandellii****, (Artemisia umbelliformis), (****Asplenium septentrionale****), (Eritrichium nanum, Boraginaceae), Juncus trifidus, Phyteuma hemisphaericum,* ***Primula hirsuta****, Saxifraga bryoides*

Felsflur an kalkreichen Gesteinen

TA ***Androsace helvetica****, (Artemisia genipi), Asplenium ruta-muraria, Asplenium viride, Campanula cochleariifolia, Cystopteris fragilis, Draba aizoides,* ***Dryas octopetala****,* ***Globularia cordifolia****,* ***Gypsophila repens****,* ***Helianthemum alpestre****, Kernera saxatilis, Primula auricula, (Saxifraga aphylla), Saxifraga caesia, Saxifraga paniculata, Sedum atratum, Teucrium montanum*

6. Vegetationsdynamik und Sukzession

Die Besprechung wichtiger Pflanzengesellschaften der Schweiz mag den Eindruck hervorgerufen haben, dass eine Gesellschaft jeweils einen stabilen und fixierten Zustand einer Gemeinschaft von Pflanzenarten darstellt. Dies ist natürlich nicht der Fall. Die an einer bestimmten Stelle vorhandene Gesellschaft ist nicht statisch, sondern eine sich verändernde Verflechtung von Organismen im Zusammenspiel mit den jeweiligen abiotischen Faktoren. Pflanzengesellschaften unterliegen einer Entwicklung, wobei sich die verschiedenen Elemente (biotische wie auch abiotische!) gegenseitig beeinflussen. Diese **Dynamik der Vegetationsentwicklung** und das Durchlaufen von verschiedenen Entwicklungsphasen nennt man **Sukzession**.

An einem neu entstandenen, unbesiedelten Standort (z.B. Schutthalde, Ruderalstelle, Kiesbank) setzt die Sukzession (Vegetationsentwicklung) ein, bei der eine Pioniervegetation allmählich durch langsame Veränderungen in eine Schlussvegetation übergeht, die sich unter den vorhandenen Standortbedingungen nicht mehr ändert. Dies ist in Abb. 106 schematisch dargestellt. Der Vorgang gründet auf der langsamen Veränderung des Standortes durch die Vegetation. Die Pionierpflanzen (und natürlich auch die später auftretenden Pflanzen) geben durch die Wurzelatmung CO_2 in den Untergrund ab. Das gasförmige CO_2 reagiert mit Wasser, die daraus resultierende Kohlensäure bewirkt erste Verwitterungsvorgänge des Ausgangsgesteins. Die Pflanzen produzieren organisches Material, das nach dem Absterben zur Bildung von Humus beiträgt. Beide Prozesse tragen zur Bodenbildung bei. Je weiter der Boden entwickelt ist, desto dichter wird die Pflanzendecke; dies hat einen wesentlichen Einfluss auf den Standort, denn dadurch wird Wasser besser im Boden zurückgehalten. Grosse Pflanzen (und insbesondere Bäume) verändern das Lokalklima durch Beschattung und Beeinflussung der Windverhältnisse, am Standort wird es ausgeglichener und kühler. Diese

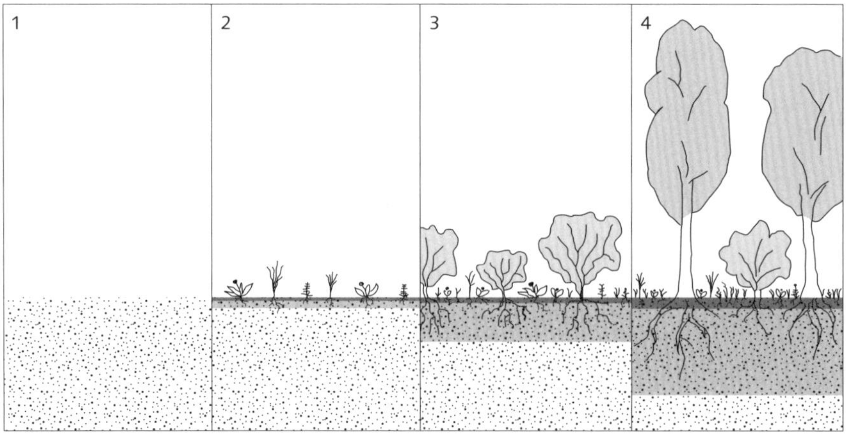

Abb. 106:
Sukzession auf einer neugeschaffenen Ruderalstelle, schematisch. Bodenbildung und Vegetationsentwicklung laufen parallel. Dies verändert den Standort.
1: Unbesiedelter Pionierstandort.
2: Erste Pflanzen bewirken erste Veränderungen im Boden.
3: Tiefgründigerer Boden ermöglicht das Aufkommen einer dichteren Vegetation mit grösseren Pflanzen.
4: Tiefgründigen Boden findet man unter der Schlussvegetation (meist Wald).
(Koni Osterwalder, verändert)

Veränderungen gehen vor sich, ohne dass sich die grossregionalen Faktoren (z.B. Klima) ändern. Die Schlussvegetation steht in einem biologischen Gleichgewicht, das durch die Standortfaktoren und die Schlussvegetation selbst bestimmt wird.
Die Schlussvegetation wird nicht immer erreicht, da an vielen Orten Einflüsse wirken, die die Sukzession stoppen oder in eine andere Richtung lenken. Meistens ist der Grund der Mensch. Als **potentielle, natürliche Vegetation** wird jene Schlussvegetation bezeichnet, die sich ohne äussere Einwirkungen an einem Standort einstellt, wenn man die Vegetation sich so lange entwickeln lässt, bis sie ein Gleichgewicht erreicht. Durch die Kenntnis der Standortfaktoren und das Verständnis für die ablaufenden Prozesse lässt sich die potentielle, natürliche Vegetation an einem Standort abschätzen.

Im Zusammenhang mit Sukzession und Dynamik von Vegetationen werden auch zwei weitere Begriffe verwendet, «Klimaxvegetation» und «Dauervegetation»:

Die **Klimaxvegetation** (zonale Vegetation) stellt sich unter den im Gebiet herrschenden grossklimatischen Verhältnissen an «normalen» Standorten ein. Die Klimaxvegetation bedeckt meist grosse Flächen.
Die **Dauervegetation** (azonale Vegetation) entsteht aufgrund eines speziellen Faktors (wie extreme Hangneigung, Vernässung, Bewirtschaftung). Dauervegetationen sind häufig kleinflächig.

Obwohl immer noch gebräuchlich, wird der Begriff der Klimaxvegetation nie der Vielfalt der Pflanzengesellschaften eines Gebietes gerecht. Der Begriff ist stark geprägt von der mittlerweile aufgegebenen Ansicht, dass alle Entwicklungen von Vegetationen letztlich zur Klimaxvegetation führen. Sinnvoll bleibt die Klimaxvegetation als verallgemeinernder Begriff beispielsweise dann, wenn es darum geht, globale Vegetationszonen zu definieren und zu vergleichen. Annäherungsweise entspricht die Klimaxvegetation dem zentralen Bereich eines entsprechenden Ökogramms der natürlichen Vegetation einer Höhenstufe und Region.
Um die Dynamik einer Sukzession zu verstehen und die potentielle, natürliche Vegetation vorherzusagen, benötigt man Kenntnisse von Klima und Boden sowie Pflanzengesellschaften und deren Standortansprüchen. Erst dann lassen sich Hypothesen aufstellen über die Entwicklung eines Standortes sowie die Auswirkungen von Veränderungen (i.d.R. menschliches Eingreifen). Solche Kenntnisse sind aber Voraussetzung für die Planung vieler Massnahmen in der Natur. So setzt z.B. eine standortgerechte Bewirtschaftung eines Waldes voraus, dass man die potentielle, natürliche Vegetation des entsprechenden Standortes mit ihren Arten kennt. Nur dann können die entsprechenden Baumarten gefördert oder erst (wieder) gepflanzt und der Wald entsprechend gepflegt werden. Für Naturschutzgebiete werden Pfle-

gepläne entworfen, die auf den Kenntnissen von Dynamik und Sukzession beruhen. Mit geeigneten Massnahmen können Entwicklungen der Sukzession beschleunigt, gestoppt oder rückgängig gemacht werden. So werden z.B. Baggerschlitze ausgehoben, um Pflanzen und Tiere von Pionierstandorten zu fördern, oder Riedwiesen werden geschnitten, um die Verbuschung und Wiederbewaldung zu verhindern.

7. Anpassungen von Pflanzen

Pflanzenarten können sich mittels Diasporen (Ausbreitungseinheiten wie Früchte, Samen usw.) ausbreiten. Einzelne Individuen von Pflanzen sind aber nicht mobil, sie sind und bleiben an ihrem Standort verwurzelt und können dort nur leben, wenn sie mit den an diesem Standort herrschenden Bedingungen auskommen. Sie stehen in direkter Abhängigkeit zu den Standortfaktoren ihrer Umwelt, die bewirken, dass nur jene Pflanzen an einem Standort wachsen können, die für diesen Standort geeignete Eigenschaften zeigen. Alle Pflanzen haben sich auf ihre Weise an ihre Standorte angepasst. Dies gilt z.B. für Arten der Buchenwälder gleichermassen wie für Schwimmblattpflanzen der Seeufer. Oft sind diese Anpassungen aber schwer zu sehen. Je extremer die Bedingungen an einem Standort sind, desto auffallender sind i.d.R. die Anpassungen. Deshalb werden im Folgenden Anpassungsleistungen von Pflanzen am Beispiel von zwei Extremstandorten erläutert.

Pflanzen der Felsensteppe

Pflanzen, die zeitweisem Wasserstress ausgesetzt sind, können die Periode mit Wassermangel in passivem Zustand überdauern (z.B. in Form von Samen, Früchten oder mit unterirdischen Organen wie Zwiebeln oder Knollen). Aktiven Pflanzen unter Wasserstress stehen drei mögliche Strategien zur Verfügung: Optimierung der Wasseraufnahme, Einschränkung der Wasserabgabe und Speicherung von Wasser für nachfolgende Trockenperioden.
Pflanzen der Felsensteppe sind angepasst an einen Standort mit grossem Wasserstress, bei ihnen kann man die oben erwähnten Strategien beobachten. Die **Wasseraufnahme** wird verbessert durch ein grosses Wurzelwerk, das sowohl eine grosse Oberfläche aufweist als auch ein grösseres Bodenvolumen erschliesst. Die Verminderung der **Wasserabgabe** über die Oberfläche der Pflanze wird durch verschiedene Anpassungen für den Verdunstungsschutz erwirkt. Dazu gehören die Reduktion der Blattfläche und die Modifikation der Blattmorphologie. Um die Blattfläche (und somit die Verdunstungsfläche) zu reduzieren, können die Pflanzen ihre Blätter speziell ausbilden, z.B. borstenförmig (*Festuca valesiaca*, *Stipa pennata*), nadelförmig (*Juniperus communis*) oder schuppenförmig (*Juniperus sabina*). Mit einer Wachsschicht überzogene Blätter geben kaum Wasser ab (Arten der Gattungen *Sedum* und *Sempervivum*). Durch Behaarung wird der Wasserverlust bei der Transpiration (Mikroklima an der Blattoberfläche) möglichst niedrig gehalten (*Artemisia absinthium*). Schliesslich können Pflanzen (sog. Sukkulenten) in speziellen Geweben von Blättern oder Sprossachsen einen **Wasserspeicher** ausbilden, um in Trockenperioden von diesem Vorrat zu zehren. Bei uns zählen die Arten der Gattungen *Sedum* und *Sempervivum* zu den Sukkulenten. Sie zeigen zudem eine **physiologische Anpassung** zur zeitlich getrennten Aufnahme von CO_2 während der Nacht und der Assimilation des CO_2 im Calvin-Zyklus am Tag. Dieser vom üblichen Assimilationsweg

abweichende Vorgang wird CAM (**C**rassulacean **A**cid **M**etabolism) genannt. Dabei nehmen die Pflanzen nachts über die Spaltöffnungen CO_2 auf und verdunsten dabei wegen der tieferen Nachttemperatur wenig Wasser. Das CO_2 wird in den Zellen als organische Säure (meist Malat) «zwischengelagert». Am Tag, wenn die Sonne scheint, wird das im Malat gebundene CO_2 in der Pflanze wieder freigesetzt und im Calvin-Zyklus verwertet, dabei bleiben die Spaltöffnungen geschlossen. Die Assimilation über den Umweg der sogenannten CO_2-Vorfixierung verbraucht wesentlich mehr Energie. Der ökologische Vorteil des CAM (Verschieben der CO_2-Aufnahme vom heissen Tag in die kühle Nacht) muss also teuer erkauft werden.

Anpassungen der Pflanzen in den Alpen

In den Alpen herrschen besondere, harte Lebensbedingungen. Um dort überhaupt überleben zu können, haben Pflanzen verschiedene Strategien entwickelt.
Obwohl die Niederschlagsmenge in der alpinen Stufe höher ist als im Tiefland, sind Alpenpflanzen einer wesentlich grösseren Austrocknungsgefahr ausgesetzt als Tieflandpflanzen (ausgenommen z.B. Pflanzen der Felsensteppe). Dies hat mehrere Gründe: Erstens ist die Luft in den Alpen wegen tiefer Lufttemperaturen und geringem Wasserdampfdruck meist trocken, zudem blasen oft starke Winde, beides bewirkt eine erhöhte Verdunstung. Zweitens ist die Bodenmächtigkeit meist gering, dort kann deshalb oft nur wenig Wasser gespeichert werden. Zudem sind die Böden auch während der Vegetationszeit über Nacht oder sogar während des Morgens oft gefroren, so dass überhaupt kein Wasser nachgeliefert werden kann. Neben der Austrocknungsgefahr sind die generell tieferen Temperaturen ein sehr wichtiger Standortfaktor in den Alpen. Einige mögliche Anpassungen der Pflanzen sind im folgenden angeführt.

Zwergwuchs

Die Windgeschwindigkeit und damit auch die Verdunstung ist direkt über dem Boden am kleinsten. Zudem ermöglicht der niedere Wuchs eine optimale Ausnützung der Bodenwärme und garantiert im Winter einen besseren Schutz durch die isolierende Schneedecke. Beispiele von Zwergwuchsformen sind:

- Polster: z.B. *Androsace helvetica*, *Carex firma*, *Minuartia sedoides*, *Silene acaulis*
- Rosetten: verschiedene Arten aus den Gattungen *Androsace*, *Gentiana*, *Saxifraga*
- Horste: z.B. *Carex curvula*, *Carex sempervirens*, *Nardus stricta*
- Spalierstrauch: Pflanze verholzt, Stengel (=Stamm) flach über der Bodenoberfläche kriechend, z.B. *Dryas octopetala*, *Loiseleuria procumbens*, *Salix reticulata*, *Salix retusa*

Behaarung

Dichte Behaarung umgibt das Blatt mit einer windstillen Luftschicht. In dieser Schicht kann die Luftfeuchtigkeit hoch sein und auch bleiben und somit die Verdunstung herabsetzen. Zudem hält die Behaarung einen Teil der schädlichen UV-Strahlen ab. Das meiste Wasser entweicht durch die Spaltöffnungen, die sich im allgemeinen auf der Blattunterseite befinden. Deshalb bleibt die Behaarung oft auf die Unterseite beschränkt. Beispiele von dichter Behaarung sind: *Antennaria dioica*, *Dryas octopetala* (Behaarung nur unterseits), *Leontopodium alpinum*, *Senecio incanus*.

Blattmorphologie

Reduktion des Wasserverlustes durch Anpassungen der Blätter bezüglich Oberfläche und Verdunstungsschutz:

- kleine Blätter: schuppenförmig z.B. *Calluna vulgaris*
- Lederblätter mit dicker Cuticula: bei mehreren *Ericaceae* wie z.B. *Arctostaphylos uva-ursi*, *Vaccinium vitis-idaea*
- Rollblätter (seitliche Ränder nach unten eingerollt): z.B. *Empetrum hermaphroditum*, *Loiseleuria procumbens*
- Borstenförmige Blätter: einige *Poaceae*, z.B. *Nardus stricta*

Ausgedehntes Wurzelsystem

Je ausgedehnter das Wurzelsystem, desto besser die Wasser- und Nährstoffaufnahme. Zudem dienen die Wurzeln und unterirdischen Stengelteile auch als Reservespeicher und geben der Pflanze einen besseren Halt im Boden. Ein grosses Wurzelsystem ist besonders wichtig für Alpenpflanzen, die im beweglichen Felsschutt gedeihen, es ermöglicht eine Festigung des Standortes und, beim Überdecken der Pflanze, ein schnelles Neuaustreiben. Beispiele sind die Spalierweiden (*Salix herbacea*, *Salix reticulata*, *Salix retusa*), *Oxyria digyna*, *Ranunculus glacialis* oder *Thlaspi rotundifolium*.

Temperaturtoleranz

Alpine Pflanzen sind relativ unempfindlich gegenüber Frost und zeigen oft noch bei Temperaturen unter 0° C ein Wachstum (im Gegensatz dazu haben tropische und subtropische Pflanzen wie gewisse Melonen oder die Dattelpalme minimale Wachstumstemperaturen von 15–18° C). Extremwerte wurden für *Saxifraga oppositifolia* am Dom (höchster Berg der Mischabel-Gruppe, Kanton Wallis) auf über 4500 m gemessen, wo die mittlere Temperatur während der Wachstumsperiode +2.6° C beträgt und in jeder Nacht die Temperatur unter den Gefrierpunkt fällt (Körner 2011). Aber auch hohe Temperaturen, bewirkt durch eine intensive Einstrahlung, werden von den Alpenpflanzen meist gut vertragen.

Anpassungen an die kurze Vegetationszeit

Alpenpflanzen haben oft eine sehr kurze Vegetationsperiode (in Mulden [Schneetälchen] kaum zwei Monate). Sie sind deshalb darauf angewiesen, im Bergfrühling möglichst schnell zu wachsen und zu blühen. Die meisten

Alpenpflanzen haben überwinternde Blätter, so dass sie nach der Schneeschmelze sofort mit der Assimilation beginnen können. Für die sexuelle Fortpflanzung sind sie auf eine möglichst rasche Bestäubung durch Insekten angewiesen. Deshalb legen viele Alpenpflanzen ihre Blütenknospen bereits im Spätsommer an, so dass sie im darauffolgenden Bergfrühling sehr rasch ihre Blüten entfalten und die zur Verfügung stehende Zeit optimal nutzen können. Die Insekten werden durch grosse, farbige Blüten angelockt. Zusätzlich duften die Blüten oft stark und sind mit reichlich Nektar ausgestattet. Neben Fremdbestäubung durch Insekten kommen bei Alpenpflanzen aber auch oft Selbstbestäubung und vegetative Vermehrung vor.

8. Neophyten und invasive Arten

Die Schweizer Flora umfasst über 3000 Arten. Der grösste Teil von ihnen ist einheimisch. Gebietsfremde Arten, die vor 1492 (Entdeckung Amerikas) eingebracht wurden, nennt man **Archäophyten**; da viele von ihnen im Zuge des Ackerbaus eingeschleppt wurden, gehören viele unserer Ackerunkräuter zu dieser Gruppe. Etwa 350 Arten sind gebietsfremde Arten, die nach dem Jahre 1492 eingeführt oder eingeschleppt wurden und sich so gut etablieren konnten, dass sie sich wie einheimische Arten verhalten (z.B. *Impatiens parviflora*, *Veronica filiformis*). Diese Neuankömmlinge nennt man **Neophyten**. Etwa 10 % der Neophyten können bei uns Probleme verursachen, indem sie sich in natürlichen Pflanzengesellschaften etablieren, dort Veränderungen verursachen und sich auf Kosten einheimischer Arten ausbreiten. Sie können damit zum Rückgang der biologischen Vielfalt beitragen und werden **invasive Neophyten** genannt. Zu den invasiven Neophyten werden auch jene Arten gezählt, welche die menschliche Gesundheit beeinträchtigen oder Schäden an Bauten oder in land- und forstwirtschaftlichen Flächen verursachen. Solche Problemarten gibt es überall auf der Welt. Es werden grosse Anstrengungen unternommen, das Einbringen solcher Arten zu verhindern und bereits etablierte Arten einzudämmen oder wenn möglich auch ganz zu beseitigen (siehe z.B. Weber 2003). Die Probleme verursachenden Neueindringlinge werden im Naturschutz stark beachtet. Es sind aber nicht nur Arten aus anderen Kontinenten, die Probleme verursachen. Es gibt auch europäische Arten, die sich bei uns in den letzten Jahren stark ausgebreitet haben und in neue Pflanzengesellschaften eindringen, wo sie ebenfalls Probleme verursachen können. Diese Arten sind auch als invasiv zu bezeichnen. Dazu gehören z.B. *Lactuca serriola (Asteraceae)*, *Pteridium aquilinum* und *Phragmites australis* (siehe z.B. Güsewell 2003, Hooftman & al. 2006, Liira & al. 2010).

In der Schweiz werden verschiedene «Listen» geführt, z.B. die Rote Liste der gefährdeten Arten, die Blaue Liste der erfolgreich geförderten Rote-Liste-Arten, aber auch die Schwarze Liste der invasiven Neophyten und die Watch-Liste der potentiell invasiven Neophyten. Schwarze Liste und Watch-Liste dienen der Information und Sensibilisierung, aber auch als Grundlage zur Planung gezielter Massnahmen. Beide Listen werden periodisch überprüft und bei Bedarf angepasst.

Die **Schwarze Liste** (siehe z.B. www.infoflora.ch/de, www.cps-skew.ch) enthält jene invasiven Neophyten, die in der Schweiz erwiesenermassen Schäden verursachen. Diese Arten sind deshalb generell einzudämmen oder wenn möglich zu eliminieren. Diese Liste umfasst in der Schweiz zur Zeit (2012) 23 Arten (Tabelle 1). Für alle Arten der Schwarzen Liste gibt es Informationsblätter, die öffentlich zugänglich sind (z.B. www.infoflora.ch/de, www.cps-skew.ch).

Tabelle 1: Schwarze Liste der invasiven Neophyten der Schweiz (Stand 2012).

Wissenschaftlicher Name	Familie	Deutscher Name	Verbreitung					Auswirkungen	Herkunft
			Jura	Mittelland	Nordalpen	Zentral-alpen	Südalpen, Tessin		
Ailanthus altissima	*Simaroubaceae*	Götterbaum	x	xx	x	x	xxx	V	E-Asien
Ambrosia artemisiifolia	*Asteraceae*	Aufrechte Ambrosie	x	xx	x	x	xx	G, L	N-Amerika
Artemisia verlotiorum	*Asteraceae*	Verlot'scher Beifuss	x	xx	x	x	xxx	L, V	E-Asien
Buddleja davidii	*Scrophulariaceae*	Sommerflieder, Schmetterlingsstrauch	x	xx	xx	x	xxx	V	China
Elodea canadensis	*Hydrocharitaceae*	Gewöhnliche Wasserpest	xx	xx	x	-	xx	V	N-Amerika
Elodea nuttallii	*Hydrocharitaceae*	Nuttall's Wasserpest	-	x	-	-	x	V	N-Amerika
Heracleum mantegazzianum	*Apiaceae*	Riesen-Bärenklau	xx	xx	x	x	x	G, V	Kaukasus
Impatiens glandulifera	*Balsaminaceae*	Drüsiges Springkraut	xx	xxx	xx	x	xxx	D, V	Himalaya
Lonicera japonica	*Caprifoliaceae*	Japanisches Geissblatt	-	x	-	-	xx	V	E-Asien
*Ludwigia grandiflora**	*Onagraceae*	Grossblütiges Heusenkraut	-	x GE	-	-	-	V	S-Amerika
*Lysichiton americanus**	*Araceae*	Amerikanischer Stinktierkohl	-	x BE	-	-	-	V	N-Amerika
Polygonum polystachyum	*Polygonaceae*	Himalaya-Knöterich	x	x	-	-	x	D, V	Himalaya
Prunus laurocerasus	*Rosaceae*	Kirschlorbeer	x	xx	-	-	xx	V	W-Asien/ SE-Europa
Prunus serotina	*Rosaceae*	Herbstkirsche	-	x	-	-	xx	V	N-Amerika
*Pueraria lobata**	*Fabaceae*	Pueraria, Kudzu, Kopoubohne	-	-	-	-	X	V	E-Asien
Reynoutria japonica	*Polygonaceae*	Japanischer Stauden-Knöterich	xx	xxx	xxx	x	xxx	D, V	E-Asien
Reynoutria sachalinensis	*Polygonaceae*	Sachalin-Knöterich	-	x	?	?	x	D, V	E-Asien
Rhus typhina	*Anacardiaceae*	Essigbaum	x	x	x	?	xx	G, V	N-Amerika
Robinia pseudoacacia	*Fabaceae*	Falsche Akazie, Robinie	x	xx	xx	x	xxx	V	N-Amerika
Rubus armeniacus	*Rosaceae*	Armenische Brombeere	xx	xxx	xxx	x	xx	V	Kaukasus
Senecio inaequidens	*Asteraceae*	Schmalblättriges Greiskraut	x	xx	x	x	xx	L, V	S-Afrika
Solidago canadensis	*Asteraceae*	Kanadische Goldrute	x	xxx	xxx	x	xxx	L, V, (G)	N-Amerika
Solidago gigantea	*Asteraceae*	Spätblühende Goldrute	xxx	xxx	xxx	x	xxx	V	N-Amerika

Erklärungen:

	*	lokale bis regionale Bedeutung
Verbreitung:	xxx	sehr häufig xx häufig x eher selten
Auswirkungen:	D	Destabilisiert Boden, fördert Erosion
	G	Gesundheitsschädigend
	L	Problempflanze in landwirtschaftlichen Flächen
	V	Verdrängt einheimische Arten

Die Arten der **Watch-Liste** (siehe z.B. www.infoflora.ch/de, www.cps-skew.ch) haben ein Potential, Schäden wie die Arten der Schwarzen Liste anzurichten bzw. sie verursachen in anderen Ländern bereits solche Schäden. Die Verbreitung und Auswirkungen dieser Arten sind zu beobachten, damit bei Bedarf möglichst rasch Massnahmen ergriffen werden können. Die Watch-Liste umfasst derzeit (2012) in der Schweiz die folgenden 21 Arten: *Amorpha fruticosa*, *Asclepias syriaca*, *Bassia scoparia*, *Bunias orientalis*, *Cornus sericea*, *Cyperus esculentus*, *Erigeron annuus*, *Glyceria striata*, *Helianthus tuberosus*, *Impatiens balfourii*, *Lonicera henryi*, *Lupinus polyphyllus*, *Mahonia aquifolium*, *Parthenocissus inserta*, *Paulownia tomentosa*, *Phytolacca americana*, *Phytolacca esculenta*, *Sedum spurium*, *Senecio rupestris*, *Trachycarpus fortunei* und *Viburnum rhythidiophyllum*. Auch für die meisten Arten der Watch-Liste gibt es Informationsblätter, die öffentlich zugänglich sind (z.B. www.infoflora.ch/de, www.cps-skew.ch).

Persönliche Anmerkung

Diese oben angeführten Klassierungen und besonders die Beurteilung als «**invasive** Neophyten» basieren auf der Sicht des Menschen. Die Veränderung von etablierten Vegetationen (z.B. durch Verdrängung von Arten) ist ein normaler evolutiver Vorgang. Solche Veränderungen finden nicht nur seit Millionen von Jahren statt, sie sind auch Voraussetzung für das Entstehen neuer Arten. Nur weil es uns Menschen in gewissen Bereichen selbst direkt betrifft (z.B. Bautätigkeiten oder Pflanzen und Ernten von Nahrungspflanzen), werden diese Veränderungen (aus unserer Sicht) zu einem Störfaktor. Dabei ist *Homo sapiens* die einzige wirklich invasive, aggressive und zerstörerische Art auf der Welt. Ein wichtiger Grund dafür ist die Dominanz, die diese Art auf unserem Planeten erreicht hat. Dies wurde möglich, weil *Homo sapiens* durch seine intellektuellen Fähigkeiten wesentliche natürliche Selektionsfaktoren ausgeschaltet hat. Er konnte damit der Evolution in gewissen Bereichen ein Schnippchen schlagen. Durch das medizinische Wissen können zum Beispiel viele Krankheiten und Altersgebrechen vermindert oder sogar eliminiert werden. Durch die erheblich ausgedehnte Produktion von Nahrungsmitteln können viel mehr Menschen ernährt werden. Durch die fortgeschrittene technische Entwicklung (z.B. Transport) können die Menschen auch weit weg vom Produktionsort leben. Die Möglichkeiten der Mobilität (Distanz, Geschwindigkeit, Häufigkeit) haben enorm zugenommen. Menschen reisen nicht nur, sie transportieren auch viele andere Organismen sehr rasch und über weite Strecken. Einige der von uns verbreiteten Organismen stören als invasive Neophyten. Unter Berücksichtigung der Entwicklung der letzten Jahrzehnte (Bevölkerungswachstum, Ressourcenverbrauch, Zerstörung der Lebensgrundlagen etc.) ist anzunehmen, dass über kurz oder lang (wohl eher kurz) die Ära von *Homo sapiens* zu Ende gehen wird. Im für den Menschen besten Fall wird die Bedeutung dieser unserer Art nur stark vermindert. Der Grund dafür ist selbstgemacht, die Menschen gehen mit der

Erde nicht haushälterisch und schonend um. Das Ende der Ära von *Homo sapiens* heisst selbstverständlich nicht, dass das Leben auf der Erde erlischt. Wenn aber *Homo sapiens* ausstirbt, ist dies eine Chance für eine Weiterentwicklung (Fortgang der Evolution). Dies wird wohl vielen Arten das Überleben ermöglichen und zukünftigen Arten eine Nische bieten.

Quellen und Literatur

Nachweis der einzelnen Abbildungen

Binz & Heitz (1990)

Abb. 23 von S. 40, Abb. 26 von S. 43

Castroviejo, Lainz, Lopez Gonzalez, Montserrat, Munoz Garmendia, Paiva & Villar (1986)

Abb. 22C von S. 192

Dahlgren (1987)

Abb. 6B+C von S. 82, Abb. 6D von S. 85, Abb. 12 von S. 100

Frohne & Jensen (1998)

Abb. 5 von S. 69 (W. Nultsch), Abb. 8A von S. 80 (L. Kny), Abb. 36B von S. 299 (O. Rohweder & P. K. Endress), Abb. 41A von S. 328 (Hoffmann), Abb. 41B+C von S. 328 (Walter), Abb. 44A von S. 328 (G. Hegi), Abb. 46A+B von S. 330 (H. Schenck), Abb. 47 von S. 329, Abb. 62A von S. 176 (A. W. Eichler), Abb. 62B von S. 178 (F. Firbas), Abb. 77D+E von S. 232 (A. Weber)

Hess (1976)

Abb. 7 von S. 3, Abb. 8B+C von S. 3, Abb. 17 von S. 31, Abb. 19A von S. 35, Abb. 31D von S. 31, Abb. 33 von S. 53, Abb. 43A von S. 75, Abb. 46C von S. 75, Abb. 57B von S. 115, Abb. 59 von S. 119, Abb. 63A von S. 155, Abb. 69C von S. 137, Abb. 90B+C von S. 271, Abb. 91D von S. 277, Abb. 96C von S. 263

Hess (1983)

Abb. 90A von S. 56

Hess, Landolt & Hirzel (Bd. 1, 1976)

Abb. 9A von S. 159, Abb. 10 von S. 143, Abb. 13A von S. 137, Abb. 13C+D von S. 132, Abb. 13B von S. 135, Abb. 14C von S. 121, Abb. 18 von S. 177, Abb. 20A von S. 167, Abb. 20C von S. 175, Abb. 21 von S. 166, Abb. 29A von S. 196, Abb. 31A von S. 197, Abb. 31C von S. 674, Abb. 36A von S. 492, Abb. 37 von S. 530, Abb. 38A+B von S. 634, Abb. 38C+D von S. 602, Abb. 38F von S. 618, Abb. 38G von S. 596, Abb. 38E von S. 621, Abb. 39A von S. 586, Abb. 39B von S. 588, Abb. 39C von S. 560, Abb. 39D von S. 583, Abb. 40 von S. 534, Abb. 43B von S. 432, Abb. 43C von S. 445, Abb. 43D von S. 427, Abb. 43E von S. 441, Abb. 44B von S. 488, Abb. 44C von S. 465, Abb. 44D von S. 478, Abb. 45A von S. 502, Abb. 45B von S. 511, Abb. 45C von S. 519, Abb. 48A+B von S. 286, Abb. 48C von S. 366, Abb. 48D von S. 356, Abb. 48E von S. 330, Abb. 49A von S. 372, Abb. 49B von S. 279, Abb. 50A+B von S. 269, Abb. 50C von S. 294, Abb. 50D von S. 281, Abb. 55A von S. 778, Abb. 55B von S. 798, Abb. 55C von S. 802, Abb. 57A von S. 730, Abb. 60A+B von S. 650, Abb. 60C+D von S. 658, Abb. 60E+F von S. 657, Abb. 60G von S. 674, Abb. 64A von S. 694, Abb. 64B von S. 689, Abb. 64C von S. 681, Abb. 64D von S. 687, Abb. 64E von S. 680, Abb. 65 von S. 678, Abb. 66 von S. 705, Abb. 70 von S. 699

Hess, Landolt & Hirzel (Bd. 2, 1977)

Abb. 29B von S. 93, Abb. 29E von S. 587, Abb. 31B von S. 892, Abb. 32D von S. 226, Abb. 51 von S. 116, Abb. 52A von S. 36, Abb. 52B von S. 25, Abb. 52C von S. 29, Abb. 52D von S. 32, Abb. 53A von S. 76, Abb. 53B von S. 90, Abb. 53C+D von S. 73, Abb. 54A von S. 49, Abb. 54B von S. 53, Abb. 56 von S. 251, Abb. 58A von S. 270, Abb. 58B von S. 256,

Abb. 58C von S. 281, Abb. 58D von S. 283, Abb. 58E von S. 279, Abb. 58F von S. 293, Abb. 61A von S. 734, Abb. 61B von S. 747, Abb. 63B von S. 532, Abb. 63C von S. 555, Abb. 63D von S. 549, Abb. 63E von S. 587, Abb. 63F von S. 575, Abb. 69A von S. 405, Abb. 69B von S. 400, Abb. 69D von S. 457, Abb. 69E von S. 462, Abb. 71A von S. 631, Abb. 71B von S. 621, Abb. 71C von S. 617, Abb. 72 von S. 770, Abb. 73A von S. 159, Abb. 73B von S. 229, Abb. 73C von S. 199, Abb. 74A–C von S.149, Abb. 74D von S. 152, Abb. 74E von S. 141, Abb. 75A von S. 705, Abb. 75B von S. 701, Abb. 76A von S. 687, Abb. 76B von S. 686, Abb. 76C von S. 685, Abb. 77A von S. 900, Abb. 77B von S. 902, Abb. 77C von S. 907, Abb. 78A von S. 938, Abb. 78B von S. 931, Abb. 78C von S. 917, Abb. 78E von S. 923, Abb. 78F von S. 922, Abb. 88A von S. 851, Abb. 88B von S. 813, Abb. 88C von S. 811, Abb. 88D von S. 837, Abb. 88E+F von S. 833, Abb. 88G von S. 884, Abb. 88H von S. 799, Abb. 88I von S. 827, Abb. 88J von S. 889, Abb. 88K von S. 877, Abb. 88L von S. 797, Abb. 88M von S. 861, Abb. 88N von S. 798, Abb. 89A+B von S. 837, Abb. 89C+D von S. 884, Abb. 89E von S. 877, Abb. 89F von S. 786

Hess, Landolt & Hirzel (Bd. 3, 1980)

Abb. 29C von S. 612, Abb. 29D von S. 14, Abb. 32A von S. 394, Abb. 32B von S. 132, Abb. 32C von S. 290, Abb. 79D von S. 57, Abb. 79E von S. 77, Abb. 80A von S. 30, Abb. 80B von S. 27, Abb. 81A von S. 290, Abb. 81B von S. 300, Abb. 83A von S. 269, Abb. 83B+D von S. 275, Abb. 83C von S. 272, Abb. 83E von S. 190, Abb. 83F von S. 200, Abb. 84A von S. 223, Abb. 84B von S. 234, Abb. 85 von S. 262, Abb. 86B von S. 92, Abb. 86C von S. 95, Abb. 86D von S. 117, Abb. 86F von S. 112, Abb. 86E+H von S. 142, Abb. 86G+I von S. 125, Abb. 86K von S. 102, Abb. 87A von S. 165, Abb. 87B von S. 159, Abb. 87C von S. 45, Abb. 90D von S. 628, Abb. 90E von S. 485, Abb. 91A von S. 485, Abb. 91B von S. 556, Abb. 91C von S. 547, Abb. 92 von S. 440, Abb. 93A von S. 643, Abb. 93B von S. 666, Abb. 93C von S. 675, Abb. 93D von S. 612, Abb. 94A von S. 383, Abb. 94B von S. 390, Abb. 94C von S. 393, Abb. 94D von S. 377, Abb. 94E von S. 370, Abb. 96A von S. 317, Abb. 96B von S. 314, Abb. 96F von S. 330

Hess, Landolt, Hirzel & Baltisberger (2010)

Abb. 14A von S. 9

Nägeli (1978)

Abb. 14B von S. 25

Strasburger, Noll, Schenck & Schimper (2002)

Abb. 20B von S. 790 (G. Karsten), Abb. 67A von S. 833 (O. C. Berg & C. F. Schmidt), Abb. 67B von S. 833 (A. W. Eichler)

Strasburger, Noll, Schenck & Schimper (2008)

Abb. 6A von S. 764 (K. Mägdefrau), Abb. 6E von S. 753 (K. Mägdefrau), Abb. 11 von S. 784 (H. Schenck), Abb. 20D+E von S. 837 (O. C. Berg), Abb. 22A von S. 842 (A. W. Eichler), Abb. 22B von S. 842 (G. Karsten & W. Liebisch), Abb.24A+B von S. 805 (A. F. W. Schimper), Abb. 27A von S. 871 (A. W. Eichler), Abb. 27B von S. 818 (A. W. Eichler), Abb. 27C von S. 896 (A. W. Eichler), Abb. 27D von S. 901 (A. W. Eichler), Abb. 68 von S. 889 (F. Firbas), Abb. 79A von S. 904 (F. Firbas), Abb. 79B von S. 904 (F. Firbas), Abb. 79C von S. 904 (R. von Wettstein), Abb. 86A von S. 907 (H. Schenck), Abb. 96D von S. 914 (G. Hegi), Abb. 96E von S. 914 (F. Weberling)

Einzelne Personen

Abb. 3 von Dr. Heidemarie Halbritter, Wien; Abb. 9B von Prof. Dr. Franz Oberwinkler, Tübingen; Abb. 78D von Prof. Dr. Eckehart Jäger, Halle (Saale); Abb. 97 von Dr. Koni Osterwalder, Zürich; Abb. 103 von Stefan Eggenberg, Bern.

Eigene Abbildungen

Abb. 1, Abb. 2, Abb. 4, Abb. 15, Abb. 16, Abb. 19B, Abb. 20F, Abb. 24C, Abb. 25, Abb. 28, Abb. 30, Abb. 34, Abb. 35, Abb. 42, Abb. 82, Abb. 95, Abb. 97, Abb. 98, Abb. 99, Abb. 100, Abb. 101, Abb. 102, Abb. 103, Abb. 104, Abb. 105, Abb. 106

Literatur

APG 1998: siehe Bremer & al. 1998. (=APG I)

APG 2003: An update of the Angiosperm Phylogeny Group classification for the orders and families of flowering plants: APG II. – Botanical Journal of the Linnean Society 141: 399–436.

APG 2009: An update of the Angiopsperm Phylogeny Group classification for the orders and families of flowering plants: APG III. – Botanical Journal of the Linnean Society 161: 105–121.

Barnes J., Anderson L.A. & Phillipson J.D. 2002: Herbal Medicines – a guide for healthcare professionals. Pharmaceutical Press, London, Chicago.

Bäumler S. 2007: Heilpflanzen-Praxis heute. Elsevier Verlag, München.

Bernasconi G., Antonovics J., Biere A., Charlesworth D., Delph L.F., Filatov D., Giraud T., Hood M.E., Marais G.A.B., McCauley D., Pannell J.R., Shykoff J.A., Vyskot B., Wolfe L.M. & Widmer A. 2009: *Silene* as a model system in ecology and evolution. – Heredity 103: 5–14.

Binz A. & Heitz C. 1990: Schul- und Exkursionsflora für die Schweiz. 19., vollständig überarbeitete und erweiterte Auflage. Schwabe Verlag, Basel.

Bowe L.M., Coat G. & de Pamphilis C.W. 2000: Phylogeny of seed plants based on all three genomic compartments: extant gymnosperms are monophyletic and *Gnetales'* closest relatives are conifers. – Proceedings of the National Academy of Sciences of the United States of America 97: 4092–4097.

Bramwell D. 2002: How many plant species are there? Plant Talk, June 2002 (http://www.plant-talk/Pages/28bramw.html).

Bremer K., Chase M.W. & Stevens P.F. 1998: An ordinal classification for the families of flowering plants. – Annals of the Missouri Botanical Garden 85: 531–553 (=APG I).

Brockhaus 2006: Enzyklopädie in 30 Bänden, Bd. 4. 21., völlig neu bearbeitete Auflage. F.A.Brockhaus, Leipzig, Mannheim.

Castroviejo S., Lainz M., Lopez Gonzalez G., Montserrat P., Munoz Garmendia F., Paiva J. & Villar L.: Flora Iberica. Vol. 1. Real Jardin Botanico, Madrid.

Chase M.W. & al. (41 weitere Autoren!) 1993: Phylogenetics of seed plants: an analysis of nucleotide sequences from the plastig gene *rbcL*. – Annals of the Missouri Botanical Garden 80: 528–580.

Chase M.W. & Reveal J.L. 2009: A phylogenetic classification of the land plants to accompany APG III. – Botanical Journal of the Linnean Society 161: 122–127.

Chaw S.-M., Parkinson C.L., Cheng Y., Vincent T.M. & Palmer J.D. 2000: Seed plant phylogeny inferred from all three plant genomes: monophyly of extant gymnosperms and origin of *Gnetales* from conifers. – Proceedings of the National Academy of Sciences, USA 97: 4086–4091.

Christenhusz M.J.M., Reveal J.L., Farjon A., Gardner M.F., Mill R.R. & Chase M.W. 2011a: A new classification and linear sequence of extant gymnosperms. – Phytotaxa 19: 55–70.

Christenhusz M.J.M., Zhang X.-C. & Schneider H. 2011b: A linear sequence of extant families and genera of lycophytes and ferns. – Phytotaxa 19: 7–54.

Cronquist A. 1981: An integrated system of classification of flowering plants. Columbia University Press, New York.

Dahlgren G. 1987: Systematische Botanik. Springer-Verlag, Berlin.

Darwin C. 1859: On the origin of species by means of natural selection, or the preservation of favoured races in the struggle of life. John Murray, London.

Delarze R. & Gonseth Y. 2008: Lebensräume der Schweiz. Ökologie – Gefährdung – Kennarten. Ott Verlag, Bern.

Doyle J.A. 2012: Molecular and fossil evidence on the origin of angiosperms. – Annual Review of Earth and Planetary Sciences 40: 301–326.

Eggenberg S. & Möhl A. 2007: Flora Vegetativa. Ein Bestimmungsbuch für Pflanzen der Schweiz im blütenlosen Zustand. Haupt Verlag, Bern, Stuttgart, Wien.

Emadzade K., Lehnebach C., Lockhart P. & Hörandl E. 2010: A molecular phylogeny, morphology and classification of genera of *Ranunculeae* (*Ranunculaceae*). – Taxon 59: 809–828.

Fintelmann V. & Weiss R.F. 2009: Lehrbuch Phytotherapie. 12., überarbeitete Auflage. Hippokrates Verlag, Stuttgart.

Fischer M.A., Oswald K. & Adler W. 2008: Exkursionsflora für Österreich, Liechtenstein und Südtirol. Biologiezentrum der Oberösterreichischen Landesmuseen, Linz.

Franke W. 2007: Nutzpflanzenkunde. 7. Auflage, neu bearbeitet von Lieberei R. & Reisdorff C. Thieme Verlag, Stuttgart, New York.

Frohne D. 2002: Heilpflanzenlexikon. 7., völlig neu bearbeitete Auflage. Wissenschaftliche Verlagsgesellschaft mbH, Stuttgart.

Frohne D. & Jensen U. 1998: Systematik des Pflanzenreichs. 5., völlig neu bearbeitete Auflage. Wissenschaftliche Verlagsgesellschaft mbH, Stuttgart.

Frohne D. & Pfänder H.J. 2004: Giftpflanzen – Ein Handbuch für Apotheker, Ärzte, Toxikologen und Biologen. 5., neu bearbeitete und erweiterte Auflage. Wissenschaftliche Verlagsgesellschaft mbH, Stuttgart.

Goscinny R. & Uderzo A. 1961: Astérix le Gaulois. Dargaux Editeur, Paris, Barcelone, Bruxelles, Lausanne, Londres, Montréal, New York, Stuttgart.

Govaerts R. 2001: How many species of seed plants are there? – Taxon 50: 1085–1090.

Greenberg A.K. & Donoghue M.J. 2011: Molecular systematics and character evolution in *Caryophyllaceae*. – Taxon 60: 1637–1652.

Güsewell S. 2003: Management of *Phragmites australis* in Swiss fen meadows by mowing in early summer. – Wetlands Ecology and Management 11: 433–445.

Hänsel R. & Sticher O. 2004: Pharmakognosie, Phytopharmazie. 7., überarbeitete und aktualisierte Auflage. Springer Verlag, Berlin, Heidelberg, New York.

Hess D. 1983: Die Blüte. Struktur, Funktion, Ökologie, Evolution. 2. Auflage. Verlag Eugen Ulmer, Stuttgart.

Hess H.E. 1976: Spezielle Biologie II, Farne und Blütenpflanzen. Verlag der Fachvereine, Zürich. (vergriffen)

Hess H.E., Landolt E. & Hirzel R. 1976–1980: Flora der Schweiz und angrenzender Gebiete. Bde. 1–3. 2., durchgesehene Auflage. Birkhäuser Verlag, Basel.

Hess H.E., Landolt E., Hirzel R. & Baltisberger M. 2010: Bestimmungsschlüssel zur Flora der Schweiz und angrenzender Gebiete. 6., aktualisierte und überarbeitete Auflage. Springer Verlag, Basel.

Höltken A.M., Schröder H., Wischnewski N., Degen B., Magel E. & Fladung M. 2012: Development of DNA-based methods to identify CITES-protected timber species: a case study in the *Meliaceae* family. – Holzforschung 66: 97–104.

Homöopathisches Repetitorium, Ausgabe März 2010. Deutsche Homöopathie-Union (DHU), Karlsruhe.

Hooftman D.A.P., Oostermeijer J.G.B. & den Nijs J.C.M. 2006: Invasive behaviour of *Lactuca serriola* (*Asteraceae*) in the Netherlands: Spatial distribution and ecological amplitude. – Basic and Applied Ecology 7: 507–519.

Hörandl E., Paun O., Johansson J.T., Lehnebach C., Armstrong T., Chen L. & Lockhart P. 2005: Phylogenetic relationships and evolutionary traits in *Ranunculus* s.l. (*Ranunculaceae*) inferred from ITS sequence analysis. – Molecular Phylogenetics and Evolution 36: 305–327.

Jäger E.J., Neumann S. & Ohmann E. 2003: Botanik. 5. Auflage. Spektrum Akademischer Verlag, Heidelberg, Berlin.

Judd W.S., Campbell C.S., Kellogg E.A., Stevens P.F. & Donoghue M.J. 2008: Plant systematics. A phylogenetic approach. 3. edition. Sinauer Associates, Sunderland.
Körner C. 2011: Coldest places on earth with angiosperm plant life. – Alpine Botany 121: 11–22.
Künkele U. & Lohmeyer T.R. 2007: Heilpflanzen und Kräuter – Bestimmen, Sammeln, Anwendung und Wirkung. Parragon Books, Bath.
Landolt E. & al. (12 Mitautoren) 2010: Flora indicativa. Ökologische Zeigerwerte und biologische Kennzeichen zur Flora der Schweiz und der Alpen. 2., völlig neu bearbeitete und erweiterte Auflage. Haupt Verlag, Bern, Stuttgart, Wien.
Landolt E. 2003: Unsere Alpenflora. 7., neu bearbeitete Auflage. Verlag Schweizer Alpen-Club (SAC).
Lauber K. & Wagner G. 2007: Flora Helvetica. 4., vollständig überarbeitete Auflage. Haupt Verlag, Bern, Stuttgart, Wien.
Lauber K., Wagner G. & Gygax A. 2012: Flora Helvetica. 5., vollständig überarbeitete Auflage. Haupt Verlag, Bern, Stuttgart, Wien.
Liira J., Feldmann T., Mäemets H. & Peterson U. 2010: Two decades of macrophyte expansion on the shores of a large shallow northern temperate lake – a retrospective series of satellite images. – Aquatic Botany 93: 207–215.
Markowski M. 2007: Morphologische und morphogenetische Untersuchungen an Blüten und Blütenständen ausgewählter Vertreter der *Fagales* s.l. – Mitteilungen der Deutschen Dendrologischen Gesellschaft (MDDG) 92: 49–61.
Metzker M.L. 2010: Sequencing technologies – the next generation. – Nature Reviews Genetics 11: 31–46.
Nagalingum N.S., Marshall C.R., Quental T.B., Rai H.S., Little D.P. & Mathews S. 2011: Recent synchronous radiation of a living fossil. – Science 334: 796–799.
Nägeli H. 1978: Farne und Schachtelhalme. Verschönerungsverein Zürich.
Nandi O.I., Chase M.W. & Endress P.K. 1998: A combined cladistic analysis of angiosperms using *rbcl* and non-molecular data sets. – Annals of the Missouri Botanical Garden 85: 137–212.
Ozenda P. 1988: Die Vegetation der Alpen. Gustav Fischer Verlag, Stuttgart, New York.
Pharmacopoea Europaea – Europäische Pharmakopöe. 2011. 7. Ausgabe, Schweizer Ausgabe 7.0; pro Jahr erscheinen jeweils 3 Nachträge.
Pharmacopoea Helvetica 2012. 11. Auflage; pro Jahr erscheint jeweils 1 Nachtrag.
Pryer K.M., Schneider H., Smith A.R., Cranfill R., Wolf P.G., Hunt J.S. & Stipes S.D. 2001: Horsetails and ferns are a monophyletic group and the closest living relatives to seed plants. – Nature 409 (6820): 618–622.
Qiu Y.-L., Cho Y., Cox J.C. & Palmer J.D. 1998: The gain of three mitochondrial introns identifies liverworts as the earliest land plants. – Nature 394: 671–674.
Ran J.-H., Gao H. & Wang X.-Q. 2010: Fast evolution of the retroprocessed mitochondrial *rps3* gene in conifer II and further evidence for the phylogeny of gymnosperms. – Molecular Phylogenetics and Evolution 54: 136–149.
Reece J.B., Urray L.A., Cain M.L., Wassermann S.W., Minorsky P.V. & Jackson R.B. 2010: Campbell Biology. Pearson Education, San Francisco.
Reveal J.L. & Chase M.W. 2011: APG III: Bibliographical information and synonymy of *Magnoliidae*. – Phytotaxa 19: 71–134.
Rosenstiel T.N., Shortlidge E.E., Melnychenko A.N., Pamkow J.F. & Eppley S.M. 2012: Sex-specific volatile compounds influence microarthropod-mediated fertilization of moss. – Nature online (18. Juli 2012).
Rothfels C.J., Sundue M.A., Kuo L.-Y., Larsson A., Kato M., Schuettpelz E. & Pryer K.M. 2012: A revised family-level classification for eupolypod II ferns (*Polypodiidae*: *Polypodiales*). – Taxon 61: 515–533.
Rothmaler W. 2011: Exkursionsflora von Deutschland. Gefässpflanzen: Grundband. 20., neu bearbeitete und erweiterte Auflage, herausgegeben von Jäger E.J. & al. Spektrum Akademischer Verlag, Heidelberg.

Schmeil O. & Fitschen J. 2011: Die Flora Deutschlands und der angrenzenden Länder. 95. Auflage, vollständig überarbeitet und erweitert von Seybold S. Verlag Quelle & Meyer, Wiebelsheim.

Schramm H. 2009: Heilmittel der anthroposophischen Medizin – Grundlagen, Arzneimittel, Anwendung. Urban & Fischer Verlag (Elsevier), München.

Schuettpelz, E. & Pryer, K.M. 2007: Fern phylogeny inferred from 400 leptosporangiate species and three plastid genes. – Taxon 56: 1037–1050.

Schulz V. & Hänsel R. 2004: Rationale Phytotherapie – Ratgeber für Ärzte und Apotheker. 5., völlig überarbeitete und aktualisierte Auflage. Springer Verlag, Berlin, Heidelberg, New York.

Simpson M.G. 2010: Plant systematics. 2. Auflage. Academic Press, Burlington, San Diego, Oxford.

Smith, A.R., Pryer, K.M., Schuettpelz, E., Korall, P., Schneider, H. & Wolf, P.G. 2006: A classification for extant ferns. – Taxon 55: 705–731.

Smith A.R., Pryer, K.M., Schuettpelz, E., Korall, P., Schneider, H., & Wolf, P.G. 2008: Fern classification, pp. 417–467 in: Ranker T.A., & Haufler C.H. (Hrsg.), Biology and Evolution of Ferns and Lycophytes. Cambridge University Press, Cambridge.

Strasburger E., Noll F., Schenck H. & Schimper A.F.W. 2002: Lehrbuch der Botanik. 35. Auflage, neu bearbeitet von Sitte P., Weiler E.W., Kadereit J.W., Bresinsky A. & Körner C. Spektrum Akademischer Verlag, Heidelberg, Berlin.

Strasburger E., Noll F., Schenck H. & Schimper A.F.W. 2008: Lehrbuch der Botanik. 36. Auflage, neu bearbeitet von Bresinsky A., Körner C., Kadereit J.W., Neuhaus G. & Sonnewald U. Spektrum Akademischer Verlag, Heidelberg.

Struwe L., Kadereit J.W., Klackenberg J., Nilsson S., Thiv M., von Hagen K.B. & Albert V.A. 2002: Systematics, character evolution, and biogeography of *Gentianaceae*, including a new tribal and subtribal classification, pp. 21–309 in: Struwe L. & Albert V.A. (Hrsg.), *Gentianaceae*: Systematics and natural history; Cambridge University Press, Cambridge.

Takhtajan A. 1997: Diversity and classification of flowering plants. Columbia University Press, New York.

Weber E. 2003: Invasive plant species of the world. CABI Publishing, Oxon, Cambridge.

Weber E. & Joshi J. 2009: Biologische Invasionen: Mechanismen, Auswirkungen, Chancen und Risiken. Neujahrsblatt der Naturforschenden Gesellschaft in Zürich auf das Jahr 2010.

Welten M. & Sutter R. 1982: Verbreitungsatlas der Farn- und Blütenpflanzen der Schweiz. Bde. 1–2. Birkhäuser Verlag, Basel.

Wendelberger G. 1998: Über die Eigenständigkeit der Planarstufe. Eine Ehrenrettung. – Verhandlungen der Zoologisch-Botanischen Gesellschaft Österreich 135: 271–287.

Wichtl M. 2009: Teedrogen und Phytopharmaka. 5., vollständig überarbeitete und erweiterte Auflage. Wissenschaftliche Verlagsgesellschaft mbH, Stuttgart.

Wisskirchen R. & Haeupler H. 1998: Standardliste der Farn- und Blütenpflanzen Deutschlands. Bundesamt für Naturschutz. Verlag Eugen Ulmer, Stuttgart

www.botanica-helvetica.ch: Schweizerische Botanische Gesellschaft.
www.cps-skew.ch: Schweizerische Kommission für die Erhaltung von Wildplanzen SKEW.
www.infoflora.ch/de: Das nationale Daten- und Informationszentrum der Schweizer Flora.
www.theplantlist.org: A working list of all plants.
www.tolweb.org: Tree of life web project.

Register

Im Register sind Fachausdrücke, Stichworte wichtiger Themen sowie alle wissenschaftlichen Namen aufgeführt. Bei Merkmalen, die häufig auftreten, wird nur auf die Definitionsseite referiert (z.B. Blattstellung «gegenständig»), bei selten auftretenden Merkmalen hingegen auch auf die Seiten mit den Taxa, die dieses Merkmal aufweisen (z.B. Blattstellung «quirlständig»). Von den deutschen Namen wurden nur jene der Grossgruppen aufgenommen. Für Gattungen und Arten werden alle Seiten angegeben, für höhere Taxa und Fachausdrücke werden nur die wichtigsten Seiten referiert. **Fette Seitenzahlen** bedeuten, dass der entsprechende Begriff ausführlich behandelt (z.B. Definition, Erklärung) resp. das Taxon vorgestellt wird. *Kursive Zahlen* verweisen auf Abbildungen. Die im Kapitel «Pflanzengesellschaften» aufgeführten Artbeispiele wurden nicht ins Register aufgenommen.

A

B

F

H

I

J

K

L

M

N

O

P

Q

R

S

T